青海学者项目
青藏高原北部地质过程与矿产资源重点实验室 资助

青海省地质勘查成果系列丛书

青海铅锌矿

QINGHAI QIANXIN KUANG

薛万文 田永革 雷晓清 等著

内容提要

本书是一部全面系统阐述青海省铅锌矿产的专著，系统厘定并收录了青海省铅锌矿床及矿点287处，对铅锌矿的成矿地质背景、矿产特征等进行了归纳总结，对铅锌矿的空间、时间分布规律进行了研究，并梳理出15个矿床成矿系列、23个矿床成矿亚系列、31个矿床式，对青海省铅锌矿的资源潜力进行了分析，对重要成矿带的勘查提出了建议。

本书资料翔实，内容丰富，形式新颖，涉及地质学、矿床学、地球化学、地球物理学等诸多学科领域，可作为工具书供从事铅锌矿产勘查、成矿理论研究、矿业开发等各方面人士使用，也可作为科技读物服务于社会大众。

图书在版编目(CIP)数据

青海铅锌矿/薛万文等著. —武汉：中国地质大学出版社，2023.2
(青海省地质勘查成果系列丛书)
ISBN 978-7-5625-5506-3

Ⅰ.①青…　Ⅱ.①薛…　Ⅲ.①铅锌矿床-研究-青海　Ⅳ.①P618.4

中国国家版本馆CIP数据核字(2023)第034089号

青海铅锌矿　　　　薛万文　田永革　雷晓清　等著

责任编辑：胡珞兰　　选题策划：张　旭　段　勇　　责任校对：何澍语

出版发行：中国地质大学出版社(武汉市洪山区鲁磨路388号)　　邮编：430074
电　　话：(027)67883511　　传　　真：(027)67883580　　E-mail：cbb@cug.edu.cn
经　　销：全国新华书店　　http://cugp.cug.edu.cn

开本：880毫米×1 230毫米　1/16　　字数：507千字　　印张：16
版次：2023年2月第1版　　印次：2023年2月第1次印刷
印刷：湖北新华印务有限公司

ISBN 978-7-5625-5506-3　　定价：128.00元

《青海铅锌矿》

主　　编：薛万文

副 主 编：田永革　雷晓清

编写人员：李五福　蒋成伍　康继祖　张金明　付彦文　张志青

赵海霞　马有文

序

铅锌矿是青海省优势矿种之一，其中，全国著名锡铁山铅锌矿开发利用为国民经济作出了重要贡献。作者通过对青海省铅锌矿资料系统收集、成果及时应用、成矿规律深入研究，首次以论著呈现给读者，内容主要反映为：

(1)资料收集丰富，研究深入。通过对青海省已发现的287处铅锌矿床(点)系统收集，特别是针对锡铁山铅锌矿、多才玛铅锌矿等典型矿床综合分析研究后，提出了青海省铅锌矿成矿特征、成矿规律。

(2)综合研究全面，分析总结系统。作者以成矿系列理论为指导，结合青海省铅锌矿成矿条件、时空分布规律，首次建立了15个矿床成矿系列、23个矿床成矿亚系列和31个矿床式，并划分了11个铅锌矿产集中区，为进一步工作指明了方向。

(3)成矿规律研究与地质找矿工作紧密结合。一是建立不同类型铅锌矿成矿模式，有效指导了找矿工作；二是根据矿产集中区铅锌矿成矿特征、找矿潜力，指出了三江北成矿带目前具有形成两个千万吨级铅锌国家战略储备条件，给读者留下深刻印象。

总的认为，该书是青海省几代人对铅锌矿勘查和研究成果的系统总结，既有扎实的、丰富的一手资料，又有对铅锌矿成矿作用的有益探讨。该书对周边及邻区的地质找矿工作的指导和借鉴意义是不言而喻的。

借此专著出版之际，我向作者们表示祝贺，并对长期在青藏高原北缘不断探索的地质工作者表达诚挚的敬意！

青海学者
李四光野外奖获得者
俄罗斯自然科学院院士

2022年9月9日

前　言

《青海铅锌矿》是在“中国矿产地质志·青海卷”项目成果的基础上，结合“青海省潜在矿产资源评价”(任务书编号：青自然资〔2021〕115号)项目最新研究成果，较全面地对青海省铅锌矿分布及典型矿床特征、成矿规律、资源潜力进行了总结，旨在全面反映青海省铅锌矿产全貌及重要成矿规律，提升矿产地质科研水平，为新时期找矿工作提供科学理论支撑。

截至2020年底，青海省已发现铅锌矿床(点)287处，包括超大型矿床2处、大型矿床4处、中型矿床23处、小型矿床77处、矿点181处。全省累计查明资源储量(推断及以上类别)铅 529.26×10^4 t、锌 933.23×10^4 t，保有资源储量(推断及以上类别)铅 349.00×10^4 t、锌 671.03×10^4 t，铅保有矿产资源储量居全国第11位，锌居全国第10位。

本书对青海省铅锌矿产地数量及分布、矿床类型、资源储量等进行了梳理，对铅锌矿的成矿地质条件进行了系统分析，按照海相火山岩型、陆相火山岩型、接触交代型(矽卡岩型)、浅成中—低温热液型、岩浆热液型、其他类型矿床顺序，对青海省典型铅锌矿床的勘查开发史、矿区地质、矿体特征、成矿物理化学条件、矿床成因、成矿机制和成矿模式等进行了介绍。总结了铅锌矿的时空分布规律，同时运用矿床成矿系列理论，建立了15个矿床成矿系列、23个矿床成矿亚系列、31个矿床式。根据2021年“青海省潜在矿产资源评价”项目成果，对铅锌矿的资源潜力进行了分析，并提出了进一步勘查建议。

《青海铅锌矿》分5章。前言和结语由薛万文、田永革编写，第一章由薛万文、张志青编写，第二章由李五福、付彦文编写，第三章由田永革、雷晓清、康继祖编写，第四章由田永革、雷晓清、张金明编写，第五章由蒋成伍、薛万文编写，插图由赵海霞、马有文清绘完成，最后由薛万文统一修改、定稿。本书的出版得到了青海省地质矿产勘查开发局的大力支持，在编写修改过程中得到了青海省地质矿产勘查开发局总工程师潘彤、王秉璋、李东生、许光、王瑾等专家的热心指导，在此一并表示感谢！

因本书涉及的内容较多、编写时间仓促，个别观点、认识有待商榷，敬请读者批评指正。

著　者

2022年6月30日

目　录

第一章 概 述

第一节 国内铅锌矿资源概况

铅锌矿是我国重要的战略性矿产资源，用途极其广泛，主要用于电气、机械、军事、冶金、化工、轻工业和医药业等领域，在有色金属工业中占有重要的地位。我国铅锌矿产资源丰富，主要集中分布在川滇黔成矿带、西南三江成矿带、秦岭成矿带、南岭成矿带、大兴安岭成矿带、冈底斯成矿带等地区。铅锌矿查明资源量仅次于澳大利亚，居世界第2位。

我国铅锌矿产资源具有矿产地分布广泛、区域不均衡，中小型矿床多、大型矿床少，矿石类型和矿物成分复杂、共伴生组分多，贫矿多、富矿少，矿石类型多样等特点。我国具有良好的铅锌矿成矿条件，既有稳定的地台和地台边缘，又有活动大陆边缘和多类型的造山带，为不同类型铅锌矿床的形成创造了条件。最近几年在我国东部危机矿山深部和外围与西部工作程度较低的地区不断取得找矿突破，显示了巨大的资源潜力。

第二节 青海省铅锌矿产资源概况

一、矿产地数量及分布情况

截至2020年底，青海省共发现矿点及以上规模的铅锌矿产地287处(图1-1，附录一)，其中，超大型2处(锡铁山、多才玛)，大型矿床4处(莫海拉亨、四角羊-牛苦头、抗得弄舍、德尔尼)，中型矿床23处，小型矿床77处，矿点181处。287处矿产地中以铅锌矿为主矿种的矿产地212处，以铅锌矿为共生矿种的矿产地75处。

青海省铅锌矿产地分布极不均匀，已发现矿产地主要分布于柴周缘、西秦岭、喀喇昆仑-三江、北祁连等地，其他地区则矿产数量较少。其主要原因除了成矿地质条件的差异，还有地质矿产工作不均衡。按行政区划主要分布在海西州、玉树州、海南州等。其中，第一分布地区为海西州160处，占全省铅锌矿产地一半以上(55.7%)，在矿床规模上，海西州也较为突出，分布有超大型矿床2处，大型1处，中小型63处；第二分布地区为玉树州，有矿产地37处；第三分布地区为海南州，有矿产地32处；第四分布地区为黄南州，有矿产地27处；第五分布地区为海北州，有矿产地20处；第六、第七分布地区分别为果洛州、海东市，各有矿产地5处；第八分布地区为西宁市，有矿产地1处(表1-1，图1-2)①。

① 海西州——海西蒙古族藏族自治州；玉树州——玉树藏族自治州；海南州——海南藏族自治州；黄南州——黄南藏族自治州；海北州——海北藏族自治州；果洛州——果洛藏族自治州。

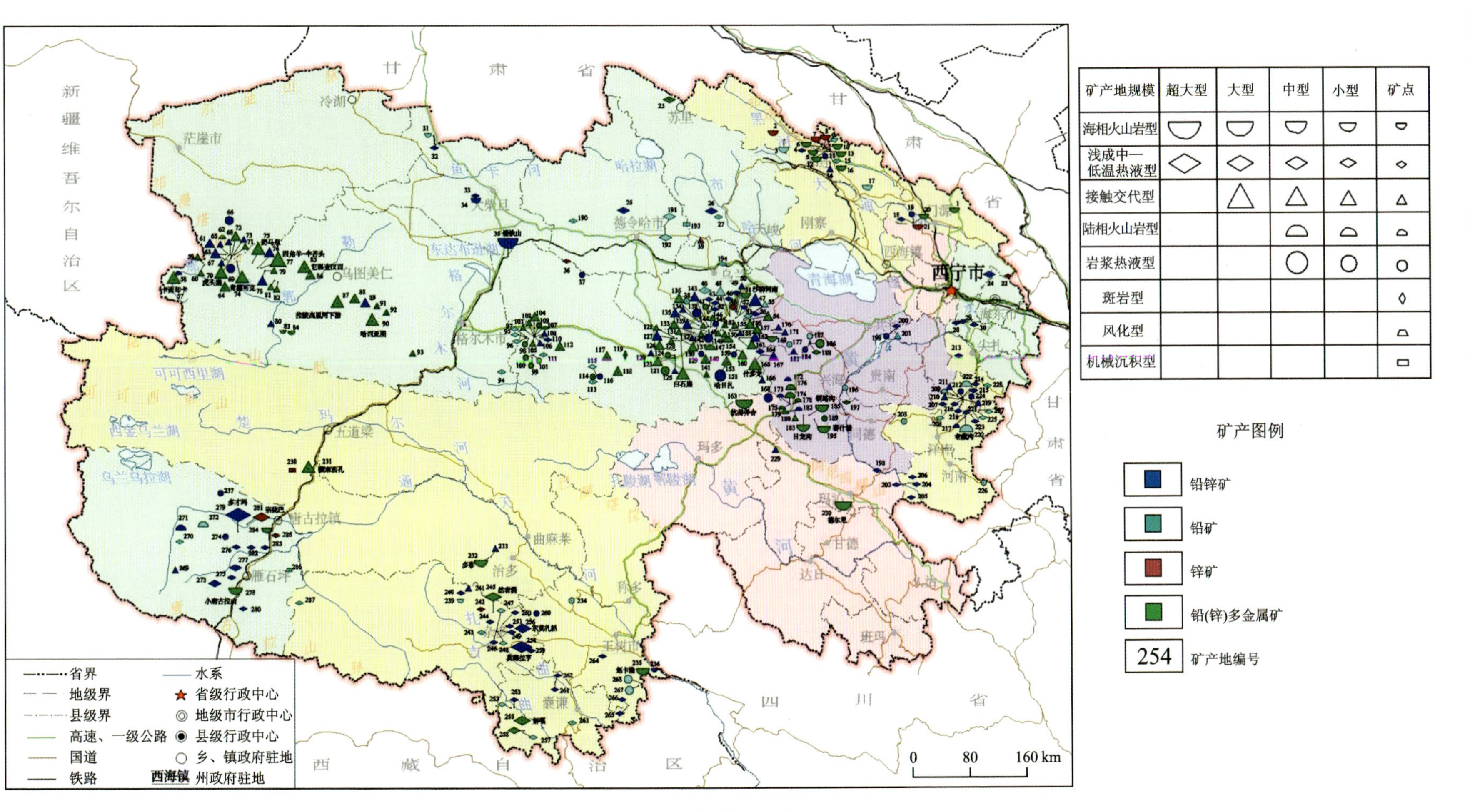

图1-1 青海省铅锌矿产地分布图

表 1-1 青海省铅锌矿产地分布一览表 单位:处

分布地区	矿点	小型	中型	大型	超大型	合计
海西州	94	51	12	1	2	160
玉树州	27	3	6	1		37
海南州	22	6	4			32
黄南州	25	1	1			27
海北州	6	14				20
果洛州	2	1		2		5
海东市	4	1				5
西宁市	1					1
合计	181	77	23	4	2	287

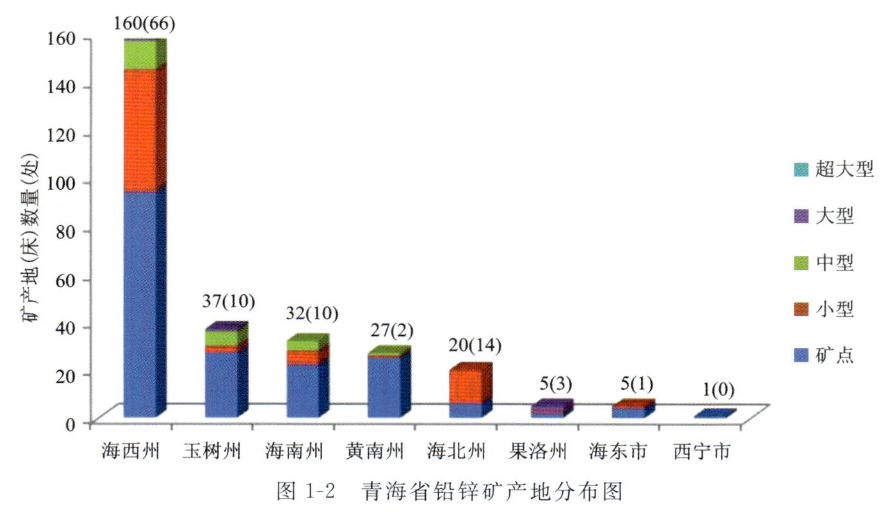

图 1-2 青海省铅锌矿产地分布图

注:柱顶数字 166(66)代表:矿产地 166 处(其中矿床 66 处)。

二、矿床类型

青海省内铅锌矿成矿类型主要有接触交代型(矽卡岩型)、浅成中—低温热液型、海相火山岩型、岩浆热液型、陆相火山岩型等。其中接触交代型有大型矿床 1 处、中型 11 处、小型 32 处、矿点 52 处;浅成中—低温热液型有超大型矿床 1 处、大型 1 处、中型 4 处、小型 11 处、矿点 76 处;海相火山岩型有超大型矿床 1 处、大型 2 处、中型 6 处、小型 18 处、矿点 7 处;岩浆热液型有中型矿床 1 处、小型 9 处、矿点 31 处;陆相火山岩型有中型矿床 1 处、小型 7 处、矿点 11 处。从占有资源储量来看,海相火山岩型、浅成中—低温热液型占铅锌总储量的一半以上。不难看出海相火山岩型和浅成中—低温热液型矿床是青海省最重要的矿床类型(表 1-2,图 1-3)。

表 1-2　青海省铅锌成矿类型一览表

成因类型			矿产地规模及数量(处)						矿产地占比(%)	成型矿床数(处)	成型矿床占比(%)
一级	二级	三级	超大型	大型	中型	小型	矿点	小计			
内生矿床	岩浆作用矿床	接触交代型		1	11	32	52	96	33.44	44	41.51
		斑岩型					1	1	0.35	0	0.0
		岩浆热液型			1	9	31	41	14.29	10	9.43
		陆相火山岩型			1	7	11	19	6.62	8	7.55
		海相火山岩型	1	2	6	18	7	34	11.85	27	25.47
	含矿流体作用矿床(非岩浆-非变质作用矿床)	浅成中—低温热液型	1	1	4	11	76	93	32.40	17	16.04
外生矿床	沉积作用矿床	机械沉积型					2	2	0.70	0	0.0
	表生作用矿床	风化型					1	1	0.35	0	0.0
合计			2	4	23	77	181	287	100.0	106	100.0

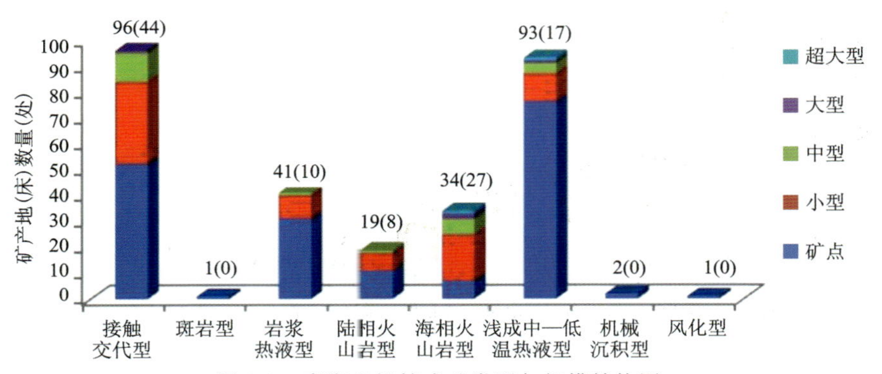

图 1-3　青海省铅锌成矿类型与规模结构图

注：柱顶数字 96(44)代表：矿产地 96 处(其中矿床 44 处)。

三、资源储量

青海省是全国的矿产资源大省，铅锌矿是青海省的优势矿产。据《2019 年全国矿产资源储量通报》，青海省已查明的铅矿保有矿产资源储量居全国第 11 位，铅矿保有矿产资源储量占全国总资源储量的 3.58%；锌矿居全国第 10 位，保有资源储量占全国总资源储量的 3.44%。以下对铅锌矿按查明资源量、保有资源量分别进行统计。

1. 查明资源量、保有资源量

截至 2020 年底，累计查明铅矿产资源储量为 529.26×10^4 t，保有资源储量为 349.01×10^4 t(表 1-3)。

锌多以共生矿产形式存在于铅矿床等之中，青海省累计查明锌矿产资源储量为 933.22×10^4 t、保有资源储量为 671.03×10^4 t(表 1-4)。

表 1-3 青海省铅矿产资源储量统计表

地 区	矿床数量（处）	累计查明资源储量（10^4 t）	保有资源储量（10^4 t）	代表性矿产地
海北州	10	18.04	14.13	祁连县郭密寺多金属矿、祁连县下沟多金属矿
黄南州	3	10.61	9.00	泽库县老藏沟多金属矿
海南州	10	29.76	24.16	兴海县什多龙铅锌银矿
果洛州	2	32.87	32.87	玛多县错扎玛金多金属矿、玛多县抗得弄舍金多金属矿床
玉树州	9	53.90	52.27	杂多县莫海拉亨-叶龙达铅锌矿
海西州	68	384.08	216.58	大柴旦行委锡铁山铅锌矿床、格尔木市多才玛铅锌矿床、都兰县大卧龙多金属矿
合计	102	529.26	349.01	

表 1-4 青海省锌矿产资源储量统计表

地 区	矿床数量（处）	累计查明资源储量（10^4 t）	保有资源储量（10^4 t）	代表性矿产地
海北州	8	15.56	11.46	祁连县下柳沟多金属矿
黄南州	3	5.87	5.33	同仁县夏卜楞多金属矿、泽库县老藏沟多金属矿
海南州	11	71.99	57.69	兴海县什多龙铅锌银矿、同德县阿尔干龙洼金多金属矿
果洛州	3	71.74	59.21	玛多县错扎玛金多金属矿、玛多县抗得弄舍金多金属矿床、玛沁县德尔尼铜钴矿
玉树州	7	143.33	143.04	杂多县东莫扎抓铅锌矿
海西州	71	624.73	394.30	格尔木市牛苦头多金属矿、茫崖市迎庆沟锌铅多金属矿、德令哈市蓄集山铅矿床、都兰县窑洞沟地区多金属矿床
合计	103	933.22	671.03	

2. 预测资源量

青海省铅、锌矿类型多样且矿产地遍及全省，具成带展布、分段集中的特征。2021 年在“青海省潜在矿产资源评价”项目中对青海省内铅锌矿开展潜在矿产资源动态评价更新，对铅锌矿进行了 1000 m 以浅的定位、定量预测，其中铅矿预测区 162 个，估算潜在矿产资源预测量 5 132.53×10^4 t，锌矿预测区 159 个，估算潜在矿产资源预测量 3 173.54×10^4 t。

第二章 成矿地质背景

第一节 区域成矿地质条件

一、构造与成矿

（一）构造演化与成矿概述

青海省现今的构造格局至少经历了前南华纪超大陆形成、南华纪—晚三叠世罗迪尼亚超大陆裂解形成特提斯洋及大陆边缘多岛弧盆系、晚三叠世晚期陆内演化、古近纪青藏高原迅速隆起等不同阶段。不同的演化阶段对应着不同的大地构造格局，超大陆裂解及洋陆演化阶段对应着洋陆格局，陆内造山演化阶段对应着陆内盆山格局，属陆内构造体制。由此可见，青海省也曾经历过汪洋海景和如今的雄伟高原，同时也经历了多期次、多阶段的构造演化过程，发育多期构造—岩浆—变质—成矿事件，不同的构造演化阶段形成了不同类型的矿床。

1. 前南华纪（约 0.78 Ga 以前）

前南华纪是青海大陆地壳形成的主要时期，1.8 Ga 的哥伦比亚超大陆聚合与 0.8 Ga 的罗迪尼亚超大陆聚合基本形成了青海大陆地壳的主体，后期的地质演化虽然复杂漫长，但其基本特征并无明显变化。该时期青海省没有发现铅锌矿产资源。

2. 南华纪—泥盆纪（780～359 Ma）

南华纪，随着罗迪尼亚超大陆裂解，原特提斯洋开启，原特提斯祁连洋、昆仑洋与秦岭洋合并简称为原特提斯秦祁昆洋，柴达木、东昆仑、中祁连、南祁连-全吉等地块是秦祁昆洋内相对稳定的地块。寒武纪—奥陶纪，大洋板块向北俯冲，青海北部演化成为活动大陆边缘，形成规模巨大的沟-弧-盆体系，这一阶段成矿作用与活动大陆边缘内的岛弧、陆缘弧和弧后盆地相关，大多属于海底热水沉积矿床，少量为大洋中脊，如大柴旦行委锡铁山铅锌矿床、祁连县郭米寺铜铅锌矿床、大柴旦行委双口山铅银锌矿床等。该阶段，青海南部处于原特提斯大洋区。志留纪—泥盆纪，青海北部的柴达木等诸陆块汇聚、碰撞，在沉积地层中伴随断裂构造活动，形成了浅成中—低温热液型铅锌矿，如德令哈市莫和贝雷台铅锌矿床、天峻县哲合隆铅锌矿床等。

3. 石炭纪—三叠纪（359～199.6 Ma）

石炭纪—二叠纪，青海北部除宗务隆山裂谷外，整体处于柴达木-华北板块稳定的大陆边缘，缺乏火山活动，碳酸盐岩为主的滨—浅海相地层分布十分广泛，变形微弱。青海南部以阿尼玛卿洋和金沙江洋为代表的古特提斯洋处于鼎盛时期，大洋中脊形成了与洋底热水沉积相关的德尔尼铜钴锌矿床。

二叠纪晚期至晚三叠世，古特提斯大洋岩石圈板块向北、南两侧的大陆地壳之下俯冲，北方东昆仑地区形成了规模巨大的晚二叠世—晚三叠世岩浆弧，南侧形成了开心岭-杂多陆缘弧。在东昆仑，洋壳俯冲作用形成的壳幔混合型岩浆岩带来了巨量的金属，形成了我国十分重要的多金属成矿带。目前在这一成矿带发现了一大批大中型铅锌多金属矿床，如格尔木市四角羊-牛苦头锌铁铅矿床、玛多县抗得弄舍金铅锌矿床、格尔木市卡而却卡铜锌铁矿床、格尔木市肯德可克铁铅锌矿床、兴海县什多龙铅锌银矿床、都兰县哈日扎铅锌矿床等。在三江北段治多县多彩地区也形成了具有潜力的铜铅锌矿集区。

4. 侏罗纪—白垩纪(199.6～65 Ma)

侏罗纪主要为特提斯洋演化阶段。在古特提斯残留洋收缩、消亡、造山的同时，位于青海省外的新特提斯多岛洋打开，特提斯洋主域已移至该省外青藏高原南部班公湖-怒江洋及雅鲁藏布江一带。其中峨眉山火山岩的发育可能是特提斯洋打开的先声，青海南部为广阔的滨浅海，在滨浅海沉积的同时伴随海底火山喷发，此时形成有海相火山岩型和浅成中—低温热液型铅锌矿，如囊谦县解嘎银铜铅矿床、囊谦县达拉贡银铜矿床、格尔木市小唐古拉山铁铅锌矿床等。

白垩纪，新特提斯洋壳向北俯冲，青藏高原开始有限的隆升，在65～55 Ma，新特提斯大洋闭合，印度板块与亚洲板块发生碰撞，青藏高原迅速崛起，并发生大规模的岩石圈拆沉和减薄，引发了大规模火山喷发，在唐古拉山口、龙亚拉、木乃及昂普玛等地同时伴有碰撞环境下的高钾—钾玄质花岗岩组合，在该侵入岩体与围岩接触部位形成有接触交代型铅锌矿，如治多县藏麻西孔银铜铅矿床等。

5. 古近纪—第四纪(65 Ma 至今)

古近纪开始，印度板块与欧亚板块初始碰撞，青海南部受碰撞作用局部处于伸展阶段，于三江地区广泛发育高钾花岗岩组合—过碱性花岗岩组合的侵位。56～45 Ma 印度板块与欧亚板块碰撞进入高峰期，随着全面碰撞的发生，高原北缘形成系列盆地，同时青海南部也有岩浆活动发生，如赛多浦岗日高钾花岗岩组合(48 Ma/U-Pb)。渐新世—中新世(34～25 Ma)，青海省主要表现为随高原差异隆升，形成一系列走滑断裂活动与拉分盆地。中新世中期—上新世青藏高原由缓慢隆升逐渐变为急剧隆升，出现了活动类型火山沉积盆地(查保马组、湖东梁组)。青藏高原受南北向挤压，断裂构造极为发育，在一些较新的沉积地层中受断裂构造影响形成了许多大中型浅成中—低温热液型铅锌矿，如格尔木市多才玛铅锌矿床、杂多县莫海拉亨-叶龙达铅锌矿床、杂多县东莫扎抓铅锌矿床、杂多县然者涌铅锌银矿床、格尔木市宗陇巴锌矿床等。

第四纪以来，青藏高原快速隆升，经历了3次明显的隆升过程，直至青藏高原达到现今高度，地貌格局被称为“世界屋脊”。

(二)断裂构造与成矿

区域断裂构造研究通常基于断裂体系的划分来进行。青海省断裂体系可分为重要断裂和一般断裂，其中重要断裂包含了3级，一级和二级断裂为岩石圈断裂或超岩石圈断裂，三级断裂为基底断裂和有特殊地质意义的其他重要断裂。这些断裂控制了沉积作用和岩浆活动，使得构造单元的不同部位形成不同的沉积-岩浆组合，进而控制了矿产的时空分布(图2-1)。

青海北部冷龙岭北缘断裂、宝库河-峨堡断裂、托莱河-南门峡断裂等对寒武纪—奥陶纪海相火山岩的分布均具有明显的控制作用，同时对区域成矿也有一定的控制。受区域深大断裂控制，在祁连地区的火山岩中形成有海相火山岩型铅锌矿，如祁连县郭米寺铜铅锌矿床、祁连县大二珠龙(西段)铅银铜矿床、祁连县下沟铅铜锌矿床等。

土尔根达坂-宗务隆山南缘断裂、丁字口(全吉山南缘)-德令哈断裂、赛什腾-旺尕秀断裂、柴北缘-夏日哈断裂等北西西向大型断裂总体控制了柴北缘各类矿床(点)的分布。如印支期中酸性侵入岩受区域断裂控制主要集中发育在乌兰县及以南区域，形成了接触交代型、岩浆热液型铅锌矿床，如都兰县沙柳河南区铅锌有色金属矿床、都兰县沙柳河老矿沟铅锌银矿床等。

昆北断裂为深部构造层次的变形带，大地构造环境为陆缘弧-陆碰撞裂谷带；昆中断裂为挤压变形带，以浅部脆性变形为主，大地构造环境为陆缘弧-陆碰撞带。两条断裂具有铁、钴、铜、铅、锌、金、锡、钨的含矿特征。沿昆北断裂、昆中断裂及次生断裂构造等分布有很多铅锌多金属矿床(点)，自西向东依次

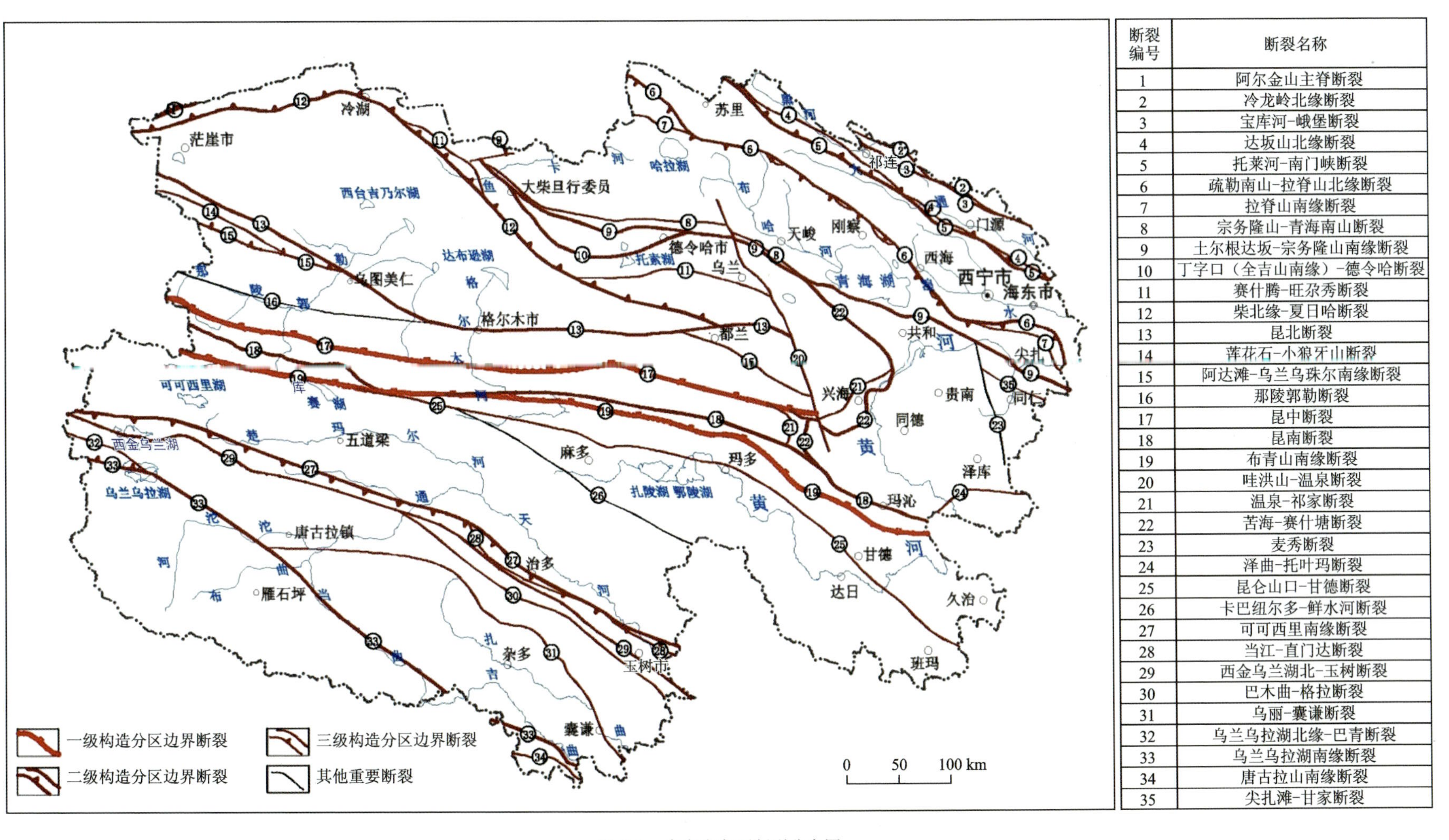

断裂编号	断裂名称
1	阿尔金山主脊断裂
2	冷龙岭北缘断裂
3	宝库河-峨堡断裂
4	达坂山北缘断裂
5	托莱河-南门峡断裂
6	疏勒南山-拉脊山北缘断裂
7	拉脊山南缘断裂
8	宗务隆山-青海南山断裂
9	土尔根达坂-宗务隆山南缘断裂
10	丁字口（全吉山南缘）-德令哈断裂
11	赛什腾-旺尕秀断裂
12	柴北缘-夏日哈断裂
13	昆北断裂
14	莲花石-小狼牙山断裂
15	阿达滩-乌兰乌珠尔南缘断裂
16	那陵郭勒断裂
17	昆中断裂
18	昆南断裂
19	布青山南缘断裂
20	哇洪山-温泉断裂
21	温泉-祁家断裂
22	苦海-赛什塘断裂
23	麦秀断裂
24	泽曲-托叶玛断裂
25	昆仑山口-甘德断裂
26	卡巴纽尔多-鲜水河断裂
27	可可西里南缘断裂
28	当江-直门达断裂
29	西金乌兰湖北-玉树断裂
30	巴木曲-格拉断裂
31	乌丽-囊谦断裂
32	乌兰乌拉湖北缘-巴青断裂
33	乌兰乌拉湖南缘断裂
34	唐古拉山南缘断裂
35	尖扎滩-甘家断裂

图 2-1 青海省主要断裂分布图

分布有肯德可克-四角羊铅锌铁铜矿、拉陵高里-哈西亚图铅锌铁铜矿、海寺-什多龙铅锌铜铁金银矿、白石崖-哈日扎铅锌铁银铜矿等矿集区，铅锌矿产地非常密集。哇洪山-温泉断裂大地构造环境为陆内走滑构造带，具有铜、铅、锌、锡、金、银等含矿性特征，沿该断裂分布有索拉沟-赛什塘铅锌铜银矿集区等。

以西金乌兰湖北-玉树断裂的西端和巴木曲-格拉断裂为北界的开心岭-杂多弧后前陆盆地（包括沱沱河-昌都弧后前陆盆地和雁石坪弧后前陆盆地），沉积石炭纪—三叠纪的海相（海陆交互相）碎屑与碳酸盐岩夹火山岩。在新生代盆山格局下引起大规模成矿流体迁移，而这些区域深大断裂及次生断裂常常是地壳高度活动带、能量汇聚带、高渗透区和流体汇集区，形成以铅锌为主的新生代成矿事实，如格尔木市多才玛铅锌矿床、杂多县莫海拉亨-叶龙达铅锌矿床、杂多县东莫扎抓铅锌矿床、杂多县然者涌铅锌银矿床等。

二、沉积作用与成矿

青海省与沉积地层有关的成矿类型主要为浅成中—低温热液型和接触交代型，下面对该两种类型小型及以上的矿床进行统计发现，从全省范围看，铅锌矿床赋矿层位主要为石炭系，其次为奥陶系，其他时代的地层中，赋存的铅锌矿床数量较少（表 2-1）。

表 2-1　青海省与沉积地层有关的小型及以上铅锌矿床的主要赋矿层位

赋矿地层		代表性矿床	矿床数量（处）
系	统		
白垩系(K)		藏麻西孔(231)($\xi\pi$)	1
侏罗系(J)	中—上侏罗统(J_{2-3})	楚多曲(273)、解嘎(255)	2
三叠系(T)	上三叠统(T_3)	东山根(133)($\gamma\delta$)、海寺驼峰(135)($\gamma\delta\pi$)、柯柯赛北山(157)(γ)	3
	下—中三叠统(T_{1-2})	阿尔干龙洼(197)	1
二叠系(P)	下—中二叠统(P_{1-2})	然者涌(245)、东莫扎抓(256)、多才玛(279)、巴斯湖(277)、宗陇巴(281)	5
石炭系(C)	上石炭统(C_2)	四角羊-牛苦头(77)(γ)、可特勒高勒(63)(γo)、迎庆沟(72)($\eta\gamma$)、夏努沟西支沟(78)(γ)、恰当(140)(γ)、胜利(153)($\gamma\delta$)、蓄集北山(191)、蓄集山(192)、什多龙(165)($\gamma\delta$、$\eta\gamma$)、虎头崖(70)($\eta\gamma$)①、肯德可克(74)($\gamma\delta$、δ)②、野马泉(75)($\gamma\delta$)②	12
	下石炭统(C_1)	莫海拉亨(254)、四角羊沟西(76)($\eta\gamma$)、那陵郭勒河西(86)(γ)、小圆山(88)($\eta\gamma$)、尕羊沟(89)($\pi\eta\gamma$)、双庆(123)($\gamma\delta$)、窑洞沟(126)($\gamma\delta$)、柴湾(127)($\gamma\delta$)、龙洼尕当(130)($\gamma\delta$)、热水克错(139)($\gamma\pi$)、达拉贡(257)、白石崖(129)($\gamma\delta\pi$)、拉陵高里河下游(87)($\pi\eta\gamma$)①	13
志留系(S)		莫和贝雷台(25)、哲合隆(26)	2

续表 2-1

赋矿地层		代表性矿床	矿床数量(处)
系	统		
奥陶系(O)		夏乌日塔(40)、鸭子沟(61)($\gamma\delta$、$\eta\gamma$)、乌兰拜兴(64)($\pi\eta\gamma$)、大卧龙(143)($\gamma\delta$)、三岔北山(156)($\gamma\delta$)、加羊(160)($\gamma\delta$)、柯赛东(161)($\gamma\delta$)、三岔北山东(162)($\gamma\delta$)、卡而却卡(57)($\eta\gamma$、$\gamma\delta$)、它温查汉西(85)($\eta\gamma$)、肯德可克(74)($\gamma\delta$、δ)①、野马泉(75)($\gamma\delta$)①、拉陵高里河下游(87)($\pi\eta\gamma$)②	13
新元古界(Pt_3)		南白水河(23)	1
中元古界(Pt_2)		沙柳河老矿沟(45)($\gamma\pi$)、沙那黑(54)(δ、γ)、清水河(118)($\gamma\delta$)、萨日浪(24)、虎头崖(70)($\eta\gamma$)②	5
古元古界(Pt_1)		黑石山(104)(γ)、金水口(112)($\gamma\delta$)、洪水河(117)($\gamma\delta$)、希龙沟(136)($\gamma\delta$)、什多龙北山(167)($\gamma\delta$)、沙柳河南(47)($\pi\eta\gamma$)、哈西亚图(90)(δo)	7

注:1.(　)表示与成矿有一定关系的岩浆活动。γ.花岗岩;$\gamma\pi$.花岗斑岩;$\gamma\delta$.花岗闪长岩;$\gamma\delta\pi$.花岗闪长斑岩;γo.斜长花岗岩;$\eta\gamma$.二长花岗岩;$\pi\eta\gamma$.斑状二长花岗岩;$\xi\pi$.正长斑岩;δ.闪长岩;δo.石英闪长岩。

2.上标①②表示一个矿床存在两个赋矿层位。

1.赋矿层位的空间变化

青海省与沉积作用有关的铅锌矿床具有其特色的主要赋矿层位。如石炭纪地层虽多,但主要的赋矿层位有青海南部的下石炭统杂多群,青海中部的上石炭统缔敖苏组、下石炭统大干沟组等;奥陶系含矿层位主要为青海中北部的祁漫塔格群、滩间山群等;古元古界的含矿层位主要为青海中部的金水口岩群等。

青海总体的赋矿层位具有明显的时空变化规律,这与青海省由北向南、由老到新的构造演化规律有密切的关系。如青海中北部地区分布有大面积的奥陶系、中元古界、古元古界等较老的含矿地层,而中南部则分布有石炭系、二叠系、侏罗系等较新的含矿地层。

2.赋矿层位的建造

赋矿层位的建造,总体可分两类:第一类是海相碳酸盐岩建造,即海侵旋回由砂屑、泥质建造向碳酸盐岩建造过渡段,在青海中北部主要形成于晚三叠世以前,青海南部则主要形成于晚侏罗世以前;第二类是陆相砂砾岩建造,青海中北部主要形成于晚三叠世以后,青海南部则主要形成于晚侏罗世以后。

三、岩浆活动与成矿

青海省岩浆活动在铅锌成矿中具有重要的意义,尤其在昆仑成矿省、喀喇昆仑-三江成矿省等地区,岩浆活动强烈,形成了一系列与岩浆活动有关的铅锌矿床。与成矿有关的岩浆岩主要有中酸性侵入岩和火山岩(图 2-2)。

(一)与中酸性侵入岩的关系

与中酸性侵入岩有关的铅锌矿成矿类型,以接触交代型最为重要,常以多金属矿床形式产出,如格尔木市四角羊-牛苦头锌铁铅矿床、格尔木市卡而却卡铜锌铁矿床、格尔木市肯德可克铁铅锌矿床、格尔木市野马泉铁铅锌矿床、兴海县什多龙铅锌银矿床等;其次为岩浆热液型,如都兰县哈日扎铅锌矿床、茫崖市黑柱山地区铅锌矿床、都兰县哈茨谱山北铅锌矿床、玉树市卡实陇铅银矿床等。

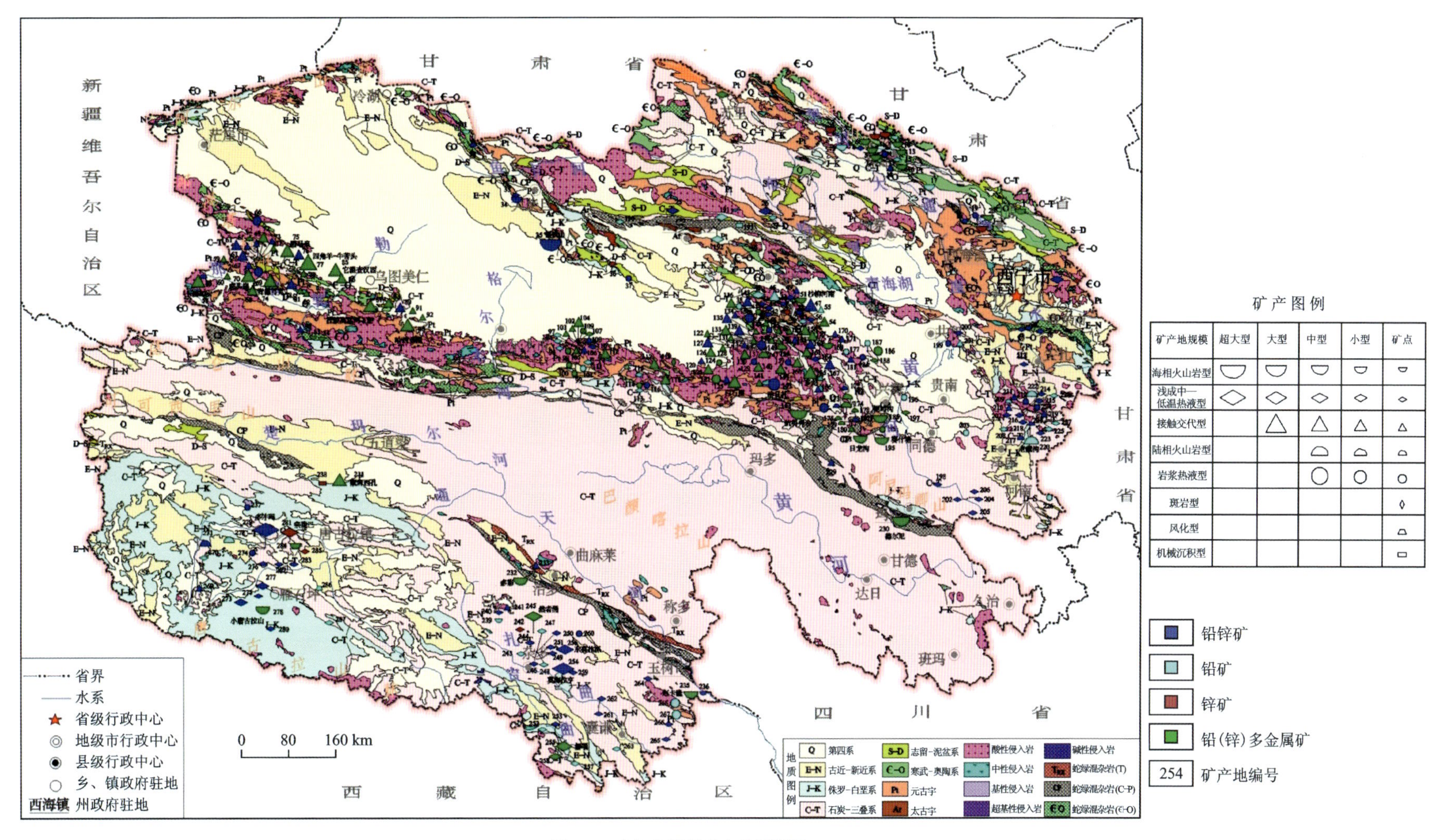

图 2-2　青海省铅锌矿产地质简图

从空间分布情况看，与中酸性侵入岩有关的矿产地在北祁连成矿带、柴北缘成矿带、东昆仑成矿带、西秦岭成矿带、喀喇昆仑-三江地区等均有分布，其中在东昆仑成矿带铅锌矿产地分布最为密集，成矿强度最高。

1. 阿尔金-祁连(造山带)成矿省

在祁连县—门源县一带，分布有奥陶纪中酸性侵入岩，岩性主要有英云闪长岩、石英闪长岩等，形成有少数的岩浆热液型铅锌矿点，如祁连县绵沙湾铅矿点、门源县大南沟铅银铜金矿点等。

2. 昆仑(造山带)成矿省

二叠纪—三叠纪为青海省内中酸性侵入岩的高峰期。中酸性侵入岩分布范围最广，出露面积最大，岩石类型最为复杂。全省中尤以昆仑成矿省的东昆仑成矿带和柴北缘成矿带分布最为广泛，同时也形成了较多与岩浆作用有关的矽卡岩型、岩浆热液型铅锌矿床。

其中柴北缘构造岩浆岩带分布有大通沟南山-打柴沟-野骆驼泉花岗岩、新青界山-丁字口花岗岩等，岩性主要为石英闪长岩、花岗闪长岩、二长花岗岩等。与该岩浆岩有关的矿床如都兰县沙柳河南区有色金属矿床、都兰县沙柳河老矿沟铅锌银矿床、都兰县沙那黑钨铅锌矿床、都兰县阿尔茨托山西缘铅银矿点等。

东昆仑构造岩浆岩带中，中酸性侵入岩分布非常广泛，如祁漫塔格北坡花岗岩、卡而却卡-中灶火镁闪长岩、中灶火-克合特 TTG 花岗岩、楚拉克-伊克高勒 GG 花岗岩、那陵郭勒河南-查汗乌苏 GG 花岗岩、卡而却卡-香日德 TTG 花岗岩、景仁-野马泉-查汗乌苏 GG 花岗岩、开木棋陡里格南-洪水川 TTG 花岗岩、祁漫塔格-都兰 GG 花岗岩、那仁达乌-青根河花岗岩、青根河-加当根 GG 花岗岩、赛什塘-兴海 GG 花岗岩等。岩性也非常复杂，其中以花岗闪长岩、石英闪长岩、二长花岗岩、似斑状花岗闪长岩、闪长岩、英云闪长岩、正长花岗岩等最为常见。与该岩浆岩有关的矿床如格尔木市四角羊-牛苦头锌铁铅矿床、格尔木市卡而却卡铜锌铁矿床、格尔木市肯德可克铁铅锌矿床、兴海县什多龙铅锌银矿床、都兰县哈日扎铅锌矿床、格尔木市哈西亚图铁矿床、格尔木市野马泉铁铅锌矿床、都兰县恰当铜矿床、茫崖市黑柱山地区铅锌矿床等。

3. 秦岭-大别(造山带)成矿省

三叠纪，在西秦岭构造岩浆岩带中，侵入有一系列俯冲环境的 GG 型、TTG 型花岗岩，典型的有常牧 GG 花岗岩、巴彦塘-龙羊峡 TTG 花岗岩、新街-甘家 GG 花岗岩。岩性主要有花岗闪长岩、石英闪长岩、二长花岗斑岩、闪长岩、似斑状花岗闪长岩等。在该岩浆岩区形成了少数的接触交代型、岩浆热液型铅锌矿点，如兴海县拿东北西砷银铅矿点、共和县当家寺南东铜铅锌银矿点、同仁县哲格姜铅锌矿点等。

4. 喀喇昆仑-三江(造山带)成矿省

三叠纪，在北羌塘-三江构造岩浆岩带有中酸性岩浆侵入，主要呈岩株、岩基出露。以花岗闪长岩、英云闪长岩、花岗斑岩为主体，局部有二长花岗岩、正长花岗岩。普遍含黑云母矿物，岩石具轻微蚀变，局部地段岩石于晚期遭受中深层次构造韧性剪切作用和浅层次构造动力破碎作用，形成糜棱化定向构造和碎粒化结构。岩石属于钙碱性系列。与该侵入岩有关的成矿类型为岩浆热液型，如玉树市来乃先卡银铅锌矿床、玉树市卡实陇铅银矿床、玉树市叶交扣铅矿点等。

侏罗纪—白垩纪，在北羌塘-三江构造岩浆岩带有中酸性岩浆侵入，侏罗纪时期有西确涌-仲达强过铝花岗岩，由花岗闪长岩、正长花岗岩、二长花岗岩和石英二长岩等组成，是碰撞环境的强过铝花岗岩。白垩纪有木乃-隆亚拉高钾—钾玄质花岗岩，岩石类型从内部至边部为细粒辉石二长岩、中粗粒石英二长岩、粗粒石英二长岩、中粗粒斑状石英二长岩、粗粒似斑状二长岩、细粒斑状二长岩，为碰撞环境下的高钾—钾玄质花岗岩。该时期形成的铅锌矿产地有治多县藏麻西孔银铜铅矿床、格尔木市切苏美曲西侧银铅铜矿点等。

古近纪，在该区有高钾类的花岗岩侵入岩，如各拉丹冬-马场高钾花岗岩，以正长花岗岩、二长花岗岩、花岗闪长岩和石英闪长岩为主，局部出露石英二长岩和闪长玢岩，为碰撞环境下的高钾—钾玄质花岗岩。在该岩浆侵入区形成有少数的铅锌多金属矿点，如杂多县乌葱察别铜锌银矿点、格尔木市约改铅锌矿点、治多县湖陆泊龙铅锌矿点、格尔木市日阿茸窝玛铅锌矿点等。

(二)与火山岩的关系

青海省火山活动频繁,从元古宙到新近纪都有火山喷发,各时期火山活动的规模、强度和所处构造位置以及火山岩特征均有明显的差别。自北向南具有形成时代逐渐变新,从早到晚由海相向陆相演化的喷发特点。元古宙—早古生代为海相火山岩,晚古生代—中生代早期(三叠纪)既有海相又有陆相火山,白垩纪以后全为陆相火山。寒武纪—奥陶纪、石炭纪—二叠纪两期海相火山岩和泥盆纪、晚三叠世两期陆相火山岩,分布广规模大,与青海省两次洋陆转换造山过程相吻合。全省各类火山岩出露面积约24 767 km^2,占全省面积的3%。

与火山岩有关的铅锌矿成矿类型,以海相火山岩型最为重要,成矿主要集中在寒武纪—奥陶纪、二叠纪—三叠纪两个时期,如大柴旦行委锡铁山铅锌矿床、玛多县抗得弄舍金铅锌矿床、玛沁县德尔尼铜钴锌矿床、兴海县日龙沟锡铅锌铜矿床、治多县多彩铜铅锌矿床等;其次为陆相火山岩型,成矿主要集中在三叠纪和新近纪两个时代,如泽库县老藏沟铅锌锡矿床、兴海县鄂拉山口铅锌银矿床、格尔木市纳保扎陇铅锌矿床、格尔木市那日尼亚铅矿床。

从空间分布情况看,与火山岩有关的铅锌矿产地在各成矿省中均有分布,其中在柴北缘成矿带、东昆仑成矿带、北祁连成矿带等地区分布较为密集,成矿强度较高。

1. 阿尔金-祁连(造山带)成矿省

寒武纪—奥陶纪,在祁连地区构造活动强烈,火山活动频繁,海相火山岩较为发育,可划分出中寒武世—早奥陶世火山喷发旋回和晚奥陶世火山喷发旋回,这两时期火山活动在祁连成矿占主导地位。已知与这一时期火山岩有关的铅锌矿床、矿点分布较多,成矿类型为海相火山岩型,如祁连县尕大坂铅锌铜矿床、门源县银灿铜锌矿床、祁连县龙哇俄当铜铅锌矿床、门源县松树南沟脑铜铅矿床、门源县中南沟铅锌矿床、祁连县小东索铁铅矿床等。

2. 昆仑(造山带)成矿省

1)柴北缘(造山带)成矿带

寒武纪—奥陶纪,柴北缘造山带经特提斯洋演化形成了一套弧-盆体系。火山岩主要赋存在寒武纪—奥陶纪柴北缘蛇绿混杂岩带及奥陶系滩间山群中。沉积记录显示,奥陶系滩间山群海相火山-沉积岩系,下部为中酸性火山岩,中上部为基性—酸性火山岩,正常沉积岩由碳酸盐岩、碎屑岩、硅质岩组成,岩石大部变质。该时期形成有海相火山岩型铅锌矿,如大柴旦行委锡铁山铅锌矿床、大柴旦行委双口山铅银锌矿床、都兰县太子沟铜锌矿床等。

2)东昆仑(造山带)成矿带

寒武纪—奥陶纪,火山岩主要产于寒武纪—奥陶纪纳赤台蛇绿混杂岩带、奥陶系祁漫塔格群中,这套海相火山岩地层主要出露于祁漫塔格地区,火山岩形成构造环境与柴北缘类同。奥陶纪在该地区只形成有少数的海相火山岩型铅锌矿点,如格尔木市雪鞍山西区铜铅锌矿点、格尔木市雪鞍山东区铜铅锌矿点等。

二叠纪,火山岩分别赋存于鄂拉山构造岩浆岩亚带的中二叠统切吉组和昆北构造岩浆岩亚带的上二叠统大灶火沟组。其中成矿主要与切吉组火山岩有关,中二叠统切吉组火山岩以夹层或岩段形态赋存于碎屑岩夹灰岩层系中,岩性变化不大,是一套以中酸性火山熔岩、火山碎屑岩为主的安山岩-英安岩-流纹岩组合,岩石类型有玄武安山岩、安山岩、英安岩、流纹岩、安山质凝灰熔岩、英安质含角砾熔岩凝灰岩等。在该套火山岩中形成有海相火山岩型铅锌矿,如兴海县铜峪沟铜矿床、兴海县赛什塘铜矿床、兴海县日龙沟锡铅锌铜矿床、共和县达纳亥公卡铁铅锌矿床等。

三叠纪,火山岩有海相和陆相,是中生代火山活动鼎盛时期,已发现的矿产地集中于强烈的活动地带、活动大陆边缘、岩浆弧等环境。早—中三叠世为俯冲环境的弧前盆地沉积,形成一套海相火山沉积建造,与该套火山岩有关的矿产地如玛多县抗得弄舍金铅锌矿床。晚三叠世陆相火山岩矿化很普遍,是铅锌银矿重要的成矿层，化探异常众多，发现有中小型铅、锌、铜、银、金、铁矿床，如兴海县鄂拉山口铅锌银矿床、都兰县那日马拉黑铜铅锌矿床、都兰县扎麻山南坡铅锌铜矿床、兴海县索拉沟铜铅锌银矿床等。

3. 秦岭-大别(造山带)成矿省

三叠纪，西秦岭地区发育有上三叠统多福屯群火山岩，为一套玄武岩-安山岩-英安岩-流纹岩(质)组合，火山熔岩、火山碎屑岩均不同程度发育。该套火山岩中形成了一些陆相火山岩型铅锌矿，如泽库县老藏沟铅锌锡矿床、同仁县夏布楞铅锌矿床等。

4. 巴颜喀拉-松潘(造山带)成矿省

二叠纪，该区火山岩主要产于马尔争蛇绿混杂岩带，岩性均为碎屑岩、火山岩、碳酸盐岩，由于构造岩浆作用，岩石变质较深，火山岩岩石类型以玄武岩占优势，属拉斑玄武岩。在该套火山岩中形成有海相火山岩型铅锌矿，如玛沁县德尔尼铜钴锌矿床。

5. 喀喇昆仑-三江(造山带)成矿省

二叠纪，火山岩主要产于下—中二叠统开心岭群，该套火山岩以夹层状、透镜状产出于同组碎屑岩中或集中呈面状、带状出露，为海相火山岩。岩石类型复杂，种类繁多，基性—酸性火山熔岩、火山碎屑岩较发育；不同地段出露岩石类型、岩石组合及厚度等各有差异。岩性主要有灰绿色安山岩、安山玄武岩、玄武岩、中基性和中酸性火山碎屑岩等。在该套火山岩中形成海相火山岩型铅锌矿，如格尔木市开心岭铁锌铜矿床、杂多县叶霞乌赛铅锌银矿点。

三叠纪火山岩主要赋存于歇武蛇绿混杂岩带、巴塘群、结扎群等地层单位中。其中上三叠统巴塘群分布范围较为广泛，火山岩类型复杂，既有爆发相各类火山碎屑岩、爆溢相火山碎屑熔岩，也有喷溢相火山熔岩，从基性到酸性岩均较发育，总体以中酸性火山岩为主，包括灰绿色玄武岩、玄武安山岩、杏仁状枕状玄武岩、安山岩、英安质玻屑晶屑凝灰熔岩、流纹质凝灰熔岩、流纹质角砾熔岩、中性—酸性凝灰岩等，间夹砂板岩及碳酸盐岩。该时期在巴塘群中形成有海相火山岩型铅锌矿，如治多县多彩铜铅锌矿床、玉树市赵卡隆铁银铅矿床等。

新近纪，在北羌塘雁石坪弧后前陆盆地发育有新近系中新统查保马组火山岩，岩石组合为粗面安山岩、粗面岩、粗面英安岩夹玄武安山玢岩、粗面斑岩、流纹斑岩、安粗岩、碱玄岩、次粗安岩、火山角砾熔岩、熔结角砾岩、火山集块岩等，以不含沉积夹层为特点。火山岩呈熔岩被、熔岩台地、方桌山状、平顶山状、熔岩阶地状，与下伏渐—中新统雅西措组、中新统五道梁组呈角度不整合接触。岩石化学特征属高钾—超钾质钙碱性系列。该套火山岩中形成陆相火山岩型铅锌矿，如格尔木市纳保扎陇铅锌矿床、格尔木市那日尼亚铅矿床。

另外，在喀喇昆仑-羌北成矿带中发现有侏罗纪海相火山岩型铁铅锌矿产地，应与中—上侏罗统雁石坪群中火山岩有关，如格尔木市小唐古拉山铁矿床共生有铅锌矿产。

第二节　地球物理特征与铅锌成矿

青海省处于秦祁昆成矿域和特提斯成矿域之间，从元古宙至新生代地壳活动强烈，各类成矿地质作用丰富而强烈，也造成不同的地质-构造-岩浆活动等均存在一定的差异，而不同成矿类型的铅锌矿又赋存在不同的地质体中。不同构造环境中的地质体，由于其物性(密度、磁性及导电性等)的变化，赋存在其中的矿产在地球物理上显示出不同的规律特征。系统地综合研究区域地球物理场、地球化学场及遥感、自然重砂等特征，可以为地质找矿提供较好的找矿信息，也是目前地质找矿的重要工作手段。本次重点阐述磁异常特征与铅锌成矿的关系。

一、航磁异常特征

根据中国国土资源航空物探遥感中心提供的青海省 2 km×2 km 航磁网格数据，编制了青海省航磁（ΔT）等值线平面图（图 2-3），客观地反映了青海省区域磁场特征。

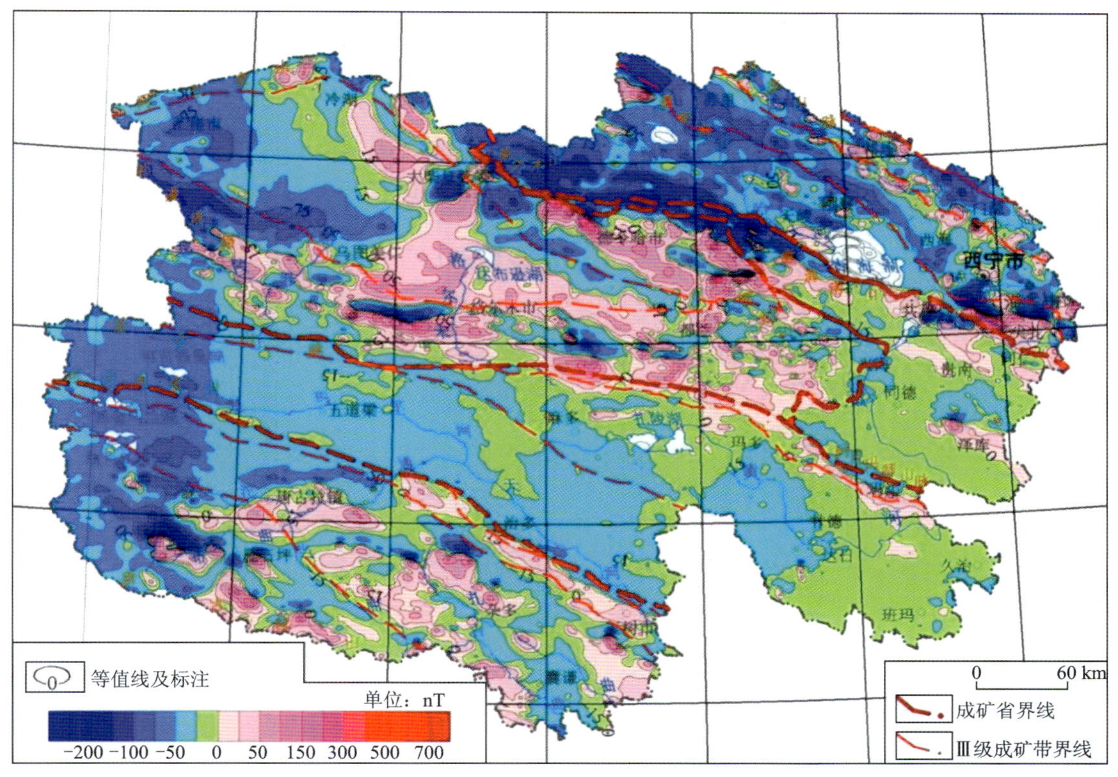

图 2-3　青海省航磁（ΔT）等值线平面图

青海省区域磁场较简单，主要由高磁场区和平静磁场区构成，而平静磁场区可进一步划分为低缓磁异常区（磁场值在 0～10 nT 之间）和负磁场区，最大特征为平静磁场中的局部升高正磁场，均为低缓异常，各磁场区的总体形状分带状、块状、半环状，轮廓比较清晰。

不同磁场区的分布与现代地貌和出露的岩性关系密切。带状、块状高磁场区与中、高山区基本吻合，如东昆仑带状高磁场区、祁连带状高磁场区、柴达木盆地东部块状高磁场区、柴达木盆地周缘带状高磁场区、唐古拉块状高磁场区等。而平静磁场区则与盆地式平缓起伏的低山区大体相符。如可可西里-巴颜喀拉带状平静磁场区，柴达木盆地西部低缓异常区，哈拉湖低缓异常区，青海省西部 91°30′00″以西地区（含柴达木盆地西部）低缓异常区，囊谦以西低缓异常区，青海省东南部达日、班玛、久治、泽库一带低缓异常区等。这种关系表明，高磁场主要由构造山脉引起，构成这些山脉的岩石显然具有磁性；相反，平静磁场则表明地壳表层缺失磁性岩石，即构成盆地的中新生代主要沉积物为非磁性地层，且岩浆活动微弱。现将磁场分区及其地质解释如下。

（一）柴达木盆地周边高磁场区

该高磁场区主要指柴南缘东昆仑地区，柴东缘都兰、乌兰、鄂拉山地区，柴东北缘赛什腾山至宗务隆山一带，柴西北缘阿尔金山地区的茫崖至阿克塞一带。

1)柴南缘东昆仑西段高磁异常带

东经94°30′以西至小灶火河,北纬36°以北宽30 km范围内出现条带状高磁异常,其异常值高达300 nT,该异常带分别与寒武-奥陶纪纳赤台蛇绿混杂岩带和十字沟蛇绿混杂岩带相吻合。推断异常由元古宙地层和早古生代蛇绿岩及中酸性岩体引起。该带以西沿那陵郭勒两侧宽60 km范围内呈北西向展布的航磁异常由蛇绿岩和中酸性岩体引起,岩体主要是花岗闪长岩和二长花岗岩。特别重要的是野马泉、青德可克、尕林格、四角羊航磁异常与矽卡岩型铅锌铁多金属矿有关。

2)柴南缘东昆仑东段高磁场区

该异常指东经94°30′至98°00′,北纬36°两侧的航磁异常,异常带呈东西向展布。该异常带与寒武-奥陶纪纳赤台蛇绿混杂岩带相吻合。该异常带由早古生代蛇绿岩及中酸性侵入岩体引起。

3)柴东缘高磁场区

该异常走向变化大,主要由不规则团块状异常组成。该异常区东南部有石炭纪—中二叠世苦海-赛什塘蛇绿混杂岩带分布,并有弱磁异常显示,强度较高的异常大部分由中酸性侵入岩体引起。

4)柴东北缘赛什腾山-绿梁山高磁异常带

该带异常呈狭长带状、轴向北西,呈斜列分布。该异常带分别与寒武-奥陶纪柴北缘蛇绿混杂岩带、石炭纪—中二叠世宗务隆山蛇绿混杂岩带、寒武-奥陶纪阿木尼克山蛇绿岩带基本吻合。正异常带主要由早古生代蛇绿岩及变质中基性火山岩和中酸性岩体引起,局部磁力高则由超基性岩引起。

5)柴西北缘阿尔金山高磁异常带

本带异常大多呈北东东向延伸的条带状,强度100～300 nT,最高达780 nT。该异常带与寒武-奥陶纪茫崖蛇绿混杂岩带相吻合。异常主要由蛇绿岩、超基性岩及早古生代一套变质岩引起。

(二)青海东部高磁场区

区内有北祁连高磁异常带、南祁连高磁异常带和阿尼玛卿山条带状高磁异常。北祁连高磁异常带,由两个异常带组成,它们分别是走廊南山磁异常带和托莱山-达坂山磁异常带。异常沿走廊南山-冷龙岭,托莱山至达坂山一带分布,局部异常呈长条状、椭圆状,走向北西西,异常强度一般100～200 nT。异常由寒武-奥陶纪蛇绿岩套和中基性火山岩及中酸性、超基性岩体引起。该异常带分别与寒武-奥陶纪走廊南山蛇绿混杂岩带和寒武-奥陶纪达坂山蛇绿混杂岩带相吻合。

南祁连高磁异常带指拉鸡山异常带,其强度在200 nT以上,北侧伴生负异常。该异常带反映了早古生代变质中基性火山岩的分布,其上叠加的强磁异常则为蛇绿岩或超基性岩、闪长岩、花岗闪长岩所引起。该异常带与寒武纪—早奥陶世拉脊山蛇绿混杂岩带相吻合。

阿尼玛卿山条带状高磁异常带,沿阿尼玛卿山、布青山分布,由一连串等轴状、长条状高磁异常组成。正负异常伴生,正值一般为40～100 nT,最强170 nT,负值在－75～－15 nT之间。此带与石炭纪—中二叠世马尔争蛇绿混杂岩带相吻合。经地面查证,强磁异常由蛇绿岩套及超基性岩引起,德尔尼大型铜钴锌矿床即位于此带之中,矿床赋存于阿尼玛卿蛇绿岩套中部(宋忠宝等,2010)。

(三)可可西里-巴颜喀拉平静磁场区

该区位于柴南缘高磁场区与唐古拉高磁场区之间的低缓平静磁场区,幅值一般在20 nT以内,其中扎陵湖东、西两侧80 km范围之内,磁法推断8处异常由三叠系巴颜喀拉群火山岩引起。3处异常由基性和中酸性岩体引起。

该区区域磁场趋于平静,表明三叠纪地层厚度巨大,基本无磁性,岩浆活动微弱。该区范围内主要是三叠系巴颜喀拉群一套海相碳酸盐岩和碎屑岩沉积,局部夹有一些火山岩。该套岩石一般具有弱磁性或无磁性,故将航磁异常上延60 km后磁场变为零。故推断该区深部没有结晶基底(寇玉才,2000)。

(四)唐古拉高磁场区

该区位于可可西里南缘断裂以南,包括整个唐古拉山北坡,在其范围内呈现区域性高磁异常,该高磁异常区由三部分组成。

1. 北部边缘带

该带异常沿二道沟—治多—玉树呈北西西走向的条带状高磁异常带。该异常带与石炭纪—中二叠世通天河蛇绿混杂岩带和中晚三叠世歇武蛇绿混杂岩带相吻合。异常主要由蛇绿岩套、超基性岩体和中酸性岩体引起。

2. 北部异常区

1)北部异常区西段

即该区雁石坪以北,94°00′以西。其局部异常众多,强度数十纳特,最强 130 nT。其异常轴向以东西向、北东东向为主,异常主要由早中二叠世地层中的火山岩引起。段内完整规则的异常都是由中酸性二长花岗岩体引起。

2)北部异常区东段

即北部异常区 94°00′以东地段。区域异常呈北西向展布,其中局部异常主要集中在纳日贡玛—宗格涌、东角涌一带。该区的负航磁异常一般由喜马拉雅期中酸性侵入岩引起,而正异常由早二叠世地层中海相中基性火山岩引起。

3. 南部异常区

该异常区处于雁石坪以南唐古拉山脊两侧。区域异常呈北西西向,由团块状、条带状高磁异常组成,强度高达 110~230 nT,一般北侧伴生负异常。推断这些异常由闪长岩和二长花岗岩体引起。

二、磁场反映的区域构造格架

根据区域重力场和磁场特征,划分的区域重力场分区和磁场分区与大地构造单元具有很好的对应关系。青海省内几条北西向和近东西向展布的条带状、串珠状磁异常带,分别与阿尔金主脊断裂、冷龙岭北缘断裂、托莱河-南门峡断裂、疏勒南山-拉脊山北缘断裂、宗务隆山-青海南山断裂、柴北缘-夏日哈断裂、昆仑(昆北、昆中、昆南)断裂带、布青山南缘断裂带、可可西里南缘断裂、西金乌兰湖北-玉树断裂带、乌兰乌拉湖南缘断裂等一一对应。

以昆中断裂带为界,以北为秦祁昆造山系;以布青山南缘断裂为界,以南为北羌塘-三江造山系;昆中断裂带以南至布青山南缘断裂以北的狭窄(长)地带为康西瓦-修沟-磨子潭地壳对接带。将青海省划分为南、中、北三部分,北部磁场以高磁场区为主,平静磁场区次之;南部磁场以平静磁场区为主,高磁场区次之;中间区域为地壳结合带,磁场表现为近东西走向的条带状、串珠状异常带。这种磁场特征差异,明显地反映了秦祁昆造山系和北羌塘-三江造山系及其间地壳结合带 3 个一级大地构造单元。故昆中断裂带和布青山南缘断裂带可作为一级大地构造单元的分界线。阿尔金主脊断裂、托莱河-南门峡断裂、宗务隆山-青海南山断裂、柴北缘-夏日哈断裂、昆北断裂带、可可西里南缘断裂、乌兰乌拉湖南缘断裂等,可以作为二级构造单元的边界线。

根据区域磁场总体特征来看,各地块或块体及构造单元之间多为深大断裂或缝合带相隔,这些深大断裂构造带在磁场上反映的是条带状、串珠状磁异常带,它们直接反映的是缝合带或深大断裂存在的具体位置,其展布方向为区域构造线方向,青海省境内总体区域构造线方向呈现为北西向。

综上所述,地球物理特征的差异与研究区大地构造的演化、发展密切相关,并显示出一定的规律。航磁异常不仅反映了基底变质岩系的磁性特征,而且在一定程度上也反映了地壳中磁性物质空间分布的不均匀状态以及深部磁性层的性质与发育程度。研究磁场主要是反演深部地质情况,用于间接指导找矿。

第三节 地球化学特征与铅锌成矿

地球化学场是由于地壳原始物质组成不均一性和地壳演化过程中各种地质-地球化学作用所形成

的化学元素含量与组合特征在时空上的展现。浅表地球化学场是其中的组成部分，是指近地表地壳（表壳）所形成的地球化学场，在空间上其深度与已出露的基底、盖层、岩浆岩的厚度或延伸有关。由于有些表壳物质来源于深部（下地壳、地幔等），因此浅表地球化学场在一些空间部位上也反映深部地球化学场的某些特征。

一、青海省水系沉积物中 Pb 地球化学场特征

青海省水系沉积物中 Pb 的丰度（原始数据算术平均值）为 24.03×10^{-6}（许光等，2013），剔除离群点后丰度为 19.71×10^{-6}，离群数集剔除前后的比值为 1.22。Pb 的原始数据丰度略高于全国中值（24×10^{-6}）（迟清华和鄢明才，2007）。总体分布特征如下：

（1）某微量元素离群数集剔除前后的丰度比值大于 1 的，意味着该元素被剔除离群数集中，高端离群数据占优势。如果把比值 1 ± 0.05 的元素（化合物）看作它们在青海地壳中的分布相对均化，那么，$\geqslant1.05$的不但应看作是相对异化，而且出现局部矿化富集的可能性偏大。偏离 1 愈远且大于 1 的元素（化合物）有着愈大的异化倾向，形成局部富集的可能性就愈大。青海省 Pb 离群数集剔除前后的丰度比值为 1.22（许光等，2013），由此可见 Pb 元素在青海省富集成矿的可能性或成矿强度较高，目前大量的成矿事实也证实了这一论断。

（2）青海省 Pb 地球化学场的分布大致为北部偏低南部偏高。最高部位为喀喇昆仑-三江地区，其次为东昆仑成矿带，再次为北祁连、南祁连等地区；最低部位为北巴颜喀拉-南巴颜喀拉成矿带。现有的矿产地分布情况也与 Pb 地球化学场相一致（图 2-4）。

（3）青海北部 Pb 的高值或异常区呈碎片状、条带状散布于各构造单元，而南部的高值或异常区则呈连片状，高值异常密集分布。

（4）青海省现有的矿产地分布情况与 Pb 地球化学场相一致。大中型铅锌矿床一般位于异常的浓集中心，而铅锌矿密集分布的矿集区，Pb 的高值异常也连片展布。

二、青海省水系沉积物中 Zn 地球化学场特征

青海省水系沉积物中 Zn 的丰度（原始数据算术平均值）为 59.85×10^{-6}（许光等，2013），剔除离群点后丰度为 54.92×10^{-6}，离群数集剔除前后的比值为 1.09。Zn 的原始数据丰度低于全国中值（70×10^{-6}）（迟清华和鄢明才，2007）。总体分布特征与 Pb 较相似，具体如下：

（1）青海省虽然 Zn 的丰度低于全国中值，但离群数集剔除前后的比值为 1.09。相对丰度的高低，仅仅说明某物质在相应区域地壳中的丰缺程度，能否富集成矿，主要取决于它们在各种地质作用过程中的分异、分离程度以及圈闭条件的配合。由此可见，Zn 元素在青海省富集成矿的可能性或成矿强度较高。

（2）青海省 Zn 地球化学场的分布，由北向南大致为高—低—高—低—高。最高部位为喀喇昆仑-三江地区，其次为东昆仑成矿带，再次为北祁连、南祁连等地区；最低部位为北巴颜喀拉-南巴颜喀拉成矿带，其次为德令哈市以西地区。现有的矿产地分布情况也与锌地球化学场相一致（图 2-5）。

（3）青海中部和北部 Zn 的高值或异常区呈碎片状、条带状散布于各构造单元，而南部的高值或异常区则呈连片状，高值异常密集分布。

（4）青海省现有的矿产地分布情况与 Zn 地球化学场相一致。大中型铅锌矿床一般位于异常的浓集中心，而铅锌矿密集分布的矿集区，Zn 的高值异常也连片展布。

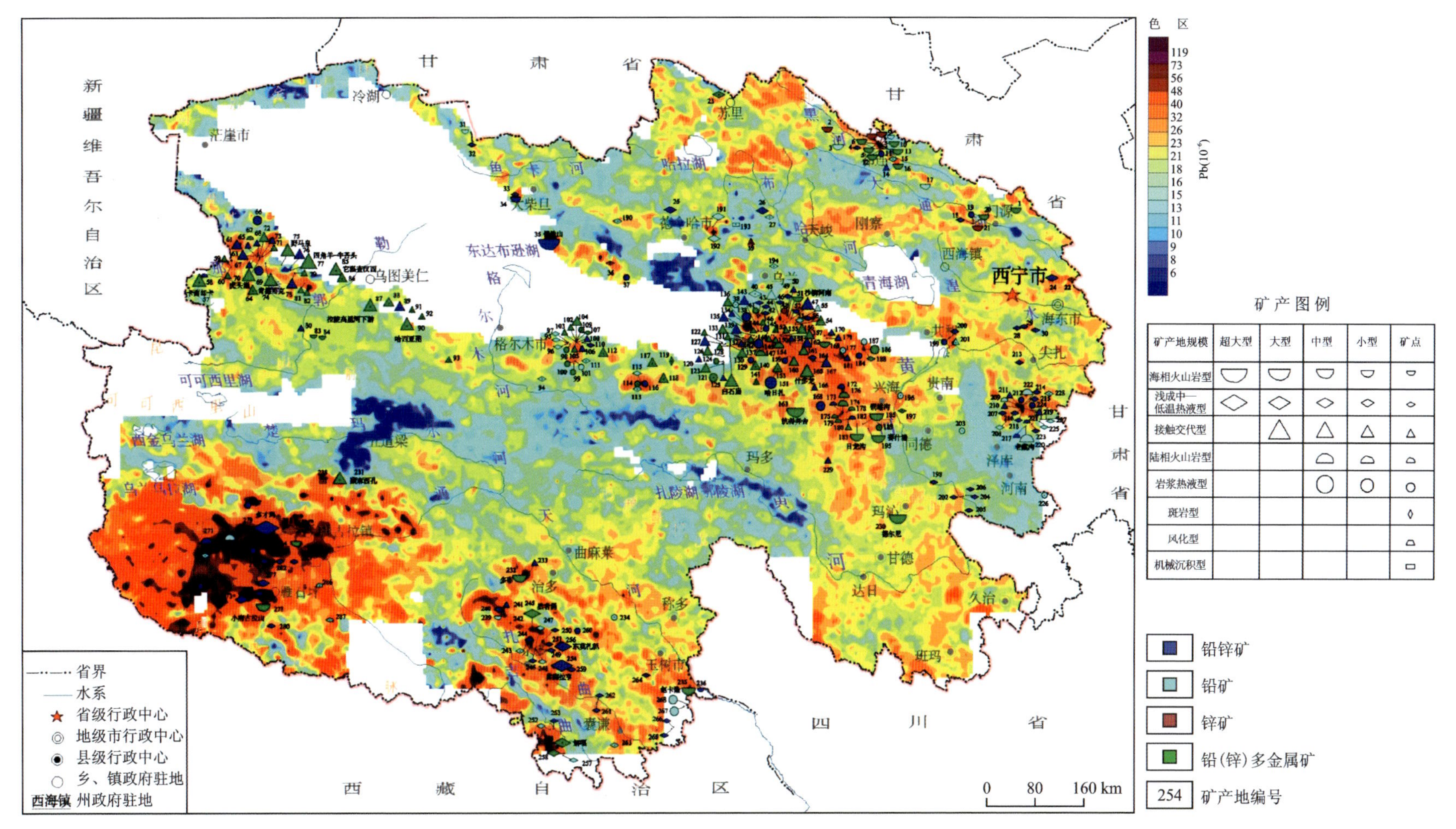

图2-4 青海省Pb地球化学场与铅锌矿产关系图

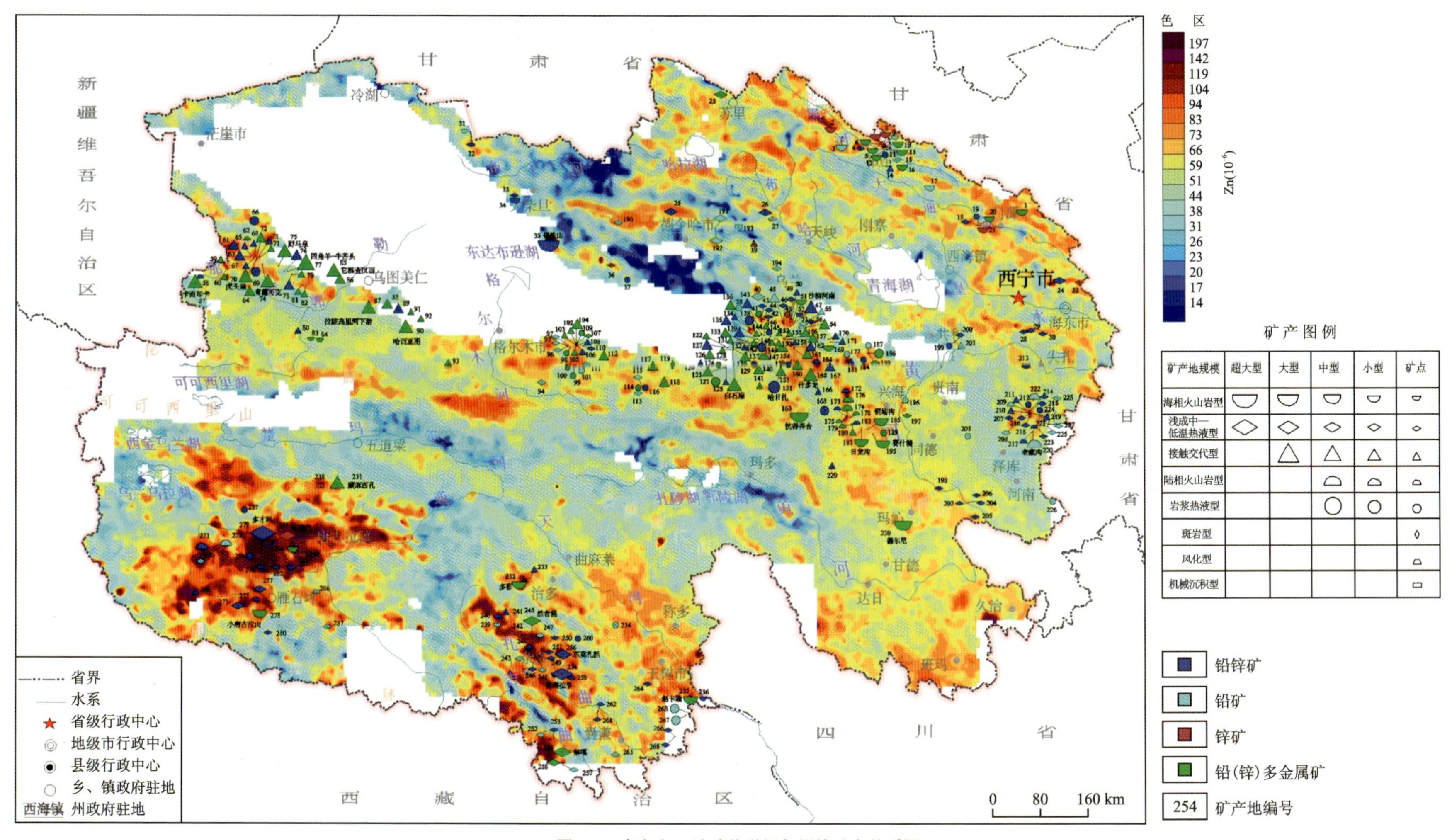

图2-5　青海省Zn地球化学场与铅锌矿产关系图

第三章　典型矿床

第一节　海相火山岩型铅锌矿床

海相火山岩型铅锌矿是青海省重要的铅锌矿类型，此类型共发现矿床(点)34处(表3-1)，其中，超大型矿床1处(锡铁山)，大型矿床2处(德尔尼、抗得弄舍)，中型矿床6处，小型矿床18处，矿点7处。34处矿产地中以铅锌矿为主矿种的矿产地17处，以铅锌矿为共生矿种的矿产地17处。矿床(点)的形成主要与海相火山岩有关，成矿时代主要集中在寒武纪—奥陶纪、二叠纪—三叠纪两个时期，空间分布主要集中在北祁连、柴北缘、东昆仑等成矿带。

表3-1　青海省海相火山岩型铅锌矿产地一览表

矿产地编号	矿产地名称	地区	主矿种	成矿时代	主矿种规模	勘查程度	成矿区(带)	构造单元
1	门源县银灿铜锌矿床	海北州	铜锌	O	小型	普查	Ⅲ-20	Ⅰ-2-1
2	祁连县辽班台铅锌银矿床	海北州	锌	O	小型	普查	Ⅲ-21	Ⅰ-2-4
3	祁连县大二珠龙(西段)铅银铜矿床	海北州	铅	O	小型	普查	Ⅲ-21	Ⅰ-2-4
5	祁连县郭米寺铜铅锌矿床	海北州	铅锌铜	∈	小型	勘探	Ⅲ-21	Ⅰ-2-3
6	祁连县西山梁铜铅锌矿床	海北州	铜铅锌	∈	小型	普查	Ⅲ-21	Ⅰ-2-3
7	祁连县下柳沟铅铜锌矿床	海北州	锌	∈	小型	勘探	Ⅲ-21	Ⅰ-2-3
8	祁连县湾阳河铅铜锌矿床	海北州	锌	∈	小型	详查	Ⅲ-21	Ⅰ-2-3
9	祁连县柳湾区铜铅锌矿点	海北州	铅	∈	矿点	普查	Ⅲ-21	Ⅰ-2-3
10	祁连县下沟铅铜锌矿床	海北州	铅锌铜	∈	小型	普查	Ⅲ-21	Ⅰ-2-3
12	祁连县赖都滩铜铅锌矿床	海北州	铅锌铜	∈	小型	普查	Ⅲ-21	Ⅰ-2-3
13	祁连县尕大坂铅锌铜矿床	海北州	铅锌铜	∈	小型	普查	Ⅲ-21	Ⅰ-2-3
16	祁连县小东索铁铅矿床	海北州	铁铅	∈	小型	详查	Ⅲ-21	Ⅰ-2-3
17	祁连县龙哇俄当铜铅锌矿床	海北州	铅	O	小型	普查	Ⅲ-21	Ⅰ-2-3
20	门源县松树南沟脑铜铅矿床	海北州	铜铅	O	小型	普查	Ⅲ-21	Ⅰ-2-4
21	门源县中南沟铅锌矿床	海北州	锌	O	小型	普查	Ⅲ-21	Ⅰ-2-4
31	大柴旦行委白云滩铅银金矿点	海西州	铅	O	矿点	预查	Ⅲ-24	Ⅰ-5-1
34	大柴旦行委双口山铅银锌矿床	海西州	铅锌	O	小型	普查	Ⅲ-24	Ⅰ-5-2

续表 3-1

矿产地编号	矿产地名称	地区	主矿种	成矿时代	主矿种规模	勘查程度	成矿区(带)	构造单元
35	大柴旦行委锡铁山铅锌矿床	海西州	铅锌	O	超大型	勘探	Ⅲ-24	Ⅰ-5-1
51	都兰县太子沟铜锌矿床	海西州	铜锌	O	小型	详查	Ⅲ-24	Ⅰ-5-2
52	都兰县藏碑沟铅锌铜矿点	海西州	铅锌	O	矿点	普查	Ⅲ-24	Ⅰ-5-2
83	格尔木市雪鞍山西区铜铅锌矿点	海西州	铜铅锌	O	矿点	预查	Ⅲ-26	Ⅱ-1-1
84	格尔木市雪鞍山东区铜铅锌矿点	海西州	铜铅锌	O	矿点	预查	Ⅲ-26	Ⅱ-1-1
163	玛多县抗得弄舍金铅锌矿床	果洛州	金锌铅	T	大型	详查	Ⅲ-26	Ⅱ-1-1
169	共和县达纳亥公卡铁铅锌矿床	海南州	铁铅锌	P	小型	普查	Ⅲ-26	Ⅰ-7-4
183	兴海县日龙沟锡铅锌铜矿床	海南州	锡铅锌	P	中型	详查	Ⅲ-26	Ⅰ-7-5
185	兴海县铜峪沟铜矿床	海南州	铜铅锌	P	中型	勘探	Ⅲ-26	Ⅰ-7-5
189	兴海县赛什塘铜矿床	海南州	铜铁铅锌	P	中型	勘探	Ⅲ-26	Ⅰ-7-5
230	玛沁县德尔尼铜钴锌矿床	果洛州	铜钴锌	P	大型	勘探	Ⅲ-29	Ⅱ-2-1
232	治多县多彩铜铅锌矿床	玉树州	铜铅锌	T	中型	普查	Ⅲ-33	Ⅲ-2-3
235	玉树市赵卡隆铁银铅矿床	玉树州	铁铜铅锌	T	中型	详查	Ⅲ-33	Ⅲ-2-4
236	玉树市挡拖铅锌矿点	玉树州	铅锌	T	矿点	预查	Ⅲ-33	Ⅲ-2-4
239	杂多县叶霞乌赛铅锌银矿点	玉树州	铅	P	矿点	预查	Ⅲ-36	Ⅲ-2-6
278	格尔木市小唐古拉山铁矿床	海西州	铁铅锌	J	中型	普查	Ⅲ-35	Ⅲ-3-1
284	格尔木市开心岭铁锌铜矿床	海西州	铁锌铜	P	小型	普查	Ⅲ-35	Ⅲ-2-5

一、大柴旦行委锡铁山铅锌矿床

(一)概况

矿床行政区划属青海省海西蒙古族藏族自治州大柴旦行委锡铁山镇管辖。地理坐标:东经 95°32′40″—95°35′25″,北纬 37°18′33″—37°20′59″。矿区东距青海省西宁市 699 km(铁路),南距格尔木市 137 km,西北距大柴旦行委 75 km。青藏铁路在矿区东南 9 km 处通过,有支线直达矿区,交通较为便利。

1956—1958 年,青海省锡铁山地质队对锡铁山铅锌矿床进行了勘查,并提交了《青海省柴达木锡铁山铅锌矿床最终地质勘探报告》;1975—1982 年,青海省地质局物探队在锡铁山主矿区——绿石岗区段开展了物探工作(1∶2.5 万双频偶极测量),1979—1982 年,由青海省第五、第八地质队对圈出的物探异常进行了查证,1982 年由青海省第五地质队补做金、银勘探工作;1982—1989 年,青海省地球物理勘查队对锡铁山矿床南段开展第二轮物化探工作.1985 年,青海省地球物理勘查队在矿区外围开展 1∶1 万普查、详查工作;1985—1988 年,青海省第五地质队同中国地质调查局西安地质调查中心合作进行了综合研究;1989—1996 年,青海省有色地质矿产勘查局八队开展了锡铁山铅锌矿床深部普查和勘探。

2000 年以后,主要开展深部勘查工作。2000—2002 年,湖南省有色地质矿产勘查局二四七队在锡铁山铅锌矿区开展地球化学异常模式研究和深部边部找矿预测工作,其间桂林工学院在矿区中间沟进行深部物探找矿研究,并提交了《锡铁山矿区中间沟物探深部找矿研究报告》。2005—2006 年,中南大学采用可控源音频大地电磁法分两次对中间沟-断层沟矿带深部进行了物探测量;2007—2008 年,青海省西部矿业地质勘查有限责任公司(以下简称勘查公司)开展了进一步勘查工作;2009—2011年,该勘查公司委托湖南省有色地质勘查局二一七队在中间沟-断层沟铅锌矿区开展详查工作,其间勘查公司对近3年的深部勘探、生产探矿、矿山开采等资料进行整理,实测采空区面积,编制提交有《青海省大柴旦锡铁山铅锌矿资源储量核实报告》;2012—2015年,继续开展勘探工作,其间提交了《青海省大柴旦镇中间沟-断层沟铅锌矿区勘探地质报告》。该矿由勘查公司开采。

(二)区域地质特征

矿床大地构造位置位于柴达木地块北缘,由早古生代裂陷形成的一套呈北西向分布的以中基性为主的火山沉积岩系中,成矿带属柴达木盆地北缘成矿带之赛什腾山-布果特山成矿亚带(Ⅳ-24-2)。出露的地层由老到新为古元古界达肯大坂岩群、奥陶系滩间山群、下石炭统阿木尼克组、下石炭统城墙沟组及古近系、新近系、第四系。其中奥陶系滩间山群是区内铅锌矿体的赋矿层位。区域内褶皱构造复杂,断裂构造十分发育,其中北西向断裂构造为控矿构造。岩浆活动频繁,按侵入时间分加里东期和海西期,主要以中酸性岩浆岩为主。区域上火山活动强烈,主要为奥陶纪海相基性火山喷出活动,后经中深变质形成斜长角闪岩。

(三)矿区地质特征

1. 地层

矿区内出露有古元古界达肯大坂岩群、奥陶系滩间山群。与铅锌矿成矿有关的地层为奥陶系滩间山群,主要为一套浅海相中基性—酸性火山喷发熔岩,火山碎屑岩夹沉积岩及少量碳酸盐岩的绿片岩系,进一步分为4个岩组。

底部a岩组主要为中基性和少量中酸性火山沉积岩,岩石已发生变质,岩性为灰绿色绿泥石英片岩、碳质石英片岩、条带状硅质岩、白色薄—厚层状块状大理岩、青灰色条带状大理岩。该层是矿区的主要含矿层位,其中白色块状大理岩及条带状硅质岩与成矿关系密切。b岩组由变质的中性—基性火山岩及沉积岩夹层组成,岩性主要为深灰色含钙质条带斜长绿泥片岩夹含钙质条带绿泥斜长片岩、石英绢云片岩、绢云片岩、绢云石英片岩、含碳绢云绿泥石英片岩等。底部有小的层状、似层状铅锌矿体及细脉浸染状铅锌矿体产出,为矿区次要含矿层。c岩组为碎屑沉积岩,为紫红色长英质砂岩夹少量砾岩。d岩组主要由中基性火山碎屑岩组成(图3-1)。

2. 构造

矿区断裂主要有北西向、北东向、近东西向、近南北向4组。其中北西向断裂规模巨大,具区域性深大断裂特征,为控矿构造;北东向组与主构造线垂直,为横向断裂,常使矿体产生一定的错动;近东西向组,断裂性质以张扭性为主,常右行错断矿体,尽管错距均不大,但对矿带和矿体的延伸有一定影响,导致向南东段含矿层逐渐隐伏于古元古界达肯大坂岩群之下;近南北向组,规模较小,为张扭性,产状较陡,破碎带发育,常错断矿体。

3. 岩浆岩

区内火山活动强烈,滩间山群早期火山喷发物为中基性火山岩-基性凝灰岩、玄武岩夹安山岩,晚期火山喷发物为中酸性火山岩-流纹岩及英安岩。火山喷发间歇期有碳酸盐岩沉积及纹层状石膏、菱铁矿层、纹层状硅质岩等热水沉积岩类。火山喷发沉积物的夹层中,常出现硬砂岩、凝灰质硬砂岩、杂砂岩和少量隐爆角砾岩、砂砾岩及以火山物质胶结的砾岩。

4. 变质岩

矿区地处柴北缘裂谷带中,区域变质作用强烈,主要为片麻岩化等一系列深变质作用。矿区内变质作用明显,表现为片理化、火山物质及少量泥质在区域变质作用下形成绿泥石、绢云母、碳质、钙质、石英等。碳酸盐岩中方解石重结晶,矿物定向排列明显。矿区变质程度达绿片岩相。

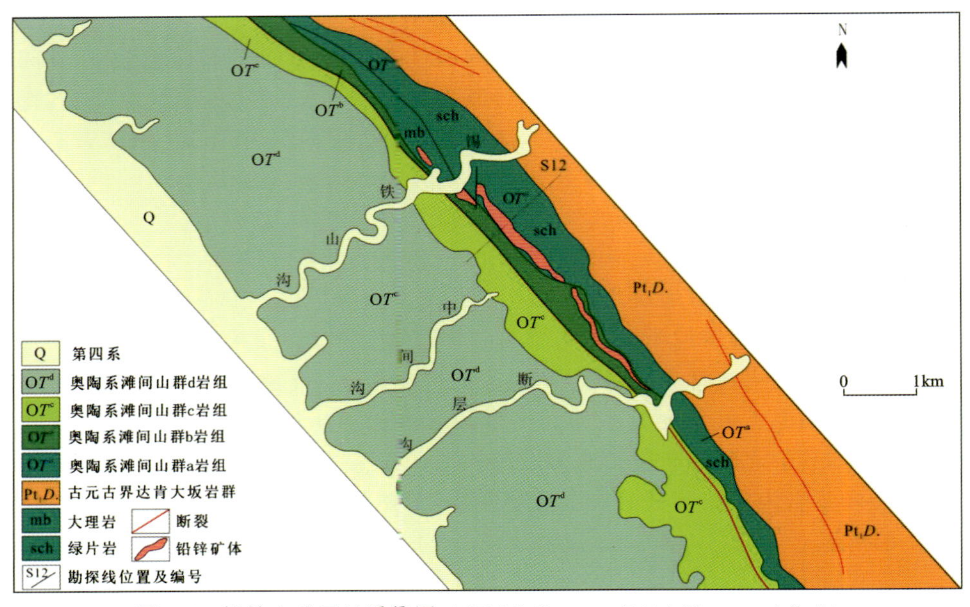

图 3-1　锡铁山矿区地质简图(据谭建湘等，2009；祝新友等，2006，有修改)

(四)矿体特征

矿体赋存于滩间山群黑色含碳绿泥石英绢云片岩、绢云石英片岩、大理岩或其接触带中，矿体呈倾向南西的单斜层，倾角 60°～80°，局部见层间揉皱甚至倒转，侵入岩不发育。含矿带长约 6 km，宽 50～850 m，以锡铁山沟至中间沟段矿体发育最好，在长 3500 m、垂深 250～500 m 范围内探明矿体 183 个，组成 3 个矿带。

Ⅰ矿带长 2473 m，宽 20～72 m，由 74 条矿体组成，其中Ⅰ1 矿体最大，长 849 m，厚 2～46 m，延深未封闭；Ⅱ矿带长 2355 m，宽 70～118 m，由 90条矿体组成，其中Ⅱ10 矿体最大，长 1365 m，平均厚 4 m；Ⅲ矿带长 1850 m，较不稳定，其中Ⅲ6 矿体最大，长 562 m，厚23 m(图 3-2)。矿区硫化物矿体平均品位，铅 3.7%，最高 4.7%；锌 5.39%，最高 7.22%；伴生金 0.39～1.12 g/t、银 19.6～46.6 g/t、镉 0.087%、镉 0.033%、硫 14.439%～18.4%。

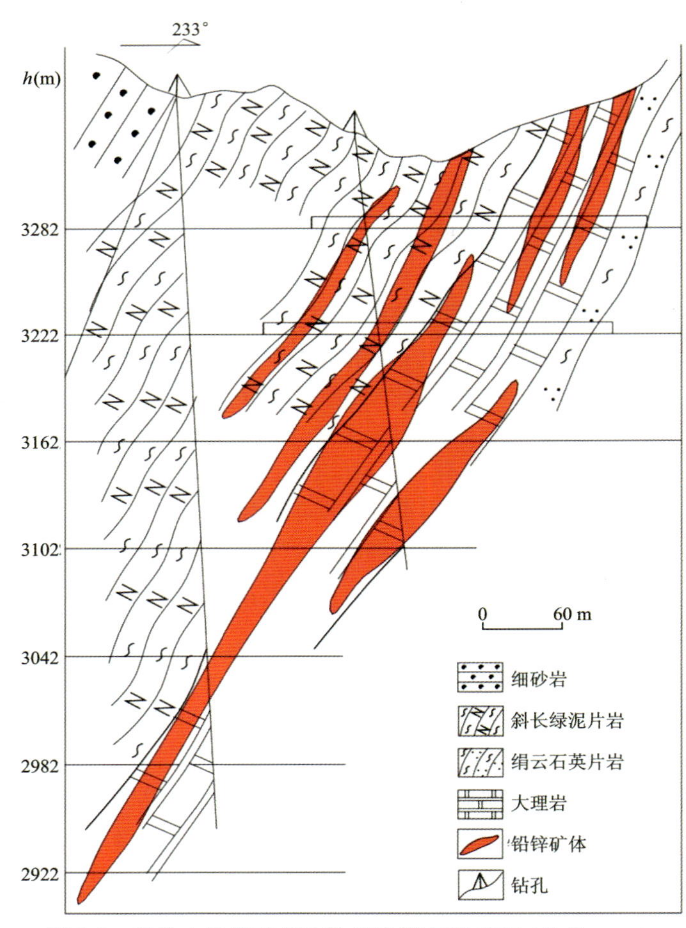

图 3-2　锡铁山铅锌矿 S12 勘探线剖面图(据谭建湘等，2009)

Ⅱ333 矿体：呈似层状，长 75 m，垂直延深 133 m，平均真厚度 17.92 m，矿体走向北西，倾向南西，倾角 50°～53°。矿体平均品位 Pb 7.81%、Zn 12.28%、S 17.22%、Au 0.31 g/t、Ag 116.05 g/t。

Ⅲ5矿体:矿体呈似层状,工程控制长度200 m,垂直延深112 m,平均真厚度8.84 m,矿体走向北西,倾向南西,倾角47°。矿体平均品位Pb 3.74%、Zn 3.55%、S 29.90%、Au 0.11 g/t、Ag 61.13 g/t。

(五)矿石特征

1.矿石类型

根据矿石矿物组成与结构构造划分为条带—块状黄铁矿(胶黄铁矿)-闪锌矿-方铅矿矿石,条带—浸染状黄铁矿(胶黄铁矿)-闪锌矿-方铅矿矿石,星散状、细脉浸染状黄铁矿-闪锌矿-方铅矿矿石,其他矿石类型[结构构造独特的伟晶状矿石、花斑状矿石和角砾状矿石、金属矿物成分单一的方铅矿矿石、闪锌矿矿石、黄铁矿矿石和胶黄铁矿矿石,具特殊成因的石膏-菱锌铁矿矿石(层纹状构造为主)];按矿石中铅、锌品位划分,>8%为富铅锌矿石,<8%为一般铅锌矿石。

2.矿石物质组成

矿石金属矿物为闪锌矿、方铅矿、黄铁矿、磁黄铁矿,少量白铁矿、毒砂、黄铜矿、黄锡矿、磁黄铁矿、磁铁矿、铬铁矿、银金矿、金银矿、自然金、硫金银矿、黝锑银矿、银砷铜银矿、银锌砷铜银矿、银黝铜矿、硫镉矿、锡石、铜蓝、辉铜矿、金红石等;非金属矿物为石英、方解石、钠长石、绿泥石、碳泥质,其次有绢云母、菱锰矿、石膏等,偶见萤石。

3.矿石结构构造

矿石结构主要有半自形—他形粒状结构、环带结构、交代结构、充填交代结构、压碎粒状结构、交织结构等;矿石构造主要有致密块状构造、条带状构造、星散浸染状构造、斑状构造、角砾状构造、纹层状构造等。

(六)围岩蚀变

矿体围岩有大理岩和绿片岩两类,主要蚀变有硅化、黄铁矿化、碳酸盐化、钠长石化、重晶石化等。

(1)硅化:是矿区最常见和最发育的蚀变之一,发生在大理岩中时使大理岩退色呈致密块状,层理不清,质脆而坚硬。发生在绿片岩中时,主要出现在热水喷流的管道系统中,围岩普遍发生不同程度硅化,甚至形成次生石英岩。尤其是网脉状矿体的围岩退色明显,硅化带厚度可大于100 m,石英细脉发育,脉中常含方解石、菱锰矿、黄铁矿、方铅矿、闪锌矿等。

(2)黄铁矿化:是锡铁山铅锌矿床常见的矿化之一,它与矿化关系非常密切,主要有3种表现形式:呈细网脉—浸染状出现在绿泥石英片岩或含碳绿泥片岩中,形成各类黄铁矿化片岩;呈细网脉—浸染状产于硅化蚀变带中,构成广泛分布的硅化-黄铁矿化带;以黄铁矿碳酸盐细脉或黄铁矿石英细脉充填于围岩或铅锌矿中,形成黄铁矿化围岩。在大理岩中局部见有星散浸染状黄铁矿化。

(3)碳酸盐化:包括方解石化和菱锰矿化等,常沿围岩裂隙交代充填,形成各种形态的碳酸盐细网脉,局部地段富集成中晶菱锰矿。热液作用强烈部位的大理岩和方解石脉中会出现溶蚀孔穴和晶洞。

(4)钠长石化:呈非层状产于层状矿体之下的蚀变—网脉状矿带中,多表现为钠长石交代流纹质火山岩中的斜长石,并与硅化等蚀变紧密共生。受硅化和钠长石化影响,部分围岩(主要是矿下流纹质火山岩)形成交代成因的石英钠长岩。钠长石化带中的钠长石可存在多世代,早世代的钠长石多为交代其他斜长石而成,自身有绢云母化和黏土化。

(七)资源储量

锡铁山铅锌矿资源量由锡铁山区、中间沟区两部分资源量组成。截至2020年底,锡铁山铅锌矿床累计查明资源储量铅金属量为204.18×10^4 t,锌292.86×10^4 t。伴生铜金属量362 t,金32 045 kg,银2564 t,镓179 t,铟529 t,镉5724 t,硫铁矿$1\ 046.3\times10^4$ t。保有金属量铅46.83×10^4 t,锌85.68×10^4 t。

其中,锡铁山区累计查明资源储量铅金属量197.39×10^4 t,平均品位3.47%;锌287.07×10^4 t,平均品位6.87%。伴生铜277 t,金30 971 kg,银2486 t,镓175 t,铟529 t,镉5588 t,硫铁矿$1\ 039.9\times10^4$ t。

保有金属量铅 40.04×10⁴ t，锌 79.89×10⁴ t。中间沟区累计查明资源储量铅金属量 6.79×10⁴ t，平均品位 2.65%；锌 5.79×10⁴ t，平均品位 2.6%。伴生铜 85 t，硫铁矿 6.4×10⁴ t，镉 136 t，镓 4 t，银 78 t，金 1074 kg。保有金属量铅 6.79×10⁴ t，锌 5.79×10⁴ t。

（八）成矿阶段划分

宋忠宝等（2012）认为该矿床的形成过程可归纳为两个重要成矿期，分别为热水（喷流）沉积成矿期和变形变质改造期。

1. 热水（喷流）沉积成矿期

在弧后盆地环境下接受碳酸盐、泥质沉积，受扩张背景下的断裂活动影响，海水不断下渗与深部火山期后热液混合，组成混合成矿溶液。成矿溶液在底层中性—酸性火山岩和基底中萃取硫和金属物质，形成富含成矿物质的热液，热液沿通道上升喷出形成矿体。滩间山群 b 岩组片岩与大理岩过渡带中的层状矿连续性好，总体厚度大，伴生有铁（锌-锰）碳酸岩层和石膏夹层，是喷流沉积主幕的产物。

2. 变形变质改造期

晚奥陶世后期，由于区域地壳收缩作用，柴北缘裂陷海槽逐渐关闭，发生陆壳俯冲。陆壳俯冲过程中，也可析出流体交代上地幔，随俯冲到地幔深处，温度、压力升高，流体交代地幔楔，诱发部分熔融岩浆，形成类岛弧型的中性—基性熔岩-次火山岩建造。产于滩间山群 b 岩组片岩中的脉状矿体和片岩与大理岩过渡带中的脉状矿体总体位于层状矿体以下的层位，以网脉—细脉状为主，受后期变质和片理化作用影响显著。矿石成分以黄铁矿占绝对优势，铅锌硫化物甚少。脉石矿物以石英为主。

（九）矿床类型

对锡铁山矿床成因认识较多，包括早期的热液型、层控型、火山岩容矿的块状硫化物型以及喷流沉积型等（邓达文等，2003；张代斌等，2005；张德全等，2005；王莉娟等，2009；冯志兴等，2010；王振东和罗先熔，2012；雷晓清和李立梅，2015；孙景，2018；）。矿区矿体赋存于滩间山群中基性火山岩中，含矿岩性主要有黑色含碳绿泥石英绢云片岩、绢云石英片岩、大理岩等，矿体受地层层位控制明显，再结合矿区的矿体特征、矿石结构、构造特征、微量元素组成特征、同位素特征等，认为矿床成因属海相火山岩型矿床。

（十）成矿机制和成矿模式

1. 成矿时代

矿床主要产于奥陶系滩间山群海相火山岩中，矿体呈层分布，矿体产状与地层产状基本一致，受地层层位控制明显。其中，大理岩型矿体产于滩间山群下碎屑岩组的中下部，（碳质）片岩型矿体产于滩间山群下碎屑岩组的中上部，两类矿体的围岩差别大，上、下层位关系明显，构成典型喷流沉积成矿的“双层结构”。故滩间山群的形成时代，大致可以代表矿床的形成时代。有人认为滩间山群时代归为晚奥陶世（青海省地质矿产局，1991），是以柴达木盆地北缘的早古生代火山岩为代表的古洋壳蛇绿岩套；赵风清等（2003）通过研究认为，滩间山群形成时代为早奥陶世，并认为形成于大陆裂谷环境；樊俊昌和李峰（2006）根据古生物组合认为，滩间山群化石组合带时限应为早奥陶世至晚奥陶世，顶峰带时限至少应为中奥陶世。李峰等（2007）依据滩间山群同位素年龄、古生物化石及构造事件的相互佐证，认为其主体至少经历整个奥陶纪，即 496～440 Ma。史仁灯等（2003）研究滩间山群及达肯大坂岩群指出，柴北缘早古生代经历 3 次大的构造热事件，约 397 Ma、446 Ma 和 473 Ma。赵风清等（2003）曾报道锡铁山铅锌矿床 a-1 岩段火山岩锆石年龄为约 486 Ma。冯志兴（2011）报道了 d-3 岩段火山岩锆石年龄为约 440 Ma。黄志伟（2014）曾对锡铁山矿床滩间山群火山岩系统取样进行锆石 U-Pb 年龄测试，其中 a-1 岩段火山岩形成年龄为约 474 Ma，a-2 岩段年龄多大于 800 Ma，原 c 岩组紫红色砂岩碎屑锆石最小年龄约 403 Ma，代表最大沉积年龄，d-1 岩段火山岩年龄约（456±4）Ma，d-2 岩段碎屑岩多具较老年龄；d-3 岩段火山岩约

447 Ma,a-4 岩段火山岩约 457 Ma,显示滩间山群形成年龄应为奥陶纪。结合前人研究资料,本次研究,将锡铁山铅锌矿床的成矿时代厘定为奥陶纪。

2. 成矿环境

有人认为,锡铁山地区滩间山群形成于大陆裂谷环境(赵风清等,2003;樊俊昌和李峰,2006;吴昌志等,2008)。有人认为成矿环境为大陆边缘弧后盆地拉张环境(吴冠斌等,2010;孙华山等,2011;姚希柱,2019)。本次研究结合青海省地质构造演化历史及特征,认为其成矿环境为大陆边缘弧后盆地拉张环境。

3. 成矿物质来源

同位素研究资料表明,成矿物质来源于火山活动,喷流过程中的喷流卤水提供了主要的成矿物质,少量物质来自海水(王莉娟等,2009;祝新友等,2010;姚希柱,2019)。

4. 成矿模式

在寒武纪—奥陶纪,锡铁山区域上处于大陆边缘弧后盆地环境,局部拉张诱发火山活动。火山期后喷气热液和海水渗滤提供成矿物质,同生断裂将深部含矿热卤水泵送至海底,将海底火山喷气热液及其初期物质和部分火山喷发沉积物转移到次级盆地,最后再沉积下来;晚期火山旋回的强烈活动为早期成矿层位提供热液及物源,使之更加富集,造山运动使早期含矿层位同样变质与变形,新的热液活动沿着岩性、构造有利部位,使矿质活化转移,再沉积。

矿区含矿岩系为滩间山群 a、b 岩组,含矿岩性以热水沉积岩、绿片岩、大理岩为主,明显受地层层位和岩性控制,矿体产出与围岩产状基本一致,围岩蚀变强烈,主要有硅化、碳酸盐化、钠长石化等,矿石具有典型热水喷流沉积的特点。据此建立成矿模式(图 3-3)。

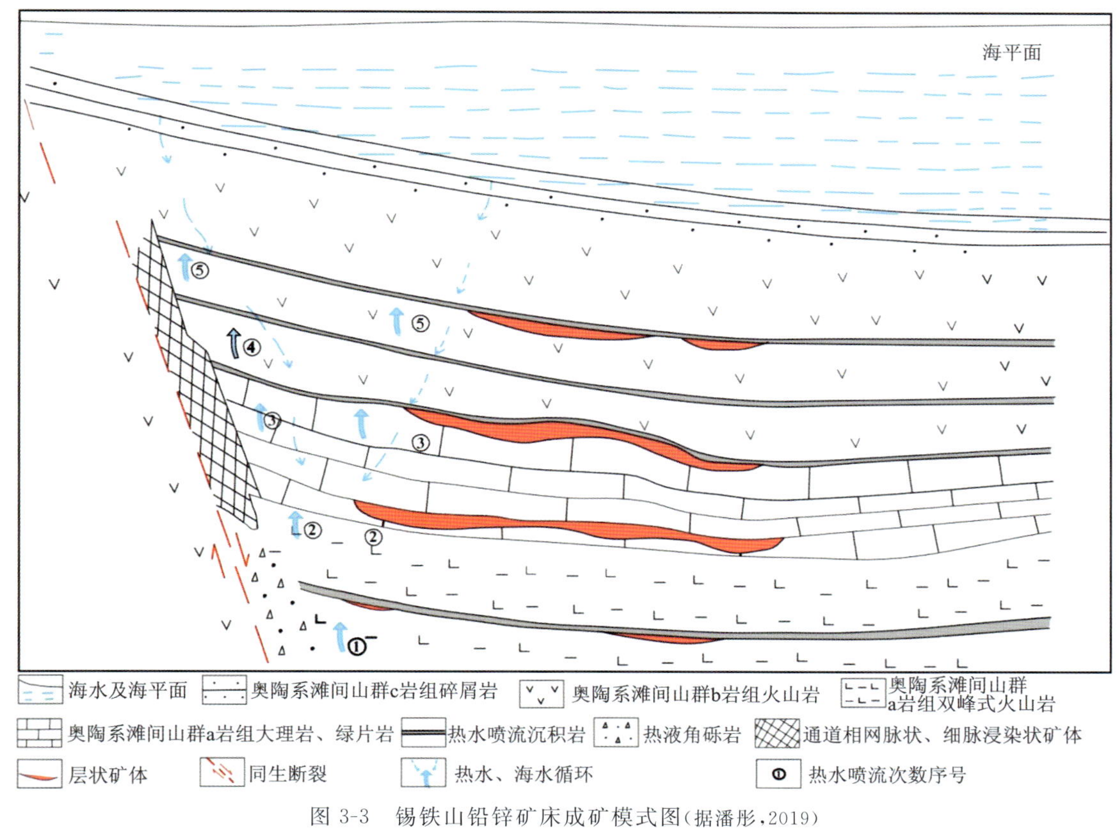

图 3-3 锡铁山铅锌矿床成矿模式图(据潘彤,2019)

（十一）找矿模型

（1）成矿环境：大陆边缘弧后盆地。

（2）含矿地层：滩间山群大理岩层与绿片岩之间的层间带成矿，特别是大理岩上盘的层间部位。在大理岩内，若存在条带状大理岩或薄层大理岩，或夹绿片岩地段，有硅岩、重晶石脉发育地段，是成矿有利地段。

（3）蚀变特征：硅化、黄铁矿化、碳酸盐化、钠长石化、绢云母化。

（4）化探异常标志：①出现复杂元素组合的异常，其中以主要成矿元素如 Pb、Zn、Ag 为主，伴生 Cu、Au、Sn、Mn、As、Sb、Hg、B、Ba 多种元素，为矿致异常。②主要成矿元素 Pb、Zn、Cu、Ag 及伴生元素 As、Sb、Sn 的异常中、内浓度带往往紧裹矿体，即当出现 Pb 为 $(500\sim1000)\times10^{-6}$、Zn $>1100\times10^{-6}$、Cu $>500\times10^{-6}$、Ag 为 $(1200\sim6600)\times10^{-9}$、Sn $>20\times10^{-6}$、Au $>165\times10^{-9}$ 时，特别是同时出现上述元素或同时出现主成矿元素上述含量时，矿就在上述元素的异常之内浓度带所对应的区域。

二、祁连县尕大坂铅锌铜矿床

（一）概况

该矿床位于祁连县扎麻什克东约 7 km。矿区内有湟（源）-嘉（峪关）公路通过。东距祁连县城 12 km，南东距省会西宁市 296 km，北距甘肃省张掖市 220 km，交通便利。

从 1958 年发现大柳沟地区多金属矿以来，到 20 世纪 90 年代中期，多家单位一直未停止过在此成矿带开展工作，并评价了多个多金属矿床及非金属矿床、矿点。20 世纪 90 年代中期尕大坂村民在采金时发现尕大坂铅锌铜多金属矿，1995—1997 年由青海省第二地质队在该区进行工作，并投入大量人力物力，其中有钻探、硐探、槽探、地质填图及各类样品采集等多种手段找矿工作，取得了较好效果。

（二）区域地质特征

该矿床大地构造位置位于冷龙岭岛弧带，成矿带属北祁连成矿带之走廊南山南坡成矿亚带（Ⅳ-21-2）。区域上分布郭米寺、下柳沟、湾阳河、下沟、尕大坂等铅锌铜多金属矿床及西山梁铜金矿床。区域内出露地层主要有寒武系黑刺沟组、上石炭统羊虎沟组、下白垩统下沟组及第四系。其中，寒武系黑刺沟组为区域含矿层，岩性为中基性—中酸性火山岩，主要为一套双峰式火山岩系。区内侵入岩分布普遍，均为加里东晚期的产物，主要有超基性岩、辉长岩、辉绿岩，其次有花岗岩、石英闪长岩。后期脉岩有云斜煌斑岩、长英岩（图 3-4）。

（三）矿区地质特征

1. 地层

矿区出露地层有寒武系黑刺沟组上岩段及下岩段，岩性为中浅变质的中基性火山岩；上石炭统羊虎沟组呈角度不整合在黑刺沟组之上，为一套河相、湖沼相沉积的碎屑岩间夹煤层；下白垩统下沟组碎屑岩不整合在上寒武统、下石炭统之上；区内大面积分布第四系（图 3-5）。

矿区铜、铅、锌矿赋存于寒武系的基性—中酸性火山岩地层中，该火山岩大面积分布于矿区北部，呈北西-南东向展布，岩性主要为安山质凝灰岩、流纹质粗晶凝灰岩以及火山沉积夹层。该套地层中的逆断层中发育硅化、绢云母化、黄铁矿化含矿蚀变带，岩性主要为硅化绢云母化、黄铁矿化石英片岩，绢云绿泥石英片岩等，是矿区的主要含矿层位。

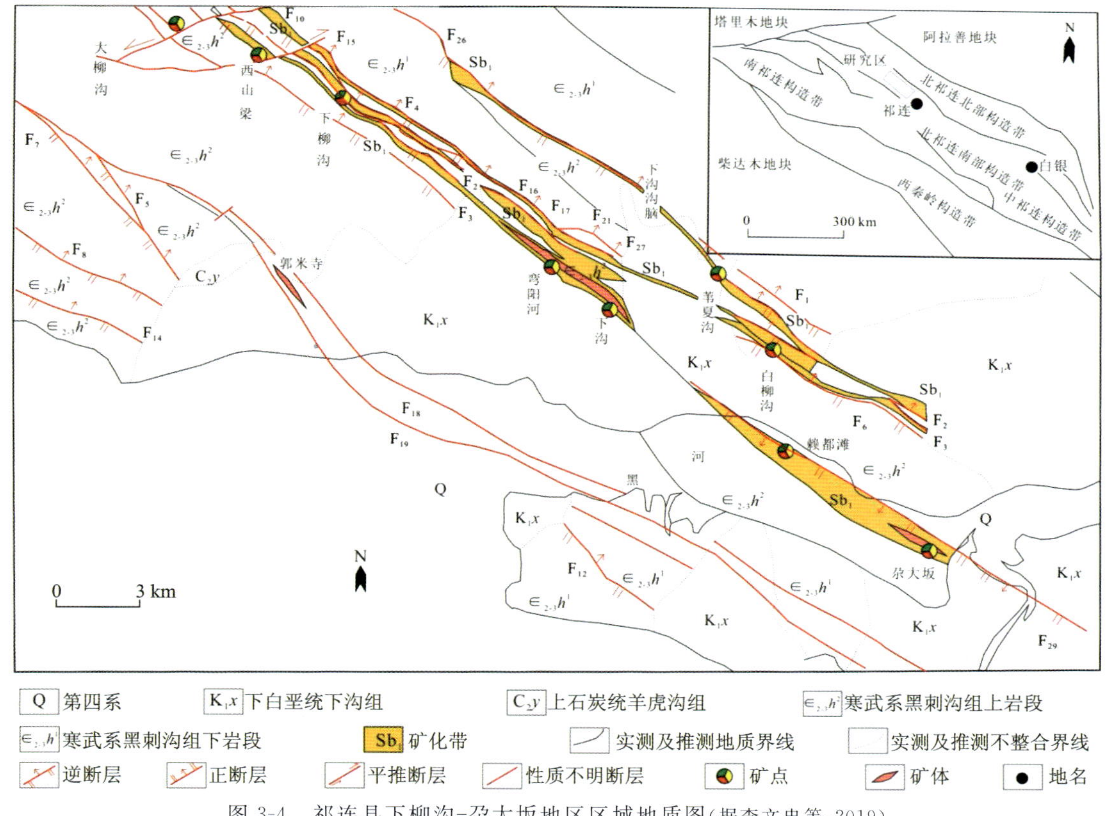

图 3-4　祁连县下柳沟-尕大坂地区区域地质图(据李文忠等,2019)

2. 构造

矿区位于复背斜的南翼呈北东向倾的单斜岩层中。矿区内主要以发育北北西向断裂构造为主,少量发育北东向断裂构造。

3. 岩浆岩

该矿区岩浆岩发育,既有超基性—中酸性岩侵入,又有海相火山喷发岩。

(四)矿体特征

矿区及外围共圈定北、中、南相互毗邻的 3 条蚀变带。矿体主要赋存于中蚀变带中,蚀变带长 2500 m,宽 20～150 m,最宽 155 m,向北西逐渐尖灭,向南东被白垩系掩盖,蚀变带产状:230°∠55°～75°。含矿蚀变带具有明显的分带现象,下部为黄铁绢云母硅化带,上部为强蚀变沉凝灰岩。蚀变主要为绢云母化、硅化、黄铁矿化。矿体呈似层状、脉状产于绢云母石英片岩中,倾角一般浅部较陡,深部较缓。

矿体赋存于寒武系黑刺沟组流纹岩-英安岩、凝灰岩、安山玄武岩等中,岩石多已变质成为绿泥绢云片岩和绢云母(石英)片岩。矿体多呈似层状、扁豆状,与围岩界线一般较为清楚,部分呈渐变关系,产状与围岩一致,随围岩变形而变形。矿区共圈定 5 条矿体,其中Ⅰ、Ⅱ矿体具一定规模,其余矿体均较小。矿体总体地表向北东倾斜,深部倾向南西,矿体产状亦随之变化。

Ⅰ矿体上部呈厚层状(图 3-6),向下分叉尖灭,矿体形态呈反“S”形,矿体上部产状为 35°∠55°,向下转而南倾,倾角大于 80°。矿体长 400 m,厚 26.8 m,斜深 229 m,向深部分叉尖灭,铜最高品位 12.52%,平均 1.01%,铅平均 3.74%,锌平均 3.29%,金平均 1.6 g/t,最高 3.84 g/t,向深部铜、铅、锌含量有变贫之势。

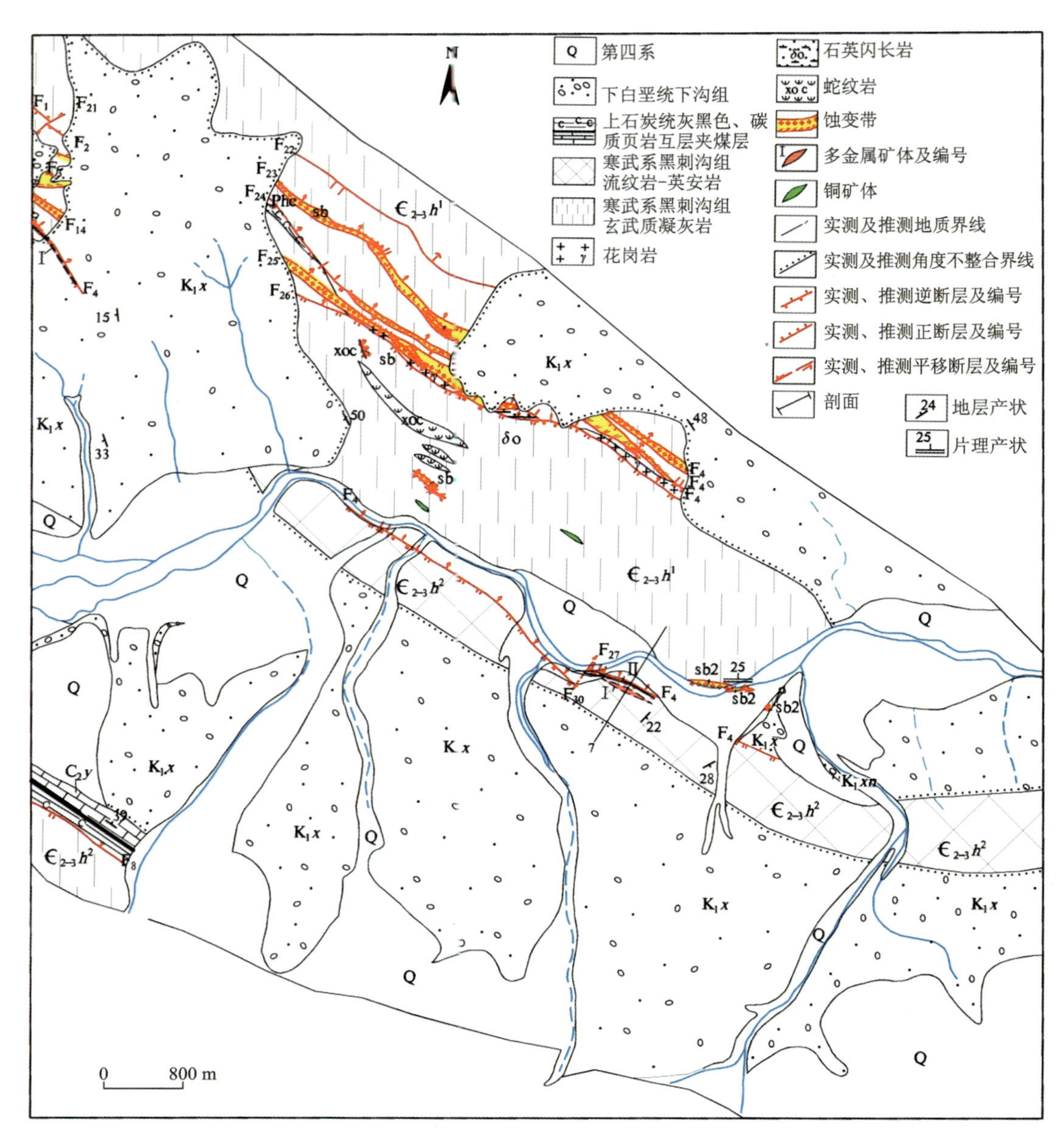

图 3-5　祁连县尕大坂铅锌铜矿区地质简图(据青海省第二地质队,1999,有修改)

(五)矿石特征

1. 矿石类型

矿石类型主要为黄铁矿型铜铅锌矿石或铅锌(铜锌)矿石。

2. 矿石物质组成

矿石矿物主要有黄铁矿、黄铜矿、方铅矿、闪锌矿,少量的黝铜矿、斑铜矿、辉铜矿、自然金等;脉石矿物主要有石英、绢云母,其次为重晶石、石榴石、绿泥石等;矿石有用组分以 Cu、Pb、Zn、S 为主,伴生 Au 及 Ga、Cd 等稀散元素。

3. 矿石结构构造

矿石结构主要有自形粒状结构、交代溶蚀结构,构造主要有浸染状构造、网脉状构造、条带状构造。

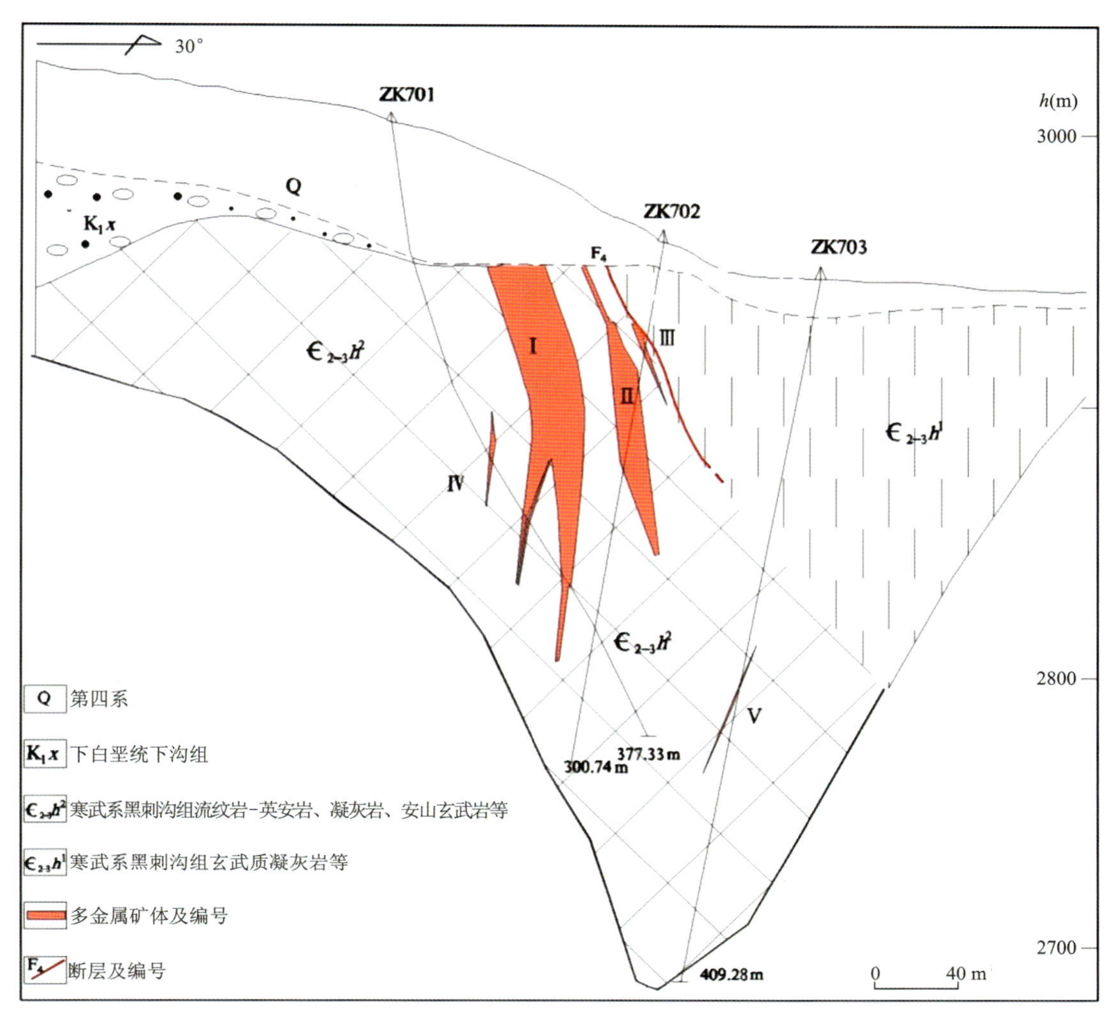

图 3-6　祁连县尕大坂铅锌铜矿床 7 号勘探线剖面图(据青海省第二地质队,1999,有修改)

(六)围岩蚀变

近矿围岩蚀变以中低温热液蚀变为主,有绢云母化、硅化、次生石英岩化、黄铁矿化及重晶石化、碳酸盐化、绿泥石化等。

(七)资源储量

截至2020年底,矿区累计求得潜在矿产资源量铜金属量为 2.06×10^4 t,平均品位 0.86%;铅 7.65×10^4 t,平均品位 3.16%;锌 7.89×10^4 t,平均品位 3.29%(青海省第二地质队,1999)。

(八)成矿阶段划分

成矿作用过程大致可划分为 4 个成矿阶段:第一阶段,生成矿物为黄铁矿、辉银矿、石英、角闪石、石榴石、锆石等,成矿温度在 330 ℃以上;第二阶段,成矿温度为 200～300 ℃,为矿床的主成矿阶段,生成矿物主要为黄铜矿、闪锌矿、方铅矿、黄铁矿、自然金等,非金属矿物主要有石英、方解石、白云石、重晶石等,围岩蚀变以绢云母化为主,其他还有绿泥石化、硅化等;第三阶段,成矿温度在 150～250 ℃之间,主要为区内构造蚀变岩型金矿的主成矿阶段;第四阶段,成矿温度低于 150 ℃,主要生成矿物有石英、方解石、重晶石、褐铁矿、叶蜡石、铜蓝等,围岩蚀变以碳酸盐化为主,其他有绢云母化、高岭土化和弱硅化等。

(九)矿床类型

矿床内的矿体赋存在寒武系的基性—中酸性火山沉积岩地层之中,矿体呈条带状、似层状、长条状,其分布严格受火山岩产出状态的控制。矿石以条带状、致密块状、浸染状、似层状构造为主,其次有角砾状构造。另外曹德智等(2006)通过对含矿岩石及围岩的岩石地球化学研究,认为矿床成因为典型岛弧环境下由海底喷发形成的、与火山岩有关的、以火山热液为主导成矿作用的块状硫化物矿床。故本次研究结合矿床类型划分原则和上述特征,将该矿床的矿床类型厘定为海相火山岩型。

(十)成矿机制和成矿模式

1. 成矿时代

对该矿床的成矿年龄方面研究较为薄弱,缺乏相关资料。由于矿区铜、铅、锌矿赋存于早—中寒武世基性—中酸性火山沉积岩地层中,根据其矿床类型,断定其成矿时代为中寒武世。

2. 成矿环境

对于尕大坂矿床的成矿环境存在不同的认识,主要有2种:一种认为形成于大陆裂谷环境(夏林圻等,1996;余吉远等,2010;冯益民和何世平,1995;贾群子等,2002);另一种认为形成于岛弧张裂环境,即岛弧裂谷或弧后盆地(边千韬,1989;尹观等,1998;侯增谦和浦边郎,1996;郭彦汝和王瑾,2014;曹德智等,2006)。结合青海省地质构造演化历史及特征,笔者认为矿床是在弧后盆地局部拉张环境下形成的。

3. 成矿机制

(1)火山作用的特殊性使地壳深部物质得以向浅表部转移,形成"准矿源层",而不同时代、不同阶段形成的"准矿源层"经过热水作用得以再迁移、再富集而形成硫化物的再沉积。

(2)在深部热动力驱使下海水下渗并淋滤火山岩层中矿质形成中浅部含矿热卤水。

(3)在生长性断裂的穿切下,从基底火山沉积岩系中形成深部含矿热卤水,并迅速喷流至海底界面。

(4)不同来源的热卤水在酸性火山物质堆积集中区及其附近的海底次级盆地中与海水混合,使成矿流体进一步汇聚并得以沉淀。

(5)后续的火山-沉积层迅速覆盖,保护已沉淀的矿质不被分散,并为热卤水继续活动和叠加富集作用提供屏蔽条件。

(6)经过造山运动后,酸性火山岩系发生变形并在"酸性核"的上部或周边富集成一定规模的矿体。

4. 成矿模式

根据地质特征、控矿因素等要素建立了成矿模式(图3-7)。在中寒武世祁连洋处于俯冲阶段,在弧后盆地产生拉张环境,引发海底火山活动,岩浆热液与海水发生反应,共同组成成矿流体,在火山沉积岩地层中萃取淋虑成矿物质,在海底盆地适合的环境中沉淀,形成矿床。

三、治多县多彩铜铅锌矿床

(一)概述

该矿床位于治多县多彩乡北西约15 km,从玉树州至治多县有县级公路相通,交通尚为便利。

1960年,青海省玉树地质队根据群众报矿信息进行了矿点检查;1976—1978年,青海省第十五地质队联合青海省地质局物探队对该区开展普查工作;2004—2011年,青海省有色地质矿产勘查局地质矿产勘查院开展了普查工作;2011—2014年,青海省西部矿业集团公司投资,委托青海省有色地质矿产勘查局地质矿产勘查院先后开展了详查、勘探工作,于2017年提交《青海省治多县多彩地区铜多金属矿勘查报告》;2016年,治多县加吉矿产资源开发有限公司对多彩矿区的尕龙格玛矿段进行勘查,同年提交

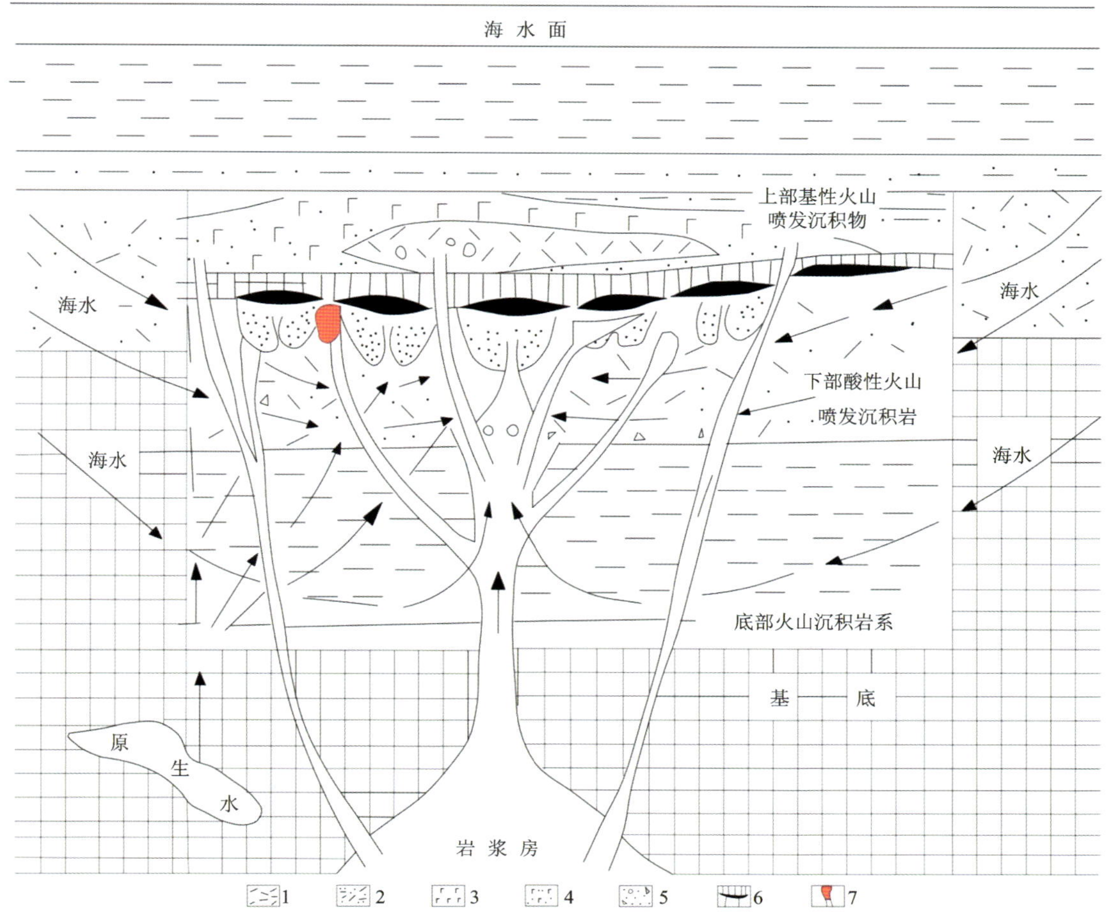

1. 酸性熔岩；2. 酸性火山碎屑岩；3. 基性熔岩；4. 基性火山碎屑岩；5. 火山粗碎屑岩；6. 热卤水卸载硫化物沉积层位；7. 矿化体

图 3-7　祁连县尕大坂铅锌铜矿床成矿模式图(据李军红等,2014,有修改)

《青海省治多县尕龙格玛含铜多金属(东)矿资源储量核实报告》。目前矿区中的尕龙格玛东矿段 54 线—58 线之间已由治多县加吉矿产资源开发有限公司进行局部开发。

(二)区域地质背景

大地构造位置位于三江造山带通天河(西金乌兰-玉树)蛇绿混杂岩带,成矿带属金沙江成矿带西金乌兰-玉树成矿亚带(Ⅳ-33-1)。区域出露地层主要为上三叠统巴塘群(T_3B),巴塘群进一步可划分为碎屑岩组(T_3B_1)、火山岩组(T_3B_2)和碳酸盐岩组(T_3B_3)3 个组级非正式岩石地层单位,其中火山岩组为区内铜、铅锌等多金属矿的主要含矿地层。区内火山岩分布较广,呈层状产在上三叠统巴塘群中,具有多旋回、多期次喷发特征,岩石类型从基性到酸性均有出露。

(三)矿区地质特征

1. 地层

矿区出露的地层主要为上三叠统巴塘群碎屑岩组和火山岩组(图 3-8)。其中碎屑岩组分布于矿区的南西部,岩性主要为变含长石石英砂岩、碳质板岩、碳质页岩及千枚岩,局部夹少量薄层灰岩。火山岩组出露于矿区中北部,出露宽度 30～380 m 不等,呈不规则长条状,以英安质角砾熔岩、集块熔岩为主(最大集块可达 40～50 cm),其次为英安质凝灰岩(霏细岩)、英安岩,属于近火山口相火山岩组合,其中英安质凝灰岩为主要含矿层,岩石具强烈的绢云母化、硅化。

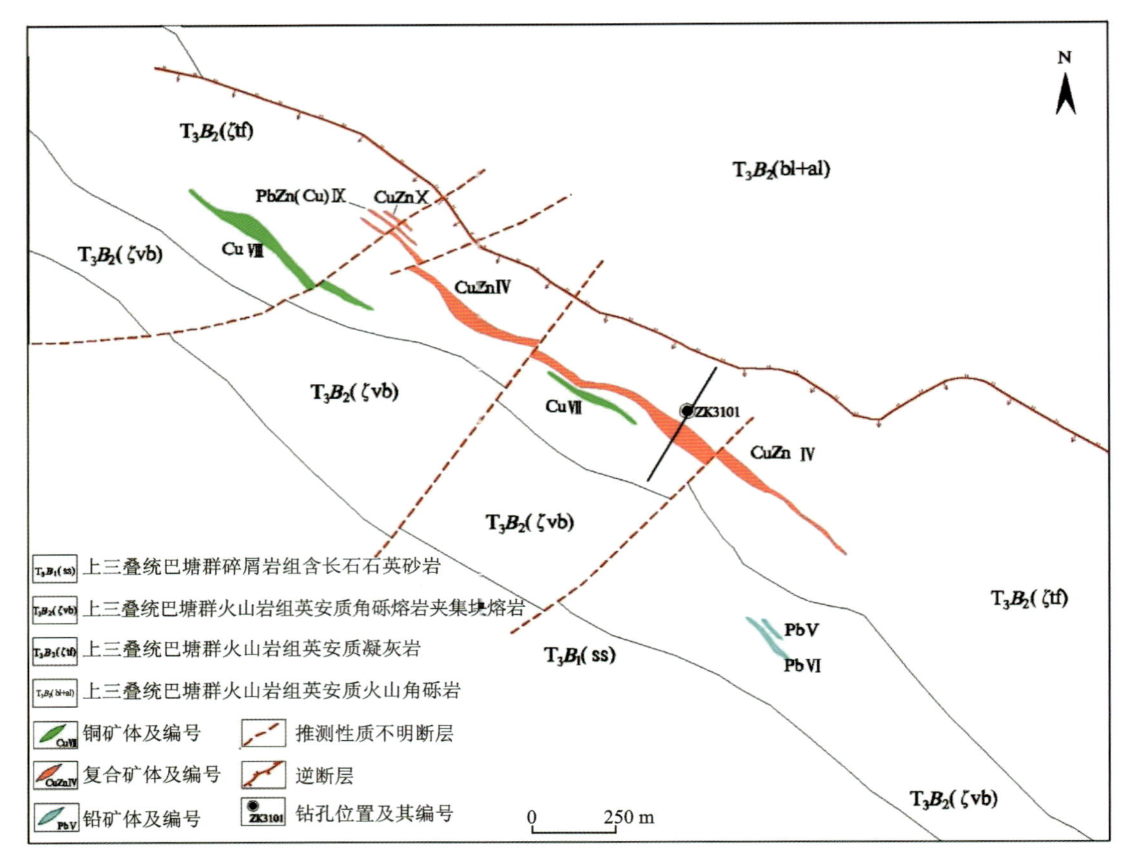

图 3-8　治多县多彩铜铅锌矿区地质图(据徐文忠等,2019,有修改)

2. 构造

矿区内为一单斜构造,地层总体向北东陡倾,倾角 65°～80°。矿区内发育了北西向和北东向两组断裂,其中北西向断裂为容矿构造,北东向断裂为破矿构造。

3. 岩浆岩

矿区内侵入岩不发育,岩浆岩以火山岩为主。火山岩组合为英安质凝灰岩、火山角砾岩、集块熔岩和少量的流纹岩,具有近火山口相的岩石组合特征。

(四)矿体特征

区内圈定 24 条矿体,其中地表出露 13 条,其余 11 条为盲矿体。矿体一般呈透镜状,沿走向出现分支复合现象,向北东方向陡倾。单个矿体长 50～1000 m,厚 2～15 m,Cu 品位 0.31%～2.34%。矿体工业类型包括铜矿体、含铅锌铜矿体、含锌铜矿体和铅矿体。矿体主要产于上三叠统巴塘群火山岩组中,含矿岩性主要为英安质凝灰岩、绢英片岩和千糜岩。

Ⅳ号铜锌矿体(图 3-9)是矿区内规模最大的矿体。矿体产于英安质凝灰岩中,走向北西,倾向北东,倾角 65°～80°。矿体长 1000 m,最厚 30.54 m。控制斜深 80～160 m。平均品位分别为铜 0.486%、铅 0.105%、锌 0.596%、金 0.173 g/t、银 5.498 g/t,最高品位分别为铜 2.70%、铅 1.49%、锌 4.37%、金 2.093 g/t、银 47.55 g/t。

Ⅷ号铜矿体长 370 m,平均厚 9.27 m(地表最大厚度为 20 m),走向北西,倾向北东,产于英安质凝灰岩中。控制倾向延深 140 m。矿体铜品位 0.23%～0.58%,平均 0.38%。

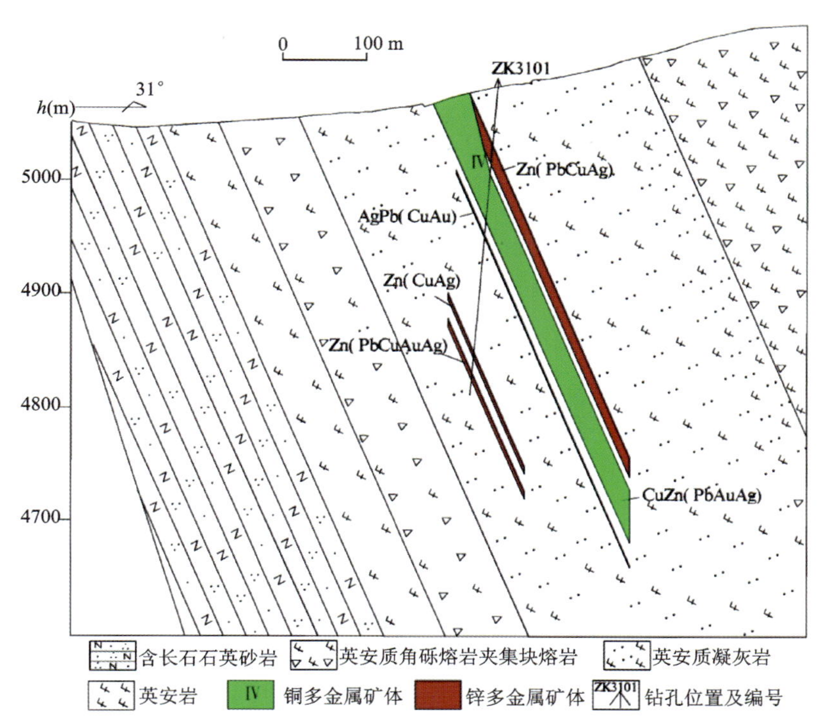

图 3-9 治多县多彩铜铅锌矿区 31 号勘探线剖面图(据覃泽礼等,2016,有修改)

(五)矿石特征

1. 矿石类型

矿石自然类型主要为原生矿石,有黄铁矿黄铜矿矿石、黄铁矿闪锌矿矿石、方铅矿矿石、闪锌矿黄铜矿矿石等。

2. 矿石物质组成

矿石矿物成分比较简单,主要为黄铁矿、黄铜矿、闪锌矿、方铅矿、黝铜矿,次生矿石矿物为辉铜矿、铜蓝和孔雀石。矿石矿物至少属于两个世代,早期多呈细粒浸染状,晚期主要为细脉状、微脉状、条带状。脉石矿物主要为绢云母、石英,其次为方解石、钠长石、重晶石。

3. 矿石结构、构造

矿石结构多为细粒粒状结构和交代结构;矿石构造主要有浸染状、条带状、微脉状、块状构造。

(六)围岩蚀变

矿区主要围岩蚀变有绢云母化和硅化,其次为重晶石化、绿泥石化和碳酸盐化。

(七)资源储量

多彩铜矿资源量由多彩区和尕龙格玛区的两部分资源量组成。截至 2020 年底,多彩铜矿共计查明铜金属量 14.10×10^4 t,共生锌 18.72×10^4 t,共生铅 9.92×10^4 t。保有金属量铜 13.75×10^4 t,铅 9.43×10^4 t,锌 18.42×10^4 t。

其中多彩区查明铜金属量 13.06×10^4 t,平均品位为 0.9%;共生锌 17.91×10^4 t,平均品位为 1.81%;共生铅 8.69×10^4 t,平均品位为 1.09%。保有金属量铜 13.06×10^4 t,锌 17.91×10^4 t,铅 8.69×10^4 t。

尕龙格玛区查明铜金属量 1.04×10^4 t,平均品位为 1.7%;共生铅 1.23×10^4 t,平均品位为1.84%;共生锌 8050 t,平均品位为 1.26%;伴生金 27 kg,平均品位为 0.49 g/t;伴生银 3 t,平均品位为 59.24 g/t;伴

生钼 7 t，平均品位为 0.012 1%；伴生硫 0.8×10^4 t，平均品位为 13.42%。保有金属量铜 0.69×10^4 t，锌 5096 t，铅 7424 t。

（八）成矿阶段划分

依据矿物组合及矿物之间的穿切关系，可将多彩铜铅锌矿床的成矿作用过程划分为 3 个阶段，即黄铁矿阶段、多金属硫化物阶段、碳酸盐-石英阶段。

（1）黄铁矿阶段：矿石矿物组合为黄铁矿和石英，在沉积相块状矿石中呈草莓状，具有热水喷流沉积的特点。

（2）多金属硫化物阶段：为主要的成矿阶段，矿石矿物以黄铜矿、方铅矿和闪锌矿为主，脉石矿物为石英和重晶石。

（3）碳酸盐-石英阶段：主要为碳酸盐矿物和石英，并有少量方铅矿和闪锌矿，主要呈脉状、网脉状穿切块状矿石。

（九）矿床类型

多彩铜铅锌矿床产于火山喷发沉积盆地中，赋矿岩石为酸性火山岩。东矿段矿体上盘为肉红色碧玉岩，碧玉岩底下为层状、块状铜铅锌多金属矿石，块状矿石下部为角砾状、网脉状矿石，并有较大范围的绢英岩化蚀变带，具有理想化的火山岩赋矿块状硫化物矿床的基本特征。碧玉岩又称硅质喷气岩，形成矿体的盖层，并从矿床向外侧延伸，是热液喷流沉积型矿床的标志层，这种沉积层被认为代表火山静止期间热液活动衰减阶段的化学沉积作用。另外在尕龙格玛地区东矿段由于受后期动力改造，碧玉岩表现为不完整、不连续特征，由于成矿后期在碧玉岩上层又覆盖了一层泥钙质沉积岩，并且经后期改造后未被剥蚀，所以保留了比较完整的火山岩赋矿的块状硫化物矿床的典型特征。通过矿床特征综合分析认为，多彩铜铅锌矿床类型属海相火山岩型。

（十）成矿机制和成矿模式

1. 成岩成矿时代

矿床矿体主要产于上三叠统巴塘群火山岩组，形成时代为晚三叠世。

2. 成矿机制

本次研究将矿床成矿模式概括为火山口喷出含矿流体→流体中的成矿物质在火山口附近的低洼地段沉积形成矿源层或局部形成火山沉积型矿体→在造山动力作用下含矿岩系发生动力改造，成矿物质进一步富集（图 3-10）。

（十一）找矿模型

构造环境：治多-江达-维西-绿春陆缘弧带。

含矿层：上三叠统巴塘群火山岩组。

控矿构造：断裂呈北西-南东向，宽 300～500 m，北东陡倾；矿区位于治多复向斜之次级倒转背斜的东北翼，核部地层为巴塘群火山岩组，两翼为巴塘群碎屑岩组，二者之间呈断层接触。

矿石矿物：黄铁矿、黄铜矿、闪锌矿、方铅矿、黝铜矿、辉铜矿、铜蓝和孔雀石。

蚀变标志：黄铁矿、绢云母、重晶石、绿泥石和碳酸盐岩。

化探异常：标型组合元素有 Cu、Au、Bi、Pb、Zn。

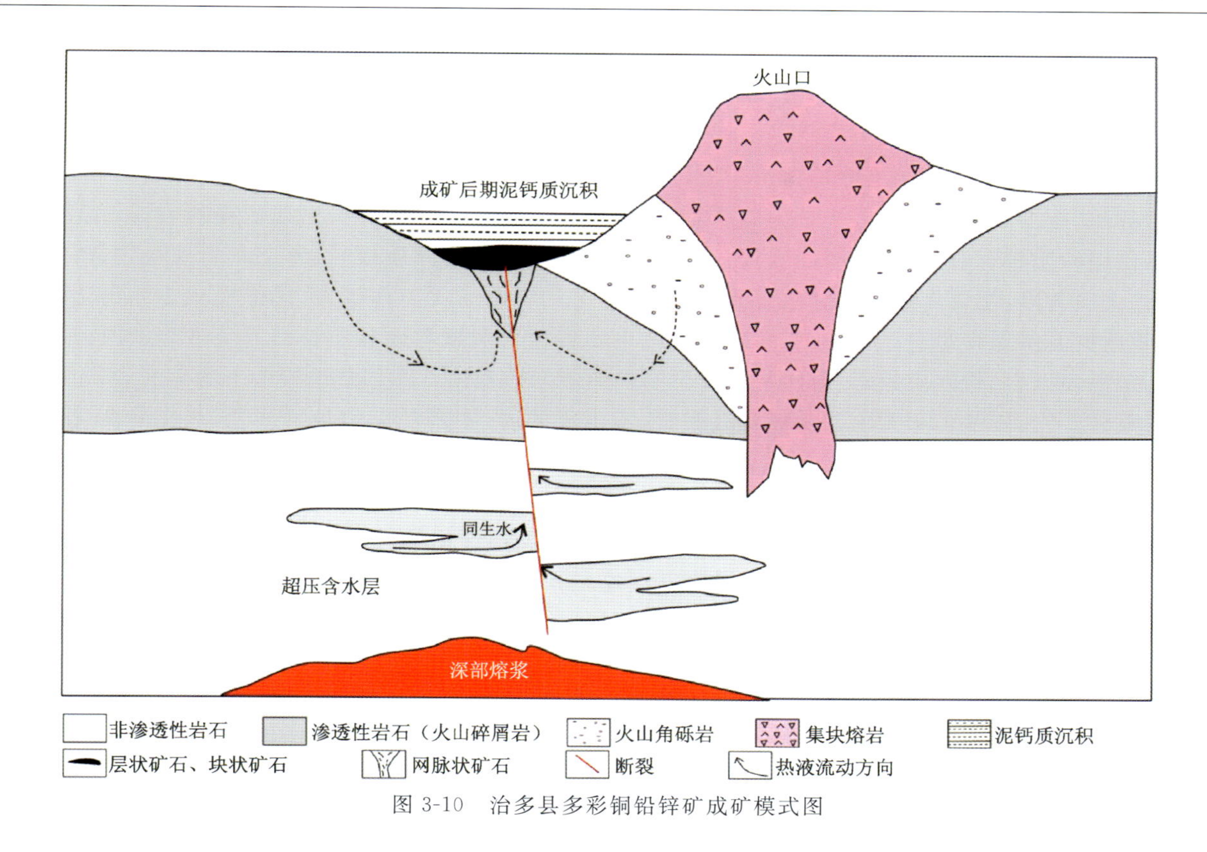

图 3-10 治多县多彩铜铅锌矿成矿模式图

四、玛沁县德尔尼铜钴锌矿床

（一）概况

该矿床位于玛沁县大武镇境内。矿区北东 35°方向，直距 15 km 即为玛沁县城，从矿区沿德尔尼河出峡谷与大武—甘德公路相通，交通较方便。地理坐标：东经 100°09′54″—100°14′21″，北纬 34°34′51″—34°48′51″。矿区面积 10.288 km^2。

该矿床是 1958 年青海省地质局果洛地质队根据群众报矿发现了Ⅰ号矿体露头。1959—1964 年该队在青海省地质局物探队配合下发现一些新异常新露头，认为矿床具一定规模。1965—1970 年第三地质队和地质部第八物探大队 806 地质队一起进行大规模勘探，1972 年提交了报告。1988 年青海省有色八队进行复查；1990—1992 年青海省第一地质大队对部分物探异常进行验证。1997—1998 年青海省第一地质矿产勘查大队在德尔尼铜矿区 35 线—47 线对Ⅴ矿体（兼顾Ⅱ矿体）进行了勘探。

（二）区域地质特征

矿床大地构造位置位于阿尼玛卿-布青山俯冲增生杂岩带之马尔争蛇绿混杂岩带，成矿带属阿尼玛卿成矿带之布青山-积石山成矿亚带（Ⅳ-29-2）。区域出露地层以下—中二叠统马尔争组为主体，其次为第四系。区域总体构造线方向为北西-南东向，褶皱构造十分发育，主体褶皱构造为德尔尼复背斜，其北翼为白垩纪断陷盆地；南翼为德尔尼复向斜，沿着复背斜构造轴部发育着一系列纵向断裂、侵入岩及断陷盆地。岩浆活动强烈而频繁，从岩石种类来看，基本可划分中酸性岩类和超基性岩类两大类，超基性岩类形成于加里东时期，中酸性岩类形成于造山阶段的印支期或燕山期。

（三）矿区地质特征

1. 地层

矿区出露地层为下—中二叠统马尔争组，主要岩性为含碳质板岩、凝灰质板岩夹结晶灰岩和砂砾岩（图3-11a）。根据岩石组合进一步分为碎屑岩段、火山岩段、碳酸盐岩-碎屑岩段。碎屑岩段：主要岩性为灰绿色硬砂质长石石英砂岩、硬砂质长石砂岩夹紫色黏土岩、粉砂质板岩、薄层灰岩及生物碎屑灰岩透镜体；火山岩段：主要岩性为灰绿色玄武岩、灰紫色玄武安山质火山角砾岩、紫红色火山角砾岩，玄武岩-中基性火山角砾岩建造；碳酸盐岩-碎屑岩段：主要岩性为灰绿色硬砂质长石石英砂岩、硬砂质长石砂岩夹紫色黏土岩、粉砂质板岩、薄层灰岩及生物碎屑灰岩透镜体。在部分地段中下部碎屑岩段或碳酸盐岩中夹玄武岩，岩性为灰紫色和灰绿色玄武岩、安山玄武岩、中基性火山角砾熔岩，火山岩变化大，向北西、南东方向火山岩变薄或尖灭。

2. 构造

矿区位于德尔尼复背斜的南翼，以褶皱构造、断裂构造、片理化带、角砾岩带发育为特点。首先以超基性岩带为轴线存在一背斜构造，其两侧各存在一小的向斜构造。主要矿体就位于褶皱构造的轴部及翼部，严格受褶皱构造控制。断裂构造主要分布于矿区北部，以逆断层为主，表现为后期贯入的花岗岩呈长条带状出露，并伴有一系列糜棱岩带透镜体出现，倾向北东，花岗岩大部分变为碎裂岩，表明该断裂带具有多期活动的特点；片理化带主要分布于超基性岩带内，主要由片状蛇纹岩组成，其矿物组成以纤维蛇纹石和叶蛇纹石为主，另含少量铬尖晶石、磁铁矿、滑石、绿泥石，蛇纹岩被碎裂成叶片状—菱形片状碎块，定向构造明显，其间夹有椭圆形或透镜状蛇纹岩碎块（角砾）。

3. 岩浆岩

矿区内岩浆岩发育，主要有两种类型：超基性岩类和酸性岩类。超基性岩类与成矿关系密切，受后期多期构造运动的影响，变质变形较强，岩石普遍蚀变、变形，岩性为全蛇纹石化辉石橄榄岩脉、角闪石岩脉、全蛇纹石化苦橄玢岩脉，岩石蚀变强烈，原岩面貌很难恢复，主要蚀变为蛇纹石化、碳酸盐化，次有硅化、绿泥石化等。酸性岩类主要分布于矿区北部的断裂破碎带中，以脉体或岩墙为主，岩性为花岗闪长岩、二长花岗岩等，与成矿关系不密切。

（四）矿体特征

矿区共圈出27条矿体，宏观上均产于超基性岩体中，矿体形态多呈透镜状（图3-11b）或似层状，平面上矿体与超基性岩体及其侵入的早二叠世地层走向一致，呈北西向展布，沿走向向南东倾伏。主要矿体顶板常见角砾状碳酸盐化超基性岩，局部板岩夹变砂岩覆盖于矿体之上。

1. 矿体赋存部位及产出状态

铜矿体主要产于超基性岩带的蛇纹岩中。由于受褶皱构造影响，矿体与地层（或火山岩层）呈同形褶曲状。矿区内共圈出Ⅰ、Ⅱ、Ⅴ、Ⅶ四个主矿体，每个主矿体附有小矿体，共计21个小矿体。所有矿体均呈层状、似层状、透镜状。

2. 矿体特征

Ⅰ号矿体走向延伸长约1040 m，最大视厚度74 m，其顶板为厚度不大的板岩夹变砂岩，个别区段矿体直接产在砂板岩之下，有时距板岩有一定的距离。矿体与围岩接触界线清楚，有时在界线附近的围岩见到浸染状矿化带，但宽度一般不大。矿体呈层状、似层状或透镜状。铜品位一般在1.0%左右，个别样品达10%，平均1.18%；锌一般品位在1.0%左右，个别样品达7.28%，平均1.04%；钴一般品位为0.08～0.1%，个别样品达0.4%，平均0.092%；硫一般品位为30%～40%，一部分样品达50%，平均33%。其他矿体特征与Ⅰ号矿体相似，详见表3-2。

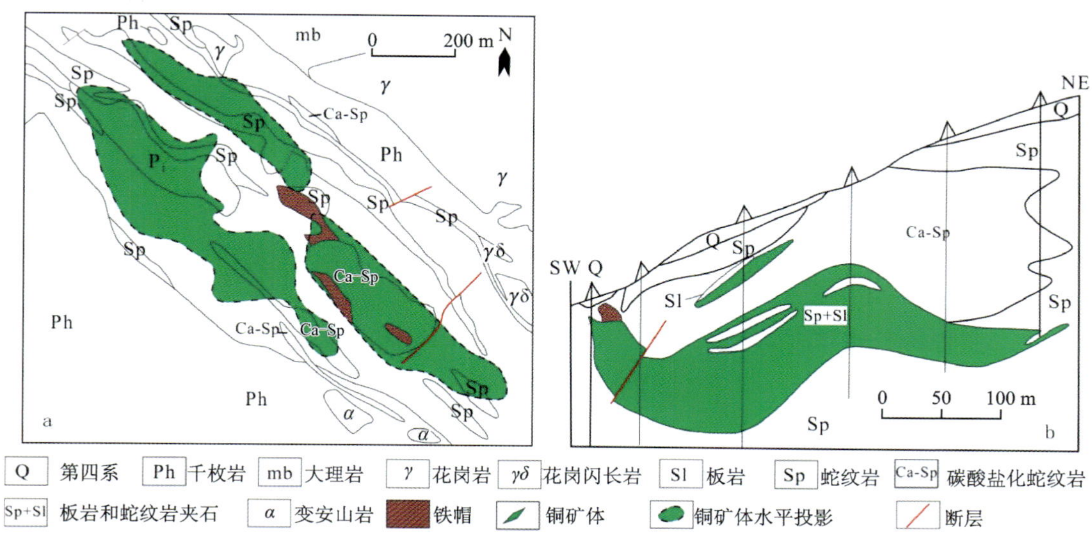

图 3-11　玛沁县德尔尼铜钴锌矿床地质简图(a)及勘探线剖面图(b)(据焦建刚等,2013,有修改)

表 3-2　玛沁县德尔尼矿床主要矿体规模、品位一览表

矿体编号	矿体规模(m)			矿体加权平均品位(%,其中 Au、Ag 为 10^{-6})				
	长度	平面最大宽度	最大厚度	Cu	Co	Zn	Au	Ag
Ⅰ	1040	260	74.32	1.18	0.092	1.04	0.41	6.00
Ⅱ	760	309	27.57	1.21	0.054	0.93	0.34	4.70
Ⅴ	1270	323	61.36	1.48	0.111	1.06	0.71	3.70
Ⅶ	935	177	35.08	1.03	0..082	2.21	0.26	4.50

(五)矿石特征

1. 矿石类型

矿石自然类型划分为有氧化矿石(褐铁矿)、轻微氧化矿石(粉末状黄铁矿)和原生矿石(黄铁矿矿石、磁黄铁-黄铁矿矿石、黄铁-磁黄铁矿矿石、磁黄铁矿矿石、磁铁矿矿石、钴镍黄铁矿矿石、黄铜矿矿石)。

2. 矿石物质组成

矿石矿物主成分随矿石类型不同略显差异,一般原生矿石中最重要的矿物有黄铁矿、黄铜矿、闪锌矿、钴镍黄铁矿;氧化矿石中最重要矿物为褐铁矿,次为黑铜矿、孔雀石、蓝铜矿、黄铁矿、黄铜矿、闪锌矿。脉石矿物为蛇纹石、方解石、滑石、绿泥石、钠闪石、石英、绿帘石、透闪石、黑云母、金云母、石榴石。

3. 矿石结构、构造

矿石结构主要有半自形粒状结构、充填结构、溶蚀结构、交代结构、压碎结构、自形粒状变晶结构、花岗变晶结构;矿石构造主要为条带(纹)状、块状、浸染状、角砾状、角砾条带状、胶状、脉状、网脉状、似眼球状构造。

(六)围岩蚀变

矿区内围岩蚀变分布较广泛,以碳酸盐化蛇纹岩和碳酸盐化角砾状蛇纹岩为主,其次为碳酸盐化、蛇纹石化、滑石化、绿泥石化、钠闪石化、硅化、帘石化、透闪石化、金云母化及石榴石化等。

(七)资源储量

截至 2020 年底,累计查明资源储量铜金属量 50.42×10^4 t,平均品位 0.98%;钴 2.56×10^4 t,平均

品位 0.03%；锌 17.43×10^4 t，平均品位 1.03%；铁矿石量 957.56×10^4 t，平均品位 mFe 7.71%。伴生金 17 897 kg，平均品位 0.26 g/t；伴生银 184 t，平均品位 5.98 g/t；伴生镉 560 t，平均品位 0.001 5%；伴生硒 991 t，平均品位 0.002 3%；伴生硫 1 273.4×10^4 t，平均品位 29.14%。保有金属量铜 13.42×10^4 t，钴 0.74×10^4 t，锌 4.90×10^4 t。

（八）成矿阶段划分

据矿床产出的地质特征、矿石类型、矿石组构、矿石物质组成及矿物组合等特点，将成矿作用过程分为内生成矿期和表生期（褐铁矿-孔雀石-蓝铜矿形成阶段）（表 3-3）。

表 3-3　玛沁县德尔尼铜钴锌矿成矿阶段划分及矿物组成表

成矿期次	内生成矿期			表生期
	蛇纹石化阶段	热液作用阶段	叠加阶段	
蛇纹石	▬▬▬	— —	— —	
碳酸盐	▬▬▬	——	—	
黄铁矿		▬▬▬		
磁铁矿		▬▬▬		
黄铜矿		▬		
闪锌矿		▬ ▬ —		
碳酸盐		——		
石英		——		
方铅矿		——		
重晶石		——		
石膏		—		
磁黄铁矿			——	
褐铁矿				— —
褐铁矿				— —
蓝铜矿				— —
黑铜矿				— —

将内生成矿期进一步划分为如下 3 个阶段（董富权，2010）。

1. 蛇纹石化阶段

蛇纹石化是超基性岩体发育最广泛的蚀变现象，它实质上是由不含水的镁铁质硅酸盐-橄榄岩、辉长岩等蚀变为含水的硅酸盐-蛇纹石的过程。超基性岩的蛇纹石化可能是自变质作用，发生蛇纹石化的同时伴随着部分碳酸盐化。

2. 热液作用阶段

该阶段生成的主要硫化物有黄铁矿、黄铜矿、磁铁矿、闪锌矿、方铅矿和磁黄铁矿等，金属硫化物颗粒都以半自形—自形及重结晶的粗晶出现，相互关系主要以交代、充填、溶蚀、穿插等形式产出。该阶段晚期主要为非金属矿物碳酸盐、石英、重晶石及石膏等，其次还有微量的方铅矿、闪锌矿、黄铁矿及黄铜矿等金属硫化物，均以脉状穿插早期形成的金属矿物，碳酸盐矿物主要为方解石和白云石。

3. 叠加阶段

根据宋忠宝等（2007，2009）研究，磁黄铁矿基本形成于矿体的外围，“薄层外壳”是后期叠加成矿所致。

(九)成矿物理化学条件

同位素研究显示,矿石硫同位素 $\delta^{34}S$ 变化范围较大,在−6.15‰～6.64‰之间,平均为0.63‰,$\delta^{34}S$ 正值、负值均有,且绝对值相近。可能部分来源于壳下或上地幔,可能部分来自海水,具有混源的特点。矿区蛇纹岩类和玄武岩类的 $\delta^{18}O$ 分别为5.75‰～10.8‰和8.39‰～9.28‰,而矿石中的方解石 $\delta^{18}O$ 为11.32‰～12.98‰,说明矿床形成期间的海水与洋底玄武岩裂隙中的热水进行了混合。矿石中脉石矿物石英和方解石 $\delta^{13}C_{PBD}$ 分别为15‰～45‰、−2.013‰～3.83‰,具有海相沉积碳酸盐的特征,反映矿床在形成过程中有海相沉积物作用的发生。铅同位素显示矿石铅与超基性来源一致,均来源于地幔(章午生,1981;王玉往和秦克章,1997;阿延寿,2001;罗小全,2001)。

该矿床具有高Fe,低Cu、Zn、Au特征,暗示其成矿温度相对较低。矿床中闪锌矿的成矿温度范围为100～400 ℃(潘兆橹,1985),段俊等(2014)将成矿温度进一步限定为230 ℃或250 ℃以上。

(十)矿床类型

自20世纪60年代以来,德尔尼铜钴锌矿床的成因一直存在着争议。章午生(1981)提出与超基性岩有关的"岩浆熔离贯入"成因,认为是与蛇绿岩有关的塞甫路斯型矿床;姚敬金等(2002)认为其矿床类型应属岩浆熔离型矿床;青海省第二地质队(1993)和杨经绥等(2004)提出海底喷流热液成因;焦建刚等(2009)认为矿床主体为海底喷流沉积成因,同时经历了热液叠加成矿和构造变位过程;笔者认为德尔尼铜钴锌矿床的矿床类型为海相火山型矿床,依据如下:

(1)史仁灯(1999)和陈亮等(2000)通过地球化学分析认为,蛇绿岩形成于洋中脊构造换环境。

(2)宋忠宝等(2008)以Ⅰ号矿体上覆的"碳质板岩"为切入点对矿床成因环境进行的研究发现:矿体顶板的含碳铁硅质岩属于热水沉积岩,是德尔尼铜钴锌矿床成矿作用的部分产物,同时说明了沉积环境为洋中脊热水沉积环境。

(3)成矿的时代一般晚于超基性岩的形成时代,与常见的熔离型矿床有所不同,矿体边部常见有角砾状矿石和条带状矿石,显示了海底喷流沉积的特征。同时矿床中存在重晶石和石膏,碳酸盐-石英-重晶石-石膏矿物组合,也说明重晶石等矿物形成温度较低,德尔尼铜钴锌矿床具有热液沉积特征,并且形成温度为中低温。

(十一)成矿机制和成矿模式

1.成矿时代

杨经绥等(2004)得到德尔尼玄武岩锆石U-Pb年龄为(308.2±4.9) Ma,表明蛇绿岩形成时代为晚石炭世;陈亮等(2001)获得德尔尼东约10 km的甲里哥测制剖面中玄武岩全岩 ^{40}Ar-^{39}Ar 平均年龄为(345.3±7.9) Ma,可能代表了蛇绿岩的侵位时代;宋忠宝等(2009)获得矿石Re-Os同位素年龄为(310.9±1.7)～(314.3±2.2) Ma;焦建刚等(2013)对矿区内的块状硫化物矿石进行了Re-Os年代学研究,得出硫化物矿石成矿Re-Os同位素等时线年龄为(295.5±7.2) Ma,略小于矿区玄武质熔岩的锆石U-Pb平均年龄[(308.2±4.9) Ma],成矿时代为早二叠世。笔者将上述年龄资料和矿区地层等结合,认为德尔尼铜钴锌矿床的形成时代应为早二叠世。

2.成矿机制和成矿模式

1)成矿物质来源

张华添等(2019)通过同位素研究,认为德尔尼铜钴锌矿床成矿物质来源中超基性岩的贡献很少,仅为矿体边部和底部提供了Ni元素,以磁黄铁矿为主要载体,矿床主要物质来源是洋中脊深部的基性岩浆。

2)成矿流体

成矿溶液主要来自海底岩浆热液。

3)形成机理

张华添等(2014)认为德尔尼铜钴锌矿是发育在慢速—超慢速扩张洋中脊的海底热液硫化物矿床,其原始的赋矿围岩为地幔超基性岩,可能为洋底核杂岩相。经历了海底喷流、冷却保存和俯冲侵位3个阶段。

(1)海底喷流阶段:由于慢速—超慢速扩张洋中脊岩浆供给的阶段性不足,洋中脊两侧发生不对称扩张,形成低角度拆离断层,使得地幔超基性岩暴露于海底,海水通过玄武岩或超基性岩围岩的空隙下渗,之后受到岩浆房加热,产生上升流,完成对流。在对流的过程中,流体与围岩发生物质交换,引起超基性岩或超基性岩的蚀变,导致流体中富集钙、镁、硅、硫及铜、铁、锌、钴等金属离子。当流体上升至海底,流体与海水发生混合,使海水温度升高,硬石膏沉淀并形成"烟囱壁",其他金属硫化物在"烟囱"内壁沉淀形成"烟囱"体或喷出形成喷流岩。

(2)海底冷却保存阶段:洋中脊持续发生扩张,硫化物矿体逐渐远离洋中脊,随着温度下降,硬石膏被海水溶解,金属硫化物保留在超基性岩中,上部保留了部分薄层喷流岩,并可能含有少量远洋沉积物。

(3)俯冲侵位阶段:当洋壳俯冲于北侧陆块时,部分洋壳物质发生仰冲或板块刮擦作用,侵位到大陆上。

4)成矿模式

综合成矿机制等方面建立如下成矿模式(图3-12)。

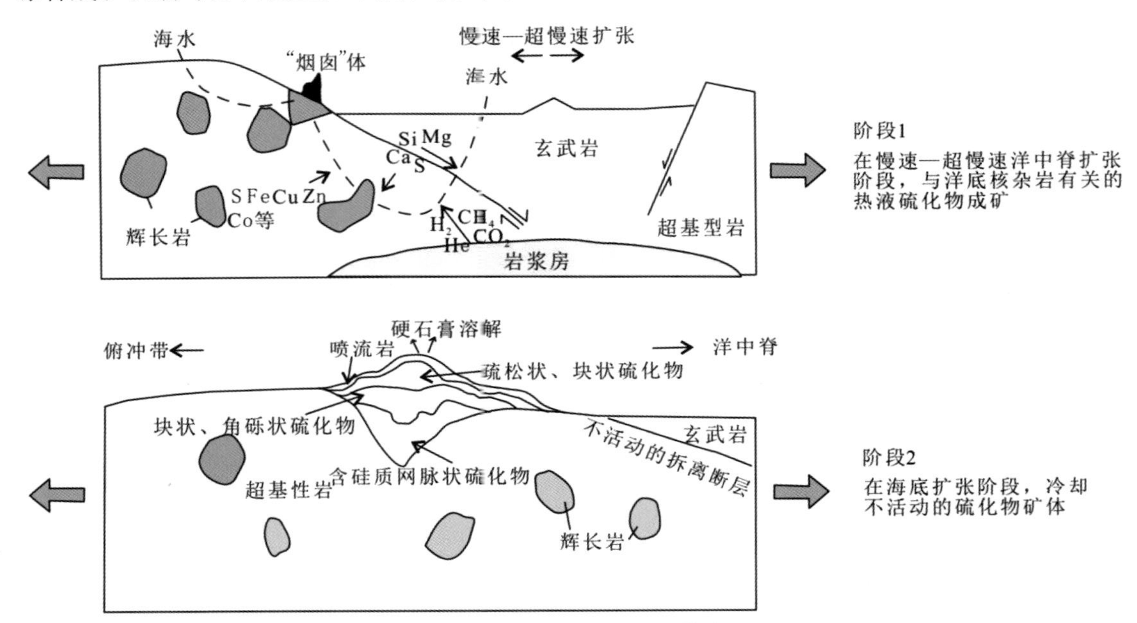

图3-12 玛沁县德尔尼海相火山岩型铜钴锌矿成矿模式图(据张华添等,2014,有修改)

(十二)找矿模型

根据地质、矿体特征建立了如下地质找矿模型。

(1)构造环境:洋中脊。

(2)含矿地层:下—中二叠统马儿争组碳酸盐岩建造、火山-碎屑岩建造、火山岩建造(蛇纹岩)。

(3)控矿构造:位于德尔尼复背斜南翼近轴部,轴向呈北西向,其两侧各存在一个向斜构造。Ⅰ号矿体位于背斜轴部;Ⅴ号矿体位于向斜轴部。

(4)蚀变标志:碳酸盐化、蛇纹石化及硅化最发育,其次有滑石化、绿泥石化、钠闪石化、绿帘石化等。

(5)直接找矿标志:铁帽、褐铁矿化岩石。

五、玛多县抗得弄舍金铅锌矿床

(一)概况

抗得弄舍金铅锌矿区位于玛多县花石峡镇北北东约 60 km,行政区划隶属玛多县。矿床中心点地理坐标:东经 98°50′01″,北纬 35°32′00″。

1999 年,青海岭田地球物理化学勘查股份合作公司开展都兰县沟里地区 1∶5 万水系沉积物测量,在抗得弄舍地区圈出 As24 等 3 处多元素综合异常。2003 年由青海省有色地勘局岭田物化探公司检查 1∶5 万水系沉积物异常发现抗得弄舍金铅锌矿床,2010—2013 年青海岭田地球物理化学勘查股份合作公司对主矿体(段)进行了详查。2012 年扩大原沟里整装勘查区范围,将抗得弄舍地区并入青海省东昆仑东段沟里整装勘查区。

(二)区域地质

抗得弄舍金铅锌矿床位于沟里金矿田东南角,昆中断裂南侧。其大地构造单元属纳赤台蛇绿混杂岩带(Ⅱ-1-1),成矿区(带)属东昆仑成矿带之东昆仑南部成矿亚带(Ⅳ-26-3)。

区域出露地层由老到新有古元古界金水口岩群、蓟县系万保沟群、上石炭统—下二叠统浩特洛洼组、上二叠统格曲组、下三叠统洪水川组、上三叠统鄂拉山组。其中古元古界、石炭系、三叠系为区域主要含矿层位。区域由于经历多次构造运动,断裂和褶皱发育,加之岩浆侵入活动强烈,区域构造复杂,断裂构造十分发育。断裂构造按其展布方向主要可分为 3 组,即北西西—近东西向、北西向和北东向。岩浆活动频繁、强烈,从元古宙到中生代,伴随着每一次大的构造运动事件,均伴有不同程度或不同类型的岩浆活动。岩浆侵入活动主要以海西期—印支期最为强烈,形成了规模最大、数量最多的中性—酸性侵入岩体。

(三)矿区地质

1. 地层

矿区出露的地层主要为古元古界金水口岩群、石炭系—二叠系浩特洛洼组、下三叠统洪水川组、第四系(图 3-13)。其中石炭系—二叠系浩特洛洼组和下三叠统洪水川组为含矿地层。

石炭系—二叠系浩特洛洼组:主要分布在矿区西部,呈北西西-南东东向展布,上下与其他地层均呈断层接触,为一套碳酸盐岩、碎屑岩岩石组合,岩性主要为灰色厚层状含生物碎屑细晶灰岩、含生物碎屑条纹状泥灰岩。浩特洛洼组灰岩为矿区含矿带底板围岩,受构造活动影响,在其与上盘岩层接触带附近具有规模不等的构造裂隙,并且大部分裂隙充填有较好的重晶石型多金属矿化体。

下三叠统洪水川组:分布于矿区中部,呈北西西-南东东向展布,长轴方向呈不规则状北西向延伸,横向上向西逐渐变宽,主要由中酸性火山岩、部分同沉积白云岩及少量火山角砾岩组成。岩性主要为含火山角砾流纹质岩屑晶屑凝灰岩、浅灰绿色流纹质岩屑晶屑凝灰岩、浅绿灰色霏细岩、灰—浅灰色沉凝灰岩、火山角砾岩、白云岩、重晶石岩。

2. 岩浆岩

区内侵入岩不发育。火山岩分布广泛,火山活动受北西向及东西向构造的控制。喷出时代为石炭纪—二叠纪、早三叠世,石炭纪—二叠纪火山岩以中性岩为主,而早三叠世则以中酸性岩为主,早三叠世的火山活动对区内矿产的形成具控制作用。

3. 构造

矿区北西向、北西西向断裂构造发育,且大致平行排列,断裂性质多为推覆逆冲,对区内地层分布、岩浆活动及矿产的形成和分布具有明显的控制作用。

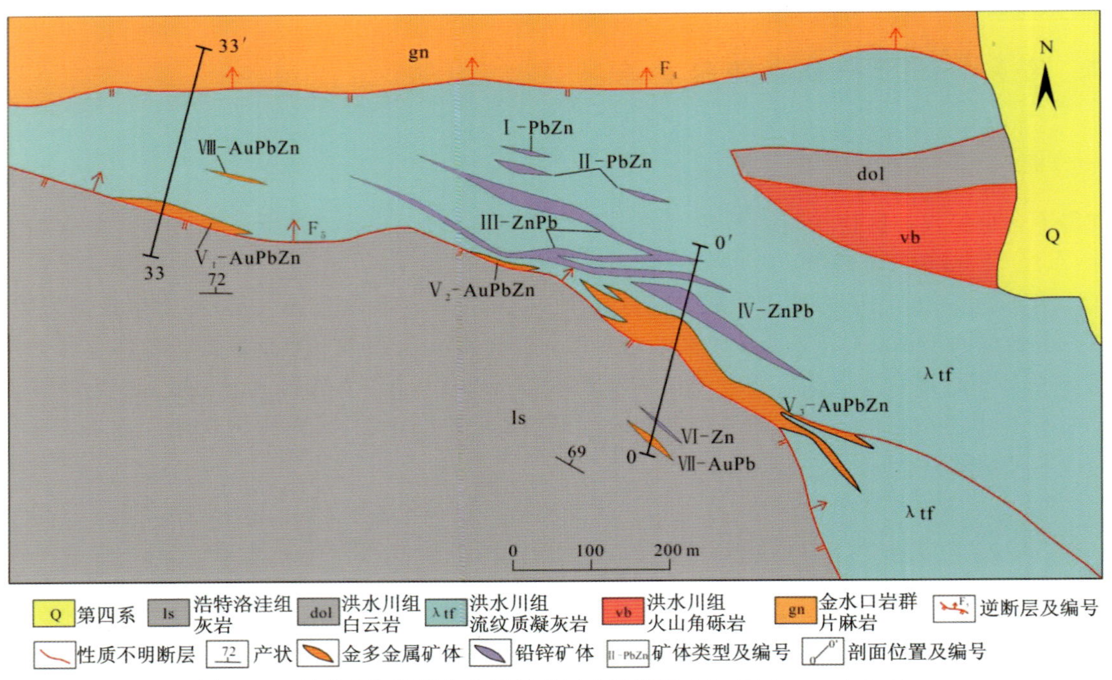

图 3-13　玛多县抗得弄舍金铅锌矿区地质简图(据何财福,2013,有修改)

F_5 为与矿床关系最为密切的断裂构造,出露长度大于 2.0 km,矿区西端被覆盖但负地形明显,断裂总体走向为 310°～330°,倾向北,倾角 65°～85°。该断裂严格控制着矿区矿体的产出及其分布,其产状与矿体产状基本一致。

(四)矿体特征

该矿床以金、铅锌为主,伴生有银、铜、重晶石等有用组分。矿区共圈定 39 条多金属矿体(其中隐伏矿体 28 条)。矿体赋存于洪水川组火山岩中,赋矿岩石主要为重晶石岩、硅化重晶石化流纹质凝灰岩,另外,流纹质凝灰岩及部分霏细岩、白云岩和花岗斑岩的岩石构造裂隙中常具有矿化。矿带内具重晶石化、硅化、绢云母化、碳酸盐化等蚀变。

矿体主要产于 F_5 层间逆冲断裂及其附近,主要矿体出露海拔标高 3700～4500 m,部分小矿(化)体产在 3600 m 标高及以下。矿体在地表呈侧向平行状排列,走向北西、北西西,矿体间距 10～30 m,最小为 3 m。矿体一般长为 80～400 m,平均厚度 1.68～32.46 m,控制矿体倾斜延深为 130～720 m。该矿床的成矿元素为 Au、Pb、Zn、Ag,有益元素为 Cu。金品位一般为 1～5.3 g/t,铅品位一般为 0.3%～1.84%,锌品位一般为 0.5%～3.6%,银品位一般为 40～67.60 g/t,铜品位一般为 0.1%～0.3%。

Ⅴ号矿体为区内主矿体,其中最大的 $Ⅴ_3$ 号重晶石型金多金属矿体长 400 m,平均厚度为 27.6 m,倾向延深 630～850 m。最大的Ⅲ号铅锌矿体长 560 m,平均厚度 32.5 m,倾向延深达 350～400 m(图 3-14)。

(五)矿石特征

1. 矿石物质组成

矿石矿物成分主要为方铅矿、菱锌矿、闪锌矿、铅矾、白铅矿、孔雀石、铜蓝、褐铁矿、赤铁矿等;脉石矿物成分主要为石英、方解石,少量长石、白云石、石膏及黏土矿物等。抗得弄舍金铅锌矿成矿主元素为金、铅、锌,有益元素为银、铜,金品位一般为 1～5.30 g/t,最高 19.55 g/t;铅品位一般为 0.3%～1.84%,最高 24.88%;锌品位一般为 0.5%～3.50%,最高 32.59%;银品位一般为 40～67.60 g/t,最高 891 g/t。局部含铜,铜品位一般为 0.1%～0.3%。

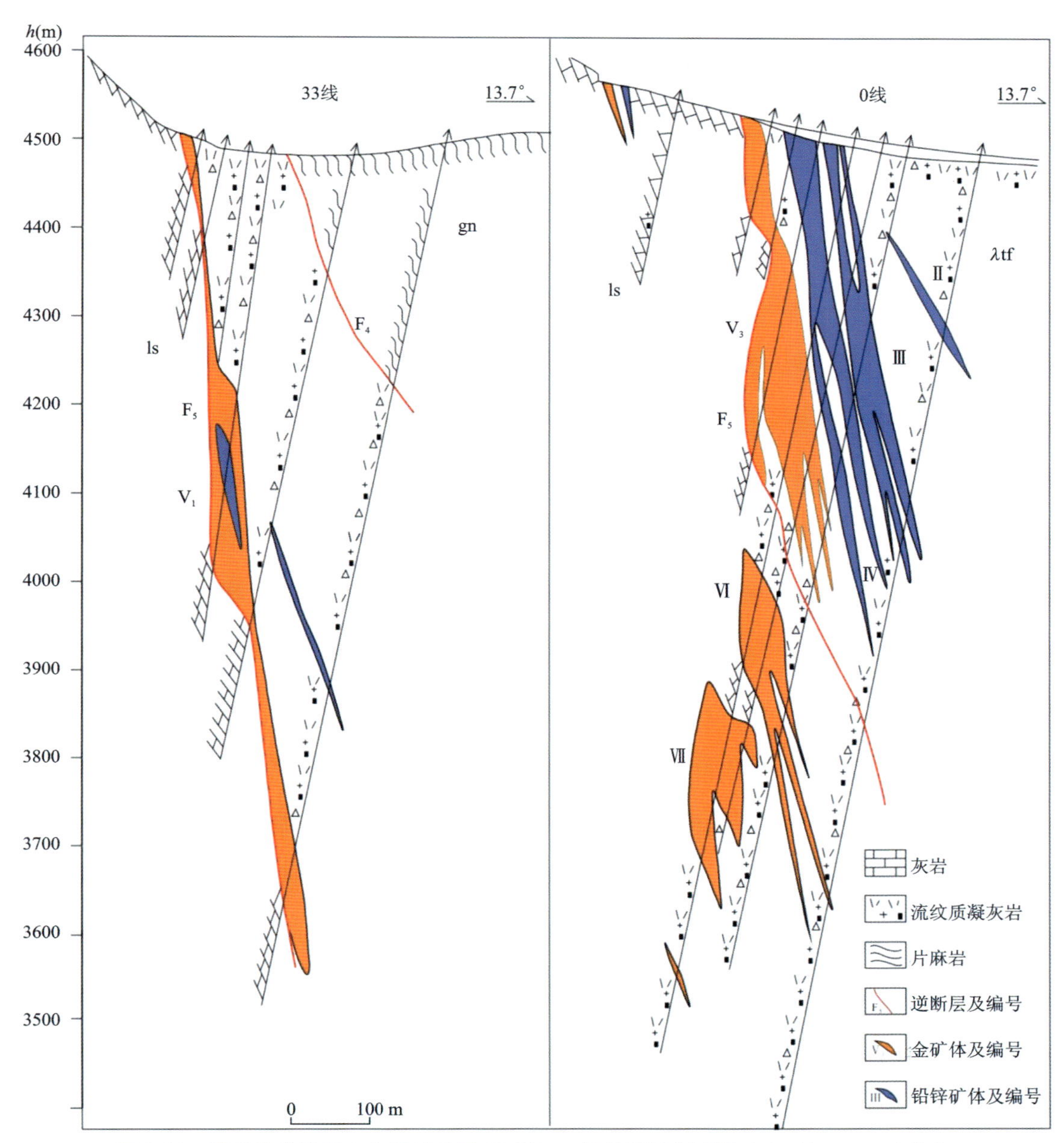

图 3-14　玛多县抗得弄舍金铅锌矿区 33 线与 0 线勘探线剖面图(据何财福,2013,有修改)

2. 矿石结构、构造

矿石结构主要为他形—半自形粒状结构、碎裂结构、乳滴状结构、交代结构、共边结构、包含结构;矿石构造主要为浸染状构造、条带状构造、层纹状构造、块状构造、网脉状构造、细脉状构造等。

3. 矿石类型

矿石自然类型以硫化矿为主,氧化矿所占比例极少。主要工业类型可分为金铅锌矿石、铅锌矿石及铅矿石、锌矿石、金铅矿石、金矿石等。

(六)围岩蚀变

矿区发育多种围岩蚀变,最为重要且与矿化关系最为密切的为重晶石化、硅化。其他蚀变有强绢云母化、碳酸盐化、绿泥石化、绿帘石化、白云石化、钾化以及泥化等,接触变质作用为大理岩化。重晶石化与矿化有密切联系,一般呈半透明白色,常含其他杂质呈黑色、浅暗红色,其粒度大小不一,大的呈长的板条状。重晶石具有多期次,常呈脉状、角砾状产于岩体和围岩中。硅化主要呈细脉网状石英脉,如白云岩、大理岩中的硅化。绢云母化在近矿围岩和岩体中普遍发育，常呈灰白色、浅灰绿色至暗绿色，有些呈浅暗红色，主要发育在凝灰岩类和隐爆角砾岩中，隐爆角砾岩中的绢云母集合体常呈浅绿色至暗绿色颗粒状，粒径一般为 1～4 mm，大的可达 10 mm。绿帘石化普遍发育于矿区的矿石和近矿围岩中。

（七）资源储量

截至 2020 年底，累计查明资源储量金 29 439 kg，平均品位 2.62 g/t；银 1.36 t，平均品位 115.76 g/t。此外，查明伴生金 6146 kg，平均品位 0.28 g/t；伴生银 580 t，平均品位 15.32 g/t；伴生铜 15 457 t，平均品位 0.12%；伴生铅 30.82×10^4 t，平均品位 0.65%～0.12%；伴生锌 50.19×10^4 t，平均品位 1.59%～1.73%；伴生重晶石矿石量 480.9×10^4 t，平均品位 32.27%。

（八）矿化阶段

根据目前获得的有关抗得弄舍金铅锌矿床的成矿地质特征、含矿岩系、矿石特征等资料的综合分析认为，该矿床主要经历了两个成矿期。

（1）喷流沉积期：在火山活动间歇期，深部岩浆房富含矿化剂的流体与通过同生断裂的裂隙系统下渗的海水混合，通过不断的水-岩反应，萃取途径围岩成矿物质，形成含矿热液流体，含矿流体向上循环时，由于物理、化学条件的急剧变化而成岩成矿，形成含金（银）、铅、锌的矿胚层。

（2）热液叠加期：该期热液可能来源于岩浆，热液流经矿胚层时进一步萃取成矿物质，在有利的空间（破碎带）沉淀再次富集，最终达到工业品位。

（九）成矿物理化学条件

1. 包裹体特征

流体包裹体研究表明，成矿流体为低密度（0.77～1.05 g/cm^3）、中低盐度（0.71%～14.46%）的低温（集中于 110～170 ℃）流体；矿床的重晶石 δD 集中于－90.7‰～－66.9‰，δO_{H_2O} 集中于 0.4‰～6.8‰。氢-氧同位素研究表明，成矿流体来源以岩浆水为主，并有大气降水的混入（刘颜等，2018）。

2. 同位素地球化学特征

矿石中方铅矿等硫化物的 $\delta^{34}S$ 主要变化范围为 4‰～13‰，$^{206}Pb/^{204}Pb$ 值为 18.281～18.389，$^{207}Pb/^{204}Pb$ 值为 15.569～15.698，$^{208}Pb/^{204}Pb$ 值为 38.157～38.591，μ（$^{238}U/^{204}Pb$）值介于 9.42～9.66 之间，Th/U 值范围为 3.68～3.83。硫、铅同位素地球化学特征研究表明，成矿物质来源比较复杂，既有部分来源于围岩中早期海相喷流沉积形成的海洋硫酸盐，又有部分来源于后期的岩浆热液，且以后者为主，成矿物质具有多来源的特征（张楠等，2012）。

（十）矿床类型

目前关于抗得弄舍金铅锌矿床的成因主要倾向于热水喷流沉积成因，同时存在后期构造热液叠加改造（王凤林等，2011；管波等，2012；何财福，2013；卢财等，2014；赵玉京，2017；王策等，2018）。何财福（2013）认为，抗得弄舍金铅锌矿床经历了多期成矿作用，大量的纹层状含矿重晶石与少量薄层石膏等为典型的热水沉积特征，在热水喷流成矿期 Au 等成矿物质与重晶石在相近的物理化学条件下形成，后期热液叠加改造形成部分细脉状矿石，也有学者（陈广俊，2014）认为是浅成低温热液型矿床。

笔者根据分析前人研究成果，结合抗得弄舍金铅锌矿床地质特征，认为矿区经历了喷流沉积期成矿元素的大量富集，形成矿体。在热液期受热液叠加改造而进一步成矿，最后经表生期的风化氧化，形成了如今的金铅锌多金属矿床。抗得弄舍金铅锌多金属矿床的成因类型应属于海相火山岩型。

(十一)成矿机制及成矿模式

1. 成矿时代

抗得弄舍矿床形成主要经历了前期的喷流沉积和后期的热液改造两个过程,矿区角砾凝灰岩锆石LA-ICP-MS U-Pb 同位素定年结果表明,其加权平均年龄集中在(239.8±1.7) Ma 附近,因此,矿床早期喷流沉积阶段应属早三叠世。

2. 成矿物质来源

通过上述流体包裹体及同位素研究资料,可以看出成矿物质主要来自深部岩浆。

3. 成矿模式

区内目前所发现的多金属矿体均赋存于下三叠统洪水川组中,含矿岩性为重晶石岩、硅质岩等一套典型的热水沉积岩,矿体产状与地层产状基本一致,并随地层产状的变化而变化,表现出明显的层控特征,因此地层是本区首要控制因素。

区内北西西向断裂为区域断裂的次级构造,为含矿流体的运移提供通道。区域岩浆活动为含矿流体的运移提供热动力条件,形成了含矿热液沿断裂构造充填成矿。

成矿过程可以简单地概括为早期火山喷发、火山岩沉积,同时伴随铅锌成矿;后期热液叠加,一方面形成了金银矿体,另一方面使早期沉积形成的铅锌矿体加厚变富(图 3-15)。

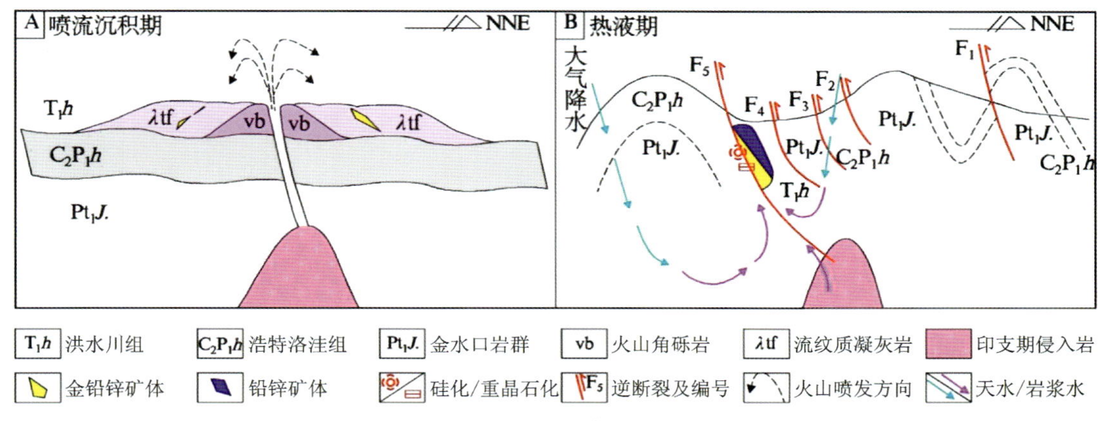

图 3-15 玛多县抗得弄舍金铅锌矿床成矿模式图(据赵玉京,2017)

(十二)找矿模型

抗得弄舍金铅锌矿床由 1∶5 万水系沉积物测量发现了找矿靶区,同时经 1∶2.5 万沟系测量进一步缩小了多金属找矿靶区;经 1∶1 万激电剖面检查基本框定了矿带范围;金多金属矿体均赋存于下三叠统洪水川组中,凝灰岩以及其与碳酸盐岩的接触构造带为区内找矿的首要地段,尤其金矿体与重晶石岩关系密切;次级断裂构造带是主要导矿、控矿构造,控制了矿体的产出,据此建立了抗得弄舍金铅锌矿找矿模型(表 3-4)。

表 3-4 玛多县抗得弄舍金铅锌矿找矿模型简表

因素	特征
构造环境	秦祁昆成矿域东昆仑多金属成矿带东段
控矿构造	昆中断裂构造体系之次级构造。北西西向和北西向断裂构造带是主要导矿、控矿构造,控制了矿体的产出
地层	下三叠统洪水川组,凝灰岩以及其与碳酸盐岩的接触构造带为区内找矿的首要地段

续表 3-4

因素	特征
岩性	重晶石岩、含重晶石硅质岩、硅质岩、流纹质凝灰岩是本区主要含矿层性，已知矿体赋存于上述岩石中，其中重晶石岩本身就是矿体，是本区主要的找矿标志；不同岩性的接触部位是找矿的重要部位
岩浆岩	印支期中酸性岩体(247～209 Ma)
围岩蚀变	主要有重晶石化、硅化、碳酸盐化、绢云母化等。其中硅化和重晶石化与矿体空间关系密切
地球物理信息	矿区经 1∶1 万激电剖面检查，异常与部分矿体分布地段吻合，是本区找矿的标志之一；椭圆状磁异常明显，异常位于印支期岩体中及附近
地球化学异常	已知现有的矿体是通过对 1∶5 万水系沉积物综合异常及 1∶2.5 万岩屑异常进行检查而发现的，因此各类化探是本区找矿的主要信息。Pb、Zn、Au、Ag 元素异常空间套合较好，具有三级浓度分带，浓集中心明显，浓集中心位于洪水川组中或印支期岩体附近

六、其他海相火山岩型铅锌矿产地

海相火山岩型铅锌矿产地除以上典型矿床外，还有兴海县日龙沟锡铅锌铜矿床、兴海县铜峪沟铜矿床、兴海县赛什塘铜矿床、玉树市赵卡隆铁铼铅矿床等，见表 3-5。

第二节　陆相火山岩型铅锌矿床

青海省共发现陆相火山岩型铅锌矿床(点)19 处(表 3-6)。其中，中型矿床 1 处(老藏沟)，小型矿床 7 处，矿点 11 处。19 处矿产地中以铅锌矿为主矿种的矿产地有 13 处，以铅锌矿为共生矿种的矿产地有 6 处。矿床(点)的形成主要与三叠系多福屯群、鄂拉山组及新近系查保马组陆相火山岩关系密切。成矿时代主要集中在三叠纪，其次为新近纪，空间分布主要集中在东昆仑、西秦岭、喀喇昆仑-羌北 3 个成矿带。

一、泽库县老藏沟铅锌锡矿床

(一)概况

矿床位于泽库县北东直距 52 km，属泽库县多福屯乡管辖，有同仁—泽库县正式公路相通。矿床中心地理坐标：东经 101°52′45″，北纬 35°14′56″。

1958 年黄南地质队在矿区外围护林点西侧发现方铅矿、闪锌矿细脉；1968—1969 年地质部青海地质局第七地质队、物探队、地质部第三物探大队采用重砂、电法、岩石、土壤测量等方法圈定了异常区；1969—1970 年青海省地质局第七地质队、物探队进行物化探详查，对护林点西侧矿点进行检查；1976—1982 年青海省地质局第七地质队进行普查；1982—1986 年青海省地质局第七地质队进行详查。该矿未开发利用。

表 3-5　青海省其他海相火山岩型铅锌矿产地特征简表

编号	矿产地名称	规模	勘查程度	成矿时代	成矿区(带)	构造单元	地质矿产简况
1	门源县银灿铜锌矿床	小型	普查	O	Ⅲ-20	Ⅰ-2-1	矿体产于早奥陶世次火山岩与板岩的内接触带，由 3 条矿体组成。Ⅰ矿体最长 170 m，上层为铜矿体，下层为锌矿体，铜矿体平均长 100 m，平均厚 4.5 m，最厚大于 11 m，矿体呈透镜状、层状，铜品位 1.08%；下部为锌矿，由 3 条平行矿脉组成，长 100～170 m，厚分别为 1.11 m、1.70 m、2.13 m；Ⅱ矿体上部为铜矿体，下部为锌矿体，其深部变为铜、铅、锌多金属矿体。走向最长 240 m，平均长 160 m，铜矿体最大厚度 4 m，平均厚度 1.9 m，铜品位最高 1.51%，平均 0.69%；锌矿体为平行脉状，最大厚 2.68 m，平均厚 1.40 m，锌品位最高 10.96%，平均 6.01%；Ⅲ矿体长 300 m，平均长度 200 m，东段为铜锌矿体，呈平行复脉状，西段为铜矿体，呈单脉状。铜矿体最厚 3 m，平均 1.80 m；锌矿体最大厚度 2 m，平均厚 1.3 m，铜品位最高 2.41%，平均 1.26%，锌品位最高 3.29%，平均 2.06%
2	祁连县辽班台铅锌银矿床	小型	普查	O	Ⅲ-21	Ⅰ-2-4	出露地层主要为下奥陶统阴沟群，包括北部的镁铁质—超镁铁质岩片和南部的板岩岩片，两者为断层接触。矿区主矿体 MⅢ-1 及Ⅲ矿带其他矿体产于阴沟群角砾硅质岩、条带状碳质硅质岩中，Ⅳ矿带亦产于同一层位，Ⅰ、Ⅴ矿带产于阴沟群层中下部，Ⅱ矿带，包括 MⅡ-1、MⅡ-2、MⅡ-3 均产于辉长岩南部边缘，受断裂控制，Ⅵ矿带是 F_1 断裂带中零星矿化。主矿体 MⅢ-1 及 MⅣ-1 呈层状体，其他矿体均呈薄扁豆状或扁平的透镜状，形态较为规则。MⅢ-1，长 353m，MⅣ-1，长 317 m，MⅠ-1 长 172 m。其他矿体均小于 100m。矿体厚度一般 1～3 m，薄而稳定
3	祁连县大二珠龙(西段)铅银铜矿床	小型	普查	O	Ⅲ-21	Ⅰ-2-4	矿区含矿地层主要为下奥陶统阴沟群中岩组火山岩段和砂板岩段，火山岩段岩性为灰绿色安山岩，砂板岩段为灰绿色砂质板岩。石英脉型含铜方铅矿体主要沿带内构造裂隙分布，共圈定 4 条不同规模的破碎蚀变带，其中以 Sb2 破碎蚀变带规模最大，长约 1.2 km，宽 80～100 m，其他 3 条蚀变带规模较小，长 76～420 m，宽 10～20 m。共圈定 11 个石英脉型含铜方铅矿体，矿体一般长 15～90 m，最长 7 号矿体长 140 m，厚度一般为 0.24～0.97 m，最厚Ⅴ号矿体 1.05 m。矿体一般赋存于破碎蚀变带(Sb2)的膨大部位及蚀变强烈地段密集分布的石英脉中，矿体呈透镜状、脉状和不规则条带状，矿体中矿化不均匀，Pb 平均品位一般为 15.30%～49.04%，最高64.48%，共生矿产银最高品位 160 g/t，平均品位 85.33 g/t，伴生铜平均品位一般为 0.1%～0.42%，最高为 0.54%
5	祁连县郭米寺铜铅锌矿床	小型	勘探	∈	Ⅲ-21	Ⅰ-2-3	矿区出露寒武系黑刺沟组第三岩段中，岩性为中酸性火山岩夹中基性火山岩、硅质岩。矿区发现 3 条互相平行的南、中、北蚀变带，矿床赋存于中蚀变带内，蚀变带长大于 2500 m，宽 20～150 m，产状：230°∠55°～75°，蚀变带中主要岩性为绢云母石英片岩、石英绢云母片岩，蚀变类型以绢云母化、硅化及黄铁矿化为主。共发现矿体 15 个，其中主矿体 3 个，小矿体 12 个。主矿体呈条带状、透镜状，长分别为 280 m、660 m、380 m，厚 3 m、1～23 m、0.5～1.6 m，斜深 22～112 m、22～200 m、36～73 m，平均品位铜 0.45%、1.00%、1.79%，铅 1.59%、1.80%、2.65%，锌 1.76%、3.01%、6.39%。小矿体呈平行脉状，常出现在主矿体两旁，一般走向长 50～100 m，厚 1～4 m，斜深一般 30 m，最深 70 m

续表 3-5

编号	矿产地名称	规模	勘查程度	成矿时代	成矿区(带)	构造单元	地质矿产简况
6	祁连县西山梁铜铅锌矿床	小型	普查	∈	Ⅲ-21	Ⅰ-2-3	出露地层主要为寒武系黑刺沟组第三岩段,为一套中酸性火山熔岩及凝灰岩,含矿岩性主要为变安山质凝灰岩,其次为变安山岩、安山玄武岩及凝灰质板岩、火山角砾岩等。矿区共圈出 12 条矿体,主要为下柳沟矿区 3 个主矿体的西延部分,由于尖灭再现,常分解为互不相连的几个矿体。矿体一般长 50～525 m,平均厚 1.50～6.47 m,延深 30～205 m,形态为脉状及透镜状。产状一般为倾向 30°～40°,倾角 65°～75°。矿体平均品位:铜 0.30%～0.87%,铅 0.94%～3.57%,锌 0.84%～4.84%
7	祁连县下柳沟铅铜锌矿床	小型	勘探	∈	Ⅲ-21	Ⅰ-2-3	区内含矿地层主要是寒武系黑刺沟组上岩段中酸性火山岩,岩性主要为流纹质凝灰岩、流纹斑岩、绢云石英片岩、次生石英岩等。矿区发现下柳沟西山梁-白柳沟蚀变带,蚀变带长 9 km,宽 1 km,发现有 3 条互相平行的,沿走向断续分布的南、中、北蚀变带,矿床位于南带下柳沟—茶五陇段。矿区共发现大小矿体 8 个,呈透镜状、条带状与平行脉状,主矿体为:$Ⅰ_1$ 矿体长 795 m,绝大部分 6.5 m,一般厚 2～5 m,斜深 190 m;$Ⅰ_2$ 矿体长 920 m,最厚 9 m,一般 3～5 m,最大斜深 223 m,Ⅱ号矿体长 150 m,最宽 1.5 m,一般 1 m,斜深 133 m;Ⅲ号矿体长 1250 m,平均宽 2 m,斜深 195 m
8	祁连县湾阳河铅铜锌矿床	小型	详查	∈	Ⅲ-21	Ⅰ-2-3	出露地层为寒武系黑刺沟组第三岩段,岩性为中酸性火山岩夹中基性火山岩、硅质岩,为含矿岩组。矿区发现下柳沟西山梁-白柳沟蚀变带,由 3 条相互平行的沿走向断续分布的南、中、北蚀变带组成,矿床位于下柳沟—茶五陇段。矿区内共发现矿体 13 个,矿体顺层产出,与围岩产状一致,界线清楚。其中主要矿体有 4 个,但其 $Ⅰ_1$、$Ⅰ_2$、$Ⅱ_1$ 为较大,长分别为 450 m、550 m、450 m,厚 6.5 m、2.3 m、2 m,斜深 145 m、155 m、145 m,倾向北东,倾角 60°～75°,呈似层状出现,平均品位 Cu 0.49%～1.53%,Pb 3.19%～4.54%,Zn 4.39%～6.62%,$Ⅱ_2$ 矿体长 100 m,最大厚度 5 m,斜深 60 m,倾向北东,矿体呈透镜状,Cu 品位 0.57%,Pb 2.18%,其余 9 个矿体长 50 m,厚 0.3～2.5 m,延深 13～40 m,矿体呈透镜状
9	祁连县柳湾区铜铅锌矿点	矿点	普查	∈	Ⅲ-21	Ⅰ-2-3	区内出露地层主要有寒武系黑刺沟组第三岩段。矿点共发现矿体 2 个,矿体长度分别为>450 m、400 m,见矿厚度 2 m、4.61 m,控制斜深 153 m、98 m,铜平均品位 1.90%、0.51%,铅 5.51%、2.21%,锌 7.21%、2.87%,金 1.95 g/t、1.18 g/t,银 44.19 g/t、39.5 g/t,硫 12.68%、11.24%。矿石呈他形—半自形细粒结构、交代溶蚀结构,构造主要为致密块状构造、层纹状构造、浸染状构造等,矿石金属矿物有黄铁矿、方铅矿、闪锌矿、黄铜矿,少量赤铁矿、黝铜矿、辉银矿等,脉石矿物主要有绢云母、石英、白云石、重晶石等

续表 3-5

编号	矿产地名称	规模	勘查程度	成矿时代	成矿区(带)	构造单元	地质矿产简况
10	祁连县下沟铅铜锌矿床	小型	普查	∈	Ⅲ-21	Ⅰ-2-3	矿床赋存于寒武系黑刺沟组第三岩段中。岩性为中酸性火山岩夹中基性火山岩、硅质岩。矿区发现下柳沟西山梁-白柳沟蚀变带，有3条互相平行的，沿走向断续分布的南、中、北蚀变带。矿床位于南带下柳沟—茶五陇段。共圈定18个矿体，其中Ⅲ、Ⅳ、Ⅴ、Ⅶ、Ⅺ构成主矿体，又以Ⅶ、Ⅺ规模最大，分别长300 m、225 m，平均宽11.25 m、8 m，铜铅锌平均品位0.87%、6.80%、8.34%。除5个主矿体外，其余小矿体长为50 m左右，宽1～2 m不等，分布于主矿体的上、下盘。全矿区平均品位，铜最高9.76%，平均1.22%，铅最高22.20%，平均3.70%，锌最高17.47%，平均4.47%
12	祁连县赖都滩铜铅锌矿床	小型	普查	∈	Ⅲ-21	Ⅰ-2-3	出露地层为寒武系黑刺沟组中酸性火山岩，区内岩浆岩不发育，断裂构造发育，以北西向断裂为主，北东向为次。矿区内圈定了3条多金属矿体(均为盲矿体)，赋存于中寒武统上岩组，含矿岩性为绢云母石英片岩。主矿体1号矿体长48 m，平均厚度2.37 m，延伸74 m，呈透镜状产出。矿体产状倾向30°～50°，倾角60°～73°。其余2条多金属矿规模较小，厚度0.59～1.88 m，长不详。主矿体(1号矿体)Cu最高品位2.96%，平均2.57%；Pb最高品位11.20%，平均7.28%；Zn最高品位5.2%，平均4.51%。2号矿体Cu平均品位2.5%、Pb 6.76%、Zn 5.83%，3号矿体Cu品位4.96%、Pb 11.64%、Zn 5.86%
16	祁连县小东索铁铅矿床	小型	详查	∈	Ⅲ-21	Ⅰ-2-3	矿床出露寒武系黑刺沟组，铁铅矿产在中寒武统上部黑云母石英片岩及大理岩中，含矿带东西长约5700 m，南北宽800～900 m，由4个含矿层组成。已圈出40个工业矿体，其中一含矿层23个，由Ⅰ、Ⅱ、Ⅴ主矿体组成；二含矿层8个，主矿体为Ⅳ号；三、四含矿层7个，主矿体为Ⅲ号。矿体一般长28.15～335.6 m，厚1～22 m，延深30～250 m。其中仅Ⅰ、Ⅱ矿体为铁铅矿体，其他均为铁矿体。全区平均全铁品位37.17%，最高53.50%；富铁矿最低平均品位全铁≥45%，主要分布在Ⅳ矿体(群)中，所占比例较少；矿区以贫铁矿为主，平均全铁≤40%～≥25%，是矿区主要矿石类型。铅主要产于Ⅰ、Ⅱ矿体，单工程平均品位10.08%，地表基本分析品位0.52%～17.33%
17	祁连县龙哇俄当铜铅锌矿床	小型	普查	O	Ⅲ-21	Ⅰ-2-3	出露地层主要有寒武系黑刺沟组第三岩段。矿区发现矿体13条，矿体呈似层状和透镜状，长100～400 m，厚0.5～10 m，控制斜深48～160 m。以5号、12号为主矿体，主矿体厚10～20 m，小矿体分布在主矿体的上、下两侧，厚多小于3 m。矿体平均品位，铜0.14%～3.95%，铅0.22%～6.55%，锌0.45%～6.35%
20	门源县松树南沟脑铜铅矿床	小型	普查	O	Ⅲ-21	Ⅰ-2-4	出露地层主要为上奥陶统扣门子组细碧角斑岩系火山熔岩及火山碎屑岩。矿区断裂主要有走向正断层、横向断层组，节理主要有走向北东45°、北西70°、北东20°三组，为含矿节理。区内岩浆活动频繁，侵入岩有闪长岩及少量花岗闪长岩。矿区分4个矿化带，其中一矿带具工业价值。一矿带长1000 m左右，最大宽度60 m左右，矿化深度580 m左右，自下而上分为4个主矿层，每个矿层有两个以上矿体，以Ⅰ-1、Ⅲ-1、Ⅳ-1规模较大，长30～190 m，地表平均厚度2～8.59 m，地表平均含铜0.58%～0.72%，深部倾斜延深400 m左右，平均厚1.64～3.69 m，Cu平均品位0.64%～0.70%。矿体平均品位0.61%～0.81%，全区平均0.76%。二矿带以铅锌为主，呈短小的脉状产于灰岩裂隙和凝灰岩片理中，厚0.65～2.6 m，品位Pb 2%～4.2%，Zn 2.69%～5.31%

续表 3-5

编号	矿产地名称	规模	勘查程度	成矿时代	成矿区(带)	构造单元	地质矿产简况
21	门源县中南沟铅锌矿床	小型	普查	O	Ⅲ-21	Ⅰ-2-4	出露地层主要有下奥陶统阴沟群，上奥陶统扣门子组，下—中三叠统西大沟组和南营尔组及第四系。矿区有两条主要含矿带，一是构造片岩含矿带(称第Ⅰ含矿带)，二是灰岩(或大理岩)含矿带(称Ⅱ含矿带)。区内共圈出矿体18条，矿(化)体25条。其中第Ⅰ含矿带矿体10条，矿(化)体4条；第Ⅱ含矿带矿体7条，矿(化)体19条，蚀变闪长岩中矿体1条，矿(化)体2条。矿体长20～209 m，多数长在100 m以下，平均厚0.27～7.10 m，最厚11.79 m。走向近东西或东西，倾向南，倾角多在60°～80°之间。第Ⅰ含矿带矿体Pb 1.18%～4.03%，最高13.39%，锌有3条矿体达工业品位，分别为1.56%、2.33%、6.15%，其余为0.02%～0.32%。第Ⅱ含矿带矿体Zn 1.05%～3.16%，最高6.67%，铅仅1条矿体达工业品位，为1.03%，其余矿体为0.2%～0.5%
31	大柴旦行委白云滩铅银金矿点	矿点	预查	O	Ⅲ-24	Ⅰ-5-1	出露地层为中元古界万洞沟群下岩组。圈出3条大致平行的铅、银、金矿体。Ⅰ号金、银、铅矿体长100 m，视厚1～1.70 m，平均厚1.35 m，呈向北东凸出弧形，产状220°～260°∠35°～42°，品位Au 2.35 g/t，Pb 1.38～46.25%，平均21.86%，Ag 450～1010 g/t，平均681 g/t。Ⅱ号金矿体长约160 m，视厚0.40～2.00 m，平均厚1.20 m，Au平均品位为1.87 g/t。Ⅲ号银铅矿体长约25 m，视厚1.60 m，产状230°∠46°，品位Pb 5.48%～5.89%，平均5.74%，Ag 160～180 g/t，平均170 g/t
34	大柴旦行委双口山铅银锌矿床	小型	普查	O	Ⅲ-24	Ⅰ-5-2	矿区含矿地层主要为奥陶系滩间山群。地表共圈出矿体15条，深部圈出隐伏盲矿体19条。地表有4个矿带，Ⅰ号带长500 m，宽1～10 m，矿体一般长20～170 m，厚0.5～1.5 m，部分矿体厚仅几厘米，但品位极富，推深5～43 m，平均品位Pb 0.97%～17.62%、Ag 8.93～628.0 g/t。Ⅱ号带圈出Pb42矿体，长110 m，平均厚1.75 m，Pb 0.97%、Ag 32.9 g/t。Ⅲ号带圈出小矿体3个，长65～110 m，平均宽1.5～3.52 m，其中以Pb41规模最大，Pb 1.77%、Ag 12.78 g/t。隐伏矿体中，Ⅴ号矿体是主要矿体，长50～100 m，斜深37～152 m，平均厚0.24～5.35 m，平均品位Pb 0.35%～3.91%、Zn 0.21%～2.249%、Ag 5.4～62.23 g/t
51	都兰县太子沟铜锌矿床	小型	详查	O	Ⅲ-24	Ⅰ-5-2	矿区含矿地层为奥陶系滩间山群，分成下部碎屑岩组、上部火山岩组两个岩组。矿区圈定铜铅锌矿体8条，其中太子沟地区圈定矿体6条(M1～M6)，矿体宽度1.45～4.5 m，长度一般在100 m左右，产于奥陶系滩间山群b岩组安山岩蚀变带中，产状37°∠32°，矿体较缓，Zn品位1.95%～15.03%，Cu品位0.34%～0.70%，Pb品位0.88%。太子沟东地区圈定2条铅锌矿体，宽度4.7 m，走向长度100 m，产状45°∠28°，矿体较缓，Pb品位1.59%～4.23%，Zn品位0.44～3.38%
52	都兰县藏碑沟铅锌铜矿点	矿点	普查	O	Ⅲ-24	Ⅰ-5-2	出露地层主要为奥陶系滩间山群中段。矿带长5 km，宽0.8～1.0 km，有东矿带和西矿带之分，间距约1.3 km。共圈出矿(化)体8条。其中PbZn1号规模较大，地表控制长200 m，浅部(控制深度15 m)控制长300 m，水平厚1.7～4.0 m，最厚5.5 m，呈透镜状和似层状产出；走向东西，倾向北，倾角50°～65°，产状稳定，Pb+Zn平均2.34%

续表 3-5

编号	矿产地名称	规模	勘查程度	成矿时代	成矿区(带)	构造单元	地质矿产简况
83	格尔木市雪鞍山西区铜铅锌矿点	矿点	预查	O	Ⅲ-26	Ⅱ-1-1	矿体赋存于纳赤台群上岩组中,受北北东向展布的断层破碎带控制。圈出 2 条矿体,长分别为 182 m、230 m,宽 3～12 m,4～12 m。矿体走向北东 20°,北西倾,倾角 50°～60°。其围岩为蚀变玄武岩夹安山玄武岩,矿石类型:地表所见多为氧化矿石,以灰绿—暗灰绿色铜蓝-孔雀石矿石为主,次为黄铜矿、斑铜矿、孔雀石矿石。矿石呈他形粒状—粉末状结构;稀疏浸染状和细脉状构造。品位:Cu 最低为 0.06%,最高 0.80%,平均 0.30%
84	格尔木市雪鞍山东区铜铅锌矿点	矿点	预查	O	Ⅲ-26	Ⅱ-1-1	矿点出露地层为纳赤台群碳酸盐组合、硅质岩组合、碎屑岩组合和中酸性火山岩组合,其中中酸性火山岩组合与成矿关系密切。矿点上有加里东期花岗闪长岩侵入。地表所见多为氧化矿石,以灰绿—暗灰绿色铜蓝-孔雀石矿石为主,次为黄铜矿、斑铜矿、孔雀石矿石。围岩蚀变有绿泥石化、绿帘石化、绢云母化、次为硅化、碳酸盐化、钠长石化及黄铁矿化
169	共和县达纳亥公卡铁铅锌矿床	小型	普查	P	Ⅲ-26	Ⅰ-7-4	出露地层为中二叠统切吉组,分为上、中、下 3 个岩性段,其中中部岩性段为主要含矿层,为一套含蛇绿碎片浊积建造夹碳酸盐岩建造,岩性为长石砂岩、长石石英砂岩、粉砂岩、各类千枚岩等。矿区见有 3 条矿带,Ⅰ矿带圈定铅锌矿体 4 条,Ⅱ矿带圈定铁铅锌矿体 11 条,Ⅲ矿带圈出铜矿化体 1 条,锌矿化体 1 条。其中Ⅱ4 矿体长 295 m,延深 307 m,真厚度 2.28～6.00 m,平均 4.36 m,产状 345°∠38°,主矿种品位 TFe 26.35%～47.70%,平均 38.79%,伴生组分:Ag 2.77～57.70 g/t,平均 18.38 g/t,Zn 0.01%～1.78%,平均 0.56%。Ⅱ8 矿体为盲矿体,长 191 m,延深 270 m,真厚度 1.44～4.19 m,平均 3.02 m,产状 340°∠37°,主矿种品位 TFe 25.22%～47.94%,平均 37.98%,伴生组分:Ag 3.03～67.71 g/t,平均 19.09 g/t,Zn 0.05%～2.80%,平均 0.69%
183	兴海县日龙沟锡铅锌铜矿床	中型	详查	P	Ⅲ-26	Ⅰ-5-7	矿区地层主要为中二叠统切吉组,仅出露第二岩性段至第四岩性段,其中第三岩性段纵贯矿区中部,上部为含碳质千枚岩、厚层状大理岩,为主要赋矿层位,矿体产状与地层产状基本一致,呈似层状及透镜体状。矿区主矿种为锡、铜,铅锌为共生矿产。矿区圈定矿体 38 条,其中 20 条锡矿体,11 条铜矿体,6 条锡、铜共生矿体,1 条锡铅矿体。主矿体为 M2-1 和 M4-2。主矿体 M2-1,呈似层状,走向北西-南东,倾向北东,倾角 50°～73°。长达 1290 m,据钻孔探索,其倾斜深度达 300 m,厚度 0.78～4.19 m,平均 3.66 m,矿石含锡 0.1%～3.03%,平均品位 0.840%。截至 2020 年底,累计查明资源储量锡 2.22×10^4 t,锡平均品位 0.53%;共生铜 1.91×10^4 t,平均品位 0.68%;共生锌 3.51×10^4 t,平均品位 1.183%

续表 3-5

编号	矿产地名称	规模	勘查程度	成矿时代	成矿区(带)	构造单元	地质矿产简况
185	兴海县铜峪沟铜矿床	中型	勘探	P	Ⅲ-26	Ⅰ-5-7	出露地层为中二叠统切吉组,为一套含蛇绿碎片岩浊积岩建造夹碳酸盐岩建造,岩性为长石砂岩、长石石英砂岩、粉砂岩、各类千枚岩等,与碳酸盐岩地层呈互层状产出,是主要赋矿层位。矿区圈定16条矿带,63条矿体,其中以M1、M4两矿带的部分主矿体规模较大,其余各矿带的矿体规模均较小。M4矿群规模最大,长约2.5 km,其中圈出9条矿体,矿体断续分布,以M4-1、M4-3、M4-4规模较大,可达中—大型规模。最大矿体走向长1710 m,厚0.44～9.09 m,延深600 m,呈层状、似层状或透镜状。矿体产状170°∠15°～20°,Cu品位0.30%～3.5%,平均0.89%。另外,除M4矿带外,个别含矿带中能够圈出独立的铅锌矿体和硫矿体,铅锌矿体厚度2.3～8.0 m,Pb品位1.06%～11.43%,平均3.47%;Zn品位1.06%～6.99%,平均2.53%
189	兴海县赛什塘铜矿床	中型	勘探	P	Ⅲ-26	Ⅰ-5-7	该矿床以铜矿为主,共生有铅、锌、硫、铁等矿产。共圈定176条矿体,其中铜硫矿体116条,硫矿体26条,铅锌矿体32条,铁矿体2条。除M1号、M2号、M4号矿体在地表局部出露外,余者皆为盲矿体。矿体总体走向北西-南东,倾向南。矿体形态为似层状、透镜状,局部有分支复合现象。M2号矿体规模最大,总长2650 m,沿倾斜延深196～600 m,厚5～20 m,倾角25°～50°,Cu平均品位1.23%,储量占首采总储量75.11%。M1号、M4号、M193号矿体规模次之。矿床中各类工业矿石的平均品位为Cu 1.21%、Pb 1.38%、Zn 2.45%、S 12.13 %、TFe 27.31%,伴生Au 0.3 g/t,Ag 15.47 g/t。矿床围岩蚀变有角岩化、大理岩化、矽卡岩化、硅化、绿泥石化、碳酸盐化等
235	玉树市赵卡隆铁银铅矿床	中型	详查	T	Ⅲ-33	Ⅲ-2-4	出露地层主要为上三叠统巴塘群上部碎屑岩组和顶部碳酸盐岩组,矿体主要产于上部碎屑岩组的上岩性段,岩性由灰岩、安山岩、泥质板岩、碳质板岩、长石石英砂岩、白云岩等组成,具轻度绿泥石化。矿区共划分为4个矿化带、7个矿(体)群,41条矿体。主矿体有5条,矿体多呈似层状、透镜状,矿体以铁铜矿体、铁矿体为主,次为铜矿体,铅为共生矿体。矿体长410～960 m,倾斜延伸长度为15～510 m,厚度为3～17.05 m,最大厚度为33.8 m,5条矿体的铁平均品位为TFe 28.52%～35.86%。其中$Ⅱ_1$矿体以铁铜矿体为主,次为铁矿体和铁铅锌矿体,矿体走向长420 m,倾斜延伸32～150 m,最大延伸195 m,矿体厚度3～14 m,最大厚度14.48 m,平均厚度6.33 m,矿体品位TFe 34.38%,Cu 0.44%,Pb 1.02%,Zn 0.73%。$Ⅲ_1$矿体由铁矿体、铁铅锌矿体、铁铅矿体、铁锌矿体和铅矿体组成,矿体走向长960 m,倾斜延伸80～210 m,最大延伸305 m,厚度17.26 m,矿体品位TFe 27.49%,Pb 1.83%,Zn 0.83%
236	玉树市挡拖铅锌矿点	矿点	预查	T	Ⅲ-33	Ⅲ-2-4	出露地层为上三叠统巴塘群中部火山岩组。铅锌矿化赋存于矿区东南部流纹斑岩中,矿体出露长约40 m,平均宽22 m。矿石品位:Pb平均品位2.86%,Zn平均品位2.49%,Cu平均品位为0.02%～0.47%

续表 3-5

编号	矿产地名称	规模	勘查程度	成矿时代	成矿区(带)	构造单元	地质矿产简况
239	杂多县叶霞乌赛铅锌银矿点	矿点	预查	P	Ⅲ-36	Ⅲ-2-6	区内出露二叠系开心岭群诺日巴尕日保组，地表由 4 条小矿化带组成，地表宽 0.2～0.8 m，长 5～30 m 不等，呈透镜状。铅 4.86%，Cu 1.58%、Au 1.62 g/t
278	格尔木市小唐古拉山铁矿点	中型	普查	J	Ⅲ-35	Ⅲ-3-1	矿区分东、西两段共 6 个含矿带，东段分布有Ⅰ、Ⅱ矿带；西段有Ⅲ、Ⅳ、Ⅴ、Ⅵ四个矿带。矿体呈条带状、层状、脉状、网脉状。矿体单层厚 0.8～12 m，一般 1.5～6.4 m，主矿体延深可达 67～100 m。矿体产状随地层褶皱而变化，中等倾角。主矿种品位 TFe 45%～55%，Mn 2%～3%，铅锌为共生矿体。矿石矿物有镜铁矿、含锰磁铁矿、赤铁矿、褐铁矿、水针铁矿等，少量黄铁矿、黄铜矿、方铅矿等硫化物。矿石类型为致密状镜铁矿石为主
284	格尔木市开心岭铁锌铜矿床	小型	普查	P	Ⅲ-35	Ⅲ-2-5	矿区含矿地层主要为二叠系开心岭群诺日巴尕日保组，岩性为生物碎屑灰岩、安山岩、火山角砾岩、岩屑砂岩，区内断裂构造发育，对矿体有一定破坏和改造作用。矿区内共划分了 Fe1、Fe2、Fe4 及 CZ299-1-2 四个矿段，共圈出磁铁矿体 1 条，赤铁矿体 6 条，赤铁、锌复合矿体 1 条，锌矿体(氧化矿)7 条，铜矿体 2 条。其中 Fe4 矿段矿体中铁矿体呈透镜状，走向呈北西-南东向，倾向北东，倾角 40°，长约 260，最大厚度 19.02 m，平均厚度 8.53 m，最大斜深 180 m，单工程 TFe 最高品位为 39.96%，平均品位为 26.78%；锌矿体呈透镜状、长条状和板状等，长100～200m，最长达 1040m，平均厚度 1.62～13.73m，产状 35°∠40°，平均品位达 1.10%～1.69%。CZ299-1-2 矿段中，锌矿体呈条带状，产状为 45°∠60°，长约 200m，延深约 250m，最大厚度为 2.20m，平均厚度约 1.39m，矿体平均品位为 2.56%

表 3-6　青海省陆相火山岩型铅锌矿产地一览表

矿产地编号	矿产地名称	地区	主矿种	成矿时代	主矿种规模	勘查程度	成矿区带	构造单元
58	格尔木市楚阿克拉千铅锌矿点	海西州	铅锌	T	矿点	普查	Ⅲ-26	Ⅰ-7-3
62	茫崖市哈得尔甘南铜铅锌银矿点	海西州	铜铅锌	T	矿点	预查	Ⅲ-26	Ⅰ-7-3
147	都兰县那日马拉黑铜铅锌矿床	海西州	铜铅锌	T	小型	普查	Ⅲ-26	Ⅰ-7-1
154	都兰县扎麻山南坡铅锌铜矿床	海西州	铅锌铜	T	小型	普查	Ⅲ-26	Ⅰ-7-1
172	兴海县在日沟北侧铅锌矿点	海南州	铅锌	T	矿点	预查	Ⅲ-26	Ⅰ-7-4
173	兴海县虎达然乔乎铅锌矿点	海南州	铅锌	T	矿点	预查	Ⅲ-26	Ⅰ-7-4
174	兴海县鄂拉山口铅锌银矿床	海南州	铅锌银	T	小型	详查	Ⅲ-26	Ⅰ-7-4
175	兴海县鄂拉山口(H1)(乎卢毫贡玛)铜铅锌矿点	海南州	铜铅锌	T	矿点	预查	Ⅲ-26	Ⅰ-7-4
176	兴海县索拉沟铜铅锌银矿床	海南州	铜铅锌	T	小型	详查	Ⅲ-26	Ⅰ-7-4
178	兴海县鄂拉山口铜铅锌矿点(15 号点、16 号点)	海南州	铜铅锌	T	矿点	预查	Ⅲ-26	Ⅰ-7-4
179	兴海县鄂拉山口南倒帮公路 229 km 铜铅锌矿点	海南州	铜铅锌	P	矿点	预查	Ⅲ-26	Ⅰ-7-5
182	兴海县西岭秋褐山曲贡玛铅锌矿点	海南州	铅锌	P	矿点	预查	Ⅲ-26	Ⅰ-7-5
209	泽库县公钦隆瓦铜铅矿点	黄南州	铅	T	矿点	预查	Ⅲ-28	Ⅰ-8-1
217	泽库县老藏山铅锌矿点	黄南州	铅锌	T	矿点	预查	Ⅲ-28	Ⅰ-8-1
220	泽库县老藏沟铅锌锡矿床	黄南州	铅	T	中型	详查	Ⅲ-28	Ⅰ-8-1
221	泽库县老藏沟护林点铅锌矿点	黄南州	铅锌	T	矿点	预查	Ⅲ-28	Ⅰ-8-1
222	同仁县夏布楞铅锌矿床	黄南州	铅	T	小型	勘探	Ⅲ-28	Ⅰ-8-1
271	格尔木市纳保扎陇铅锌矿床	海西州	铅锌	N	小型	普查	Ⅲ-35	Ⅲ-3-1
272	格尔木市那日尼亚铅矿床	海西州	铅	N	小型	普查	Ⅲ-35	Ⅲ-3-1

(二)区域地质特征

矿床大地构造位置位于泽库复合型前陆盆地，成矿带属西秦岭成矿带之青海南山-泽库成矿亚带(Ⅳ-28-2)。区域地层以早中三叠世滨—浅海相类复理石碎屑岩夹少量碳酸盐岩建造为主。区内经历了印支期、燕山期及喜马拉雅期等多次构造运动，从而使区内构造形态及方向均有较大变化。区域上侵入岩主要出露于同仁及和日一带，以印支期及燕山期的花岗岩、二长岩、二长花岗岩、斜长花岗岩、花岗闪长岩及石英闪长岩等中性—酸性侵入岩为主，大部分呈岩株状产出。

(三)矿区地质特征

1. 地层

矿区出露地层有中三叠统古浪堤组、上三叠统多福屯群华日组、下白垩统、新近系等，赋矿地层为上三叠统多福屯群华日组(图 3-16)。

华日组：在矿区内大面积出露，为一套碎屑岩-中酸性火山岩建造，属火山-沉积断陷盆地陡坡带沉积，后碰撞断陷盆地环境。岩性主要为火山碎屑岩、安山岩、隐爆角砾岩及次火山岩-斜长花岗斑岩、闪长玢岩、次安山岩、电气石石英岩。

2. 构造

区内三叠纪地层最为发育，新生代构造盆地广泛分布，岩浆侵入、喷发活动频繁，中、上三叠统组成

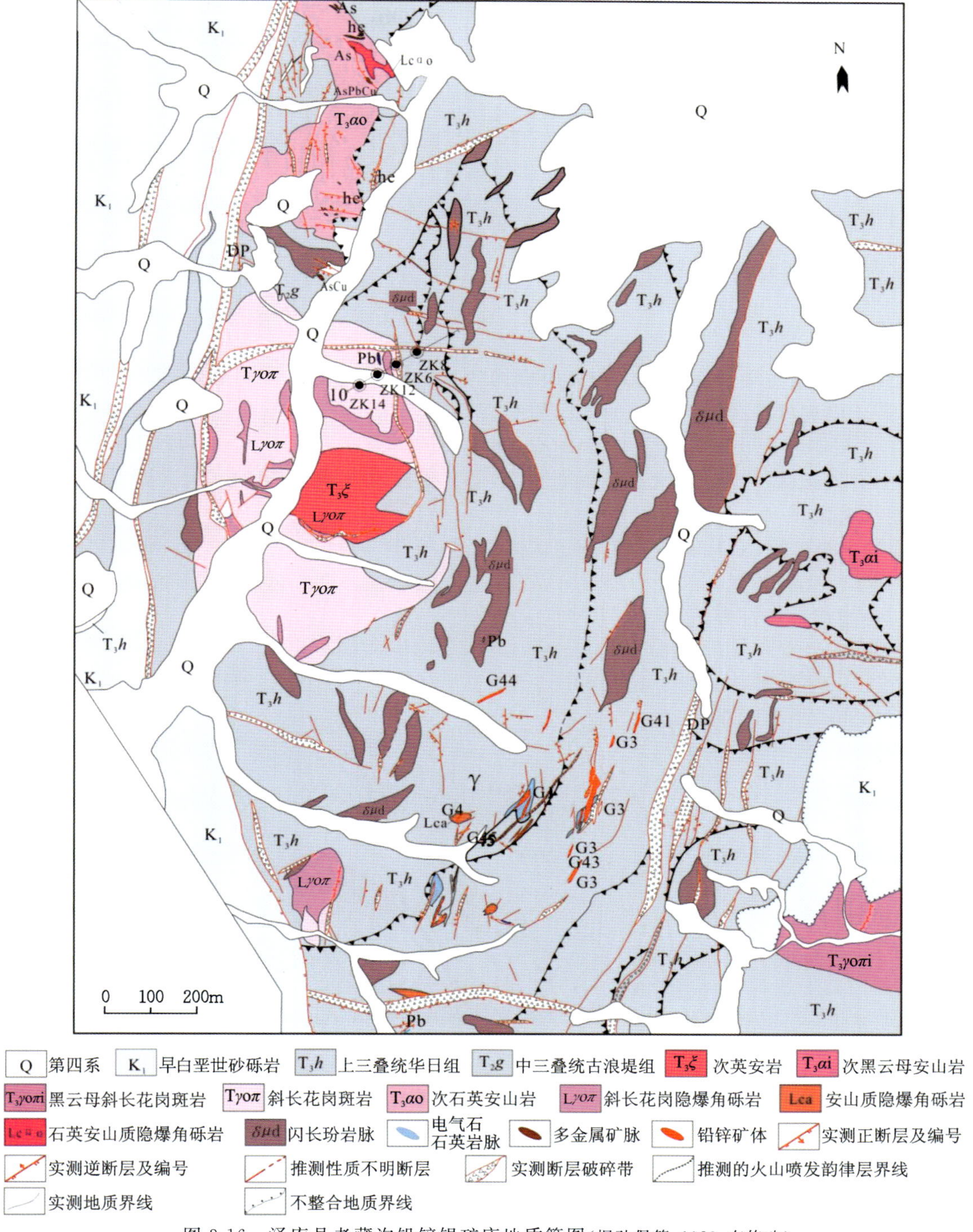

图 3-16　泽库县老藏沟铅锌锡矿床地质简图（据孙侃等，1989，有修改）

北西向褶皱构造，后又被北北东向、北西向、东西向断裂构造所切割，形成了一系列中—新生代断陷盆地。上三叠统及其以后的陆相地层分布在这些盆地中，并且经受了多期的断裂、断陷和岩浆侵入、火山喷发及成矿作用。成矿与晚三叠世构造岩浆活动密切相关，该岩浆活动受基底断裂控制，常沿主要断裂带或不同方向断裂的交切部位，形成若干喷发中心，构成火山盆地或火山链。主要由南北向龙那合和东西向台乌龙、果拉钩 3 个次级火山盆地相连通组成，总体为向东开口的马蹄形火山盆地；由哨地、瓦窑沟、老藏沟、老藏山等火山机构组成北北东向火山链，矿区内仅为中间一段。老藏沟火山活动受区域北西西向压性基底断裂和褶皱诱发的南北向、北西向、北东向张性和压扭性断裂或断陷盆地控制，尤其在断裂构造交会部位形成喷发中心和串珠状排列的火山链。矿床产于老藏沟火山机构的火山口东侧，受环状断裂控制，矿体主要形成在火山机构的环状断裂中，在环状、弧形断裂与放射状断裂复合、交切部位隐爆角砾岩规模变大，矿体膨大富集。

3. 火山岩

矿区内火山岩主要为晚三叠世火山碎屑岩、安山岩、隐爆角砾岩及次火山岩-斜长花岗斑岩、闪长玢岩、次安山岩、电气石石英岩。矿区内主要工业矿体多赋存在安山质隐爆角砾岩内及其顶、底板强蚀变安山岩中，安山质隐爆角砾岩体上部的电气石石英岩带大部分构成矿体，斜长花岗斑岩、次英安岩及其隐爆角砾岩内 Cu、Sn 含量相对增高，其中可形成锡、硫矿体。矿区火山岩均为亚碱性的高铝玄武岩和拉斑玄武岩系列，这些岩石具有造山带和活动大陆边缘的钙碱性、钙性火山岩的属性(李义伟等，1989)。

(四)矿体特征

铅锌(硫锡)矿化带主要分布在老藏沟火山机构的火山口东侧拨雾沟卡—史赫朗卡一带，受环状断裂控制，矿体产于沿环状断裂发育的浅成安山质隐爆角砾岩脉、岩枝或隐蔽爆发腔内的电气石石英岩、隐爆角砾岩中。按矿体产出部位划分两个矿段，即史赫朗卡矿段和拨雾沟卡矿段，共圈出矿体 96 个。矿体形态多样，有透镜状、楔状、脉状及不规则脉状，伴有膨大、缩小，分支复合、尖灭再现等现象。

1. 史赫朗卡矿段

为矿区内的主要矿段，多为盲矿体，共圈定矿体 72 条，矿体一般长 27.0～400 m，斜深 30～422.5 m，厚度 0.40～33.07 m，铅品位为 0.94%～1.54%，锌品位为 0.77%～1.47%。在主矿体周围往往有成群的小矿体出现。主要矿体特征如下。

G1-1 铅锌矿体：长 239.2 m，倾向延深 106.5～259.0 m，平均延深 182.9 m，厚度 0.97～11.43 m，平均厚度 4.79 m，矿体铅平均品位 1.11%，锌平均品位 0.87%。矿体具膨大、缩小、分支尖灭、尖灭再现特征，总体为不规则透镜状，产于安山质隐爆角砾岩及其顶部电气石石英岩外侧的蚀变安山岩中。

G3 铅锌矿体：长 405 m，倾向延深 192.0～422.5 m，平均延深 273.5 m，厚度 0.64～26.17 m，平均厚度 8.40 m，矿体铅平均品位 1.47%，锌平均品位 0.79%。矿体具膨缩及分支复合、分支尖灭特征。矿体主要产于电英质胶结的安山质隐爆角砾岩脉及其角砾岩脉交叉膨大部位，角砾岩顶部电气石石英岩及外侧的蚀变安山岩中。

2. 拨雾沟卡矿段

共圈定矿体 24 条，均为盲矿体。矿体走向 330°，向西倾斜，倾角 42°～63°，矿体长 50～165 m，延深 47.8～287 m，平均厚度 0.92～12.49 m，矿体多呈不规则状和透镜状，主要矿体特征如下。

G2-5 矿体：规模最大，长 165 m，倾向延深 287 m(图 3-17)，平均厚度 12.49 m，

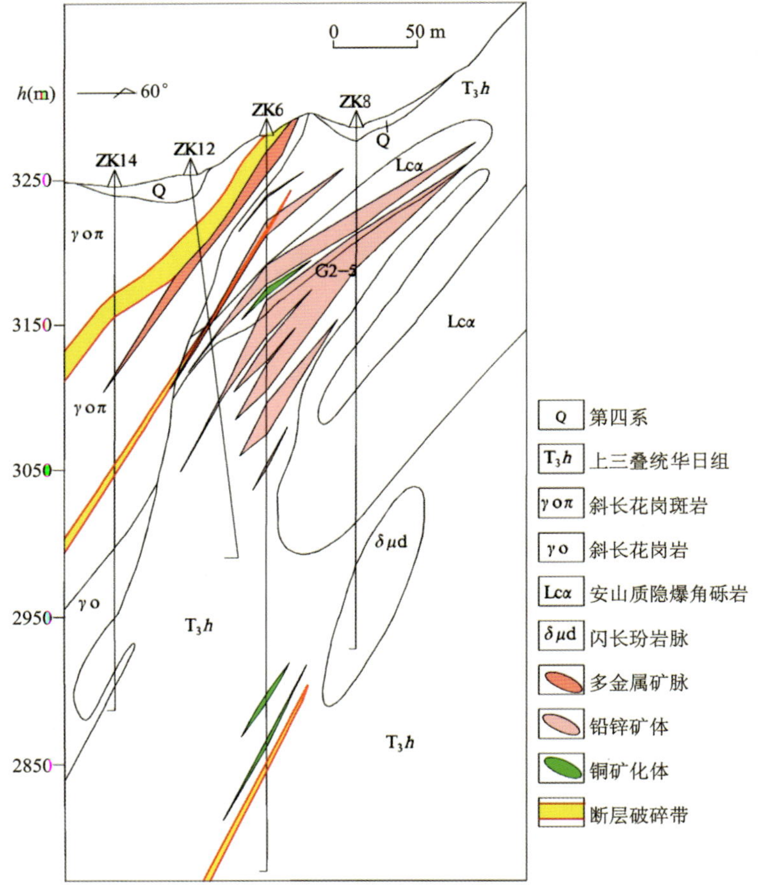

图 3-17 泽库县老藏沟铅锌锡矿床拨雾沟卡矿段 10 号勘探线剖面图

(据孙侃等，1989，有修改)

铅品位 0.92%，锌品位 0.93%。

G2-2 矿体：长 128 m，倾向延深 183 m，平均厚度 4.85 m，铅品位 0.94%，锌品位 1.05%。

G4-G5 矿体群：主要矿体 5 个，除(G4-3)一个矿体为铅锌矿体外，其余 4 个均为铅锌与硫或锡的复合矿体。所包含锡矿体规模长 50～71.5 m，斜深 60～238 m，厚 0.74～1.50 m；各矿体上部以铅矿体为主，锌含量低，铅矿体略大于硫矿体；向深部，铅(锌)含量变贫或消失，代而出现的为硫矿体和锡矿体。矿体群的成矿元素在空间上有较明显的分带性，在垂向上，上部为铅、(锌)、硫，向下为硫、锡；在横向上，隐爆腔中心为硫、锡，边缘为铅、锌。反映出矿体组合上，浅部、边缘为铅锌矿体，硫矿体含于铅锌矿体内；中间、深部以硫矿体为主，铅锌矿体含于硫矿体内并尖灭。

（五）矿石特征

1. 矿石类型

按自然类型划分，主要为原生硫化矿石；矿石主要工业类型为铅锌矿石，其次为铅锌锡矿石、铅锌硫矿石和硫矿石等。

2. 矿石物质组成

矿石矿物主要为方铅矿、闪锌矿、黄铁矿、白铁矿，次为砷硫锑铅矿、异极矿、毒砂、黄铜矿、辉铜矿、斑铜矿、辉锑矿、锡石及少量黄锡矿等；脉石矿物主要有石英、电气石、绢云母、白云石。

3. 矿石结构、构造

矿石结构主要有自形—半自形—他形微粒、穿插交代、溶蚀交代及填隙结构等；矿石构造主要有细脉浸染状构造、浸染状构造、似角砾状构造及块状构造等。

（六）围岩蚀变

矿区围岩蚀变主要有碳酸盐化、绢云母化、电气石石英岩化、硅化、绿泥石化及黄铁矿化，次有葡萄石化、萤石化、石膏化、重晶石化、沸石化和高岭土化，具多期、多阶段混合蚀变特征。

（七）资源储量

截至 2020 年底，累计查明资源储量铅 8.08×10^4 t，平均品位 1.27%；锌 4.98×10^4 t，平均品位 0.77%。伴生矿产锡 432 t，平均品位 0.35%；银 262 t，平均品位 36.33 g/t；铟 10 t，平均品位 0.001%；镉 191 t，平均品位 0.012%；硫(矿石量) 26.2×10^4 t，平均品位 9.01%；砷 1.98×10^4 t，平均品位 0.4%。保有资源储量铅 8.08×10^4 t、锌 4.978×10^4 t、锡 432 t、银 262 t、铟 10 t、镉 191 t、硫 26.2×10^4 t、砷 1.98×10^4 t。保有金属量铅 8.08×10^4 t、锌 4.98×10^4 t。

（八）成矿阶段划分

矿床具多期、多阶段叠加成矿的特点，主要分两期：

第一期为安山质火山喷发及后期的隐蔽爆发阶段，是矿区铅锌主要成矿期，有硫铁矿、锡石与之共生，形成铅锌矿体或铅锌、硫、锡复合矿体，成矿脉动性特征明显。

第二期是中酸性英安质岩浆的次火山侵入阶段及后期的隐蔽爆发阶段，在矿区形成斜长花岗斑岩及次英安岩，这期铜、锡含量相对增高，常出现弱的铜矿化，锡局部成矿体，铅锌矿化与之共生，有的地段形成小矿体。

（九）矿床类型

矿床形成于上三叠统多福屯群华日组第二岩性段安山岩、安山质火山角砾岩中，火山活动具多期、多阶段的特点，与该阶段的火山活动关系较为密切。根据其产出的地层、控矿因素等，本次研编认为矿床类型为陆相火山岩型。

（十）成矿机制和成矿模式

1. 成矿时代

矿体赋存于多福屯群华日组二段安山岩、安山质火山角砾岩中，故火山活动时间应为成矿事件发生的时间。在华日组火山岩一段和二段杏仁状安山岩中获得 U-Pb 锆石年龄分别为(226.3±1.1) Ma 和(231.7±2.1) Ma(李注苍等，2019)，表明火山岩形成于晚三叠世。故老藏沟铅锌锡矿床的成矿时代为晚三叠世。

2. 成矿环境

有学者认为，华日组火山岩形成构造环境为板内裂谷环境(杨雨，1997；曾宜君，2009)，有的学者认为其形成于活动大陆边缘岛弧构造环境(李注苍等，2016；李康宁，2018)，有的学者认为华日组为西秦岭地区在晚三叠世已全面进入陆相演化阶段(李义伟等，1989；黄雄飞，2013)。笔者认为，其成矿环境为岛弧内的陆相火山环境。

3. 成矿机制

中—晚三叠世，受印度板块和欧亚板块碰撞的作用，华北古陆和扬子古陆相向运动聚拢。由于板块俯冲作用，地壳深部中酸性火山岩岩浆喷发，形成了华日组岛弧火山岩。晚三叠世是中酸性和中性岩浆侵入喷发主要阶段的末期，残余熔浆因挥发分的大量积聚导致隐蔽爆发作用，形成典型的隐爆岩类和气液蚀变岩，如电气石石英岩。隐蔽爆发作用带来了成矿热液，溶矿介质和主要成矿物质在火山断裂中富集。

4. 成矿模式

根据成矿环境、控矿因素等建立了老藏沟铅锌锡矿典型矿床理想化成矿模式(图 3-18)。

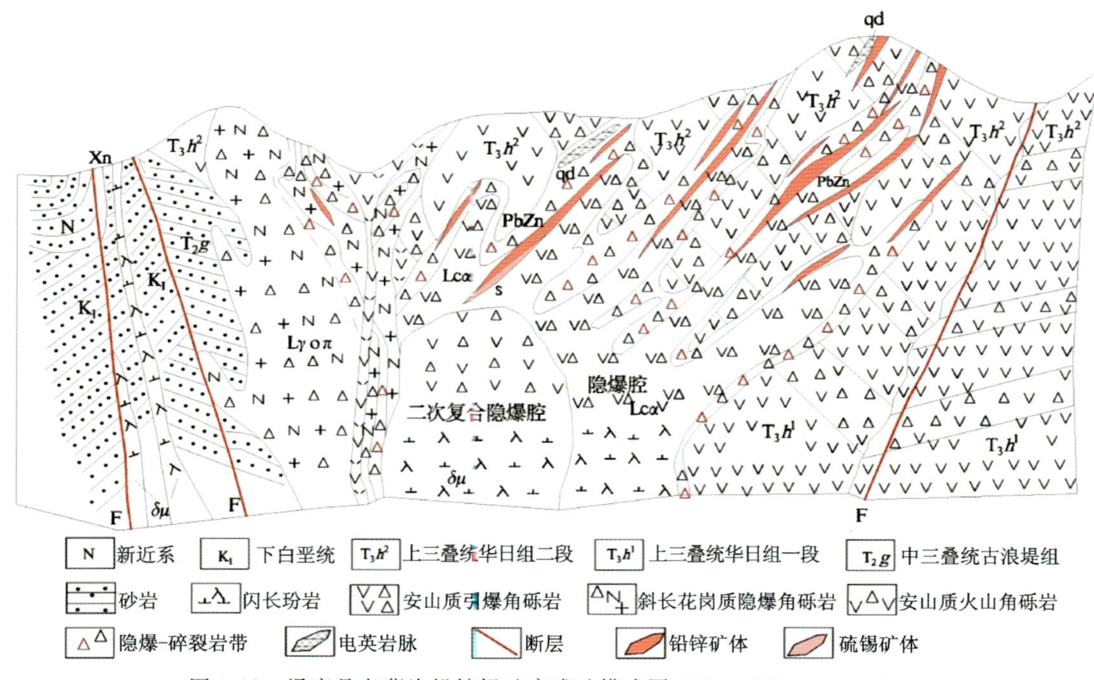

图 3-18　泽库县老藏沟铅锌锡矿床成矿模式图(据杨生德等，2013，有修改)

（十一）找矿模型

(1)构造环境：秦祁昆造山系，秦岭弧盆系，泽库前陆盆地。

(2)地层:上三叠统多福屯群华日组,矿床形成于多福屯群华日组二段安山岩、安山质火山角砾岩中,火山活动具多期、多阶段的特点。赋矿岩石为浅成安山质隐爆角砾岩及电气石石英岩。

(3)构造:诱发火山活动的基底断裂和火山机构中次级构造火山岩颈及环形、弧形、放射状断裂发育,成矿发生在基底断裂与环状、弧形断裂复合交切部位,矿体受火山环状断裂控制,矿体主要形成在火山机构的环状断裂中,在环状、弧形断裂与放射状断裂复合、交切部位隐爆角砾岩规模变大,矿体膨大富集。

(4)物理异常:该区重力场总体上呈现为一相对重力高值区,以重力值北高南低、东高西低,缓慢变化为特征。航磁异常特征显示出磁场特征线呈北西向或北西西向,同仁一带走向凌乱,变化复杂。

二、兴海县鄂拉山口铅锌银矿床

(一)概况

矿床位于兴海县温泉乡以北约10 km,属兴海县温泉乡管辖,交通方便。该矿床1967—1969年由青海省第十地质队在1:5万普查中发现。1973年青海省第一区域地质测量队在1:20万区调中作了地表检查,发现了铜矿化点和铅锌矿化点。1974—1980年青海省第十地质队1:2.5万普查中又作检查,对两个矿化点作了无找矿意义的结论。1991—1992年青海省第六地质队在1:5万区调工作中对该点进行重点解剖,采用地质、重砂、物化探相互配合及地表揭露进行检查、验证。

(二)区域地质特征

矿床大地构造位置位于鄂拉山岩浆弧(T),成矿带属东昆仑成矿带之向前沟-满丈岗成矿亚带(Ⅳ-26-4)。区域内出露地层主要有上二叠统甘家组、下—中三叠统隆务河组、上三叠统鄂拉山组、下—中侏罗统羊曲组、渐新统—中新统干柴沟组及第四系等,其中鄂拉山组为区内主要赋矿层。区内断裂构造与区域构造线方向基本一致,主要有北北西向、东西向2组,次为其派生出的北西向、北东向等次级断裂构造。褶皱构造在青根河上游两侧、鄂拉山口、温泉以东有较明显的背斜、向斜构造,轴向与山脉伸展方向一致,以鄂拉山口背斜为代表。鄂拉山口北西部存在着一个由火山作用形成并经历了塌陷的火山机构,该火山机构对鄂拉山口铅锌银矿床具有直接或间接的控制作用。区内岩浆岩以印支期中酸性岩浆活动较为频繁,次为燕山期中酸性侵入岩(图3-19)。

(三)矿区地质特征

1. 地层

出露地层主要为上三叠统鄂拉山组,其次为第四系。鄂拉山组为一套以陆相火山碎屑为主夹火山熔岩及不稳定沉积碎屑岩的地层,下部以中基性火山岩为主夹碎屑岩,上部以中性—中酸性火山岩为主夹碎屑岩。由一套陆相喷发的安山岩及其相应的火山碎屑岩组成鄂拉山口火山机构,可分为3个岩相:近火山口相、火山通道-火山口相、次火山岩相。其中近火山口相,分布于火山口及火山口外围的广大地区,主要由钠长安山岩组成,夹少量透镜状安山质角砾凝灰岩、流纹质角砾凝灰岩、晶屑凝灰岩、沉凝灰岩等,与基底层呈断层或为喷发不整合关系。其中的安山质角砾凝灰岩和流纹质角砾凝灰岩为区内重要的含矿岩层(图3-20)。

2. 构造

断裂构造:有东西向压扭性断裂,规模大,延伸长,属最早期构造;其次为南北向、北东向断裂构造,形成断裂构造带及褶皱,为后期构造。

火山构造:形成虎达火山机构、火山基底、火山口、火山通道的环形构造及放射状构造。

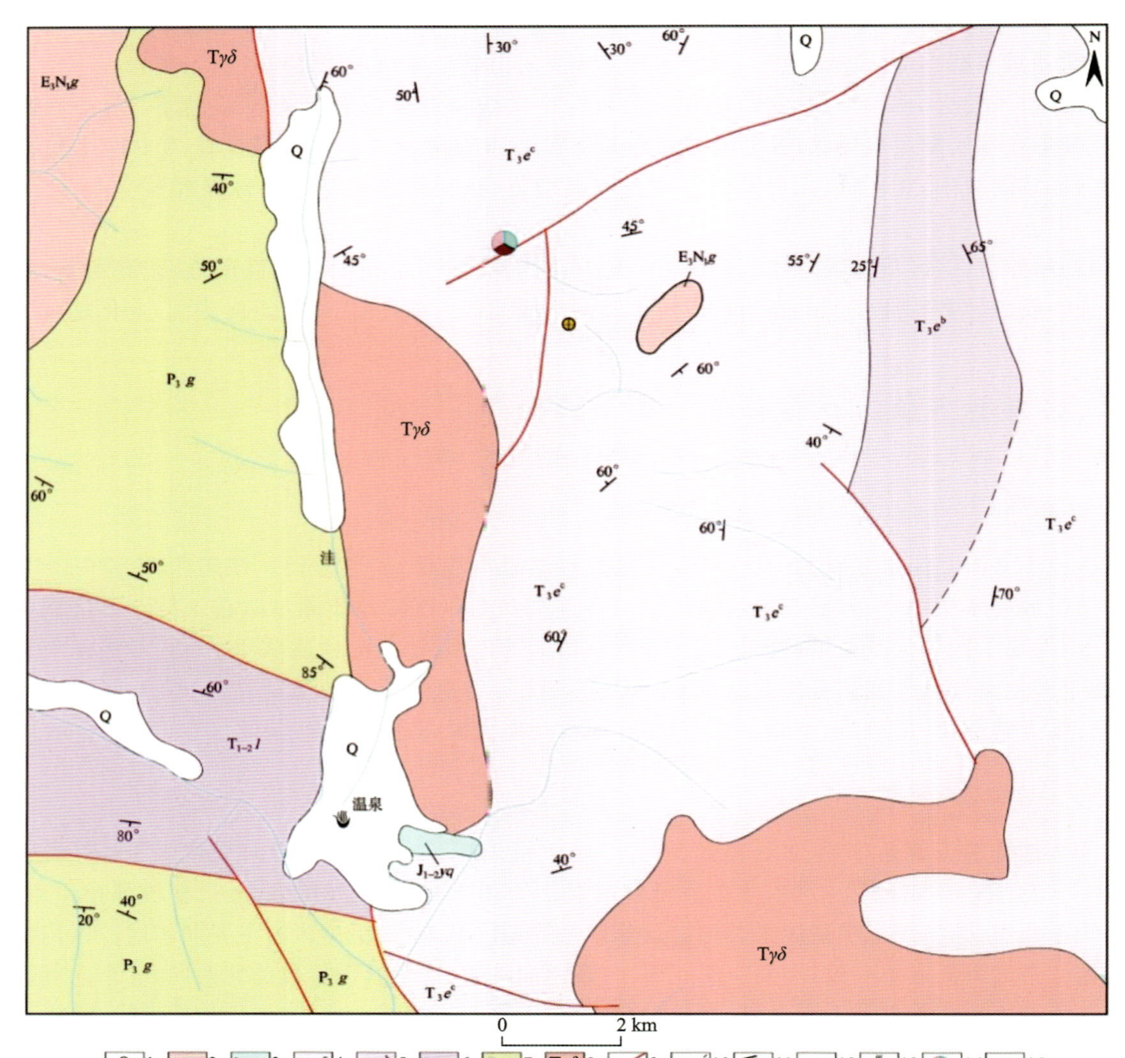

1.第四系;2.渐新统—中新统干柴沟组;3.下—中侏罗统羊曲组;4.上三叠统鄂拉山组流纹岩段;5.上三叠统鄂拉山组英安岩段;6.下—中三叠统隆务河组;7.上二叠统甘家组;8.三叠纪花岗闪长岩;9.性质不明断层;10.实测及推测地质界线;11.岩层产状;12.水系;13.温泉;14.鄂拉山口铅锌银矿床位置;15.金矿点及位置

图 3-19　兴海县鄂拉山口铅锌银矿床区域地质图(据杨生德等,2013,有修改)

3.岩浆岩

岩浆活动强烈,侵入岩、火山岩及次火山岩都发育,侵入岩有花岗闪长岩、石英闪长岩、石英斑岩等,均为三叠纪产物,火山活动强烈,火山岩有安山岩、英安岩、流纹岩及火山碎屑岩等,次火山岩有流纹岩、英安岩、安山岩等。脉岩有各种斑岩、玢岩脉等。

(四)矿体特征

矿区共有3个银铅锌矿带,分别为Ⅰ、Ⅱ、Ⅲ矿带,3条矿带均分布于矿区西北部位,共圈定银铅锌矿体15条。Ⅰ矿带圈定矿体1条,矿体产在流纹岩与安山岩接触带偏流纹岩一侧,矿体倾向317°,倾角52°,长80 m,厚1.23 m,平均品位Ag 118.9 g/t、Pb 0.43%,最高品位Ag 184.0 g/t、Pb 0.56%。

Ⅱ矿带分布于Ⅰ矿带东侧,多以盲矿体产出,共有矿体10条(盲矿体8条,地表出露2条)。矿体赋存于蚀变破碎带、流纹岩、流纹质(安山质)角砾凝灰岩中,矿体呈似层状、脉状、透镜状,矿体总体产状倾向210°~250°,倾角32°~65°。其中,Ⅱ$_{2}$、Ⅱ$_{4}$、Ⅱ$_{10}$为主矿体,主矿体长一般为175~440 m,厚为5.21~

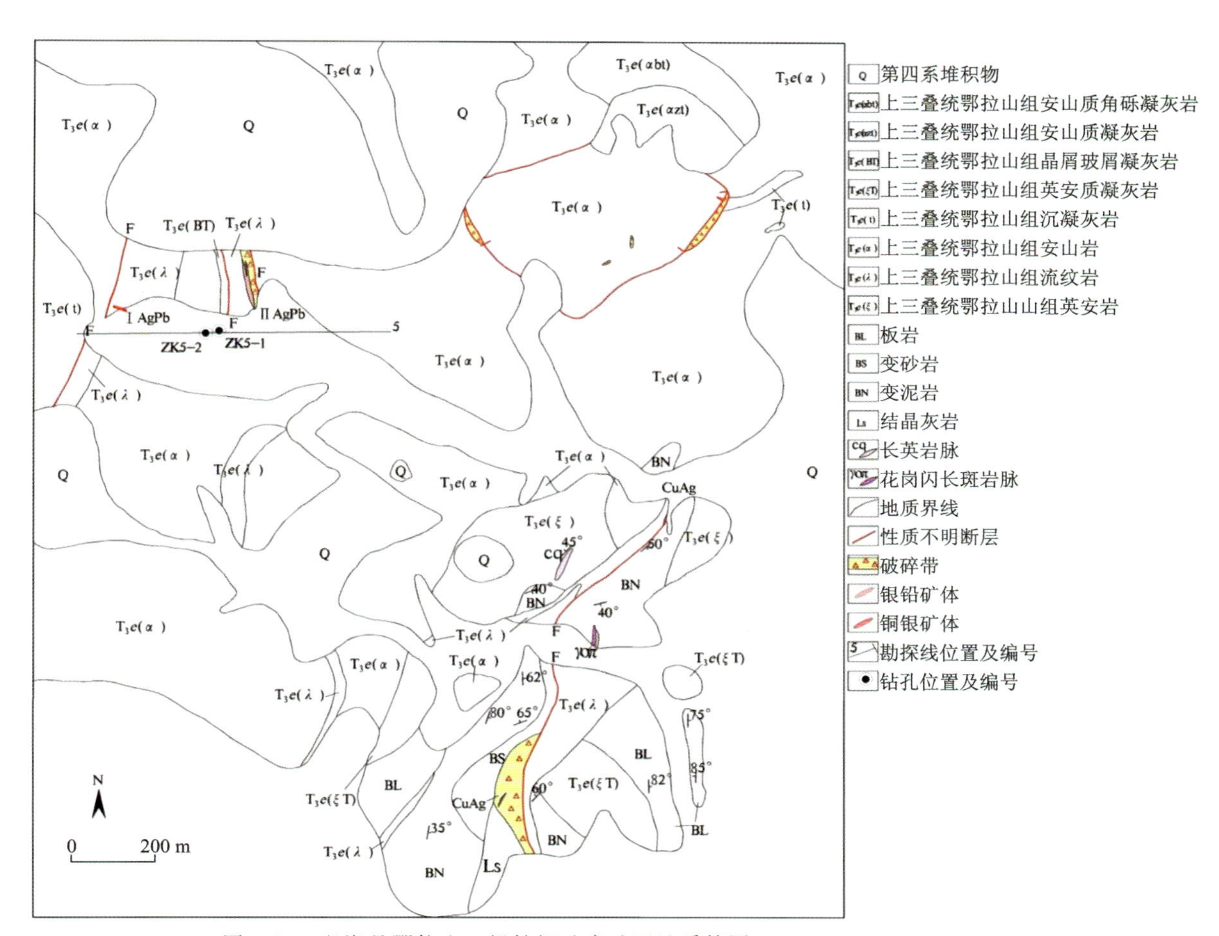

图 3-20 兴海县鄂拉山口铅锌银矿床矿区地质简图(据杨生德等,2013,有修改)

7.49 m,最大延深 100～219 m,矿体中 Pb 平均品位 1.33%～2.06%,最高品位 13.25%;Zn 平均品位 0.68%～2.37%,最高品位 35.6%;Ag 平均品位 18.32～44.13 g/t,最高品位 297 g/t(图 3-21)。

Ⅲ矿带分布于Ⅱ矿带东侧,圈定铅锌矿体 4 条,均为盲矿体,矿体倾向 217°～250°,倾角 25°～75°,矿体长 80～120 m,厚 0.74～7.69 m,Pb 平均品位 0.22%～1.11%,Zn 平均品位 0.58%～1.23%。

(五)矿石特征

1. 矿石类型

矿石按自然类型可分为原生矿石、混合矿石、氧化矿石。结合矿石中有用组分含量可将矿石分为 10 个类型:氧化铅锌银矿石、氧化铜铅银矿石、混合铅锌银矿石、混合铜银矿石、方铅矿闪锌矿黄铜矿银矿石、黄铜矿银矿石、方铅矿银矿石、方铅闪锌矿矿石、方铅矿矿石、闪锌矿矿石。

2. 矿石物质组成

矿石矿物有方铅矿、闪锌矿、黄铜矿、辉银矿、淡红银矿、褐铁矿、孔雀石、铜蓝、黄铁矿、铬铁矿、针铁矿、钛铁矿、磁黄铁矿、磁铁矿等;脉石矿物有钠长石、石英等。

3. 矿石结构构造

矿石结构以自形—半自形粒状为主,次为他形碎裂状结构;矿石构造以星点状构造、浸染状构造为主,次为细脉状构造和块状构造。

(六)围岩蚀变

围岩蚀变主要有钾长石化、黑云母化、硅化、黄铁矿化;其次为绢云母化、黏土化、碳酸盐化、绿泥石

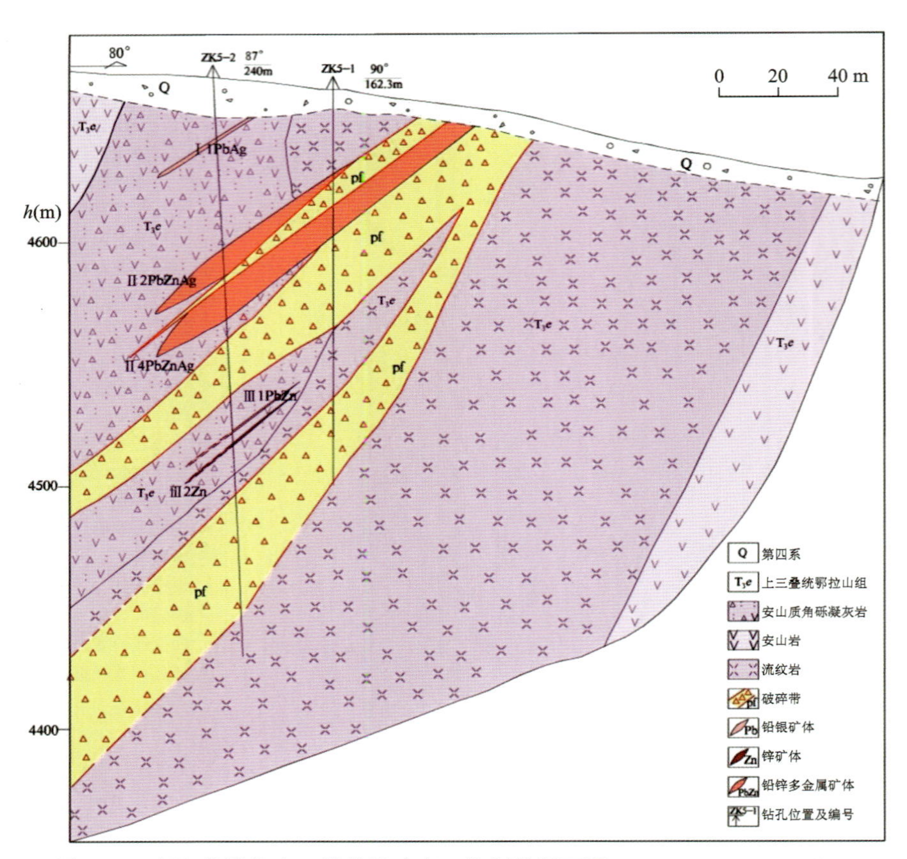

图 3-21 兴海县鄂拉山口铅锌银矿床 5 勘探线剖面图(据杨生德等,2013,有修改)

化、钠长石化和帘石化,偶见重晶石化。银、铅、锌矿化与硅化、黄铁矿化关系密切,硅化、黄铁矿化越强,多金属矿化越好。

(七)资源储量

截至 2020 年底,矿区累计查明铅金属量 7.44×10^4 t,平均品位 1.06%;锌 7.44×10^4 t,平均品位 1.06%;铜 1610 t,平均品位 0.32%。伴生银金属量 98 t,平均品位 14.95 g/t。保有金属量铅 7.44×10^4 t,锌 7.44×10^4 t,铜 1610 t。

(八)矿床类型

该矿床主要产于晚三叠世(鄂拉山组)陆相火山岩地层中,矿床成因受火山喷发-喷溢及酸性熔岩的影响,矿体产于复杂的(流纹质、安山质和英安质)火山角砾凝灰熔岩组合中,形成以黄铁矿化为主的铜铅锌矿化体,并在此基础上叠加了后期北西向断裂及中酸性岩浆的侵入,最终形成了受火山机构和北西向断裂控制的矿床格局。综合分析,该矿床属于陆相火山岩型矿床。

(九)成矿机制与成矿模式

根据矿床形成的时间与空间、矿床产出环境、矿物共生组合、元素赋存状态及对成矿作用和成矿机理的初步归类判断,可将鄂拉山口银及多金属矿床的矿质来源—活化转移—淀积成矿的过程归纳为“岩、位、层、相”,以岩控为主,复合控矿的成矿模式。

“岩”:矿床的形成与晚三叠世火山-次火山岩的喷出、侵入有密切的关系,且集中分布在次火山岩活动范围。因此,火山-次火山岩岩浆作用(岩控)是本区成矿的主导因素,对成矿元素的形成和分布起决定性作用。

"位":火山岩的产出和矿体的分布由构造定位。本区火山-次火山岩的产出受北西—北北西向区域深大断裂构造制约,且矿体所处的位置是塌陷破火山口西南缘环形构造区和北北西向次流纹岩体侵入的交汇地段,矿体严格在北西向区间内展布。因此,区内断裂活动强度、时空演化机构、矿液运移汇聚等方面决定了矿体的规模和矿石富集程度。所以,构造是矿区岩体、矿体定位的关键因素。

"层":区内大面积分布的钠长安山岩中以富含银、铅、锌、铜、镉为基本特征,在总体上形成了一个有利于成矿的元素异常高值区,它既为矿床的形成奠定了一定的物质基础,部分地段内也是矿质沉积的场所。

"相":鄂拉山口铅锌银矿床是在晚三叠世火山机构相的环境中发展演化的。在破火山口洼地汇集的大量的地表水沿破火山口、火山颈、火山通道及其火山机构控制下的放射状、环状断裂等裂隙系统内下渗,进入次火山岩浆房,导致次火山岩浆组成富含水气的挥发分组分,更容易获取成矿元素。因此,这种有利于成矿元素富集的火山机构相环境也是重要的赋矿环境。

鄂拉山口铅锌银矿床的形成是晚三叠世火山期后多次成矿作用的叠加,矿床的分布与次火山岩时空分布的一致性以及矿体定位于北西向断裂组的特征,表明岩控和构造控矿是"岩、位、层、相"诸因素有机配置中的主导成矿条件,是本区矿床形成的根本因素。

(十)找矿模型

(1)构造环境:鄂拉山岩浆弧(T)。

(2)含矿地层:上三叠统鄂拉山组流纹岩、安山岩、安山质凝灰岩、安山质角砾凝灰岩、英安岩。

(3)控矿构造:区内断裂构造比较发育,主要为放射状、环形构造,且矿化受其控制,因此断裂构造是区内主要的找矿标志。

(4)化探异常:区内较好的Cu、Pb、Zn、Ag土壤异常中,各元素套合较好且浓集分带梯度大、浓集中心明显、内带高值区,矿化相对较好,为该区最明显的找矿标志;发育良好的Cu、Pb、Zn、Ag岩石地球化学异常是指示找矿的重要的标志,为此,Pb、Ag的高值点处预示着相应元素的矿化体赋存。

(5)物探异常:具有明显形成高极化率、低—中电阻率的异常且与土壤异常重合地段,预示异常区有矿化体或构造破碎带的赋存。

三、格尔木市那日尼亚铅矿床

(一)概况

该矿区位于青海省西南部的唐古拉山北坡,行政区划属格尔木市管辖。地理坐标:东经91°21′—91°30′,北纬34°05′—34°09′,面积102.36 km^2,青藏铁路、公路等由北而南穿越矿区东部的100 km处,在矿区有一条简易公路通过,由于区内河流纵横,河水较大,湖沼发育,夏季路面多翻浆,汽车遇雨季通行困难。

(二)区域地质特征

矿床大地构造位置位于雁石坪弧后前陆盆地(T_3J),成矿带属喀喇昆仑-羌北成矿带之各拉丹东-唐古拉山东成矿亚带(Ⅳ-35-2)。区域分布地层以白垩系风火山群桑恰山组、错居日组,古近系沱沱河组,渐新统—中新统雅西措组,中新统五道梁组为主。区内构造发育,有北西向、北北西向、北东向等多组构造,由多期次构造互相叠加,主体延伸方向为北西西-南东东向,控制区内的含矿地层、火山岩的展布空间,同时也控制了矿床的形成与分布。区内火山岩主要为古近系沱沱河组陆相火山岩及新近系中新统查保马组陆相火山岩,该两套火山岩中形成有陆相火山岩型铅锌多金属矿床(点)。

（三）矿区地质特征

出露地层有侏罗系雁石坪群灰岩和碎屑岩、白垩系风火山群错居日组红色碎屑岩、古近系沱沱河组红色碎屑岩、新近系中新统查保马组陆相火山岩等(图 3-22)。矿体主要赋存于查保马组火山岩中，该火山岩在矿区大面积出露，呈宽带状或断块状分布，呈北西向或近东西向延伸，与古近系沱沱河组和中—上侏罗统雁石坪群的夏里组呈不整合接触，为陆相火山喷发产物，岩性主要为黄褐色蚀变粗面岩、碎裂粗面岩、黑云母粗面岩等，裂隙发育，沿裂隙有褐铁矿脉充填，局部见方铅矿。

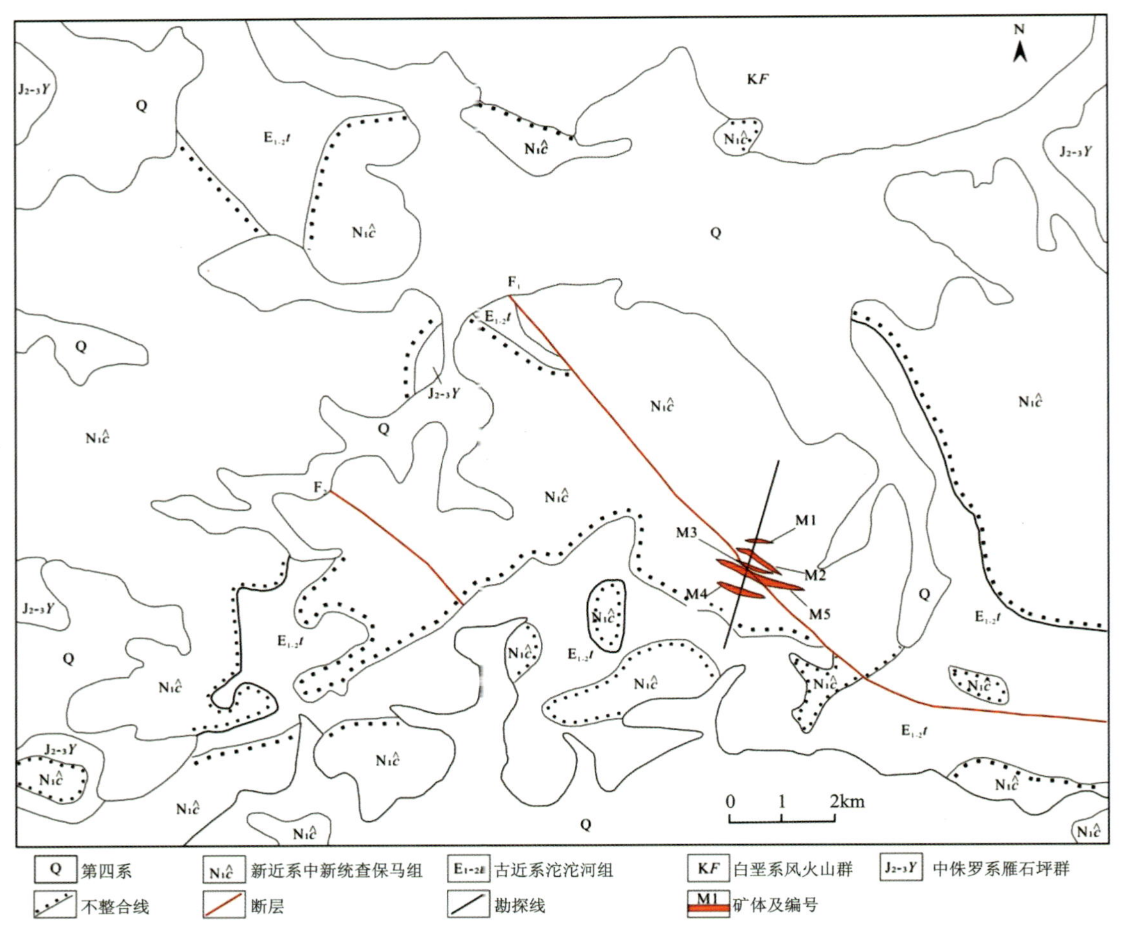

图 3-22　格尔木市那日尼亚铅矿床地质简图(据张翀等,2013)

矿区内发育有两条较大的断层：F_1 和 F_2 断层，断层穿过查保马组火山岩(张翀等,2013)。其中，规模较大的 F_1 断层呈北西-南东向延伸，倾向北东，倾角 50°，其在矿区形成了较大的破碎蚀变带，与铅锌矿体的产出有密切的联系。

（四）矿体特征

区内在 F_1 断层上圈出一条破碎蚀变带 Sb1，呈北西-南东向延伸，最宽约为 150 m，一般宽为 20～50 m，长约为 2 km。蚀变带及铅矿体均产于新近系查保马组的火山岩中，岩性为强蚀变粗面岩，岩石破碎，残留有较多的溶蚀空洞，局部岩石表面见胶状的褐铁矿和锰矿化。

矿区共圈出 5 条铅矿体，M2 和 M5 为主矿体。M2 铅矿体，呈北西-南东向展布，产状为 240°∠20°。矿体长约 706 m，厚度约 110 m，深部平均 25 m，铅最高单样品位为 6.99%，平均品位为 1.33%。M5 铅矿体，呈北西-南东向展布，其产状为 255°∠66°。矿体长达 1050 m，厚度最厚为 51 m，铅平均品位为

1.01%。矿体主要赋存于褐黄色的碎裂蚀变的粗面岩中，铅矿化沿裂隙产出。

（五）矿石特征

矿石类型按其组分和结构构造可大致分为块状方铅矿、网脉状、浸染状铅矿石等几种类型。

矿石组分中矿石矿物为方铅矿、白铅矿、褐铁矿等；脉石矿物主要为长石、石英、方解石，少许绢云母。

矿石的结构、构造：矿石结构为自形—半自形—他形粒状结构、碎裂结构；块状、角砾状、细脉状构造，局部浸染状等构造。

（六）围岩蚀变

围岩主要为碎裂岩化蚀变粗面岩，蚀变主要有碳酸盐化、硅化、高岭土化、褐铁矿化。其中高岭土化、褐铁矿化于近地表最强。金属矿化主要为方铅矿化、镜铁矿化，呈细脉状或星点状产出。硅化则以晚期石英细脉发育于碎裂岩中。根据矿区地质特征及光薄片分析结果，矿物生成顺序为早期方解石、片状镜铁矿及泥质矿物；中期为原生硫化物金属矿物（方铅矿等）；晚期为方解石、石英及氧化矿物等。

（七）资源储量

截至2020年底，共求得333+334类铅矿石量1 610.86×10^4 t，铅金属资源量21.04×10^4 t，平均品位1.30%。其中，333类铅矿石量150.51×10^4 t，铅金属资源量2.08×10^4 t。

（八）成矿物理化学条件

方铅矿S-Pb同位素组成结果显示方铅矿的δ^{34}S值为−0.1‰～0.8‰（张翀等，2013），处于0值附近，且组成稳定，值域窄，具有正态分布特征。方铅矿铅同位素组成：^{206}Pb/^{204}Pb=18.70～18.74，^{207}Pb/^{204}Pb=15.66～15.71，^{208}Pb/^{204}Pb=38.95～39.15。在^{207}Pb/^{204}Pb与^{206}Pb/^{204}Pb图解中落入了藏北钾质—超钾质岩石Pb同位素组成范围；在铅同位素$\Delta\beta$-$\Delta\gamma$成因分类图解中落入3a区域内，即上地壳与地幔混合的俯冲带铅同位素组成范围内。

（九）矿床类型

矿区含矿岩性为新近系查保马组粗面岩，推断矿床成因类型为陆相火山岩型。

（十）成矿机制和成矿模式

那日尼亚矿床方铅矿δ^{34}S值处于0附近且值域窄，显示岩浆硫的特征，指示硫化物中的硫可能直接来自查保马组火山岩。方铅矿Pb同位素组成，在铅同位素成分图中（赵志丹等，2007）落入藏北钾质—超钾质岩石Pb同位素组成范围，区别于青藏高原新生代其他岩浆岩Pb同位素组成。在限定的铅同位素构造演化图解中（朱炳泉，1998），也落入了"岩浆作用"范围，这都表明那日尼亚矿床成矿金属最有可能来自寄主的岩浆岩。矿床成矿流体具中低温度和低盐度的特征，即无低温、高盐度盆地卤水的特点，也不像是斑岩成矿系统中高温、高盐度岩浆流体的特点，可能代表着岩浆系统驱动的地表水，通过地表水的循环萃取了钾质火山岩中的硫和铅等金属，最后随着岩浆进一步的降温，硫化物析出，在相对破碎的火山岩内形成矿化体。

总之，那日尼亚矿床是一个与查保马组钾质火山岩浆活动有关的矿床，成矿物质来自岩浆岩本身，成矿流体可能来自地表水，在岩浆热能的驱动下，循环萃取岩浆岩中的成矿物质成矿。这也显示出那日尼亚矿床与多才玛等碳酸盐岩容矿的铅锌矿床不是一套成矿系统，后者代表的是区域盆地流体活动的产物，与岩浆活动无关。

(十一)找矿模型

(1)含矿地层:新近系查保马组陆相火山岩。

(2)控矿构造:断裂一般形成时期早,具多期次活动等特征,地表断裂破碎蚀变带存在硫化物氧化带。

(3)化学异常特征:水系沉积物异常以Pb、Zn、Ag、Cu为主元素的综合异常,与土壤异常的元素组合一致,土壤异常的中、内带基本与发现矿体位置对应。

四、其他陆相火山岩型铅锌矿产地

陆相火山岩型铅锌矿产地除以上典型矿床外,还有都兰县那日马拉黑铜铅锌矿床、都兰县扎麻山南坡铅锌铜矿床、兴海县索拉沟铜铅锌银矿床、同仁县夏布楞铅锌矿床、格尔木市纳保扎陇铅锌矿床等,其他陆相火山型铅锌矿产地特征见表3-7。

第三节 接触交代型铅锌矿床

接触交代型铅锌矿是青海省最重要的铅锌矿类型之一,此类型共发现矿床(点)96处(表3-8),其中,大型矿床1处(四角羊-牛苦头),中型矿床11处,小型矿床32处,矿点52处。96处矿产地中以铅锌矿为主矿种的矿产地53处,以铅锌矿为共生矿种的矿产地43处。矿床(点)的形成主要与中酸性侵入岩和与围岩侵入接触形成的矽卡岩有关,成矿时代主要集中在三叠纪,空间分布主要集中在东昆仑成矿带,其次为柴北缘成矿带等。

一、格尔木市四角羊-牛苦头锌铁铅矿床

(一)概况

该矿床位于祁漫塔格山北坡,行政区划隶属于格尔木市乌图美仁乡。由格尔木市向西沿格(尔木)茫(崖)公路行至甘森下便道,路程约250 km;由甘森向西南方向行驶110 km至野马泉,由野马泉向东20 km即达矿区,交通较方便。

1969年,由青海省地质局物探队对锌铁矿床进行1∶5万普查时,在矿区内圈定了M23、M25两处异常。1980—1981年,青海省地质局第一地质队对牛苦头多金属矿区M23磁异常进行了检查评价。2002—2006年,青海省柴达木综合地质勘查大队对四角羊-牛苦头多金属矿开展普查工作,提交了《青海省格尔木市四角羊-牛苦头地区多金属矿普查报告》。2007—2010年,该队在C3、M1、M4三处异常进一步开展了普查、详查工作,其间提交了《青海省格尔木市四角羊-牛苦头矿区多金属详查报告》和《青海省格尔木市牛苦头地区M1磁异常区多金属矿详查报告》。2011—2014年,由青海长河矿业有限公司和青海鸿鑫矿业有限公司出资,在详查工作的基础上,先后完成了对M1区、C3区和M4区的勘探报告,提交了《青海省格尔木市牛苦头地区勘查及M4磁异常铁多金属矿详查报告》和《青海省格尔木市四角羊-牛苦头矿区多金属矿勘探报告》。

表 3-7 青海省其他陆相火山岩型铅锌矿产地特征简表

编号	矿产地名称	规模	勘查程度	成矿时代	成矿区(带)	构造单元	地质矿产简况
58	格尔木市楚阿克拉千铅锌矿点	矿点	普查	T	Ⅲ-26	Ⅰ-7-3	出露地层主要为上三叠统鄂拉山组陆相火山岩，地层受北西向断裂控制，沿北西-南东向条块状展布，是一套中酸性火山熔岩和火山碎屑岩系为主体的岩性组合，有安山质凝灰熔岩、晶屑凝灰熔岩和次闪长玢岩等。矿石结构以他形粒状结构为主，其次有粉末状及胶状，构造以浸染状为主，少见块状。金属矿物有方铅矿、闪锌矿、黄铜矿、孔雀石、铜蓝、黄铁矿、褐铁矿及毒砂等，脉石矿物有斜长石、钾长石、石英、绿泥石、绿帘石、方解石及绢云母等
62	茫崖市哈得尔甘南铜铅锌银矿点	矿点	预查	T	Ⅲ-26	Ⅰ-7-3	矿体主要产于晚三叠世陆相火山岩，岩性为流纹质晶屑凝灰岩、流纹质凝灰熔岩及基性熔岩等。矿区发现 3 条蚀变带，共圈定铜多金属矿体 7 条。Ⅰ-2-1 矿体主体为 Pb 矿体，视厚 3 m，长 140 m，平均品位 Pb 0.87%，共生 Cu、Ag，Cu 矿体平均视厚 2.2 m，平均品位 Cu 0.42%，Ag 矿体视厚 2.2 m，平均品位 Ag 81.4 g/t。Ⅱ-1-1 矿体长 115 m，平均视厚 1.45 m，Cu 平均 0.5%。Ⅲ-1-1 矿体长 105 m，平均视厚 0.86 m，锌平均品位 0.58%。Ⅲ-1-2 号铜锡银矿体，长 95 m，平均视厚 0.86 m，平均品位 Cu 为 1.8%，Sn 为 0.22%，Ag 为 85.2 g/t。Ⅲ-2-1 铜银铅锌锡复合矿体，长 140 m，厚 1.0 m，品位：Cu 0.4%，Pb 0.81%，Zn 为 0.74%，Sn 为 0.32%，Ag 为 81.9 g/t。Ⅲ-2-2 号锡矿体，长240 m，视厚平均 1.5 m，Sn 平均 0.5%，Ⅲ-2-3 锌矿体，长 204 m，平均视厚度 1.2 m，Zn 平均品位 1.4%。矿石矿物有黄铜矿、针铁矿、方铅矿、孔雀石、铜蓝、褐铁矿；脉石矿物有石英、钾长石、斜长石、黑云母、绿帘石等。矿石呈他形粒状结构，稀疏浸染状构造、脉状构造
147	都兰县那日马拉黑铜铅锌矿床	小型	普查	T	Ⅲ-26	Ⅰ-7-1	矿区主要地层为上三叠统鄂拉山组，为一套陆相喷发火山岩，岩性为英安岩和流纹岩，偶见玄武岩。区内侵入岩广泛分布，主要有恶色岩体和南缘的小侵入体，时代为三叠纪早期，岩性主要为花岗斑岩，晚期岩脉有钾长花岗斑岩、花岗斑岩。矿床由两个矿区组成。Ⅰ矿区以铅矿化为主，Ⅱ矿区以银矿化为主。全矿区圈定 27 条矿体和 9 条低品位矿体。矿体一般呈长条形，厚度较小，一般都小于 5 m。其中 M7 矿体，长 104 m，平均厚度 1.79 m，铅矿石平均品位 7.21%，延深 52 m，银平均品位 369 g/t，铜 0.85%，锌 4.17%。M8 矿体长 100 m，铅矿石平均厚 2.21 m，平均品位 4.13%，铅银矿体厚 1.48 m，平均品位 Ag：97.35 g/t，Pb：7.47%。矿石结构以自形—半自形粒状和他形粒状结构为主，矿石构造以浸染状、细脉浸染状为主

续表 3-7

编号	矿产地名称	规模	勘查程度	成矿时代	成矿区(带)	构造单元	地质矿产简况
154	都兰县扎麻山南坡铅锌铜矿床	小型	普查	T	Ⅲ-26	Ⅰ-7-1	出露地层主要为晚三叠世陆相火山岩，是一套中酸性火山熔岩和火山碎屑岩系，有安山质凝灰熔岩、晶屑凝灰熔岩和次闪长玢岩等。区内断裂构造发育，有北西向和北东向两组。其中北东向断裂规模小，是区内的含矿断裂。区内共划分含矿蚀变带4条，含矿带长600～3000 m，含矿带宽20～200 m不等，最宽400 m。共圈出矿体23条，其中Ⅰ含矿带5条、Ⅱ含矿带16条、Ⅲ和Ⅳ含矿带各1条。矿体长200～912 m，最长2808 m，平均宽0.21～2.28 m，最宽2.68 m，呈透镜状、脉状及细脉状，走向北东，倾向以北西为主，南东为次，倾角48°～75°。品位：平均Cu 0.2%～1.07%，最高2.42%；Pb 0.44%～1.91%，最高4.54%；Zn 0.76%～1.20%，最高3.44%；Ag 26.4～88.7 g/t，最高308 g/t
172	兴海县在日沟北侧铅锌矿点	矿点	预查	T	Ⅲ-26	Ⅰ-7-4	出露地层为上二叠统鄂拉山组，为一套灰白色的流纹质火山碎屑岩，地层倾向50°～60°，倾角30°～50°，北北西向断裂发育，且铁、锰矿染及围岩蚀变强烈。矿化点见矿脉1条，长10 m，宽20 cm。矿石类型为块状黄铜方铅矿石。品位：Pb 62.06%、Cu 0.46%、Zn 0.21%、Sb 0.47%、Cd 0.003 5%
173	兴海县虎达然乔乎铅锌矿点	矿点	预查	T	Ⅲ-26	Ⅰ-7-4	出露地层为上三统叠统鄂拉山组，岩性为灰—灰绿色安山质晶屑岩屑凝灰岩、安山岩、火山角砾安山质晶屑岩屑凝灰岩、黄铁矿化硅化钠长次流纹岩等。区域性大断裂F_3规模大，具多期活动等特征。侵入岩为三叠纪石英闪长岩。铅锌矿化赋存于晚三叠世石英闪长岩体外接触带的黑云母蚀变带内，构造破碎，裂隙较发育。矿体长约20 m，宽1.75 m。呈透镜状。矿化带走向346°，倾向南西西，倾角37°～40°。矿石品位，Pb最高达1.30%，平均0.57%；Zn最高达1.46%，最低0.20%，平均0.83%；Ag最高达33 g/t
175	兴海县鄂拉山口(H1)(乎卢毫贡玛)铜铅锌矿点	矿点	预查	T	Ⅲ-26	Ⅰ-7-4	矿区地层主要为上三叠统鄂拉山组，主要岩性为流纹质晶屑凝灰岩、流纹质凝灰熔岩及基性熔岩等。蚀变为硅化、绿泥石化、绿帘石化、碳酸盐化、绢云母化等，次为角岩化

续表 3-7

编号	矿产地名称	规模	勘查程度	成矿时代	成矿区(带)	构造单元	地质矿产简况
176	兴海县索拉沟铜铅锌银矿床	小型	详查	T	Ⅲ-26	Ⅰ-7-4	矿区主要地层为上三叠统鄂拉山组，是一套以火山碎屑岩夹火山熔岩及不稳定沉积碎屑岩。矿区矿体形态简单，受地层控制明显，在空间总体呈雁列式分布，共发现 MⅠ～MⅤ五个矿体群，矿体走向长 200～800 m，倾向延深 100～680 m，视厚度 0.70～34.31 m，总倾向 60°～120°，倾角 40°～50°。铜矿体铜品位为 0.30%～0.88%，铅品位 0.02%～0.07%；铅锌矿体铅品位 0.03%～0.89%，锌品位 0.6%～0.86%，铜品位 0.05%～0.24%。其中 MⅠ-2，似层状，倾向 50°～90°，倾角 40°～50°，长 200～475 m，延深 185～275 m，厚度 1.5～657 m；MⅡ-4，似层状、透镜状，倾向 80°～100°，倾角 35°～50°，长 200～600 m，延深 100～650 m，厚度 1.05～34.31 m；MⅢ-3，似层状，倾向 60°～115°，倾角 40°～50°，长 300～800 m，延深 70～680 m，厚度 0.65～16.20 m；MⅣ-1，似层状、透镜状，倾向 60°～115°，倾角 40°～50°，长 600 m，延深 100～480 m，厚度 0.70～34.30 m；MⅤ-2，似层状，倾向 80°～120°，倾角 20°～60°，长约 500 m，延深 50～640 m.，厚度 1.13～16.60 m
178	兴海县鄂拉山口铜铅锌矿点（15 号点、16 号点）	矿点	预查	T	Ⅲ-26	Ⅰ-7-4	出露地层主要为上三叠统鄂拉山组，岩性为灰绿色含砾英安岩、灰绿色绢云英安岩绿色流纹岩、浅紫色凝灰质流纹英安岩、灰色片理化泥质岩、深灰色千枚状黑云母片岩、灰绿色条带状变凝灰质长石石英砂岩、灰绿色片理化流纹岩。矿体及附近蚀变较强，呈线形分布，主要为硅化，绿泥石化，角岩化和碳酸盐化
179	兴海县鄂拉山口南倒帮公路 229 km 铜铅锌矿点	矿点	预查	P	Ⅲ-26	Ⅰ-7-5	出露地层主要为上三叠统鄂拉山组，岩性为灰绿色含砾英安岩、灰绿色绢云英安岩、灰绿色含砾英安岩、灰绿色绢云母化英安岩、深灰色流纹质熔岩角砾岩、灰绿色英安质角砾熔岩、灰绿色流纹质熔结角砾岩、灰绿色英安质角砾凝灰熔岩、绿色流纹岩、浅紫色凝灰质流纹英安岩、灰色片理化泥质岩、深灰色千枚状黑云母片岩、灰绿色条带状变凝灰质长石石英砂岩、灰绿色片理化流纹岩。围岩蚀变为硅化、黄铁矿化、绿泥石化
182	兴海县西岭秋褐山曲贡玛铅锌矿点	矿点	预查	P	Ⅲ-26	Ⅰ-7-5	出露地层为上三叠统之砂砾岩组，断裂构造极发育，东西向断裂生成时间最早，南北向平移断裂最晚，北东向断裂组为南北向断裂的派生断裂。矿点附近花岗闪长岩和脉岩发育。矿点圈出南、北两条矿体。南矿体赋存于中细粒变长石石英砂岩中，控制走向长 336 m，平均厚度 0.94 m，平均品位 Pb 1.07%、Zn 2.678%、Cu 0.019%。北矿体长 200 m，厚 0.92 m，延深 50 m，平均品位 Pb 0.17%、Zn 0.91%、Cu 0.04%
209	泽库县公钦隆瓦铜铅矿点	矿点	预查	T	Ⅲ-28	Ⅰ-8-1	出露地层主要为上三叠统鄂拉山组火山岩，区内三叠纪中粗粒花岗闪长岩分布广泛，呈岩基产出。断裂和裂隙构造发育，矿点西侧有区域性北北西向压扭性复合断层、裂隙构造十分发育，这些断裂和裂隙对成矿均有重要的控制作用。共圈出矿脉 35 条，其中控制长 5～29 m 的有 30 条，2～3 m 的有 5 条，其中宽 0.3～2 m 的有 25 条，0.1～0.2 m 的有 10 条。矿石含 Cu 0.41%～2.60%、Pb 0.52%～1.07%、Zn 0.2%左右

续表 3-7

编号	矿产地名称	规模	勘查程度	成矿时代	成矿区(带)	构造单元	地质矿产简况
217	泽库县老藏山铅锌矿点	矿点	预查	T	Ⅲ-28	Ⅰ-8-1	出露地层主要为上三叠统鄂拉山组安山质火山岩组，岩性为安山岩夹少量安山质火山碎屑岩，次为中三叠统古浪堤组砂板岩。侵入岩与矿化直接有关的是火山通道相的英安质隐爆角砾岩。圈定矿(化)体两个，G1 铅锌矿化体，长 25 m，宽 15 m，产状 43°∠71°，品位 Pb 1.0%、Zn 1.0%；G2 铅锌矿化体长 50 m，宽 15 m，产状 326°～357°∠56°～58°，品位 Pb 0.015%～0.25%、Zn 0.05%～0.2%
221	泽库县老藏沟护林点铅锌矿点	矿点	预查	T	Ⅲ-28	Ⅰ-8-1	出露地层主要为上三叠统鄂拉山组安山质火山岩组第一段的中性火山岩，岩性为安山岩夹安山质火山角砾岩、角砾凝灰岩。有 3 个具一定规模的铅锌氧化矿体，G1 矿体长 100 m，宽 0.4～1.7 m，产状 340°～30°∠55°～80°，含 Pb 2.06%、Zn 一般 3.21%。G2 矿体长 105 m，宽 3～6 m，倾向北东，倾角 30°～37°，品位变化大，Pb 一般 0.3%～0.9%，最高 3.52%，Zn 一般 1%～2%，最高 2.55%。G3 矿体长 60 m，宽 1.7～2.0 m，产状 350°～20°∠50°～80°，含 Pb 0.4%～1.43%、Zn 0.08%～0.82%
222	同仁县夏布楞铅锌矿床	小型	勘探	T	Ⅲ-28	Ⅰ-8-1	出露地层主要为上三叠统多福屯群的中性陆相火山岩和火山碎屑岩，岩性以安山岩及安山质碎屑熔岩为主。矿区内共圈定Ⅰ～Ⅹ10 个矿带，含大小矿体百余条。Ⅰ矿带主矿体为 G1、G2、G3 矿体，长 147～175 m，最大斜深 90～110 m，平均厚度 1.53～1.65 m，Pb 平均 3.16%～5.05%、Zn 3.42%～4.10%、Cu 0.11%～0.28%。Ⅴ矿带主矿体 G1 长 256 m，最大斜深 170 m，平均厚度 1.67 m，平均品位 Pb 3.93%、Zn 0.49%、Cu 0.42%。Ⅶ1 矿带 4 个主矿体，长 38～142 m，最大斜深 80～165 m，平均厚度 0.92～1.84 m，平均品位 Pb 1.17%～2.40%、Zn 0.66%～1.01%、Cu 0.14%～1.52%。Ⅶ2 矿带有 G1 主矿体长 386 m，最大斜深 154 m，平均厚度 0.84 m，平均品位 Pb 3.56%、Zn 1.57%。Ⅷ矿带有 G1、G2 主矿体，长 81～163 m，最大斜深 85～147 m，平均厚度 0.97～1.57 m，平均品位 Pb 2.31%～2.55%，Zn 0.50%～0.80%
271	格尔木市纳保扎陇铅锌矿床	小型	普查	N	Ⅲ-35	Ⅲ-3-1	矿区含矿地层主要为中新统查保马组，为一套陆相火山岩，矿区内断裂构造较为发育，主要有北东-南西向及东西向两组断裂，东西向断裂是矿区成矿的主体构造。矿区圈有破碎蚀变带 3 条，Ⅰ号含矿破碎带走向近南北向，倾向南东，南北长约 1500 m，东西宽约 300 m，圈定 7 条矿体；Ⅱ号含矿破碎带走向近东西向，倾向南西，倾角在 20°～45°之间，圈定了 4 条矿体；Ⅲ号破碎蚀变带未圈定矿体。其中 M4-1 铅锌矿体：铅矿体长 350 m，宽 1.51 m、平均品位 3.61%；锌矿体长 100 m，宽度.18 m、平均品位 3.43%，产状 185°∠30°。M5-1 铅锌矿体：矿体长 442 m，铅矿体平均厚度 8.55 m、平均品位 1.46%；锌矿体平均厚度 8.50 m、平均品位 3.54%；矿体产状 180°∠30°

表 3-8　青海省接触交代型型铅锌矿产地一览表

矿产地编号	矿产地名称	地区	主矿种	成矿时代	主矿种规模	勘查程度	成矿区（带）	构造单元
14	祁连县东草河（冰沟）铅矿点	海北州	铅锌	O	矿点	预查	Ⅲ-21	Ⅰ-2-3
39	乌兰县尕子黑钨锌矿点	海西州	锌	P	矿点	详查	Ⅲ-24	Ⅰ-5-1
45	都兰县沙柳河老矿沟铅锌银矿床	海西州	铅	T	小型	详查	Ⅲ-24	Ⅰ-5-2
47	都兰县沙柳河南区有色金属矿床	海西州	铅锌	T	中型	普查	Ⅲ-24	Ⅰ-5-2
50	都兰县吉给申沟铅锌矿点	海西州	铅锌	T	矿点	预查	Ⅲ-24	Ⅰ-5-2
54	都兰县沙那黑钨铅锌矿床	海西州	钨铅锌	T	小型	普查	Ⅲ-24	Ⅰ-5-2
55	共和县哇沿河铅矿点	海南州	铅	T	矿点	预查	Ⅲ-24	Ⅰ-5-2
57	格尔木市卡而却卡铜锌铁矿床	海西州	铜锌铁	T	中型	普查	Ⅲ-26	Ⅰ-7-3
59	格尔木市喀雅克登塔南坡铅铜矿点	海西州	铜铅	T	矿点	预查	Ⅲ-26	Ⅰ-7-3
60	格尔木市喀雅克登塔格铁锌矿点	海西州	铁锌	T	矿点	普查	Ⅲ-26	Ⅰ-7-3
61	茫崖市鸭子沟铅锌矿床	海西州	铅锌	T	小型	详查	Ⅲ-26	Ⅰ-7-3
63	茫崖市可特勒高勒铅锌矿床	海西州	铅锌	T	小型	详查	Ⅲ-26	Ⅰ-7-3
64	格尔木市乌兰拜兴铁铅锌矿床	海西州	铁铅锌	T	小型	普查	Ⅲ-26	Ⅰ-7-3
65	茫崖市景忍东铅锌矿点	海西州	铅锌	T	矿点	预查	Ⅲ-26	Ⅰ-7-3
67	茫崖市楚鲁套海高勒北侧铅锌矿点	海西州	铅锌	T	矿点	预查	Ⅲ-26	Ⅰ-7-3
68	茫崖市楚鲁套海高勒北铅锌矿点	海西州	铅锌	T	矿点	预查	Ⅲ-26	Ⅰ-7-3
70	茫崖市虎头崖铜铅锌矿床	海西州	铅锌铜	T	中型	勘探	Ⅲ-26	Ⅰ-7-3
71	茫崖市楚鲁套海高勒南铜铅锌矿点	海西州	铜铅锌	T	矿点	普查	Ⅲ-26	Ⅰ-7-3
72	茫崖市迎庆沟锌铜铅矿床	海西州	锌铜铅	T	小型	勘探	Ⅲ-26	Ⅰ-7-3
73	茫崖市楚鲁套海高勒东铁锌矿点	海西州	铅锌	T	矿点	普查	Ⅲ-26	Ⅰ-7-3
74	格尔木市肯德可克铁铅锌矿床	海西州	铁铅锌	T	中型	详查	Ⅲ-26	Ⅰ-7-3
75	格尔木市野马泉铁铅锌矿床	海西州	铁铅锌	T	中型	详查	Ⅲ-26	Ⅰ-7-3
76	格尔木市四角羊沟西铅锌矿床	海西州	铅锌	T	小型	详查	Ⅲ-26	Ⅰ-7-3
77	格尔木市四角羊-牛苦头锌铁铅矿床	海西州	锌铁铅	T	大型	勘探	Ⅲ-26	Ⅰ-7-3
78	格尔木市夏努沟西支沟铅锌矿床	海西州	铅锌	T	小型	普查	Ⅲ-26	Ⅰ-7-3
79	格尔木市半个呆东铜铅锌矿点	海西州	铜铅锌	T	矿点	预查	Ⅲ-26	Ⅰ-7-3
80	格尔木市红水河铜铅锌矿点	海西州	铅锌	T	矿点	预查	Ⅲ-26	Ⅰ-7-3
81	格尔木市哈是托西铜铅锌矿点	海西州	铜铅锌	T	矿点	普查	Ⅲ-26	Ⅰ-7-3
82	格尔木市莫河下拉银铅锌矿点	海西州	银铅锌	T	矿点	普查	Ⅲ-26	Ⅰ-7-3
85	格尔木市它温查汉西铁铅锌矿床	海西州	铁铅锌	T	中型	普查	Ⅲ-26	Ⅰ-7-3
86	格尔木市那陵郭勒河西铜铅锌矿床	海西州	铜铅锌	T	小型	普查	Ⅲ-26	Ⅰ-7-3
87	格尔木市拉陵高里河下游铁铜锌矿床	海西州	铁铜锌	T	中型	普查	Ⅲ-26	Ⅰ-7-3
88	格尔木市小圆山铁锌矿床	海西州	铁锌	T	小型	普查	Ⅲ-26	Ⅰ-7-3

续表 3-8

矿产地编号	矿产地名称	地区	主矿种	成矿时代	主矿种规模	勘查程度	成矿区(带)	构造单元
89	格尔木市尕羊沟铅锌矿床	海西州	锌铅	T	小型	普查	Ⅲ-26	Ⅰ-7-3
90	格尔木市哈西亚图铁矿床	海西州	铁铅锌	T	中型	详查	Ⅲ-26	Ⅰ-7-3
91	格尔木市中灶火河西铜铅锌矿点	海西州	铜铅锌	T	矿点	预查	Ⅲ-26	Ⅰ-7-3
92	格尔木市中灶火河东铜铅锌矿点	海西州	铜铅锌	T	矿点	预查	Ⅲ-26	Ⅰ-7-3
93	格尔木市沙松乌拉山铜铅锌矿点	海西州	铜铅锌	P	矿点	预查	Ⅲ-26	Ⅰ-7-3
102	都兰县八路沟口北铅锌金矿点	海西州	铅锌金	T	矿点	预查	Ⅲ-26	Ⅰ-7-3
103	都兰县岩金沟口北铅锌金矿点	海西州	铅锌金	S	矿点	预查	Ⅲ-26	Ⅰ-7-3
104	都兰县黑石山铜铅锌矿床	海西州	铜铅锌	T	小型	详查	Ⅲ-26	Ⅰ-7-3
105	都兰县五龙沟地区岩金沟南锌铜矿点	海西州	锌铜	P	矿点	预查	Ⅲ-26	Ⅰ-7-3
106	都兰县五龙沟铅锌矿点	海西州	铅锌	T	矿点	预查	Ⅲ-26	Ⅰ-7-3
108	都兰县岩金沟铅锌矿点	海西州	铅锌	T	矿点	预查	Ⅲ-26	Ⅰ-7-3
112	都兰县金水口铁锌矿床	海西州	铁锌	T	小型	普查	Ⅲ-26	Ⅰ-7-3
117	都兰县洪水河铁铜锌金矿床	海西州	铁铜金锌	T	小型	详查	Ⅲ-26	Ⅱ-1-1
118	都兰县清水河铜矿床	海西州	铜铅锌	T	小型	普查	Ⅲ-26	Ⅱ-1-1
120	都兰县土讪铅锌矿点	海西州	铅锌	T	矿点	普查	Ⅲ-26	Ⅰ-7-3
122	都兰县阿柁北铜铅锌矿点	海西州	铜铅锌	T	矿点	预查	Ⅲ-26	Ⅰ-7-3
123	都兰县双庆铁铅锌矿床	海西州	铁铅锌	T	小型	详查	Ⅲ-26	Ⅰ-7-3
125	都兰县河东北铅锌矿点	海西州	铅锌	T	矿点	普查	Ⅲ-26	Ⅰ-7-3
126	都兰县窑洞沟铁铅锌矿床	海西州	铁铅锌	T	小型	普查	Ⅲ-26	Ⅰ-7-3
127	都兰县柴湾铜铅锌矿床	海西州	铅锌	T	小型	详查	Ⅲ-26	Ⅰ-7-3
128	都兰县龙洼尕当西沟铜铅锌矿点	海西州	铜铅锌	T	矿点	预查	Ⅲ-26	Ⅰ-7-3
129	都兰县白石崖铁铅锌矿床	海西州	铁铅锌	T	中型	勘探	Ⅲ-26	Ⅰ-7-3
130	都兰县龙洼尕当铁铅锌矿床	海西州	铁铅锌	T	小型	详查	Ⅲ-26	Ⅰ-7-3
131	都兰县关角牙合北铜铅矿点	海西州	铜铅	T	矿点	普查	Ⅲ-26	Ⅰ-7-1
132	都兰县关角牙合南铅锌矿点	海西州	铅锌	T	矿点	预查	Ⅲ-26	Ⅰ-7-3
133	都兰县东山根铜矿床	海西州	铜铅锌	T	小型	普查	Ⅲ-26	Ⅰ-7-1
134	都兰县希龙沟铅锌矿点	海西州	铅锌	T	矿点	预查	Ⅲ-26	Ⅰ-7-1
135	都兰县海寺驼峰铅锌矿床	海西州	铅锌	T	小型	详查	Ⅲ-26	Ⅰ-7-1
136	都兰县希龙沟铁铅锌矿床	海西州	铁铅锌	T	小型	详查	Ⅲ-26	Ⅰ-7-1
139	都兰县热水克错铅锌矿床	海西州	铅锌	T	小型	详查	Ⅲ-26	Ⅰ-7-1
140	都兰县恰当铜矿床	海西州	铜铅锌	P	小型	详查	Ⅲ-26	Ⅰ-7-3
141	都兰县色德日铜铅锌矿点	海西州	铜铅锌	T	矿点	普查	Ⅲ-26	Ⅰ-7-3
142	都兰县克错铜铅矿点	海西州	铜铅	T	矿点	普查	Ⅲ-26	Ⅰ-7-1

续表 3-8

矿产地编号	矿产地名称	地区	主矿种	成矿时代	主矿种规模	勘查程度	成矿区(带)	构造单元
143	都兰县大卧龙铅锌矿床	海西州	铅锌	T	小型	普查	Ⅲ-26	Ⅰ-7-1
144	都兰县大卧龙南岔沟铜铅矿点	海西州	铜铅	T	矿点	普查	Ⅲ-26	Ⅰ-7-1
146	都兰县加肉沟铜铅锌矿点	海西州	铜铅锌	T	矿点	预查	Ⅲ-26	Ⅰ-7-1
149	都兰县多沟铅锌铜矿点	海西州	铅锌铜	T	矿点	预查	Ⅲ-26	Ⅰ-7-1
150	都兰县柯柯赛铅锌铜矿点	海西州	铅锌铜	T	矿点	预查	Ⅲ-26	Ⅰ-7-1
152	都兰县柯柯赛(奈弄)铅锌银矿点	海西州	铅锌银	T	矿点	预查	Ⅲ-26	Ⅰ-7-1
153	都兰县胜利铁铜锌矿床	海西州	铁铜锌	T	小型	普查	Ⅲ-26	Ⅰ-7-3
155	都兰县河夏沟口铜锌金矿点	海西州	铜锌金	T	矿点	预查	Ⅲ-26	Ⅰ-7-1
156	都兰县三岔北山铜铅锌矿床	海西州	铜铅锌	T	小型	普查	Ⅲ-26	Ⅰ-7-1
157	都兰县柯柯赛北山铁铜铅矿床	海西州	铁铜铅	T	小型	普查	Ⅲ-26	Ⅰ-7-1
158	都兰县三岔北山西侧铅锌(铁)矿点	海西州	铅锌	T	矿点	预查	Ⅲ-26	Ⅰ-7-1
160	都兰县加羊铅锌银矿床	海西州	铅锌银	T	小型	详查	Ⅲ-26	Ⅰ-7-1
161	都兰县柯赛东铅锌银矿床	海西州	铅锌银	T	小型	详查	Ⅲ-26	Ⅰ-7-1
162	都兰县三岔北山东铅锌矿床	海西州	铅锌	T	小型	预查	Ⅲ-26	Ⅰ-7-1
165	兴海县什多龙铅锌银矿床	海南州	铅锌银	T	中型	勘探	Ⅲ-26	Ⅰ-7-1
166	都兰县马日牟乌卡沟铅锌矿点	海西州	铅锌	T	矿点	预查	Ⅲ-26	Ⅰ-7-3
167	兴海县什多龙北山铅锌矿床	海南州	铅锌	T	小型	普查	Ⅲ-26	Ⅰ-7-1
170	共和县哇若地区过仓扎沙(As1)铅锌矿点	海南州	铅锌	T	矿点	预查	Ⅲ-26	Ⅰ-7-4
171	共和县哇若地区过群(As2 异常)铅锌矿点	海南州	铅锌	T	矿点	预查	Ⅲ-26	Ⅰ-7-4
180	兴海县博荷沁南铜铅锌矿点	海南州	铜铅锌	D	矿点	预查	Ⅲ-26	Ⅰ-7-5
181	兴海县都休玛铅锌矿点	海南州	铅锌	T	矿点	预查	Ⅲ-26	Ⅰ-7-4
201	贵德县下多隆铅矿点	海南州	铅	T	矿点	预查	Ⅲ-28	Ⅰ-8-1
210	泽库县公钦隆瓦东沟铅砷矿点	黄南州	铅锌	T	矿点	预查	Ⅲ-28	Ⅰ-8-1
211	泽库县直贡尕日当铜铅锌矿点	黄南州	铅锌	T	矿点	预查	Ⅲ-28	Ⅰ-8-1
219	同仁县英熬龙瓦铅锌铜矿点	黄南州	铅锌	T	矿点	预查	Ⅲ-28	Ⅰ-8-1
229	玛沁县雪前铅锌矿点	果洛州	铅锌	J	矿点	预查	Ⅲ-29	Ⅱ-2-1
231	治多县藏麻西孔银铜铅矿床	玉树州	银铜铅	K	中型	普查	Ⅲ-33	Ⅲ-2-3
233	治多县湖陆泊龙铅锌矿点	玉树州	铅锌	E	矿点	预查	Ⅲ-33	Ⅲ-2-1
241	杂多县乌葱察别铜锌银矿点	玉树州	铅锌	E	矿点	预查	Ⅲ-36	Ⅲ-2-5
269	格尔木市切苏美曲西侧银铅铜矿点	海西州	铅锌	J	矿点	预查	Ⅲ-35	Ⅲ-3-1

(二)区域地质特征

矿床大地构造位置位于昆中断裂北侧的昆北复合岩浆弧,成矿带属东昆仑成矿带之祁漫塔格-都兰成矿亚带(Ⅳ-26-1)。区域上出露地层主要有奥陶系祁漫塔格群碳酸盐岩、下泥盆统契盖苏组火山碎屑岩、上石炭统缔敖苏组碳酸盐岩、下—中二叠统打柴沟组碳酸盐岩及第四系(图 3-23)。其中,与成矿密切相关的为上石炭统缔敖苏组。区内构造活动强烈,断裂、褶皱发育。断裂构造主要为北西西向、北西向断裂和近东西向的压扭性断裂,褶皱构造以近东西向的背、向斜为主。岩浆活动强烈,主要以晚泥盆世和晚三叠世侵入岩为主。

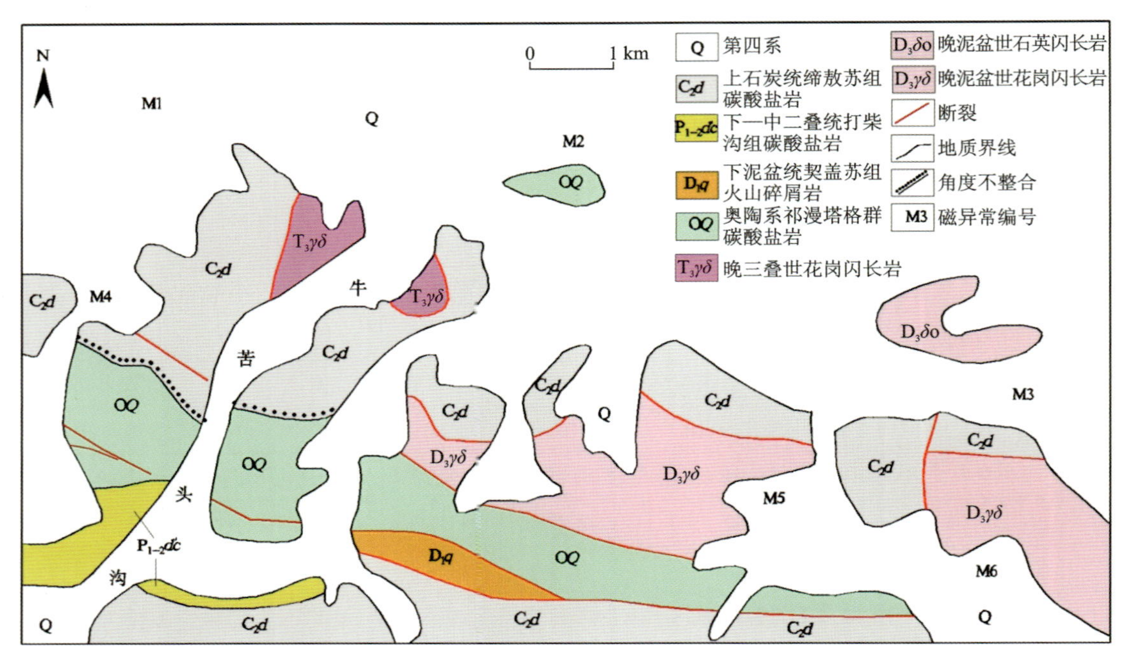

图 3-23 格尔木市四角羊-牛苦头锌铁铅矿床区域地质图(据彭建等,2011;姚磊等,2017,有修改)

(三)矿区地质特征

1. 地层

矿区出露地层主要为奥陶系祁漫塔格群、上石炭统缔敖苏组和第四系。其中奥陶系祁漫塔格群主要分布在矿区南侧,出露面积较广,呈不规则条带状,近东西向展布,地层总体倾向北,产状 300°～15°∠30°～75°,一般出露宽度约 650 m,岩石组合以灰岩、大理岩为主,其次可见条带状灰岩、结晶灰岩夹层。上石炭统缔敖苏组在矿区大面积出露,为一套浅海相碳酸盐岩沉积,地层总体倾向北北东,产状 10°～50°∠10°～30°,主要岩性为大理岩、结晶灰岩。该套地层为矿区内主要赋矿地层,与区内多金属矿化关系密切,已发现的多金属矿(化)体均产于该套地层中(图 3-24)。

2. 构造

矿区内构造不发育,仅见规模较小断裂,未见成型的褶皱,多在局部见有节理裂隙、褶曲及小揉皱等;区内地层为单斜构造,总体北倾,倾角在 10°～75°之间。

3. 岩浆岩

矿区内发育有晚三叠世中酸性侵入岩,主要岩石类型有花岗岩、花岗闪长岩、二长花岗岩、石英闪长岩等,呈不规则岩株状产出。其中花岗岩、花岗闪长岩、二长花岗岩与多金属矿化关系密切。在岩体与地层接触部位附近常形成矽卡岩带,带内局部可见较强的多金属矿化。

(四)矿体特征

矿床由 M_1、M_4、四角羊-牛苦头 3 个矿段组成。其中,M_1 矿段圈定硫铁多金属矿体 22 条;M_4 矿段圈定铁多金属矿体 7 条;四角羊-牛苦头矿段圈定铅锌多金属矿体 94 条,共计 123 条,均为隐伏矿体。

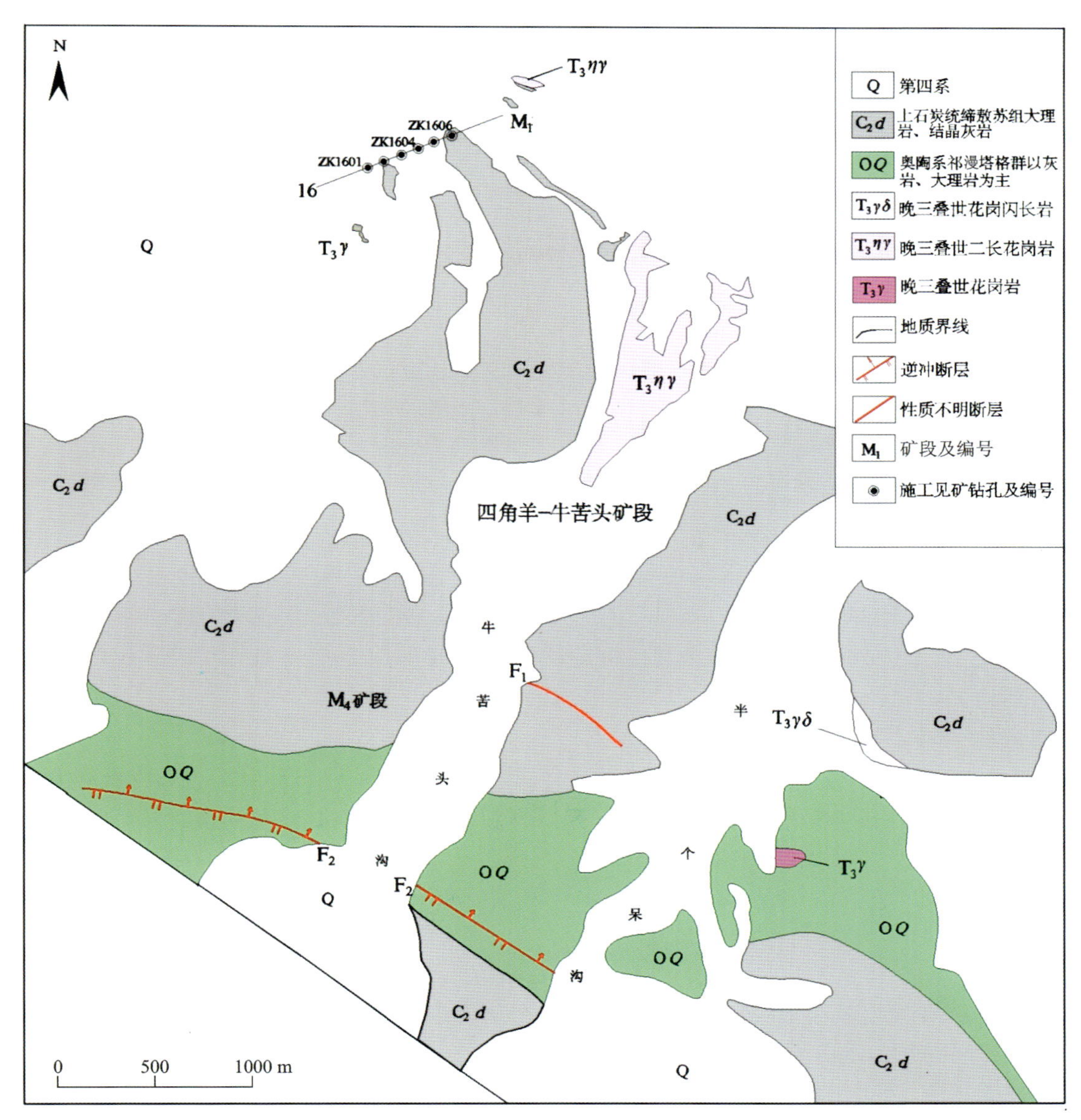

图 3-24 格尔木市四角羊–牛苦头锌铁铅矿区地质简图(据蒋成伍等,2011,有修改)

1. M_1 矿段

圈定的 22 条铅锌多金属矿体,多为透镜状或似层状,规模不一,矿体长度、延深和厚度变化较大,一般长 100～300 m,最长 950 m;延深一般 100～300 m 不等,延深最大可达 700 m;厚度一般在 0.65～20 m 之间,最厚处可达 38.22 m,平均 6.38 m。矿体平均品位,Pb 0.4%～11.41%,Zn 0.82%～11.41%,S 13.57%～34.18%,Cu 0.20%～2.17%。

其中主矿体为 5 号矿体:矿体赋存于矽卡岩中,矿体呈似层状,走向北西,倾向北东,倾角一般在 0°～20°之间;该矿体长 950 m,延深 100～700 m,平均 322 m,厚度在 0.71～38.22 m 之间,平均 8.51 m。矿体平均品位 Pb 1.08%～1.34%,Zn 1.45%～2.43%,Cu 0.54%,S 20.12%～26.29%(图 3-25)。

2. M_4 矿段

共圈定出 7 条铁多金属矿体,矿体均北倾,倾角多在 4°～30°之间;矿体形态一般为似层状、豆瓣状,少数为透镜状,内部有夹石,可见分支复合现象;矿体厚度变化较大;矿体主元素分布均匀程度为较均匀。主要矿体特征如下。

Ⅰ号矿体:是埋深最大、规模最大的一条矿体;矿体赋存于深部的矽卡岩带中,形态受二长花岗岩侵

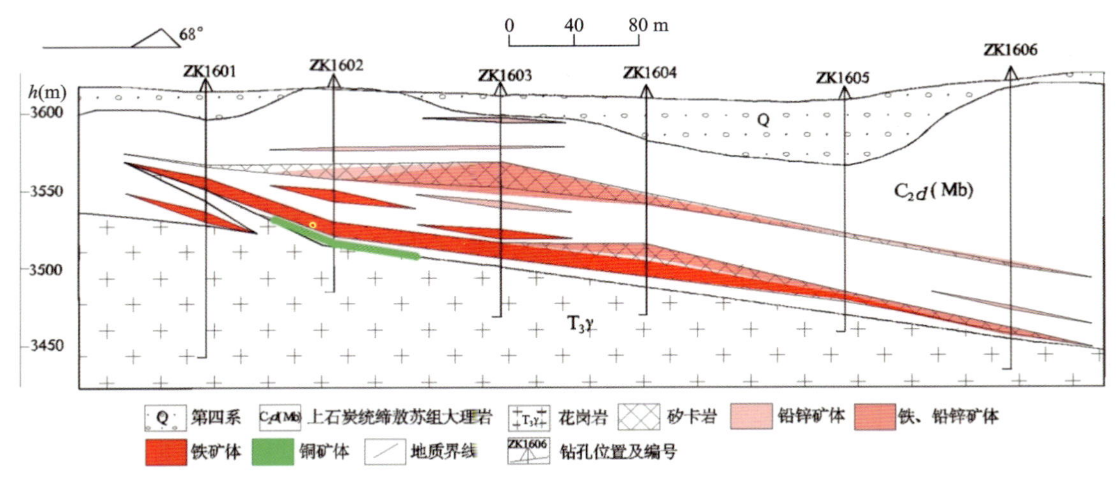

图 3-25　格尔木市四角羊-牛苦头锌铁锚矿床 M_1 矿段 16 号勘探线剖面图(据彭建等,2011,有修改)

入岩体控制明显,为铜、铅、锌、磁铁、硫复合型矿体。矿体长 2300 m,倾向北,倾角 0°～39°,平均延深 463 m,平均厚度 8.87 m。Cu 品位一般 0.20%～1.11%,最高 2.54%,平均 0.44%;Pb 品位一般 0.51%～3.67%,最高 8.37%,平均 1.25%;Zn 品位一般 0.98%～5.96%,最高 12.03%,平均 2.55%;mFe 品位一般 20.00%～51.00%,最高 61.71%,平均 32.90%;S 品位一般 10.05%～30.67%,最高 38.20%,平均 18.77%。

3. 四角羊-牛苦头矿段

圈出的不同规模的矿体共 94 条,多为隐伏矿体,以 Cu、Pb、Zn、S、mFe 为主。矿体可划分出上、下两矿层:上部近地表矿体以铅锌矿为主,多倾向北;深部矿体以铜矿为主,多倾向南。两矿层之间并没有明显分界,且均为矽卡岩型成因,矿体多为透镜状,规模不一,矿体的长度、宽度和厚度变化较大,一般长 50～300 m,最长 500 m 以上;宽一般 50～150 m 不等;厚一般在 1～15 m 之间,最厚达 30.87 m,厚度变化较大,其变化系数一般在 50%以上,最高可达 159%。主要矿体特征如下。

(1)25 号矿体:矿体呈透镜状、似层状,长 1200 m,平均延深约 220 m,厚度在 0.25～30.60 m 之间,平均 4.73 m。矿体主要赋存于深部与花岗岩体具有密切联系的矽卡岩带内,可见膨胀、收缩及分支、复合现象,产状变化较大,走向大致为 110°,矿体倾向一般为南倾,倾角 0°～70°不等。一般铜矿石中 Cu 品位 0.20%～4.38%,平均 0.42%;铅锌矿石中 Pb 平均品位 3.18%,Zn 平均品位 4.30%;硫铁矿石中 S 平均品位 22.59%。

(2)48 号矿体:长 1200 m,走向北西西,倾向北,倾角 15°～30°,矿体呈似层状,可见膨胀、收缩和分支、复合现象,工程控制矿体厚度在 0.96～23.20 m 之间,平均 5.04 m。矿体中 Pb 品位一般在 0.35%～9.05%之间,平均 1.38%;Zn 品位一般在 0.51%～10.93%之间,平均 2.30%;Cu 平均品位 0.15%,S 平均品位 9.87%。

(五)矿石特征

1. M_1 矿段

1)矿石类型

矿石类型分为自然类型和工业类型。

自然类型:根据矿石结构、构造及矿物共生组合特点,可分为块状(磁黄铁矿矿石、磁铁矿磁黄铁矿矿石、黄铜矿磁黄铁矿矿石、方铅矿闪锌矿矿石、黄铜矿方铅矿闪锌矿矿石、磁黄铁矿方铅矿闪锌矿矿石)、稠密浸染状(磁黄铁矿矿石、磁铁矿磁黄铁矿矿石、黄铁矿磁黄铁矿矿石、黄铜矿磁黄铁矿矿石、方铅矿闪锌矿矿石、黄铜矿方铅矿闪锌矿矿石、黄铜矿矿石)、稀疏浸染状(方铅矿闪锌矿矿石、黄铜矿方铅矿闪锌矿矿石、黄铜矿矿石）、网脉状（磁黄铁矿矿石）。

工业类型：工业矿石类型可分为铜矿石、铅锌矿石、硫铁铅锌矿石、硫铁铜矿石、硫铁矿石、铜铅锌矿石6种。

2）矿石物质组成

矿石矿物组成：金属矿物主要见有闪锌矿、方铅矿、磁黄铁矿、黄铜矿、黄铁矿、磁铁矿及微量碲铋矿、辉钼矿和由黄铁矿及磁黄铁矿蚀变而成的白铁矿等，它们在不同的矿石类型中的含量各有不同。非金属矿物主要有石英、透辉石、石榴石、碳酸盐以及蚀变黑云母、白云母等，且以石榴石和透辉石为主。容矿岩石以透辉石石榴石矽卡岩、碳酸盐化透辉石榴石矽卡岩为主。

矿石化学成分：硫铁矿石S品位一般8.00%～24.76%，最高28.96%，平均17.08%；铜矿石Cu品位一般0.20%～4.38%，最高4.49%，平均0.55%；铅锌矿石Pb品位一般0.30%～6.04%，最高22.87%，平均1.89%，Zn品位一般0.50%～5.15%，最高23.25%，平均2.75%。伴生组分：通过对详查区内组合分析样品的分析结果进行统计分析，区内具有综合回收利用价值的有益组分主要为Ag，平均含量为41.07 g/t。

3）矿石结构构造

矿石结构主要以半自形粒状结构为主，其次为交代结构、蚀变结构以及溶蚀结构等；矿石构造主要有块状构造、浸染状构造、脉状构造、网脉状构造。

2. M_4矿段

1）矿石类型

矿区矿石类型分为自然类型和工业类型。

自然类型：根据矿石结构、构造及矿物共生组合特点，可分为块状（磁黄铁矿矿石、磁铁矿矿石、磁铁矿磁黄铁矿矿石、黄铜矿磁铁矿矿石、黄铜矿磁黄铁矿矿石、方铅矿闪锌矿矿石、黄铜矿方铅矿闪锌矿矿石、磁黄铁矿方铅矿闪锌矿矿石）、稠密浸染状（磁黄铁矿矿石、磁铁矿矿石、磁铁矿磁黄铁矿矿石、黄铁矿磁黄铁矿矿石、黄铜矿磁黄铁矿矿石、方铅矿闪锌矿矿石、黄铜矿方铅矿闪锌矿矿石、黄铜矿矿石）、稀疏浸染状（方铅矿闪锌矿矿石、黄铜矿方铅矿闪锌矿矿石、黄铜矿矿石）、网脉状（黄铁矿矿石、磁黄铁矿矿石）。

工业类型：依矿石中的主要有益元素可分为铜矿石、磁铁矿石、磁铁铜矿石、铅锌矿石、铅矿石、锌矿石、磁铁铅锌矿石、硫铜铅锌矿石、硫铜矿石、硫矿石、铜铅锌矿石等类型。

2）矿石物质组成

矿石矿物组成：金属矿物主要有闪锌矿、方铅矿、磁铁矿、磁黄铁矿、黄铜矿、菱铁矿、黄铁矿、白铁矿等，它们在不同的矿石类型中的含量各有不同。脉石矿物主要有方解石、白云石、石英、透辉石、石榴石、黑柱石、绿泥石、绿帘石，以及蚀变绢云母、黑云母等，且以方解石、石榴石和透辉石为主。容矿岩石以透辉石石榴石矽卡岩、碳酸盐化透辉石榴石矽卡岩为主。

矿石化学成分：铜矿石Cu品位一般0.20%～1.02%，最高2.54%，平均0.43%；铅锌矿石Pb品位一般0.3%～5.47%，最高10.30%，平均1.32%，Zn品位一般0.5%～7.39%，最高13.44%，平均2.38%；磁铁矿石mFe品位一般15%～38.56%，最高61.71%，平均32.86%；硫铁矿石中S品位一般8.00%～26.13%，最高38.00%，平均18.95%。

3）矿石结构、构造

矿石结构主要以半自形—他形粒状、不规则粒状为主，其次为交代结构、蚀变结构以及溶蚀结构等；矿石构造为星点状构造、稀疏—稠密浸染状构造、细脉状构造、团块状构造、致密块状构造。

3. 四角羊-牛苦头矿段

1）矿石类型

矿区矿石类型分为自然类型和工业类型。

自然类型：根据矿石结构、构造及矿物共生组合特点，可分为块状（磁铁矿矿石、磁黄铁矿矿石、黄铜矿磁黄铁矿矿石、黄铁矿矿石、方铅矿闪锌矿矿石、黄铜矿方铅矿闪锌矿矿石、黄铜矿矿石)、稠密浸染状(磁铁矿矿石、磁黄铁矿磁铁矿矿石、磁黄铁矿矿石、黄铁矿矿石、黄铁矿磁黄铁矿矿石、方铅矿闪锌矿矿石、黄铜矿方铅矿闪锌矿矿石、黄铜矿矿石)、稀疏浸染状(方铅矿闪锌矿矿石、黄铜矿闪锌矿矿石、黄铜矿矿石)、脉状(黄铜矿矿石)、网脉状(磁黄铁矿矿石)。

工业类型:依据主要有益元素可划分为铜矿石、铅矿石、锌矿石、铜硫铁矿石、铜铅锌矿石、铅锌矿石、铅锌硫铁矿石、锌硫铁矿石、铜锌矿石、铜磁铁矿石、铅锌磁铁矿石、硫铁矿石、磁铁矿石共 13 种类型。

2)矿石物质组成

矿石矿物组成:金属矿物主要为黄铜矿、闪锌矿、方铅矿、黄铁矿、磁黄铁矿、磁铁矿及微量碲铋矿、毒砂、辉钼矿和由黄铁矿及磁黄铁矿蚀变而成的白铁矿等,它们在不同的矿石类型中的含量各有不同。非金属矿物主要有石英、透辉石、石榴石、石墨、碳酸盐以及蚀变黑云母、白云母等,且以石榴石和透辉石为主。容矿岩石以透辉石石榴石矽卡岩、碳酸盐化透辉石石榴石矽卡岩为主。

矿石化学成分:磁铁矿石 mFe 品位一般 15.00%~47.1%,最高 54.19%,平均 30.19%;硫铁矿石 S 品位一般 8.00%~24.76%,最高 28.96%,平均 12.61%;铜矿石 Cu 品位一般 0.20%~4.38%,最高 4.49%,平均 0.44%;铅锌矿石 Pb 品位一般为 0.30%~6.04%,最高 22.87%,平均 1.78%;Zn 品位一般 0.50%~5.15%,最高 23.25%,平均 2.80%。伴生组分:通过对矿区内组合分析样品的分析结果进行统计分析,矿区内具有综合回收利用价值的有益组分主要为 Ag,平均含量为 12.63 g/t。

3)矿石结构构造

矿石结构主要以半自形粒状为主,其次为交代结构、蚀变结构以及溶蚀结构等;矿石构造主要有块状构造、浸染状构造、脉状构造、网脉状构造。

(六)围岩蚀变

区内发现的硫铁多金属矿体的围岩主要为大理岩。围岩蚀变主要为矽卡岩化,形成的岩石有透辉石矽卡岩、石榴石矽卡岩等;次有绿泥石化、绿帘石化、碳酸盐化等。矿体围岩与矿体呈渐变接触关系,其界线不清。

(七)资源储量

四角羊-牛苦头锌铁铅矿资源量由牛苦头 M1 磁异常区、牛苦头 M4 磁异常区和牛苦头区的三部分资源量组成。

截至 2020 年底,四角羊-牛苦头锌铁铅矿区累计查明资源量铅金属量 45.25×10^4 t,锌金属量 98.47×10^4 t,铜金属量 16.18×10^4 t,硫铁矿石量 $3\ 533.3\times10^4$ t,铁矿石量 $1\ 735.9\times10^4$ t。伴生镉金属量 4832 t,银 841 t,金 7019 kg,铜 1.91×10^4 t,锡 6659 t,钴 1275 t,硫矿物量 4.9×10^4 t。保有金属量铅 41.46×10^4 t,锌 91.47×10^4 t,铁矿石量 $1\ 735.9\times10^4$ t。

其中,牛苦头 M1 磁异常区累计查明铅金属量 12.48×10^4 t,平均品位 1.9%;锌 27.78×10^4 t,平均品位 3.19%;铜 9598 t,平均品位 0.21%;硫铁矿石量 1238×10^4 t,硫平均品位 20.01%。伴生镉金属量 2394 t,平均品位 0.03%;银 205 t,平均品位 13.76 g/t;钴 195 t,平均品位 0.01%;铜 1.16×10^4 t,平均品位 0.13%;硫 4.9×10^4 t,平均品位 4.37%。保有金属量铅 8.69×10^4 t,锌 20.78×10^4 t,铜 9208 t。

牛苦头 M4 磁异常区累计查明资源量铅金属量 14.13×10^4 t,平均品位 1.11%;锌 36.00×10^4 t,平均品位 2.8%;铜 7.14×10^4 t,平均品位 0.54%;铁矿石量 1226×10^4 t,TFe 平均品位 36.7%;硫铁矿矿石量 $1\ 258.1\times10^4$ t,硫平均品位 14.87%。伴生镉金属量 2438 t,平均品位 0.01%;铜 5279 t,平均品位 0.08%;银 274 t,平均品位 10.52 g/t;金 2784 kg,平均品位 0.21 g/t;锡 6659 t,平均品位 0.05%;钴 1275 t,平均品位 0.01%。保有金属量铅 14.13×10^4 t,锌 36.00×10^4 t,铜 7.14×10^4 t,铁矿石量 1226×10^4 t。

牛苦头区累计查明资源量铅金属量 18.64×10^4 t,品位 0.25%~1.66%;锌金属量 34.69×10^4 t,品位

0.46%～2.34%；铜金属量 8.08×10^4 t，平均品位 0.48%；铁矿石量 509.9×10^4 t，TFe 平均品位 33.44%；硫铁矿矿石量 $1\,037.2\times10^4$ t，硫平均品位 15.7%。伴生铜金属量为 1.68×10^4 t，平均品位 0.12%；银 362 t，平均品位 9.27 g/t；金 4235 kg，平均品位 0.26 g/t。保有金属量铅 18.64×10^4 t，锌 34.69×10^4 t，铁矿石量 509.9×10^4 t。

（八）成矿阶段划分

矿床的形成主要经历了矽卡岩及热液两个成矿期。

（1）矽卡岩期：可分为早期、晚期两个阶段。早期，主要以造岩矿物——透辉石、石榴石、硅灰石等无水矽卡岩矿物的形成为标志，此阶段几乎未见金属矿物的生成。晚期，以含水硅酸盐矿物——绿泥石、绿帘石、透闪石等的生成为标志，该阶段磁铁矿大量出现，有时构成富集的磁铁矿矿体，故又称为磁铁矿阶段，此期生成的磁铁矿特点是粒度细，多具交代溶蚀结构，浸染状构造，主要分布在早期生成的透辉石、石榴石颗粒间。

（2）热液期：可分为早期与晚期阶段。早期阶段（粗粒磁铁矿阶段）以形成粗粒磁铁矿为标志，矿石多具团块状、致密块状构造，并伴随有含水硅酸盐矿物绿泥石、蛇纹石、阳起石的形成。晚期阶段（中、低温金属硫化物阶段）除含水硅酸盐及方解石继续形成外，主要以大量的金属硫化物（磁黄铁矿、黄铁矿、方铅矿、闪锌矿、黄铜矿等）形成为明显标志。硫化物多呈脉状、稀疏浸染状、团块状等，其虽同为此期的产物，但它们生成仍有先后之别，共生关系极为密切，磁黄铁矿、黄铁矿、闪锌矿形成较早，随之为方铅矿、黄铜矿的形成。

（九）矿床类型

在矿区内圈定的铁多金属矿体均赋存在花岗岩与晚石炭世碳酸盐岩的外接触带上和近地表远离花岗岩体晚石炭世碳酸盐岩内部形成的矽卡岩中，与矽卡岩有密切的成生联系，故认为矿区属矽卡岩型多金属矿床（李洪普等，2009，2010；李加多等，2013；王进朝等，2011）。根据成矿特征，矿床类型划分为接触交代型。

（十）成矿机制和成矿模式

1. 成矿时代

同区域矽卡岩矿床的虎头崖二长花岗岩锆石 SHRIMP U-Pb 法年龄为(219.4±1.4) Ma（丰成友等，2011）、野马泉含黑云母闪长岩 K-Ar 法的年龄为 233.2 Ma（宋忠宝等，2010））、野马泉花岗岩年龄为(214.2±1.3) Ma（刘云华等，2006），故推断本矿床的成矿时代应也为三叠纪。

2. 成矿机制

（1）成矿物质来源：矿体产于花岗岩体与围岩接触带（矽卡岩带）上，在矿区矿体中测定的硫同位素 $\delta^{34}S$ 多为 −2.5‰～6‰，少数为 −11‰～8‰，且主要为正值，变化范围很窄，表明硫主要是来源于地壳深部受混染的岩浆，部分硫来源于沉积岩。矿区内形成铁多金属矿体的物质来源于岩浆热液和围岩，并以岩浆热液来源为主。

（2）成矿流体：主要为中—高温岩浆热液。成矿温度 500～200 ℃。

（3）流体运移：岩浆提供了热源和大部分硫源，地层、岩浆提供了金属元素，在岩体接触带附近的构造有利地段运移，并发生双交代作用，形成含矿矽卡岩。

（4）矿体就位：岩体顶部碳酸盐建造中岩石组合及构造有利部位的矽卡岩带内。

3. 成矿模式

在地热梯度和压力梯度驱动下，三叠纪二长花岗岩岩浆期后热液沿岩体与碳酸盐岩层的接触带及碳酸盐岩层中的层间裂隙扩散式运移，发生接触交代反应，并导致相应的铁多金属成矿作用（图 3-26）。

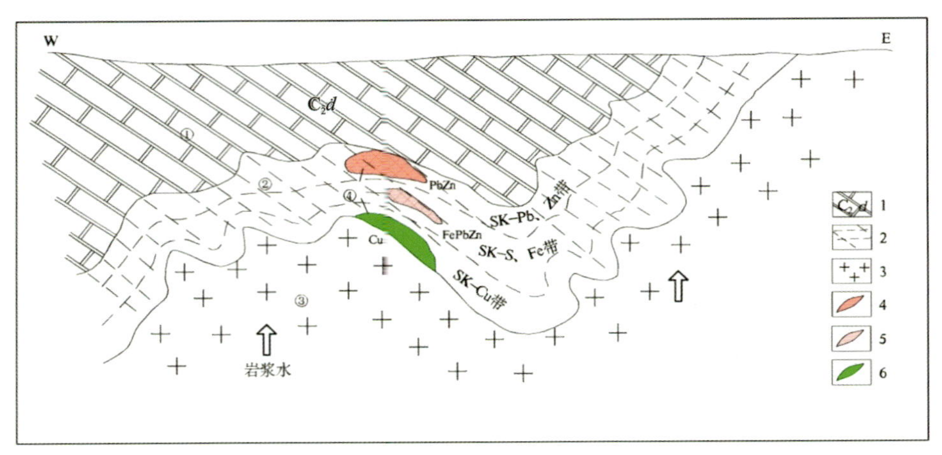

1. 上石炭统缔敖苏组(C_2d)灰白色大理岩;2. 含矿矽卡岩带;3. 三叠纪花岗岩;4. 铅锌矿(化)体;
5. 铁铅锌矿(化)体;6. 铜矿(化)体

图 3-26 格尔木市四角羊-牛苦头锌铁铅矿成矿模式图(据蒋成伍,2013,有修改)

(十一)找矿模型

(1)构造环境:昆北岩浆弧带。

(2)地层:古元古界金水口岩群、奥陶系祁漫塔格群、石炭系缔敖苏组的碳酸盐建造,与成矿有关地层为石炭系缔敖苏组。

(3)构造:区域上处于昆北断裂,其间北西西向断裂发育被后期北东向断裂错开、位移。

(4)岩浆岩:三叠纪中酸性侵入岩,尤其是花岗岩、花岗闪长岩、二长花岗岩等与围岩的接触带附近。

二、兴海县什多龙铅锌银矿床

(一)概况

该矿床位于兴海县大河坝乡北西约 65 km,隶属于兴海县大河坝乡,由矿区经青根河桥至西宁市 347 km,交通尚方便。

该矿床是 1958 年 6 月青海省海南地质队二分队(白朶湖分队)在开展青根河上游 1∶10 万路线地质普查找矿时发现。于 1960 年、1965 年,先后由青海省海南地质队和青海省第七地质队进行了地表检查工作。1967 年,青海省第十地质队对矿床开展了详查工作,圈出了 7 条铅锌矿带。1987 年,青海省有色地质勘探公司研究室针对Ⅳ矿带银矿带开展了检查工作。1988 年,青海省有色地质矿产勘查局八队对Ⅳ、Ⅴ矿带初步进行了详查。1994 年该队对什多龙铅锌银矿Ⅲ、Ⅳ矿带进行了勘探工作。2007—2009 年,青海省有色地质矿产勘查院在矿区开展了生产勘探工作。2011—2013 年,兴海县鹏飞有色金属采选有限公司委托四川省地质矿产勘查开发局一〇八地质队利用危机矿山接替资源勘查项目在矿区开展了深部勘查工作,其间编写提交了《青海省兴海县什多龙铅锌银矿北采区深部(4500 m 以下)勘探报告》《青海省兴海县什多龙铅锌银矿难采区深部(4500 m 以下)勘探报告》。2015 年后勘查工作结束,矿床由兴海县鹏飞有色金属采选有限公司进行开发。

(二)区域地质特征

矿床大地构造位置位于东昆仑造山带东部祁漫塔格-夏日哈岩浆弧带,成矿带属东昆仑成矿带之祁漫塔格-都兰成矿亚带(Ⅳ-26-1)。区域上出露地层有古元古界、奥陶系、石炭系、三叠系、新近系及第四系，其中上石炭统缔敖苏组的碳酸盐建造与成矿密切；区内断裂构造发育，呈北西-南东向展布，主要为与温泉-哇洪山大断裂平行的次级北西向的断裂，断裂规模大，活动时间长，致使基底构造层残缺不全。次为近南北向断裂，断裂规模小，生成时间晚，对区内构造、地层起破坏作用；区内岩浆活动频繁，其中海西期、印支期中酸性侵入岩发育，局部有海西期闪长岩出露，其中印支期侵入岩与成矿关系较为密切。

（三）矿区地质特征

1. 地层

出露地层主要为古元古界金水口岩群深变质岩系和上石炭统缔敖苏组浅变质岩，但由于第四系冲积、冰碛及风化碎石广布，基岩出露少（图 3-27）。

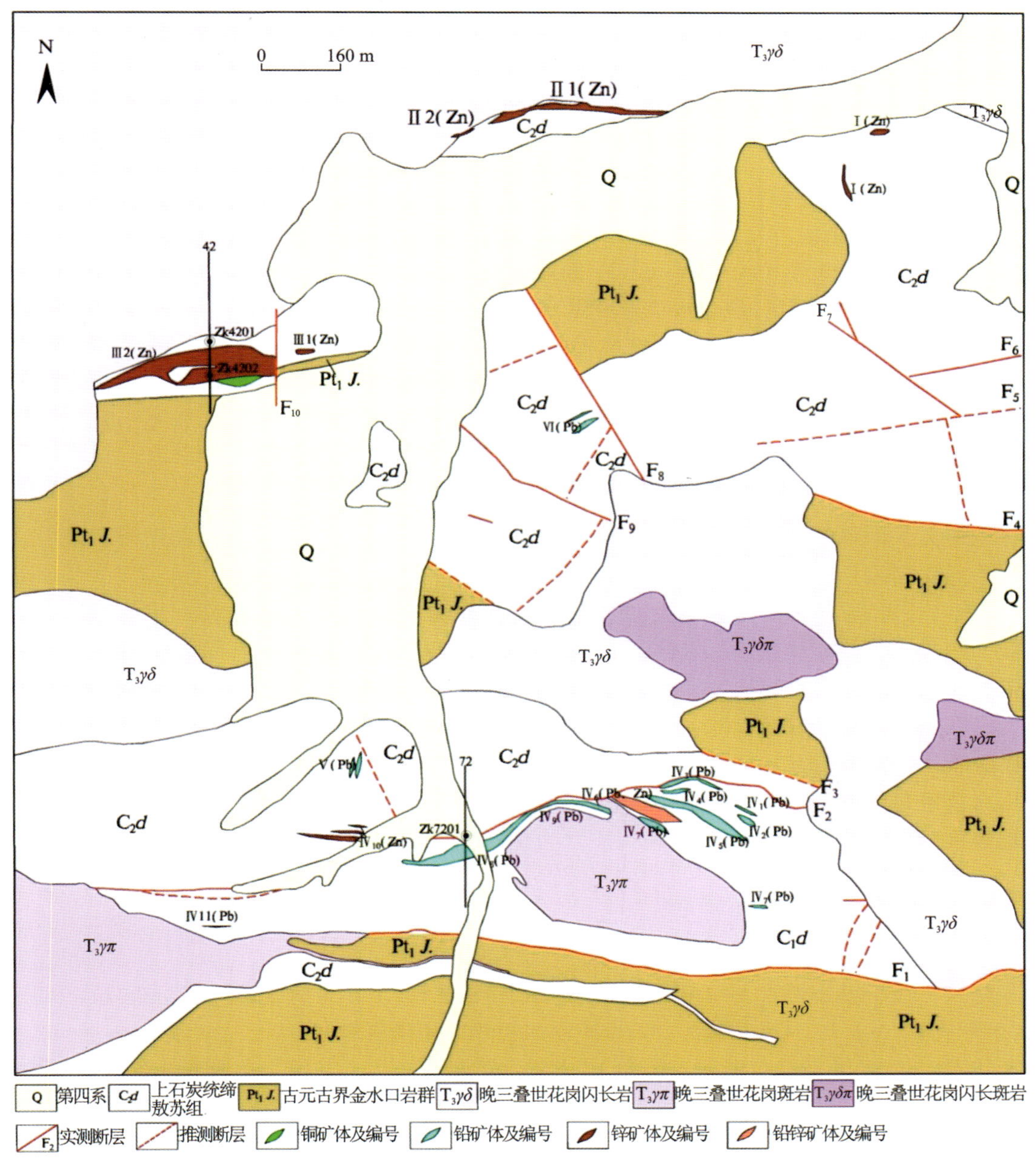

图 3-27 兴海县什多龙铅锌银矿床地质简图（据方刚和王小成，2011，有修改）

上石炭统缔敖苏组出露较全，主要分布于矿区中部，与下伏古元古界金水口岩群呈角度不整合接触。自下而上分为4个岩性段，即碳酸盐岩段(硅质岩、厚层状大理岩、硅灰石大理岩及条带状大理岩)、变细砂岩段、含砾粗砂岩段、黑云母千枚状板岩段。其中铅锌矿体与碳酸盐岩段(硅质岩及大理岩)关系密切。整个石炭系在本区表现为一个由细到粗的变化过程，反映一个海退旋回的沉积特征，属于以碎屑岩为主夹少量碳酸盐岩的滨—浅海相沉积建造。

2. 构造

1)褶皱

主要为近东西向的背斜和向斜。

矿区发育一处大型背斜和向斜褶皱，北部为背斜，南部为向斜。北部背斜位于矿区东北部Ⅰ矿带西侧，轴向北东东(75°)，向东倾伏，核部为古元古界金水口岩群变质岩系和晚石炭世的硅质岩及大理岩，两翼为晚石炭世中、上部碎屑岩，北翼受侵入岩破坏而未保留。南部向斜位于Ⅳ矿带之北，轴向近东西向，核部为晚石炭世千枚状黑云母板岩，南翼有花岗斑岩侵入，并被F_2断裂破坏。北翼被F_3断裂破坏，并因花岗闪长岩体侵入而不能与前述背斜相衔接。

2)断层

矿区断裂构造发育，主要有东西向、北西向和南北向的断裂系统。其中，东西向断裂(F_1～F_6)为矿区内规模最大的断裂，是区内发育最早、长期活动的断裂构造带，为导矿和容矿构造，多为南倾，以逆断层为主，性质为压扭性，规模较大，其中F_1、F_2断层最大，几乎贯穿矿区东西。

F_1断层：位于矿区最南端，是金水口岩群黑云母斜长片麻岩或片麻岩与缔敖苏组硅质岩的分界，走向东西、倾向南，向西该断层被花岗斑岩充填或覆盖。

F_2断层：位于Ⅳ矿带北部，贯穿矿区东西，断层两侧局部有花岗闪长岩和花岗斑岩侵入，断层倾向南，为压扭性断层，具有导矿、容矿特征，对Ⅳ矿带有控制作用，从断层所处的部位分析，成矿后断层有复活现象，使断层南部岩层上升以至剥蚀。

3)岩浆岩

矿区内出露大面积的晚三叠世岩浆岩，岩性主要有花岗闪长岩、花岗斑岩和花岗闪长斑岩，矿床即产于石炭系与花岗闪长岩和花岗斑岩体的接触带部位。

(1)花岗闪长岩：矿区内出露面积大，由外围延伸于矿区北部、中部至东南部。以岩基的形式产出，为都龙花岗闪长岩体的外部相带。岩体与铅锌矿关系密切，为北部Ⅰ、Ⅱ、Ⅲ、Ⅵ、Ⅶ矿段成矿母岩。金水口岩群和石炭系缔敖苏组往往被岩体吞侵，在Ⅲ矿段花岗闪长岩具超覆于岩层之上的现象。

(2)花岗斑岩：出露于矿区南部，由两个岩株组成，东部岩株似鲤鱼形，出露面积0.039 km²，由于分布于矿区南部向斜轴部，产状不规则，大致走向近东西向；西部岩株似乌鱼形，矿区出露面积约0.036 km²，岩株东部有数条花岗斑岩脉与岩株相接，岩株向西部外围延展，走向东西。矿体多位于花岗斑岩与早石炭世大理岩接触带或附近大理岩层间，花岗斑岩为Ⅳ、Ⅴ矿段成矿的主要物质来源。

(四)矿体特征

1. 铅锌矿段(体)特征

什多龙铅锌银矿床分为北、中、南矿带，共分7个铅锌矿段，北矿带有Ⅰ、Ⅱ、Ⅶ、Ⅲ矿段，中矿带有Ⅵ矿段，南矿带有Ⅳ、Ⅴ矿段。其中以Ⅲ、Ⅳ、Ⅶ矿段的铅锌矿体规模最大。

矿区共圈定39条工业品位铅锌矿体和12条低品位铅锌矿体。其中Ⅰ矿段有3条工业品位铅锌矿体，Ⅱ矿段有1条工业品位矿体，Ⅲ矿段有4条工业品位矿体和2条低品位矿体，Ⅳ矿段有17条工业品位矿体和9条低品位矿体，Ⅴ矿段有8条工业品位矿体、1条低品位矿体，Ⅵ矿段有2条工业品位矿体，Ⅶ矿段有4条工业品位矿体。主要矿段(体)特征如下。

1)Ⅲ矿段(体)特征

该矿段分布于矿区西北部大理岩与花岗闪长岩接触处或大理岩中。矿段长400 m，宽80 m，最大延深 155 m，走向近东西，倾向北，倾角 33°～80°之间。其中以Ⅲ1 号矿体最大，主要分布于大理岩中，西部处于大理岩与花岗闪长岩接触处，矿体呈透镜状或似层状，矿体西部具有分支现象；中部矿体中有大理岩或矽卡岩夹层；东部受南北向断层错移，断距近 30 m。矿体走向近东西，倾向北（342°～18°），倾角在 35°～80°之间，由东至西倾角逐渐变陡。矿体走向长 334 m，最大厚度 42.85 m。矿体平均品位 Pb 0.48%，Zn 3.59%。

2）Ⅳ矿段（体）特征

该矿段分布于矿区南部大理岩中或大理岩与花岗斑岩接触处。矿段长 800 余米，最宽 330 m，最大延深大于 140 m。矿段走向近东西向，由于处于南部向斜轴部和两翼，矿段中矿体南、北倾向均有，但已控制的矿体主要分布于向斜北翼，南倾矿体居多，产状一般随岩层产状的变化而变化，倾角一般在 40°～88°之间，个别地段产状更陡。矿带中矿体形态多变，有透镜状、似层状、扁豆状、脉状等。矿石品位一般东部高、西部低；而且向斜北翼矿体矿石品位比南翼矿体矿石品位高。规模最大的为 GⅣ7-8 矿体，主要产于大理岩附近的矽卡岩中，矿体呈似层状，走向延长 291 m，最大延深 114 m，最大厚度 18.63 m。产状走向南西—近西，倾向南，倾角 38°～85°，一般西陡东缓。由于矽卡岩矿化的不均匀性，矿体深部具有分支现象（图 3-28）。

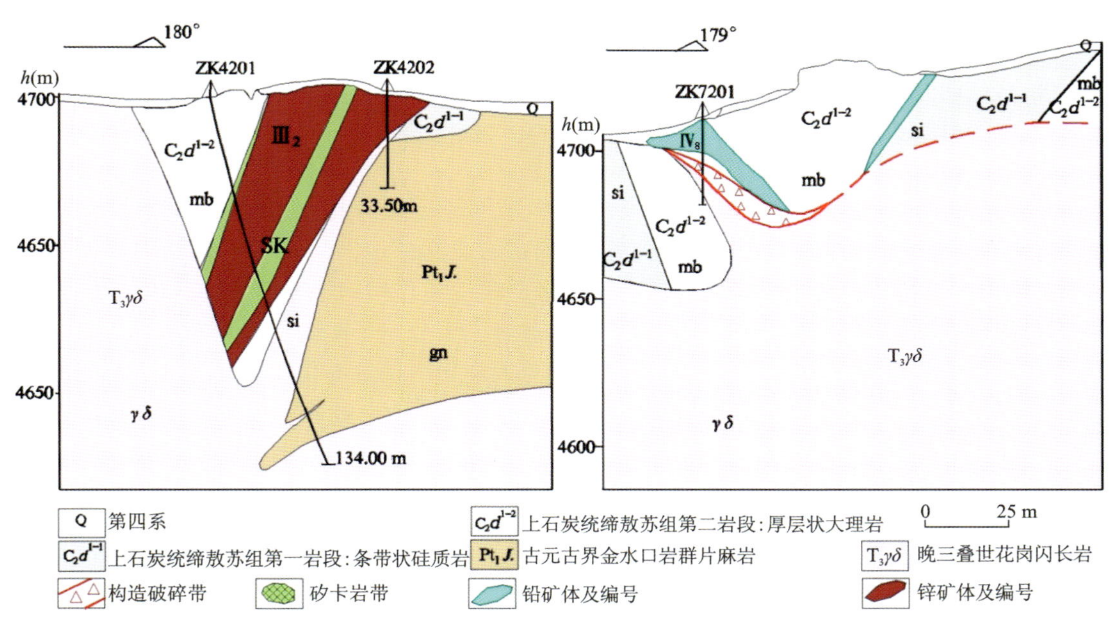

图 3-28 兴海县什多龙铅锌银矿 42 号、72 号勘探线剖面图（据方刚和王小成，2011，有修改）

3）Ⅶ矿段（体）特征

该矿段位于矿区中北部矽卡岩带及大理岩中，圈定矿体 4 条，均为盲矿体，矿体长 100～350 m，延深 100～200 m，厚 5～45 m。矿体呈层状、似层状、透镜状，走向近东西，倾向 355°，倾角 70°。矿石为团块状、稠密浸染状、细网脉状，品位 Pb 0.20%～0.76%，Zn 2.68%～5.70%。

2. 银矿体特征

银与铅锌矿呈共生关系，主要共生于Ⅲ、Ⅳ矿段。

1）Ⅳ矿段银矿体特征

Ⅳ矿段共圈出 11 个工业银矿体和 18 个铅锌银（低品位银）矿体。其中 Ag6 矿体规模最大，矿体走向延长 210 m，控制最大延深 125 m，最大真厚 19.33 m，走向北西或近西，倾向南或南西，倾角上陡下缓，介于 38°～88°之间，矿石平均品位 Ag 达 183.7 g/t，Pb 5.03%，Zn 10.11%。

2）Ⅲ矿段银矿体特征

该矿段矿体中，以铅锌矿石和铅锌银矿石为主，Ag 品位较低，Ag 元素多与 Pb、Zn 伴生，Ⅲ矿段仅圈出一个工业银矿体和一个铅锌银(低品位银)矿体。其中工业银矿体呈薄层或脉状,走向长 100 m,最大延深 65 m,真厚度 0.82 m,Ag 品位 100 g/t,银矿体产状与铅锌矿体基本一致。

(五)矿石特征

1)矿石类型

矿石自然类型以硫化矿为主,地表见少量混合矿,局部见有极少氧化矿。根据矿石矿物的共生组合及经济评价值,将矿石也可划分为锌矿石、铅矿石、铅锌矿石、铜矿石、铅锌银矿石。常见的矿石有细粒致密块状铅锌矿石、粗粒致密块状铅锌矿石、浸染状—块状含黄铜矿铅锌矿石、致密块状黄铜矿矿石、致密块状黄铁矿矿石及粗粒致密块状闪锌矿矿石。

2)矿石物质组成

矿石矿物主要有闪锌矿、方铅矿、黄铜矿、黄铁矿、磁黄铁矿,其次为菱铁矿、赤铁矿、磁铁矿、褐铁矿、黄(黝)锡矿、毒砂、铜蓝、白铅矿等;脉石矿物主要有透辉石、次透辉石、方解石和石英,其次为石榴石、钠长石、硅灰石、透闪石、黑云母、绿泥石、绿帘石等。

3)矿石结构、构造

矿石结构主要有半自形—他形晶粒结构、充填结构、交代残余结构、骸晶结构、共结边结构等,其次为乳滴状结构、胶状结构、压碎结构等;矿石构造主要以浸染状和稠密浸染状为主,次为团块状和块状,局部有脉状、角砾状。其中银主要赋存在方铅矿中,呈类质同象状态和硫化银包裹状态存在。其他如自然银、角银矿等含量很少。

(六)围岩蚀变

矿区内蚀变现象有矽卡岩化,其次为绿泥石化、绿帘石化和硅化。

矽卡岩化为花岗闪长岩或花岗斑岩与大理岩接触交代变质作用的蚀变产物。区内主要有石榴石矽卡岩、透闪透辉石矽卡岩和绿泥绿帘石矽卡岩 3 种。前者主要分布于矿区南部和东南部,多以薄层状出露;透闪透辉石矽卡岩分布于花岗斑岩或花岗闪长岩与大理岩之接触部位及其附近的大理岩中,Ⅰ～Ⅶ矿带均有,形态比较复杂,见有似层状、透镜状、脉状、囊状等;后者主要分布于矿区南部Ⅳ～Ⅴ矿段中,多呈长条薄层状或脉状。

铅锌矿体一般赋存于透闪透辉石矽卡岩和绿泥绿帘石矽卡岩中,前者中铅锌品位都较高,而后者中以锌为主,铅含量较少;石榴石矽卡岩不含矿或只有铅锌矿化。即铅锌矿的形成主要在交代作用中晚期。

硅化主要在大理岩中,并在硅化越强的大理岩附近,铅锌矿化和矽卡岩化现象越明显。

(七)资源储量

截至 2020 年底,累计查明资源储量铅金属量为 9.54×10^4 t,平均品位 2.51%;锌 44.10×10^4 t,平均品位 5.37%;铜 3589 t,平均品位 0.44%。伴生银 239 t,平均品位 21.25 g/t;伴生铜 1296 t,平均品位 0.15%。保有金属量铅为 6.19×10^4 t,锌 35.61×10^4 t,铜 3589 t。

(八)成矿阶段划分

利用矿物共生组合、矿物生成顺序、结构构造特征和各种穿插交代关系,将成矿作用分为两期 5 个阶段。

1. 矽卡岩期

该期以钙镁铝硅酸盐矿物组合为特征,无石英形成,又可分为 3 个成矿阶段。

早期矽卡岩阶段:发生于岩体大规模侵入时期,主要在花岗岩顶部同碳酸盐类围岩的接触带上,发生双交代作用形成矽卡岩。由无水矽卡岩矿物组成,主要有透辉石矽卡岩、次透辉石矽卡岩、石榴石透辉石矽卡岩。

晚期矽卡岩阶段：以含水矽卡岩矿物组合为特征，形成透闪石、阳起石、绿帘石等含水硅酸盐，是在接近超临界状态条件下形成的。

氧化物阶段：以过渡性矿物组合为特征，这一阶段开始出现石英等矿物，它介于矽卡岩期和石英-硫化物期之间，具有过渡性质，是由温度较高的热液作用形成的，形成少量金属矿物，如磁黄铁矿等。

2. 石英-硫化物期

在这一成矿期中，SiO_2一般不再和Ca、Mg、Fe、Al组成矽卡岩矿物，而是独立形成大量石英，并有典型的热液矿物如绿泥石、方解石等和大量金属硫化物形成，该成矿期又可分为2个阶段。

早期石英-硫化物阶段：以中高温热液矿物组合为特征，矽卡岩矿物被大量交代，开始形成绿泥石、绢云母等，这一阶段中出现大量石英，成为矿石的主要脉石矿物，金属矿物主要有磁黄铁矿、黄铁矿、黄铜矿、斑铜矿等。

晚期石英-硫化物阶段：以中低温热液矿物组合为特征，这一阶段开始出现大量方解石，金属矿物主要为闪锌矿、方铅矿和黄铁矿。

（九）成矿物理化学条件

王勇(2016)对矿区矿石开展了流体包裹体测试研究，得出成矿温度主要为370～210 ℃和190～110 ℃两个阶段，成矿流体盐度(wt%NaCl)为1%～2%和3%～7%，流体密度为0.68～0.88 g/cm^{3}和0.88～1.00 g/cm^3。表明什多龙铅锌银矿床在石英-阳起石交代相成矿流体表现出中温、低盐度、低密度的特征。硫同位素均值为5.38‰，认为矿床成矿流体主要来自岩体，同时可能混染了地层物质或大气降水，成矿物质主要来源于岩体，部分来源于围岩。

李龚建等(2013)也对矿床中矿石进行了流体包裹体测试研究，得出矿石石英中主要发育两类包裹体，分别为富水的CO_2-H_2O两相包裹体和H_2O溶液包裹体；热液成矿过程包括4个阶段，依次以石英-辉钼矿化(Ⅰ)、石英-黄铁矿-闪锌矿化(Ⅱ)、石英-多金属硫化物化(Ⅲ)及石英-碳酸盐化(Ⅳ)为特征。Ⅰ阶段包裹体均一温度为317～397 ℃，盐度为9.98%～12.28%NaCleqv；Ⅱ阶段包裹体均一温度为226～342 ℃，盐度为4.34%～10.98%NaCleqv；Ⅲ阶段包裹体均一温度为131～247 ℃，盐度为2.07%～5.41%NaCleqv。研究表明，成矿流体主要属于K^+-Na^+-SO_4^{2-}型，流体混合作用及伴随的温压条件的降低是导致铅锌等成矿元素沉淀与富集的重要机制。

陈培章(2011)通过对矿区研究得出，矿石硅酸盐阶段流体包裹体均一温度集中于350～380 ℃，峰值在360～370 ℃之间，均值352.7 ℃；盐度集中于2%～6%NaCleqv，峰值在4%～5%NaCleqv，均值5.23%NaCleqv；密度集中于0.5～0.8 g/cm^3，均值0.65 g/cm^3；压力集中于(240～330)×10^5 Pa，均值292.8×10^5 Pa；深度集中于0.9～1.2 km，均值1.1 km。硫化物阶段流体包裹体均一温度集中于290～370 ℃，峰值在330～350 ℃之间，均值313.2 ℃；盐度总体集中于2%～5%NaCleqv，峰值在3%～4% NaCleqv之间，均值5.55%NaCleqv；密度集中于0.5～0.9 g/cm^3，均值0.74 g/cm^3；压力集中于(210～310)×10^5 Pa，均值260.9×10^5 Pa；深度集中于0.7～1.1 km，均值1.0 km。碳酸盐阶段流体包裹体均一温度集中于130～180 ℃，峰值在150～160 ℃，均值180 ℃；盐度总体集中于0.3%～0.5%NaCleqv，峰值在0.3%～0.4%NaCleqv，均值0.4%NaCleqv；压力集中于(80～190)×10^5 Pa，深度集中于0.3～0.4 km，均值0.4 km。综上所述，认为含矿热液流体为中高温、低盐度不饱和NaCl-H_2O体系流体，形成环境为极浅成低压近地表。

（十）矿床类型

矿体赋存于上石炭统缔敖苏组大理岩与三叠纪花岗闪长岩外接触带的矽卡岩中，受东西向断裂及层间裂隙控制。矿石以致密块状铅锌矿石为主，矿石矿物主要有闪锌矿、方铅矿、黄铜矿和黄铁矿，矿石结构以充填结构、交代残余结构为主。围岩蚀变主要为矽卡岩化，以及叠加于矽卡岩之上的硅化、方解石化等热液蚀变，其中硅化、方解石化与铅锌矿化关系密切。综合认为，什多龙铅锌银矿床为接触交代型矿床。

（十一）成矿机制和成矿模式

1. 成矿时代

李文良等（2014）对什多龙矿床矿石中的辉钼矿进行 Re-Os 同位素定年研究，获得加权平均年龄为（236.2±2.1）Ma，故认为成矿时代应为晚三叠世。

2. 成矿机制

1）成矿物质和成矿流体来源

金属物质来源：矿石铅同位素分析表明铅的来源具有多样性（下地壳、地幔和上地壳），但主要来自与岩浆活动有关的下地壳与地幔混合来源的铅，结合本区情况，很可能来自花岗闪长岩的岩浆，同时混染有极少量的上地壳铅。矿区花岗闪长岩体中黑云母的高 Pb、Zn、Cu 含量，显示 Zn、Cu 也极有可能来自该岩体。因此可以说，矿区的金属物质主要来源于花岗闪长岩，可能有少量围岩的萃取。

矿化剂来源：矿床金属硫化物的硫同位素组成直方图塔式效应明显，表明硫的来源比较单一。利用共生矿物对（闪锌矿-方铅矿）高温平衡外推法得到成矿期热液系统总硫同位素值 $\delta^{34}S_{\Sigma S}$ 为 5.48‰（陈培章，2011）。接近于来自地幔和深部地壳组成，落入岩浆硫储库内，显示矿石中的硫总体具有岩浆硫的特征，即来自花岗闪长岩。花岗闪长岩黑云母高的 F、Cl，为成矿提供 F、Cl 的矿化剂来源。矿化剂的来源同样主要来自花岗闪长岩。

成矿流体来源：成矿流体中的碳主要来源于深部地幔，地幔通过脱气作用形成 CO_2 随岩浆成矿热液流体上侵至地表，随后随着成矿热液的成矿作用的进行，不断有大气降水碳的加入。同时，主成矿阶段石英的氢同位素组成指示成矿流体水的来源主要为大气降水、部分岩浆水。

2）成矿流体沉淀机制

什多龙铅锌银矿床成矿流体各个阶段的岩相学特征表明，各成矿阶段的流体包裹体大量发育富液两相包裹体，部分发育纯液相包裹体，其他相态类型罕见，表明流体包裹并未发生过大规模的沸腾作用。其中个别石英中发育有极少量的富气相两相包裹体，两者均一温度一致，可能代表着小规模的减压沸腾作用。矿区流体性质有由矽卡岩矿床性质区向浅成低温热液矿床性质演化的特征，表明矿区流体后期有浅源低温低盐度的流体混入。碳、氢、氧同位素同样显示成矿流体中有大气降水的加入。因此可以得出，矿区成矿流体的沉淀主要是由于大气降水的大量加入，导致成矿热液物理化学条件的聚变，Pb、Zn络合物分解，矿质沉淀。结合前面所述，矿区的成矿作用开始于矽卡岩阶段晚期，随着成矿流体向浅部运移在断裂、破碎带等有利构造部位，与大气降水发生充分混合，发生沉淀，形成矿体。

3）成矿模式

鉴于上述，初步建立了什多龙矿区铅锌银多金属矿床的成矿模式（图 3-29）。三叠纪早阶段，什多龙矿区受向河西构造体系作用的影响，形成了部分深切割的北西—北北西向的压性、压扭性线性构造，如温泉-哇洪山断裂，属鄂拉山大断裂的一段（袁道阳等，2004），由此为深部的中酸性岩浆上侵提供了良好的运移通道，导致了中酸性岩体的大规模侵入。当中酸性岩浆侵入至上石炭统缔敖苏组碳酸盐类地层附近时，其与地层发生广泛的热液交代与充填作用，从而在其接触带附近形成了矽卡岩型铅锌矿床。中酸性岩体冷凝结晶后，温泉-哇洪山断裂再次活动，在岩体中形成了一系列北西—北北西向的压性、断裂构造及北东—北北东或近南北向的张性、张扭性配套断裂系统。岩浆期后热液混合沿岩石裂隙下渗的表层流体，循环流动于岩体中，源源不断地萃取其中的金属成矿物质；随着成矿流体的演化，其物理化学性质发生多次改变，最终在有利的成矿部位（北东—北北东向及近南北向的张性、张扭性断裂构造）发生沉淀作用，将其中的成矿物质析出，形成多阶段热液矿脉，这个过程一直持续进行，形成的矿体不断增大。

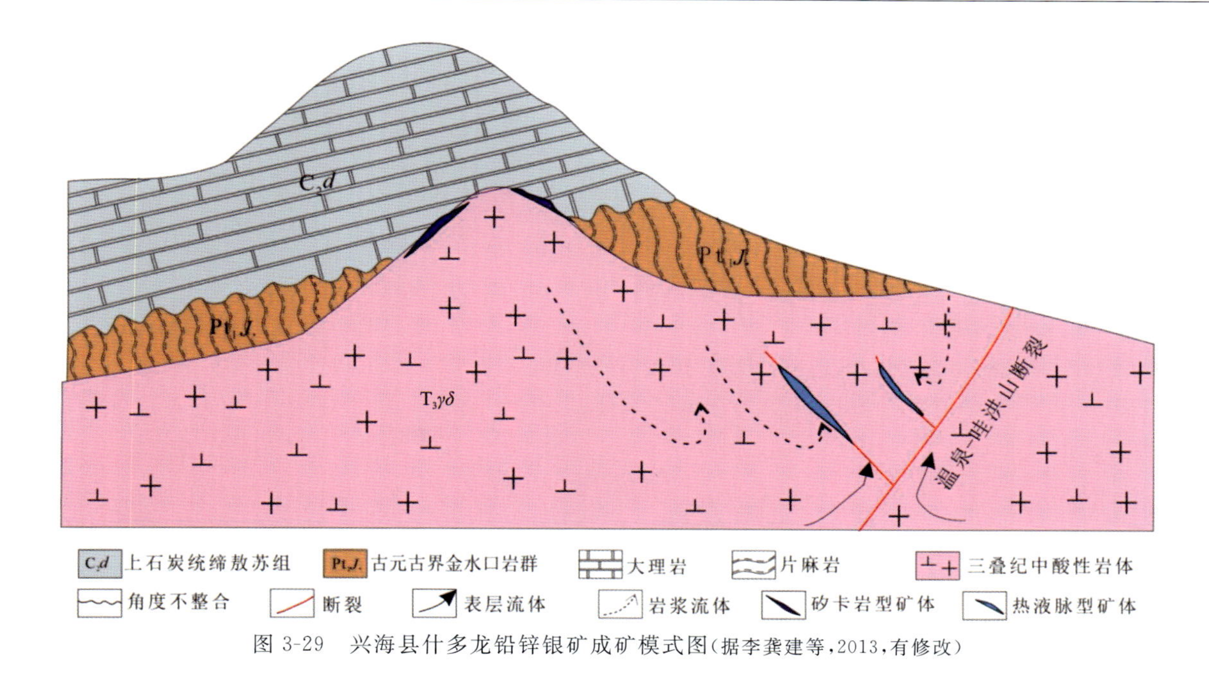

图 3-29 兴海县什多龙铅锌银矿成矿模式图(据李龚建等,2013,有修改)

三、格尔木市卡而却卡铜锌铁矿床

(一)概况

该矿区行政区划隶属于格尔木市乌图美仁乡,位于柴达木盆地西南缘那陵郭勒河上游南岸。矿床距西宁市 1260 km,距格尔木市约 460 km。其中西宁至格尔木 800 km 为 109 国道,格尔木市至甘森泵站 260 km 为格(尔木)-芒(崖)公路,公路距矿区有 200 km 的砂石路,交通、通信尚属方便。

1978—1980 年,青海省第一地质队开展 1∶20 万区域地质调查时,在卡而却卡 B 区的索拉吉尔地区发现铜矿化线索,并进行了检查;1981—2003 年,索拉吉尔地区有零星采矿;1997—1998 年,青海省地球化学勘查技术研究院在柴北缘开展了 1∶20 万水系沉积物测量工作,其中圈出 2 处异常位于矿区内,为后续工作提供了依据;2003—2008 年,青海省地质调查院对卡而却卡 B 区的索拉吉尔铜矿开展预查、普查工作,并提交了《青海省格尔木市卡而却卡铜矿普查报告》;2009—2017 年,格尔木胜华矿业有限公司与青海省第三地质矿产勘查院联合勘查;到 2015 年底,对 A 区因矿体埋深大、品位较低暂停了勘查工作,B 区完成详查工作;2017 年对矿区Ⅵ号矿带完成了详查。

(二)区域地质特征

矿床大地构造位置位于青海省东昆仑造山带的昆北复合岩浆弧上,南侧紧邻昆中深大断裂,成矿带属东昆仑成矿带之伯喀里克-香日德成矿亚带(Ⅳ-26-2)。区域地层主要有古元古界金水口岩群、奥陶系祁漫塔格群、上三叠统鄂拉山组及第四系。与成矿关系密切的地层主要是祁漫塔格群,其次是金水口岩群。金水口岩群为一套高级变质岩系,岩性主要有片麻岩、变粒岩、斜长角闪岩、大理岩等。祁漫塔格群为一套弧后盆地碎屑岩-中基性火山岩-碳酸盐岩组合,主要岩石类型有安山玄武岩、大理岩、变质砂岩等。安山玄武岩和大理岩是主要的赋矿围岩。区域构造以北西西向、北西向断裂为主,褶皱不甚发育,北西西向、北西向断裂控制着地层、岩体和矿体的展布方向。区域岩浆活动频繁,侵入岩以二叠纪和三叠纪中酸性岩为主,成矿与三叠纪侵入岩关系十分密切。

（三）矿区地质特征

为工作便利，矿区内分为 A、B、C、D、E 五个区（图 3-30）。

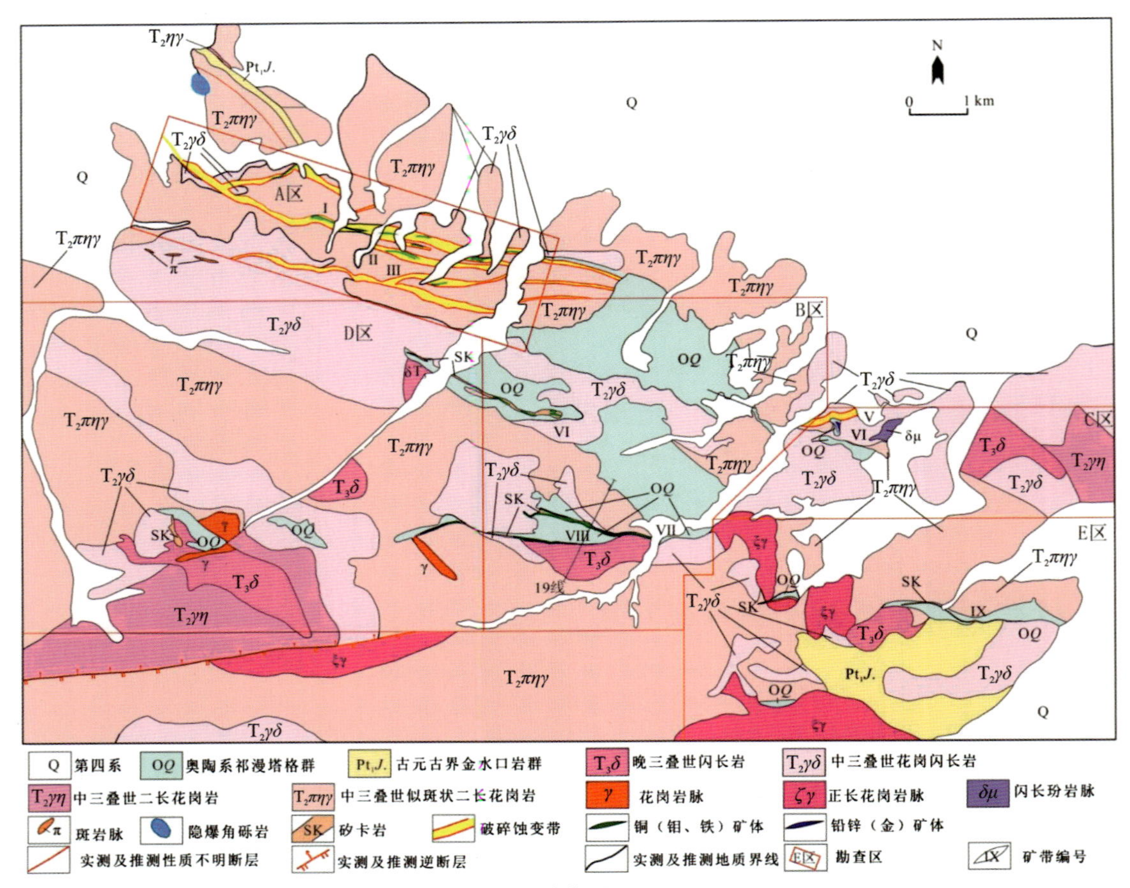

图 3-30　格尔木市卡而却卡铜锌铁矿区地质简图（据青海省第三地质矿产勘查院，2016，有修改）

1. 地层

矿区出露古元古界金水口岩群、奥陶系祁漫塔格群及第四系。金水口岩群呈北西-南东向带状零星分布于矿区东南部 E 区和北部 A 区，岩性主要有条带状混合岩、眼球状混合岩、黑云母斜长片麻岩、角闪斜长片麻岩、斜长片麻岩夹白云石大理岩。祁漫塔格群主要分布于矿区中部 B 区，岩性主要为玄武岩、安山玄武岩、安山岩、大理岩、绢云石英片岩、硅质岩夹粉砂质板岩、钙质千枚岩、变砂岩等。

2. 构造

矿区褶皱不发育，断裂则十分发育。北西西向断裂是区内的主干构造，走向一般为 130°～160°，倾向北东，倾角为 50°～70°，被北东向断层切割。矿区中部Ⅶ矿段断裂发育在矽卡岩内，带内岩石较破碎，主要发育碎裂岩，原岩主要为矽卡岩，其次有少量似斑状二长花岗岩。断裂具有多期活动的特点，为岩浆侵入和热液运移提供了通道，矽卡岩及矿体展布与断裂空间位置较吻合；断裂在成矿后仍具有强烈活动，矽卡岩及矿体具有较明显的破碎。北东向断裂一般形成 10～50 m 宽的断层破碎带，附近花岗岩中发育密集的间隔性劈理，断裂性质属于走滑逆断层。

3. 岩浆岩

矿区侵入岩主要为三叠纪中酸性岩，喷出岩主要为祁漫塔格群海相火山岩和晚三叠世陆相火山岩。矿区北西部发育隐爆角砾岩。

三叠纪侵入岩对成矿具有非常重要的作用，岩石类型主要有花岗闪长岩、似斑状二长花岗岩、闪长岩，其次有石英二长闪长岩、花岗岩、花岗细晶岩、花岗斑岩、闪长玢岩、辉长岩等。似斑状二长花岗岩体呈岩基或大岩株状，接触带整体向南倾，外接触带产出铜钼多金属矿；花岗闪长岩体呈岩株状，接触带形态十分复杂，外接触带产出铁多金属矿，东部花岗闪长岩蚀变较强，裂隙发育，黄铁矿化十分普遍，岩体内产出有金矿；花岗斑岩多呈岩枝状，侵入于似斑状二长花岗岩中，蚀变和矿化强烈，主要产出有铜、金矿。

张爱奎等(2017)通过研究认为石英二长闪长岩、花岗闪长岩属于钙碱性—高钾钙碱性系列准铝质—弱过铝质Ⅰ型花岗岩，属同碰撞环境；似斑状二长花岗岩和花岗岩属于高钾钙碱性—钾玄岩系列准铝质—强过铝质S型花岗岩，属同碰撞环境。

隐爆角砾岩呈筒状，平面呈椭圆状，北西向展布，长大于350 m，宽约100 m。隐爆角砾岩具有典型的“爆破角砾结构”，角砾含量40%～60%，部分角砾呈不规则棱角状、撕裂状，部分呈次棱角状—次圆状，角砾具可拼接性，岩筒中部的角砾较小，外部的角砾较大，这与火山角砾岩具有明显差异(林仕良等，2003)。角砾成分较复杂，主要有似斑状二长花岗岩、花岗闪长岩、流纹岩、安山岩、花岗斑岩等，胶结物主要是岩粉、岩屑等。隐爆角砾岩顶部发现有硅化壳。

(四)矿体特征

矿区圈定10条矿带，Ⅰ、Ⅱ、Ⅲ矿带产于A区似斑状二长花岗岩、花岗斑岩破碎蚀变带中，长1.5～3.5 km，宽40～150 m。Ⅳ、Ⅵ～Ⅹ矿带主要产于B、C、E区的似斑状二长花岗岩、花岗闪长岩与祁漫塔格群接触带的矽卡岩中，其中Ⅵ、Ⅶ、Ⅹ矿带规模较大，长1～2.5 km，宽10～200 m。Ⅴ矿带产于C区蚀变花岗闪长岩中，长0.9 km，宽50～150 m。

矿区共圈出铜多金属矿体166条，矿体主要产于三叠纪中酸性侵入岩与奥陶系祁漫塔格群外接触带矽卡岩中，部分矿体产于三叠纪二长花岗斑岩内。矿体多呈脉状、薄层状(图3-30)，部分矿体呈柱状，边部呈分支状。

Ⅰ-M5主矿体：位于A区Ⅰ矿带，产于斜长花岗岩、二长花岗岩、花岗闪长岩中。为一铜矿体，矿体呈条带状，产状较稳定，倾向一般为5°～30°，倾角一般为50°～61°，长1122 m，厚度1.15～20.37 m，平均厚度4.63 m，延深20～512 m，平均延深302 m，铜品位0.23%～1.12%，平均0.66%。

Ⅶ-M1矿体：位于B区Ⅶ矿带(图3-31)，产于似斑状黑云母二长花岗岩与奥陶系祁漫塔格群碳酸盐岩外接触带形成的矽卡岩中。矿体为一钼矿体，矿体总体呈条带状，产状较稳定，倾向一般为205°～220°，倾角一般为70°～85°，矿体长1228 m，厚度1.18～12.05 m，平均厚度4.51 m，延深223～727 m，平均延深214 m，钼品位0.031%～0.545%，平均0.138%。

Ⅷ-M3矿体：位于B区Ⅷ矿带，产于闪长岩与奥陶系祁漫塔格群碳酸盐岩外接触带形成的矽卡岩中，矿体总体呈条带状，产状较稳定，倾向一般为195°～245°，倾角一般为64°～74°。矿体为一铜钼复合矿体，长386 m，厚度2.96～3.65 m，平均厚度3.89 m，延深36～250 m，平均延深155 m。主矿种为铜、钼。其中钼矿体长100 m，平均厚度5.15 m，延深250 m，钼品位0.073%，平均品位0.073%，铜矿体长162～386 m，厚度2.96～3.65 m，平均厚度3.89 m，延深36～42 m，平均延深38.67 m，铜品位0.35%～1.24%，平均品位0.40%。

Ⅵ-M2矿体：位于C区Ⅵ矿带，产于奥陶系祁漫塔格群碳酸岩地层及花岗闪长岩与奥陶系祁漫塔格群碳酸岩外接触带形成的矽卡岩中，矿体总体呈条带状，产状较稳定，倾向233°～258°，倾角一般为60°～85°。矿体为一金铅锌复合矿体，长350 m，厚度1.14～23.04 m，平均厚度6.75 m，延深59～283 m，平均延深376 m。主矿体为锌，长275 m，厚度1.14～23.04 m，平均厚度7.46 m，延深71～283 m，平均延深167 m，锌品位0.64%～5.01%，平均2.67%。金矿体长175 m，厚度2.76～3.70 m，平均厚度3.23 m，延深59～124 m，平均延深92 m，金品位1.22～1.68 g/t，平均品位1.42 g/t。

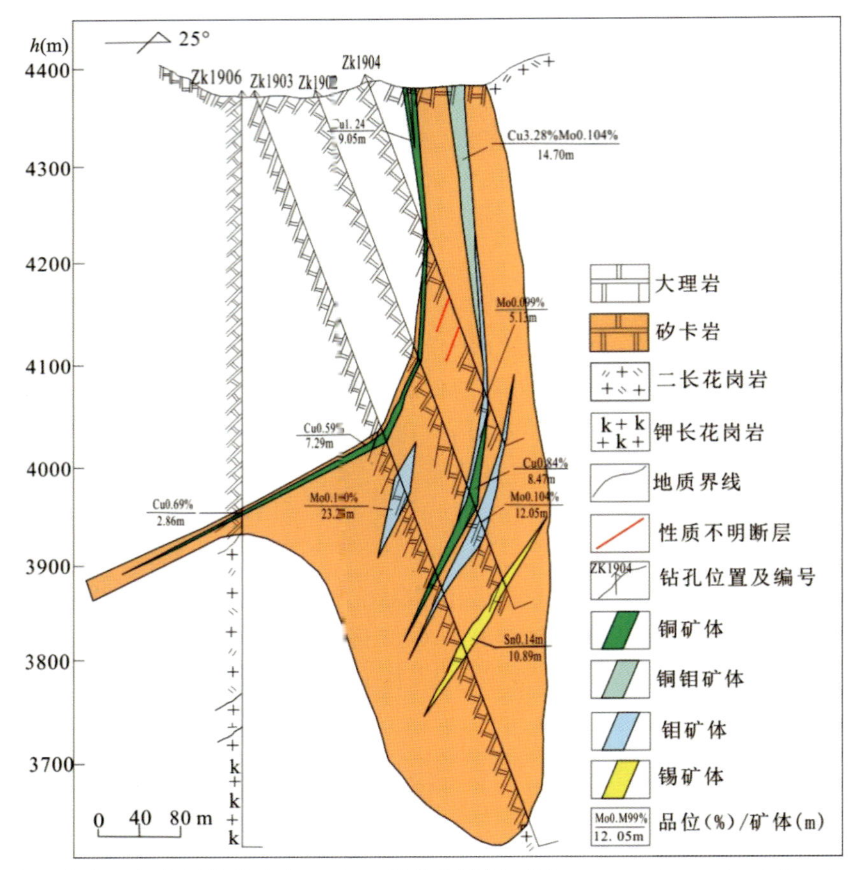

图 3-31　格尔木市卡而却卡铜锌铁矿床 B 区 19 号勘探线剖面图(据青海省第三地质矿产勘查院,2016,有修改)

(五)矿石特征

1. 矿石类型

不同矿带矿石类型不同,主要有黄铜矿矿石、含黝铜矿黄铜矿-斑铜矿矿石、自然铜矿石、辉铜矿矿石、黄铜矿-辉钼矿矿石、辉钼矿矿石、闪锌矿矿石、方铅矿-闪锌矿矿石、黄铜矿-方铅矿-闪锌矿矿石、磁黄铁矿-闪锌矿矿石、磁铁矿矿石、含金黄铜矿-方铅矿-闪锌矿矿石、含金闪锌矿矿石等。

2. 矿石物质成分

矿石矿物主要为黄铜矿、斑铜矿、黝铜矿、辉铜矿、自然铜、蓝铜矿、赤铜矿、孔雀石、辉钼矿、方铅矿、闪锌矿、磁铁矿等;脉石矿物主要有透辉石、石榴石、透闪石、绿帘石、硅灰石、绿泥石、阳起石、方解石、石英、钾长石、斜长石、绢云母等。

3. 矿石结构构造

矿石结构主要有半自形—他形粒状结构、交代结构、填隙结构,矿石构造主要有浸染状构造、星点状构造、致密块状构造、脉状构造、网脉状构造、斑杂状构造等。

(六)围岩蚀变

岩体围岩蚀变较明显,以矽卡岩化为主,其次为碳酸盐化、角岩化、硅化。李大新等(2011)通过对主要矿化矽卡岩带的详细解剖,认为矽卡岩为一套以透辉石、钙铁辉石、钙铁(铝)榴石、符山石、硅灰石和方柱石等矿物为主的典型的钙矽卡岩。这套钙矽卡岩在接触带上,总体交代具明显的分带性:新鲜花岗岩→蚀变花岗岩(绢云母化绿泥石化、硅化)→富铁矽卡岩(钙铁榴石和钙铁辉石为主)→富钙矽卡岩(透辉石、钙铁榴石和符山石为主)→矽卡岩化大理岩→大理岩;在外接触带上,流体常沿安山岩、碎屑岩与大理岩2种截然不同的岩性界面向两侧扩散交代，矽卡岩的分带性同样表现为钙铁榴石矽卡岩→符山石-透辉石-钙铁榴石矽卡岩→透辉石钙铁榴石矽卡岩化大理岩→大理岩；成矿主元素在空间上也显示出Cu—Mo—Zn→Fe—Cu—Zn→Zn—Pb(Au、Ag)矿化分带特征。

(七)资源储量

卡而却卡铜锌铁矿资源量由卡而却卡区、卡而却卡北区、索拉吉尔区3个区域的资源量组成。截至2020年底，卡而却卡铜锌铁矿床累计查明资源储量铜金属量11.47×10^4 t，铅2.22×10^4 t，锌5.57×10^4 t，钼5970 t，铁矿石量574×10^4 t。保有金属量铜11.1×10^4 t，铅2.22×10^4 t，锌5.57×10^4 t，钼5970 t，铁矿石量574×10^4 t。

其中，卡而却卡区，累计查明锌金属量为1.47×10^4 t，平均品位3.14%。保有金属量锌1.47×10^4 t。

卡而却卡北区，累计查明铜金属量为2366 t，平均品位0.32%；铅金属量2.22×10^4 t，平均品位0.59%；锌金属量4.10×10^4 t，平均品位1.19%。保有金属量铜2366 t，铅2.22×10^4 t，锌4.10×10^4 t。

索拉吉尔区，累计查明铁矿石量为574×10^4 t，TFe平均品位29.64%；铜金属量为11.23×10^4 t，平均品位1.04%；钼金属量为5970 t，平均品位为0.113%。保有金属量铜10.86×10^4 t，钼5970 t，铁矿石量574×10^4 t。

(八)矿化阶段及分布

王松等(2009)、颜琛(2014)将成矿作用分为3期，分别为矽卡岩期、石英硫化物期和表生期。其中矽卡岩期和石英硫化物期进一步分别划分为2个阶段。

矽卡岩期：分为两个阶段，第一阶段主要形成透辉石、钙铁榴石、钙铝榴石、符山石等岛状、链状等无水硅酸盐；第二阶段形成的矿物主要有透闪石、阳起石、绿帘石，并由于温度的降低，出现大量的磁铁矿。

石英硫化物期：进一步分为两个阶段，第一阶段主要形成的矿物有黄铁矿、黄铜矿、辉钼矿、磁黄铁矿、闪锌矿、方铅矿、毒砂、碳酸盐、绿泥石；第二阶段形成的矿石矿物有黄铜矿、黄铁矿、方铅矿、闪锌矿，脉石矿物有绿泥石、碳酸盐矿物。

表生期：主要为氧化阶段，黄铁矿氧化为褐铁矿、黄铜矿氧化为孔雀石。

(九)成矿物理化学条件

通过对A区的包裹体研究，发现它们的均一温度基本一致，介于320～440 ℃之间，表明流体在演化过程中发生了强烈的不混溶，估算出了流体压力集中为80～110 MPa，成矿深度主要为7.5～8.5 km。流体包裹体气相成分主要为H_2O和CO_2，其次为CH_4、N_2、H_2、H_2S和烃类，显示为岩浆热液流体特征(李世金等，2008)。于淼等(2014)通过流体包裹体研究显示，卡而却卡斑岩矿化带和矽卡岩化带成矿流体均分为高温、高盐度流体和中高温、低盐度流体两个端元，且斑岩矿化带和矽卡岩矿化带成矿温度区间一致，均为260～400 ℃。成矿流体为一套以H_2O-NaCl为主，个别含有微弱CO_2、CH_4、H_2S和N_2的复杂组分体系。包裹体氢氧同位素显示，流体来自岩浆水，不同的斑岩矿化带存在明显的“$\delta^{18}O$漂移”现象。

(十)矿床类型

苏生顺(2013)认为卡而却卡矿床在不同区段有不同的成因类型，总体有斑岩型、矽卡岩型和低温热液型3种；高永宝等(2018)认为以矽卡岩型为主，伴有斑岩型和低温热液型；张大明等(2020)认为矿床成因属接触交代型和热液脉型-斑岩型-隐爆角砾岩型；部分学者认为是斑岩型-矽卡岩型-热液型成矿系列(李华等，2017；李东生等，2010；刘渭等，2012；莫生娟等，2018；马璟璟等，2018；梁辉等，2015)；本书中，因卡而却卡矿床的多数矿体产于矽卡岩中，A区少数矿体产于斑岩内，极少数矿体属于低温热液型，根据类型划分原则和主要矿石类型，本次将该矿床的矿床类型定为接触交代型。

（十一）成矿机制和成矿模式

1. 成矿时代

获得与矽卡岩型铁铜铅锌多金属矿化具有密切成因联系的花岗闪长岩 SHRIMP 锆石 U-Pb 年龄为(237±2) Ma，属印支期岩浆活动的产物（王松等，2009）；对其中的 A 区矽卡岩型铜钼矿床辉钼矿进行了 Re-Os 同位素定年，获得模式年龄和等时线年龄结果一致，为(239±11) Ma，表明铜钼成矿作用发生于中三叠世（丰成友等，2009 年）；张勇等（2017）测得与成矿关系密切的似斑状二长花岗岩的锆石年龄为(226.5±0.5) Ma，认为成矿为印支期；高永宝等（2015）对矿区内花岗闪长岩进行年代学研究，获得其中的暗色微粒包体形成于(234.1±0.6) Ma，寄主花岗闪长岩形成于(234.4±0.6) Ma；姚磊等（2015）对矿床 C 区内花岗闪长岩进行研究，获得锆石年龄为(224±0.6) Ma。综合而论，卡而却卡铜多金属矿成矿时代应为中三叠世。

2. 成矿物质来源

高永宝等（2018）对矿区中辉钼矿中的 Re 含量进行了测定，通过 Re 含量分析，认为成矿物质主要为壳幔混合来源。梁辉等（2015）通过同位素研究，同样得出成矿物质来源具有壳幔混合的特点，矿区的硫主要来自岩浆，并混染了部分祁漫塔格群中的硫。据统计资料，矿区内奥陶系祁漫塔格群 Au、Ag、Pb、Zn 等有益成矿元素背景含量较高，尤以大理岩中 Au 平均含量达 13.32×10^{-9}，超过克拉克值的 3328 倍；Ag 平均含量达 882.22×10^{-9}，超过克拉克值的 12 603 倍；Pb 平均含量达 540.19×10^{-6}，超过克拉克值的 432 倍；Zn 平均含量达 807.7×10^{-6}，超过克拉克值的 12 倍以上，说明高成矿元素含量的地层为成矿提供了主要物源；该区岩浆活动强烈而频繁，主体表现形式为侵入岩，少量为火山岩。以晚三叠世、晚二叠世侵入岩最为发育。其中晚三叠世花岗闪长岩与成矿关系密切。据统计，该岩体中 Au、Ag、Cu、Pb、Zn 等元素含量较高，Au 平均含量达 20.16×10^{-9}；Ag 平均含量达 782.62×10^{-9}；Cu 平均含量达 521×10^{-6}；Pb 平均含量达 338.10×10^{-6}；Zn 平均含量达 542.89×10^{-6}。另外，个别钻孔资料显示：黑云母花岗闪长斑岩中 Cu 含量 0.15%以上地段，累计厚度达 117 m，全孔连续所采化学样品中 Au 品位在 0.075～0.2 g/t 之间的矿化厚度达 352.21 m。综上所述，地层和岩体是为成矿共同提供了矿质来源。

3. 成矿机制

矿区位于东昆仑造山带的昆北复合岩浆弧，众多资料表明，东昆仑造山带晚古生代—早中生代为一个完整的造山旋回。石炭纪至二叠纪矿区所处区域下沉成为陆表海，沉积了一套以碳酸盐岩为主体的浅—滨海相沉积物，代表了相对稳定环境；晚二叠世—早三叠世由于古特提斯洋向北俯冲，发育一套弧花岗岩类。中—晚三叠世为碰撞-后碰撞阶段，由于地幔底侵古老陆壳形成壳源花岗质岩浆，同时幔源基性岩浆与壳源花岗质岩浆发生不同程度的混合，形成了与本矿床成矿有关的岩浆岩。

在岩浆上升侵位过程中，在岩浆岩热液的促使之下，一部分含矿热液直接沿有利的构造部位发生运移和沉淀，就位于构造破碎蚀变带中，形成热液充填型多金属矿化体；另一部分含矿热液沿有利的构造部位进行运移后通过成矿物质带出和带入发生双交代成矿作用，形成接触交代型矿体。

4. 成矿模式

卡而却卡铜锌铁矿床形成于晚古生代—早中生代构造旋回同碰撞阶段，矿体产于侵入岩与祁漫塔格群外接触带矽卡岩，以及花岗岩（破碎）蚀变带、隐爆角砾岩中，成矿岩体主要有花岗闪长岩、似斑状二长花岗岩和花岗斑岩。矽卡岩型矿体的形成受围岩地层和围岩岩性、侵入岩、接触带、构造等因素的综合控制；热液脉型—隐爆角砾岩型矿体的形成受花岗斑岩和构造的控制。据此建立的成矿模式见图 3-32。

（十二）找矿模型

根据地质标志、地球物理标志、地球化学标志和找矿方法组合建立找矿模型，见表 3-9。

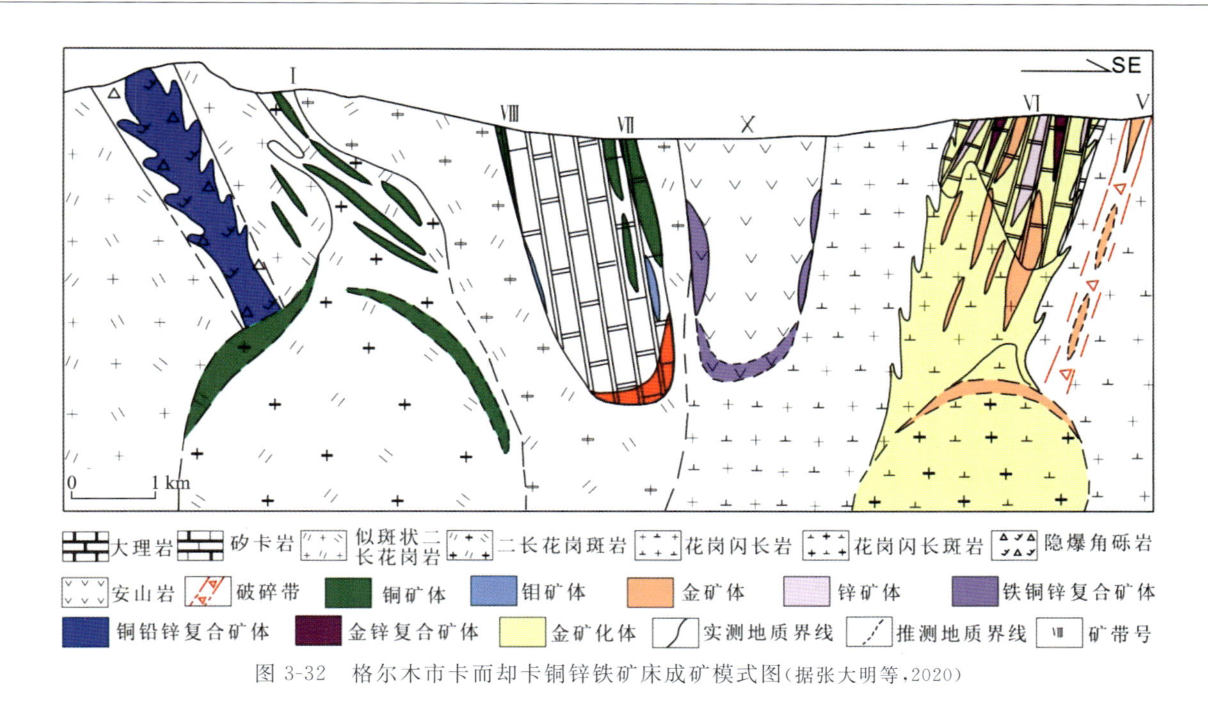

图 3-32 格尔木市卡而却卡铜锌铁矿床成矿模式图(据张大明等,2020)

表 3-9 格尔木市卡而却卡铜锌铁矿床地质-地球物理-地球化学找矿模型

分类	主要特征	
地质标志	成矿时代	中三叠世
	大地构造环境	同碰撞环境
	地层	祁漫塔格群
	围岩岩性	碳酸盐岩、中基性火山岩、矽卡岩、花岗岩、花岗斑岩、隐爆角砾岩
	构造	主体构造线呈北西西向,矽卡岩型矿体控矿构造是岩体与祁漫塔格群形成的接触带;热液脉型控矿构造主要是北西西向、近东西向断裂以及斑岩侵位过程中形成的裂隙
	岩浆岩	似斑状二长花岗岩、花岗闪长岩、花岗斑岩、隐爆角砾岩
	矿体特征	Ⅰ、Ⅱ、Ⅲ矿带主要为热液脉型—斑岩型铜矿,浅部多呈脉状、薄层状;Ⅳ、Ⅵ~Ⅹ矿带矿体为矽卡岩型矿体,以铁、铜、钼、铅锌矿为主,矿体形态复杂,受岩体接触带控制;Ⅴ矿带主要为热液脉型金矿,呈透镜状;隐爆角砾岩型铅锌矿体赋存于隐爆角砾岩中,硫化物主要以胶结物形式存在
	矿石特征	Ⅰ、Ⅱ、Ⅲ矿带矿石类型主要是黄铜矿矿石;Ⅳ、Ⅵ~Ⅹ矿带矿石类型极其复杂,主要有黄铜矿矿石、含黝铜矿黄铜矿斑铜矿矿石、自然铜矿石、辉铜矿矿石、黄铜矿-辉钼矿矿石、辉钼矿矿石、闪锌矿矿石、方铅矿-闪锌矿矿石、磁黄铁矿-闪锌矿矿石、磁铁矿矿石、含金黄铜矿-方铅矿-闪锌矿矿石、含金闪锌矿矿石等;Ⅴ矿带矿石类型主要为含金黄铁矿矿石;隐爆角砾岩型矿石以方铅矿-闪锌矿矿石为主
	围岩蚀变	岩体接触带附近主要发育矽卡岩化、硅化、钾化、角岩化、绿帘石化、绿泥石化、碳酸盐化等;花岗(斑)岩蚀变带内主要发育硅化、绢英岩化、绿泥石化、碳酸盐化、高岭土化;隐爆角砾岩型矿体围岩具有绿泥石化、泥化

续表 3-9

分类		主要特征
地球化学标志	水系沉积物异常	Cu、Pb、Zn、Au、Ag、Bi、Hg、W、Sn、Mo、As、Sb 等元素组合异常
地球物理标志	磁法	磁铁矿体可引起正负伴生、强度大、梯度陡的强磁异常，ΔT 极大值为 3300 nT，埋深较大的隐伏复合矿体显示为低平缓异常，近地表出露的矽卡岩型铁多金属矿可引起正负伴生、强度大、形态规则、走向连续性好的强磁异常
	电法	激电中梯剖面所圈定的低阻高极化激电异常(电阻率在 200Ω·m 左右，视极化率比背景场高出 2%～3%)不在无碳质地层以及黄铁矿化富集段，多为铁铜多金属矿富集部位
	重力	铁铜铅锌矿体引起的局部重力异常达 0.2～1 mGal，围岩为相对密度高的祁漫塔格群时，出现一级异常上叠加一个更高的次级异常，围岩为密度相对较低的岩体时，异常曲线表现为幅值较大的似尖峰状异常
	综合地球物理标志	正极值大于 3300 nT 正负伴生强磁异常、高重力局部异常达 0.2～1 mGal 且对应大于 4%额视极化率异常及低阻异常组合
找矿方法组合		1∶1 万地质填图＋水系沉积物测量＋磁法测量、激电测量、重力剖面测量

四、格尔木市肯德可克铁铅锌矿床

(一)概述

该矿床位于格尔木市巴音郭勒河以东，属乌图美仁乡管辖，交通方便。肯德可克铁矿(M36 磁异常、反修铁矿)是由青海省地质一队于 1970 年开展 1∶5 万地质普查时发现，1975 年进行了 1∶5000 磁法详查，1977 年钻探验证，1979 年转入详查，于 1981 年结束，1982 年 6 月提交详查报告。1995—1997 年青海省有色地质矿产勘查局在肯德可克矿区开展了金矿普查，1998 年发现钴矿线索，1999—2003 年利用钻探、坑探、槽探、浅井、物探、地质等综合手段对矿区进行了勘查工作。

(二)区域地质背景

矿床处于东昆仑造山带之昆北复合岩浆弧(Ⅰ-7-3)，成矿带属东昆仑成矿带之祁漫塔格-都兰成矿亚带(Ⅳ-26-1)。

区域上出露地层有古元古界金水口岩群、中元古界狼牙山组、奥陶系祁漫塔格群、下泥盆统契盖苏组、下石炭统大干沟组、上石炭统缔敖苏组、古—始新统路乐河组及第四系；北西西向和北西向压性、压扭性断裂组成了区域主体构造骨架，且对各时代地层分布、各类岩浆岩和变质作用及矿产等都起着主要的控制作用。区内侵入岩分布广泛，各类侵入岩分属泥盆纪、早二叠世、晚三叠世和早侏罗世，其中以晚三叠世最为强烈(图 3-33)。各侵入体与大理岩接触处常产生矽卡岩接触变质带，并有矽卡岩型铁矿、多金属矿生成(赵财胜等，2006)。

(三)矿区地质特征

1. 地层

矿区内出露地层从老至新有奥陶系祁漫塔格群、下泥盆统契盖苏组、上石炭统缔敖苏组和第四系。

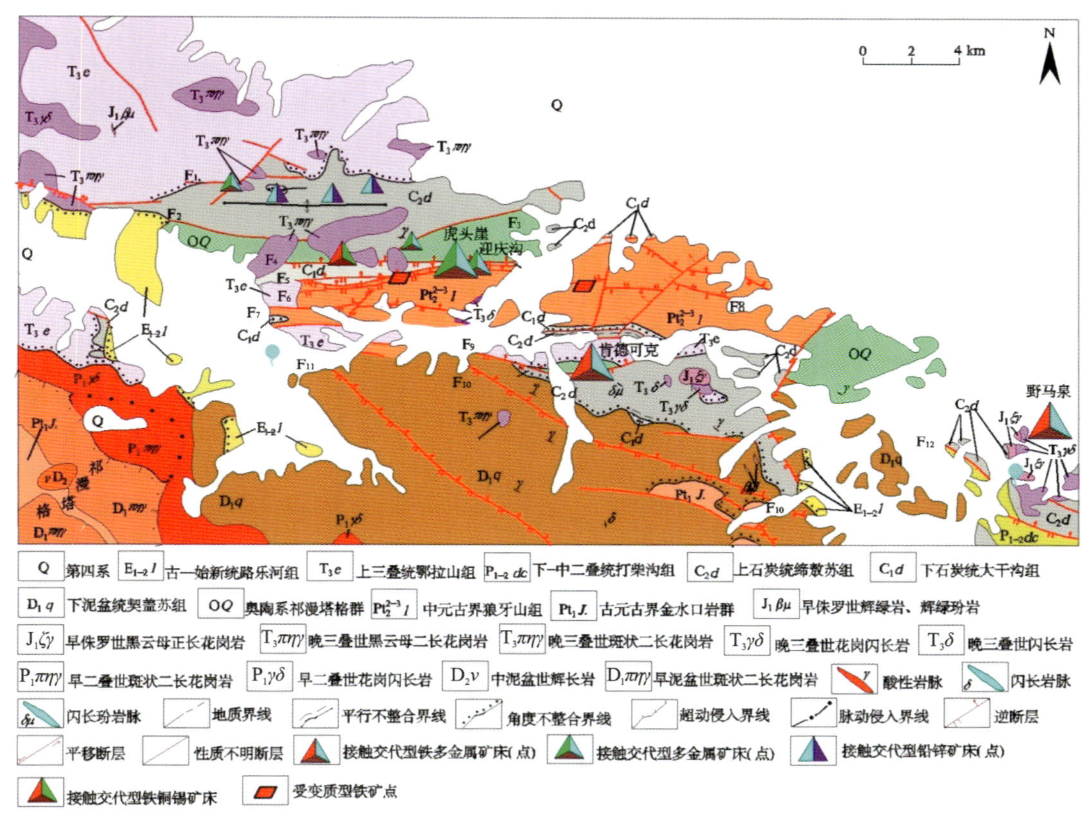

图 3-33　格尔木市肯德可克地区区域地质简图(据赵财胜等,2006)

其中祁漫塔格群分布较广,岩性有大理岩、含碳板岩、硅质岩及矽卡岩,与上覆石炭系多呈角度不整合接触,局部为断层接触,该地层与成矿关系较为密切。上石炭统缔敖苏组总体北倾,产状 10°～20°∠30°～50°。主要岩性为大理岩、结晶灰岩、含碳质大理岩、生物碎屑灰岩等。下泥盆统契盖苏组为一套陆相火山沉积建造地层(图 3-34)。

2. 构造

区内褶皱、断裂构造发育,构造线呈近东西向。

1)褶皱

住地沟东向斜:位于住地沟东侧,向斜轴向近东西向,延伸 600 m,向西被第四系覆盖。向斜核部及两翼均由上石炭统缔敖苏组(C_2d)组成。北翼南倾,倾角 40°,由于受 F_1 断裂影响,地层出露不全;南翼北倾,倾角 30°～40°。该向斜向西延入肯德可克矿区,是矿区重要的控矿构造。

2)断裂

共出露 5 条断裂,其中 F_1 断裂为区内主干断裂,位于肯德可克,呈近东西向展布,延伸长约 6 km,向东被第四系覆盖。住地沟东侧被一平移断层错断,断距 250 m。断裂面呈弯曲状,断面向北倾,倾角 48°,断裂性质表现为压性。该断裂上、下盘岩块主要为奥陶系祁漫塔格群(OQ)、上石炭统缔敖苏组(C_2d)。该断裂既是矿质运移的通道,也是矿质沉淀的场所,是区内重要的控矿构造之一。据该断裂改造的最新地层体时代,其活动时限应为海西期。

沿断裂走向发育多条破碎蚀变带,宽 30～80 m,长 0.8～2.9 km,带内岩石破碎,构造角砾岩、碎裂岩、断层泥、碎裂岩化岩石发育。断层破碎带内产状紊乱,牵引褶皱发育,岩层发生劈理化,劈理、片理、裂隙发育,多具硅化、碳酸盐化、矽卡岩化、磁铁矿化、黄铁矿化,局部见有铅锌矿化、孔雀石化分布,局部见有层状矽卡岩产出。

区内其他断裂可能为该断裂的次级断裂,多沿近东西向展布,部分呈北西-南东向展布。沿断裂走

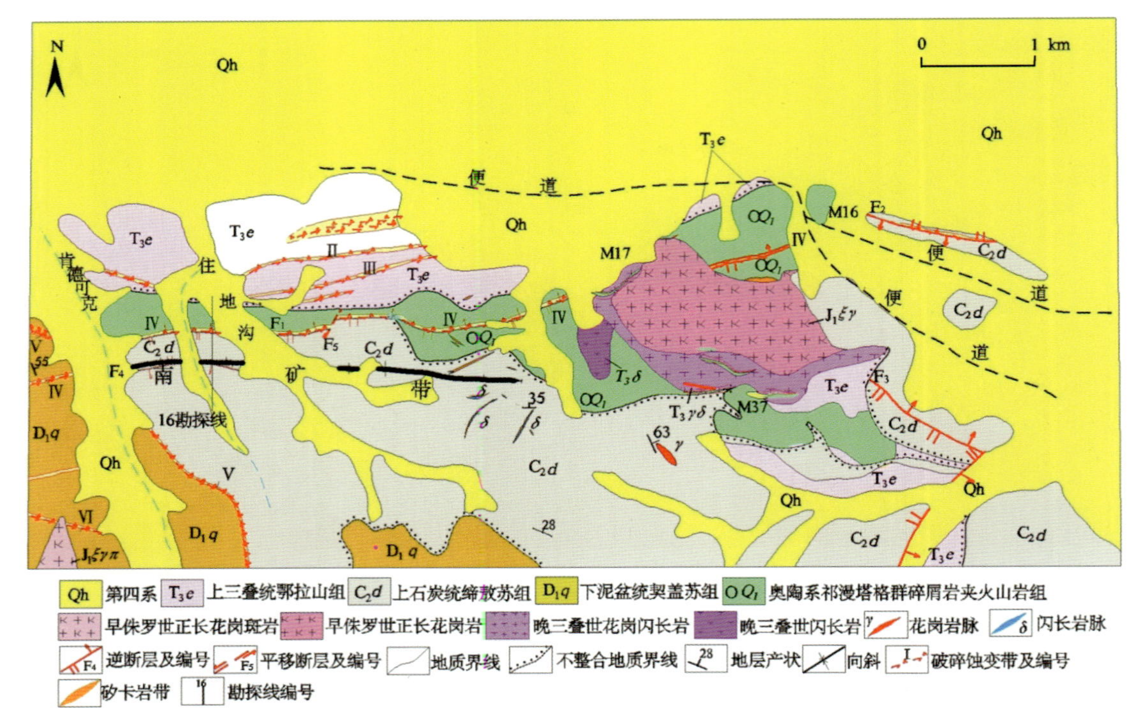

图 3-34　格尔木市肯德可克铁铅锌矿区地质简图(据青海省地质调查院,2005)

向断层破碎带发育,宽 10～50 m,断层破碎带内岩石破碎,构造角砾岩、碎裂岩、断层泥、碎裂岩化发育,多具硅化、碳酸盐化、褐铁矿化。据断裂改造最新地层体时代,其活动时限以印支期—燕山期为主,部分为海西期。

3. 岩浆岩

矿区内未见岩浆岩,矿区东部岩浆活动频繁,岩浆岩发育,其中有早侏罗世钾长花岗岩,其次有晚三叠世闪长岩、花岗闪长岩分布。

1)晚三叠世侵入岩

闪长岩($T_3\delta$):分布于肯德可克东,呈岩株状产出,出露面积 0.09 km^2。侵入于上石炭统缔敖苏组中,被同期花岗闪长岩脉动侵入。侵入界线清楚,侵入界面呈波状弯曲不平。局部闪长岩边部岩石具有细粒化特征,在缔敖苏组一侧接触带岩石发育硅化、大理岩化、矽卡岩化蚀变。闪长岩呈灰黑—深灰色,细粒半自形粒状结构,块状构造。主要矿物成分:暗色矿物为角闪石(25%～30%)、黑云母(3%～5%),浅色矿物为斜长石(60%～65%)、石英(3%～5%)和微量磷灰石。岩石具绢云母化、绿泥石化蚀变。

花岗闪长岩($T_3\gamma\delta$):分布于肯德可克东,呈岩株、岩枝状产出,出露面积 0.6 km^2。侵入于上石炭统缔敖苏组中,被早侏罗世钾长花岗岩侵入。侵入界线清楚,侵入界面呈波状弯曲不平。内接触面发育细粒边;外接触带岩石具热接触变质晕,其宽度在 1～10 m 不等,在缔敖苏组一侧接触带发育大理岩化、矽卡岩化蚀变;围岩裂隙中发育细粒花岗闪长岩岩枝、岩脉。花岗闪长岩呈浅灰—灰白色,半自形粒状结构、蠕虫结构,块状构造。主要矿物成分:浅色矿物为斜长石(50%)、钾长石(10%～12%)、石英(25%),暗色矿物为角闪石(3%～5%)、黑云母(5%～7%),少量金属矿物及微量副矿物。其中斜长石呈板状自形晶,不规则排列,聚片双晶发育,多发生轻微黏土化。钾长石、石英均呈他形粒状,彼此镶嵌,分布在斜长石晶间,局部见石英与钾长石交生形成蠕虫状结构,另见石英呈尖角形、象形文字形嵌布于钾长石中形成文象结构,钾长石普遍发生泥化。角闪石呈褐色,柱状分布于斜长石晶间,部分已被片状黑云母交代。副矿物为锆石、磷灰石,呈微细半自形粒状星散分布。

2)早侏罗世侵入岩

钾长花岗岩($J_1\xi\gamma$):分布于肯德可克东,呈岩株状,出露面积 0.9 km^2。侵入于上石碳统缔敖苏组中。与早期地质体侵入接触关系绝大部分清楚,侵入界面总体倾向于早期地质体一侧,界面呈波状、锯齿状弯曲不平,沿接触带在正长花岗岩一侧接触面发育冷凝边,宽数厘米至 2 m,并发育围岩包裹体;外接触带岩石裂隙中见有正长花岗岩相关岩脉,外接触带岩石具硅化、角岩化蚀变,与碳酸盐接触处岩石发育矽卡岩化蚀变,大部分蚀变带宽在 10~40 m 之间。

(四)矿体特征

矿化范围东西长 2200 m,南北宽 1200 m,共发现各类金属矿体达 146 条,其中铁矿体 41 条,铅矿体 35 条,锌矿体 25 条,铜矿体 12 条,硫铁矿体 10 条,铁硫矿体 2 条,其余为其他复合矿体。

铅锌矿体、钴多金属矿体、锌铁矿体、铁矿体均产于奥陶系祁漫塔格群硅质岩、泥钙质硅质岩、石榴石透辉石岩中。其中分布在矿区北部奥陶系祁漫塔格群硅质岩、含碳泥钙质板岩中的似层状铅银矿(化)体 4 条,以钴、金、铋、铁矿为主;产于矿区中部奥陶系祁漫塔格群的硅质岩、含泥钙质板岩夹石榴石透辉石岩中的似层状钴、铋、铜、钼矿(化)体达 50 条;产于矿区南部(深部)奥陶系祁漫塔格群的白云质大理岩与含泥钙质板岩中的似层状铁锌矿(化)体达 80 条,以铁为主,伴生有锌、铅、银、镉、铜、金等矿产;另外,还发现有产于石榴石透辉石岩裂隙中的脉状钴矿(化)体和产于白云质大理岩中的脉状铜、铅、锌矿(化)体,是后期热液活动的产物。矿体规模相差悬殊,形态呈透镜状、豆荚状、扁豆状、似层状、脉状。矿体规模大小不一,大矿体和较大矿体的连续性与对应性较好,小矿体的连续性和对应性较差,其中最大的铁矿体长 1650 m,厚度达 113.02 m,平均厚 42.48 m,延深 44~355 m,最大的铅矿体长 1150 m,厚 12.83 m,延深 43~173 m;最大的钴铋金复合矿体长 300 m,最厚 7.79 m,平均厚 3.65 m,延深 75~185 m;钼矿体厚 14 m。全区长 100 m 的小矿体 112 个。

矿体走向为东西向,因受不同断裂、构造的控制,其产状南缓北陡。南矿带矿体倾向南,倾向一般 20°~30°;北矿带矿体倾向北,倾角一般 30°~40°,个别达 56°。不同类型矿体的分布具有一定的分带规律,垂向上,从上到下一般是铅矿体、锌铁矿体、铁矿体。锌矿体常在中、下部出现。铅矿体绝大部分赋存于上石炭统缔敖苏组的碳酸盐岩中;铁矿体、锌铁矿体和锌矿体从上石炭统缔敖苏组到钙镁橄榄石矽卡岩带中皆有分布,主要赋存于石榴石透辉石矽卡岩带中。横向上,铅矿体集中在南矿带,而硫铁矿体和铜矿体在北矿带分布较多;铁矿体构成南北矿带的主体。分布普遍。

58 号矿体(图 3-35):是最大的矿体,几乎贯穿全区,矿体呈似层状,长 1650 m,沿倾向延深 44~355 m,真厚度 0.79~113.02 m,平均 42.48 m。矿体埋深 77~292 m,主要赋存于石榴石透辉石矽卡岩带中,其顶部赋存于上石炭统缔敖苏组之中。矿体走向为东西向,倾向南,倾角 20°~40°,一般为 25°~35°。58 号矿体是以铁为主的复合矿体,各种类型矿石皆有分布。矿体品位 TFe 34.35%,Pb 0.51%,Zn 1.58%,S 10.18%。

125 号矿体:是北矿带的主矿体,矿体呈扁豆状,长 450 m,沿倾向延深 160~304 m,真厚度 0.77~86.95 m,平均 43.01 m,矿体埋深 95~227 m。主要赋存于石榴石透辉石矽卡岩带中,上端(南端)有少部分赋存于上石炭统缔敖苏组碳酸盐岩中。矿体走向近东西向,倾向北,倾角 31°~42°。125 号矿体是以铁为主,并伴生有硫、锌的复合矿体。矿体品位 TFe 35.01%,Zn 1.32%,S 11.25%~18.45%。

另外矿床内发现钴铋金复合矿体,矿体严格受控于线性断裂构造,整个构造破碎带延长约 1000 m,已圈出 7 条钴矿体,5 条钴铋金矿体,呈似层状、透镜状,长 160~525 m,宽 3.65~10.90 m,钴品位为 0.02%~0.339%,铋品位为 0.22%~2.47%,金品位 1.22~15.24 g/t(图 3-36)。矿体围岩为奥陶系祁漫塔格群含碳钙质板岩、矽卡岩化硅质岩及硅质岩等。矿体在剖面上呈似层状,沿构造破碎带分布。平面上矿体具膨大收缩、尖灭再现的特征,水平方向呈弧形。矿体总体产状随地层产状变化而变化,一般北倾,倾角较陡,为 50°~70°。

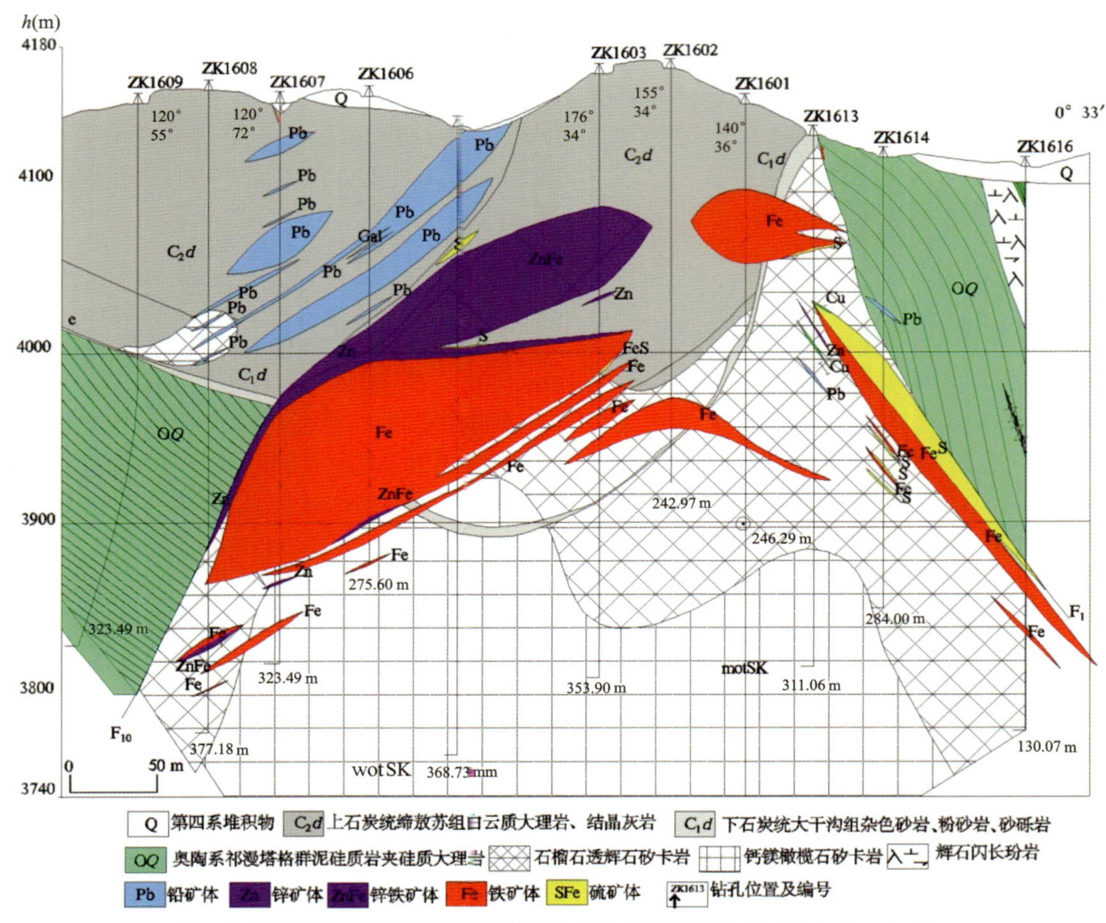

图 3-35　格尔木市肯德可克铁铅锌矿区 16 号勘探线剖面图(据青海省第一地质队,1982)

(五)矿石特征

1.矿石矿物组成

矿石的矿物组成较复杂,已知有 60 余种。矿石矿物主要有磁铁矿、磁黄铁矿、闪锌矿、方铅矿、黄铁矿、黄铜矿;镍黄铁矿、胶黄铁矿、辉铋矿、方钴矿、毒砂、辉铜矿、黄铜矿、方铅矿、闪锌矿等,少量白铁矿、斑铜矿、辉铜矿、碲铋矿、褐铁矿、赤铁矿、钛铁矿、胶锰矿、孔雀石等,还有微量自然金、自然铋;脉石矿物有透辉石、钙铁榴石、钙铝榴石、方解石、石榴石、石英、绢云母、符山石、钙镁橄榄石、粒硅镁石、绿泥石、绿帘石、次闪石、蛇纹石、金云母、水镁石、方柱石等。矿石中钴、铋、金呈独立矿物(如自然金和铋,方钴矿、辉铋矿)和含钴铋金属硫化物两种状态产出。

2.矿石结构、构造

依矿物的形态、生成方式将矿石的结构分为结晶结构、交代溶蚀结构、固熔体分解结构、压力结构、他形粒状、自形粒状、半自形不等粒、交代溶蚀和压碎结构等;矿石构造有块状构造、浸染状构造、条带状构造、层纹状构造、细脉状构造、放射状构造、星散状构造、脉状构造、角砾状构造、斑杂状构造、条带(条纹)构造。

3.矿石类型

铁矿石类型有方解石-透辉石-磁铁矿石、方解石-粒硅镁石-磁铁矿石、绿泥石-方解石-磁铁矿石、方解石-钙镁橄榄石-磁铁矿石、石榴石-透辉石-磁铁矿石、石榴石-透辉石-钙镁橄榄石-磁铁矿石;铅锌矿石类型有方解石-方铅矿-闪锌矿石、绿泥石-方解石-方铅矿-闪锌矿石、白云石-方解石-方铅矿-闪锌

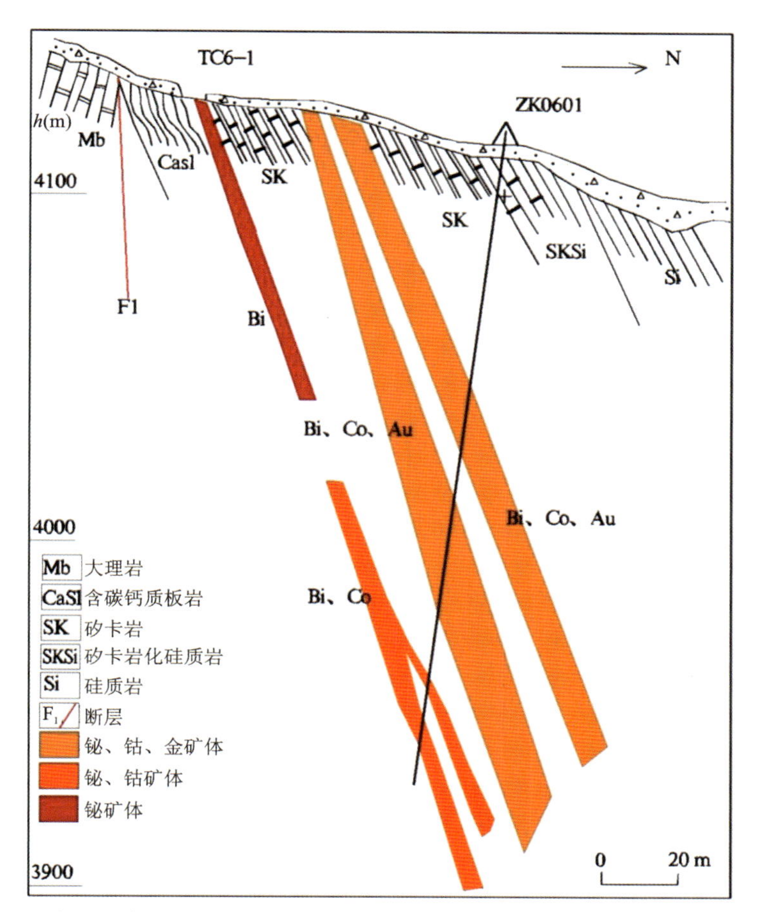

图 3-36 格尔木市肯德可克铁铅锌矿床 6 号勘探线剖面图(据潘彤和孙丰月,2003,有修改)

矿石、石榴石-透辉石-方铅矿-闪锌矿-黄铜矿石、泥质硅质岩型方铅矿-闪锌矿石等;钴金矿石有矽卡岩化硅质岩型钴金矿石、泥质硅质岩型钴矿石。

(六)围岩蚀变

围岩蚀变类型较多,主要有钙镁橄榄石化、石榴石透辉石矽卡岩化、透辉石矽卡岩化及矽卡岩化,蚀变具有分带现象,由上向下依次为矽卡岩化→透辉石矽卡岩化→石榴石透辉石矽卡岩化→钙镁橄榄石化。

矿区内围岩蚀变主要有硅化、矽卡岩化、绿帘石化、绿泥石化、绢云母化、碳酸盐化,其中绿帘石化与钴铋金矿化关系密切,矽卡岩化、碳酸盐化与铁锌矿化关系密切,硅化、绿泥石化、绢云母化与金矿化关系密切,绿帘石化、矽卡岩化与钼矿化关系密切(尹有昌等,2006)。

(七)资源储量

截至 2020 年底,矿区查明铁矿石量为 4 421.08×10^4 t,TFe 平均品位 29.34%;铅金属量为 5.84×10^4 t,平均品位 0.98%;锌 11.10×10^4 t,平均品位 1.31%;铜 641 t,平均品位 0.83%;钴 457 t,平均品位 0.017%~0.102%;铋 3674 t,平均品位 0.114%~0.672%;金 4872 kg,平均品位为 3.15 g/t。保有资源量铁矿石量为 3 075.76×10^4t,铅金属量 5.84×10^4t,锌 6.45×10^4t,铜 641 t,钴 457 t,铋 3674 t,金 4866 kg。

（八）成矿作用划分

王力等（2003）将肯德可克矿床的成矿阶段划分为热水喷流-沉积期、矽卡岩化热液活动期、中温热液成矿期、晚期低温热液活动期和表生氧化期。肖烨等（2013）根据矿区内不同矿化类型及不同矿物组合相互穿插、交代、叠加的特征，提出成矿阶段大致可分为内生成矿期的矽卡岩化阶段、退化蚀变阶段、热液硫化物阶段和表生期。笔者通过综合分析，将其成矿作用划分为喷流沉积期、矽卡岩期和表生期。

喷流沉积期，形成硅质岩，主要特征矿物有燧石，还有大量的微细粒的黄铁矿、磁黄铁矿和胶黄铁矿，形成块状矿石、条纹状矿石。

矽卡岩期，形成的矿物包括钙铝榴石、硅灰石、透辉石、符山石、磷灰石、阳起石、绿帘石、黝帘石和石英等矽卡岩矿物，还有磁铁矿、磁黄铁矿、黄铁矿、自然金、自然铋、辉砷钴矿、方钴矿、辉铋矿、黄铜矿、白铁矿、硫碲铋矿、红砷镍矿、辉砷镍矿、毒砂、钴毒砂和软铋矿等矿石矿物。

表生期，形成的主要矿物有钴华、镍华、褐铁矿、蓝铜矿和孔雀石等。

（九）成矿物理化学条件

高章鉴等（2001）提出矿区内热水沉积岩缺少硫化物，推测热水是一种高温低密度的流体。肖烨等（2013）提出肯德可克矿床中$\delta^{34}S$值组成大部分变化于0附近，范围为－2.0‰～1.5‰，平均为0.43‰；以较小正值为特征。与国内不同类型矿床之硫同位素组成$\delta^{34}S$相比，本矿床$\delta^{34}S$明显有别于砂岩型（$\delta^{34}S$＝－1.0‰～3.0‰）的组成，与斑岩型（$\delta^{34}S$＝－3.0‰～5.0‰）和火山岩型$\delta^{34}S$＝－3.0‰～10.0‰）相差不大，与矽卡岩型$D^{34}S$＝－2.0‰～7.5‰）较为一致。从以上硫同位素特征和组成情况看，各类矿石、岩石中$\delta^{34}S$比值接近，它们似应为同源产物。与国内主要矽卡岩型铁矿极为相似，显示了后期岩浆侵入形成的矽卡岩的成矿特点。

（十）矿床类型

铁多金属矿床具有矿石类型多、元素组合复杂、热液蚀变分带不明显的特征，充分反映出成矿的多期性与复杂性。

王力等（2003）认为肯德可克矿床是经历了多期、多阶段矿化作用，在早期热水喷流沉积的基础上，先后遭受矽卡岩化热液活动、中温热液成矿作用和晚期低温热液活动的叠生型矿床；赵财胜等（2006）认为肯德可克为多矿种、多成因的叠生型矿床，其矽卡岩既非传统意义的矽卡岩，也非高章鉴等（2001）认为的热水沉积层矽卡岩；伊有昌等（2006）认为肯德可克铁钴多金属矿床属火山喷流沉积（改造）矿床；李宏录等（2008）认为该矿床为热水喷流沉积-岩浆热液叠生型矿床；蔡岩萍等（2011）认为其成因可归结为热水沉积-叠加改造型矿床。结合前人研究，笔者依据相关划分原则，将该矿床的成矿类型划分为接触交代型，依据具体如下：

（1）在矿区，奥陶系自下而上形成了比较完整的火山喷流沉积旋回，即火山碎屑岩→硅质岩、石榴石透辉石岩、泥钙质硅质岩、碳质硅质岩、碳泥硅质岩夹大理岩透镜体→灰岩、泥钙质板岩、碳质板岩、砂岩。大部分矿体集中分布在奥陶纪硅质岩、泥钙质硅质岩、碳质硅质岩、石榴石透辉石岩中（如铁、锌、金、钴、铋、铅、铜、硫铁矿等），少数矿体“穿层”分布于上石炭统中（如铅、铁、锌），地层控矿作用不太明显。

（2）矿床定位在区域性北西西向和北西向断裂构造交会处，富矿体产于北西西向断裂构造发育、岩石破碎部位，断裂构造也是重要的控矿因素。

（3）硫同位素测定$\delta^{34}S$在－1.66‰～5.95‰之间，其中大部分接近幔源硫的同位素组成，显示成矿流体中的硫为深源硫，指示成矿物质来源于地幔；少数样品$\delta^{34}S$值偏离幔源硫的同位素组成，是成矿流体从深部向上运移过程中混入的少量壳源硫所致。

（4）铁矿石近矿围岩（含矿金云母矽卡岩）中提取金云母测定同位素年龄为214 Ma，包体测温结果显示磁铁矿大量爆裂温度为 328～515 ℃，平均 384 ℃，说明三叠纪岩浆热液活动参与了矿体的活化富集（张德全，2001）。

（5）围岩蚀变有矽卡岩化、绿帘石化、绿泥石化、碳酸盐化、蛇纹石化、绢云母化、硅化、钾化、萤石化等，蚀变矿物由透辉石、石榴石、透闪石、阳起石、符山石、硅灰石、葡萄石、绿帘石、黝帘石、绿泥石、方解石、白云石、蛇纹石、滑石、绢云母、白云母、金云母、黑云母、钾长石、石英、萤石等，形成一套高、中、低温并存的矿物组合，说明成矿作用具多阶段特征。

（6）矿石有热水喷流沉积形成的隐晶、胶状结构，层纹状、条带状构造，又有热液成矿所具有的交代溶蚀、环带状结构，浸染状、不规则细脉状构造；断裂活动形成的碎裂结构，角砾状构造，显示矿床的多成因、多阶段特点。

（7）矿石金属矿物中，既有喷流沉积形成的白铁矿、胶黄铁矿，又有中温热液形成的黄铜矿、辉铋矿、辉铜矿，还有中低温热液形成的自然金、黄铁矿等，也显示矿床的多成因、多阶段特点。

（十一）成矿机制和成矿模式

1. 成矿时代

潘晓萍等（2013）对肯德可克赋矿地层的围岩进行了研究，获得矿区北侧英安质熔结凝灰岩形成年龄为（227.1±1.2）Ma，相当于晚三叠世早期，认为肯德可克多金属矿的形成时代不早于早二叠世，主成矿期为晚三叠世的可能性较大；奚仁刚等（2010）对矿区内的二长花岗岩进行了研究，获得锆石年龄（230.5±4.2）Ma，并认为该岩体与成矿有关。斜长石 ^{40}Ar-^{39}Ar 中子活化法测年结果可确定肯德可克钴铋金矿床的主成矿年龄为 207.8 Ma 左右，应属中生代晚三叠世（赵财胜等，2006），即印支晚期。故综合认为肯德可克多金属矿的主成矿时代应为晚三叠世。

2. 成矿机制

在奥陶纪由于海底喷流沉积-作用形成了祁漫塔格群，因为喷流物中含有大量从深部携带上来的成矿物质，故在沉积成岩的过程中，成矿物质沉积下来，形成含矿的沉积地层。在三叠纪，区域上发生大规模的岩浆活动，在岩浆和构造的共同作用下，引起祁漫塔格群和上石炭统缔敖苏组局部发生矽卡岩化，使成矿物质进一步进行了活化和富集，最终形成矿体。

3. 成矿模式

本次研究从矿床地质背景、矿体特征和矿石特征和元素地球化学、硫同位素的研究，结合前人研究，建立了成矿模式图（图 3-37）。

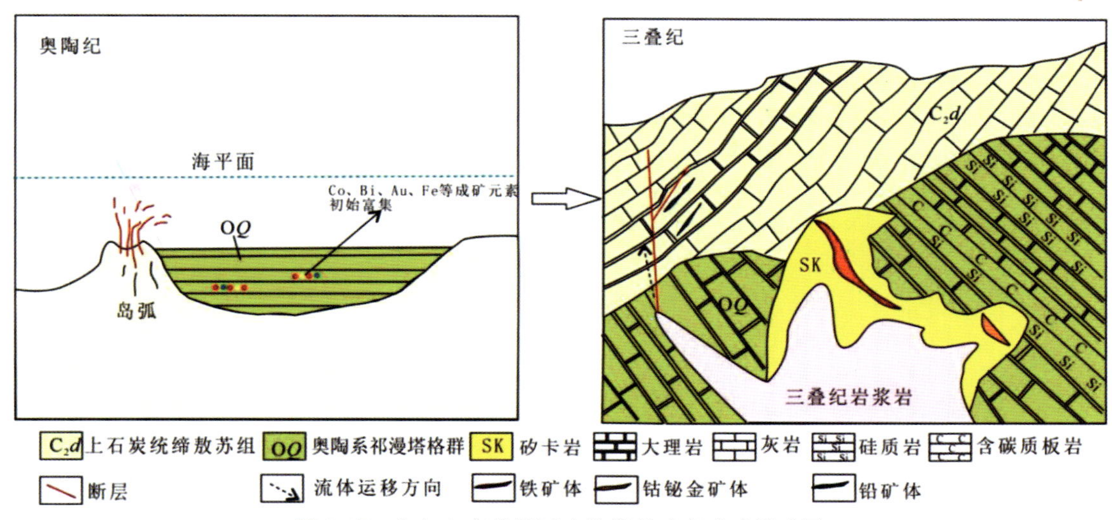

图 3-37　格尔木市肯德可克铁铅锌矿床成矿模式图

(十二)找矿模型

肯德可克铁矿床发现于20世纪,最初的找矿线索由航磁异常检查验证发现。在分析研究铁矿床成矿地质背景、矿床特征和地球物理特征的基础上,建立肯德可克找矿模型(表3-10)。

表3-10　格尔木市肯德可克铁铅锌矿成矿要素表

标志分类		特征
地质标志		矿体产于印支期花岗闪长岩、闪长岩与祁漫塔格群大理岩、中基性火山岩、硅质泥质岩、泥质硅质岩、砂岩外接触带,透辉石矽卡岩是矿区的主要含矿层,矿体顶底板均为透辉石矽卡岩,可见它们在成因上有一定联系,蚀变安山岩底部为有利的赋矿层,上石炭统缔敖苏组也与成矿关系密切
矿床地球物理特征及物探找矿标志	磁法	强磁性(κ):$n\times10^5\times4\pi10^{-6}$ SI;Jr:$n\times10^4\times10^{-3}$ A/M;高极化率(η)平均值:27.7%、较低电阻率ρ:$n\sim n\times10^2$ Ω·m;高密度(σ)平均值:3.6~4.4 g/cm^3 区内发现有M36、M37、M16、M17四处地磁异常,其中M36通过检查发现了肯德可克铁矿床,1∶5000地磁异常500 nT等值线圈定的范围与矿体的空间分布范围基本一致。M36异常分南、北两个异常带,南异常带走向近东西向,平面形态呈狭长哑铃带状,长近3000 m,宽100~600 m,具强度高、梯度大的特点,异常峰值8000 nT;北异常平面形态呈椭圆状,长轴走向近115°,异常范围较小,异常峰形尖锐、埋藏浅,有负异常环绕
	重力	从1∶100万布格重力异常图上看,尕林格矿区位于一条近北西向展布的重力梯级带上。布格重力异常从(−460~−420)$\times10^{-5}$ m/s^{2}等值线梳齿状展布。重力梯级带走向92°以西为北西向,92°以东转向近南北向而后转向近东西向。该重力梯级带是区域深大断裂的反映
	电法	充电成果在辅助磁异常的解释上有一定的作用。电位等值线呈近圆形或长椭圆形,电位等值线北部较密;电位梯度曲线北负南正,且北极值略大于南极值,反映矿体向南倾。电位梯度零值点连线与电位极大值方向一致,与ΔZ异常轴向吻合较好,反映了矿体沿走向方向较稳定。在磁黄铁矿和磁铁矿体上方可引起激电中梯高极化低阻异常,视极化率可高达6%左右;视电阻率50~60 Ω·m
	标志	形态规则、正负伴生,极值−2000~−3000 nT的磁异常是寻找此类铁铅锌矿最直接标志
矿床地球化学特征及化探找矿标志		奥陶系祁漫塔格群、上石炭统缔敖苏组、印支期花岗闪长岩体、燕山期钾长花岗岩体中Au、Co、Bi、Pb、Zn元素含量较高,上三叠统中Co、Cu元素含量较高,而其他地层中Au、Co、Bi、Cu、Pb、Zn元素含量较低。矿床地表出现Bi、Sn、Ag、Pb、Cu组合异常,呈近东西向椭圆状分布,主元素套合好,外、中、内带齐全。δ^{34}S多为不大的正值,在−1.66‰~5.96‰之间

五、其他接触交代型铅锌矿产地

接触交代型铅锌矿产地除以上典型矿床外,还有茫崖市虎头崖铜铅锌矿床、格尔木市野马泉铁铅锌矿床、格尔木市它温查汉西铁铅锌矿床、格尔木市拉陵高里河下游铁铜锌矿床、格尔木市哈西亚图铁矿床、都兰县白石崖铁铅锌矿床、治多县藏麻西孔银铜铅矿床、都兰县沙柳河南区有色金属矿床等,其他接触交代型铅锌矿产地特征见表3-11。

表 3-11 青海省其他接触交代型铅锌矿产地主要特征简表

编号	矿产地名称	规模	勘查程度	成矿时代	成矿区(带)	构造单元	地质矿产简况
14	祁连县东草河(冰沟)铅矿点	矿点	预查	O	Ⅲ-21	Ⅰ-2-3	出露地层主要为古元古界托莱岩群,岩性主要为斜长角闪片麻岩、黑云二长片麻岩夹黑云母石英片岩、黑云母片麻岩、大理岩。侵入岩为奥陶纪花岗岩。铅矿化产在托莱岩群黑云母片麻岩的夹层或大理岩透镜体中,区内圈出1条铅锌矿化带,矿化带长约50 m,宽5~10 m,其内有3个小矿体,其规模分别为0.86 m×0.9 m、2 m×0.4 m、(6~7) m×(0.4~0.5) m。含Pb 9.75%~15.75%
39	乌兰县尕子黑钨锌矿点	矿点	详查	P	Ⅲ-24	Ⅰ-5-1	圈出2条呈似层状产出的主矿体,其产状与围岩产状一致,走向近东西,倾向南,倾角40°~50°,其中$Ⅰ_1$矿体长535.23 m,最大厚度9.28 m,一般厚度2~3 m,最大延深233 m,WO_3平均品位0.25%;Zn平均品位0.74%;$Ⅰ_2$矿体控制长156.49 m,厚2 m,延深59 m,WO_3平均品位0.174%,Zn平均品位0.42%
45	都兰县沙柳河老矿沟铅锌银矿床	小型	详查	T	Ⅲ-24	Ⅰ-5-2	出露地层主要为古元古界达肯大坂岩群片麻岩组,为近北西向展布,倾向北东,岩性主要为二云斜长片麻岩、大理岩,矿区北西向断裂构造较发育,组成沙柳河北西向断裂集中带,另外局部发育有北北东向断裂构造和向斜褶曲等。矿区局部分布有三叠纪斑状花岗岩呈岩株状、脉状侵入产出,规模较小,均呈北西向展布,与达肯大坂岩群大理岩接触带发育有矽卡岩化。矿体主要赋存于大理岩与斑状花岗岩的接触带,局部受断裂构造控制。区内共圈出矿体6条,矿体最长141 m,最短12 m,厚0.6~1.3 m。其中N1号、N2号矿体较大,分别长141 m、100 m,厚1.2 m、1 m。N1~N5号矿体走向北西,N6号矿体走向近南北,倾向南西或北东,所有矿体倾角在55°~80°之间。矿石品位:Pb 0.3%~26.45%,平均4.52%;Zn 0.54%~7.62%,平均2.77%;Ag 5.49~589.3 g/t,平均129.96 g/t
47	都兰县沙柳河南区有色金属矿床	中型	普查	T	Ⅲ-24	Ⅰ-5-2	出露地层主要为古元古界达肯大坂岩群片麻岩组,岩性为黑云母斜长片麻岩与大理岩、斜长角闪片岩互层。断裂主要有北西向和北东向两组,北西向断裂是铅锌矿体赋存的较好部位。岩浆岩分布在矿区西南部,为三叠纪似斑状黑云二长花岗岩。矿区内初步划分出4个含矿层,圈出矿体63条,其中,铅锌多金属矿体31条,钨矿体14条,锡矿体5条,硫铁矿体5条,锌矿体6条,铅、铜矿体各1条。矿体规模较大者多呈似层状,小者呈透镜状或扁豆体。矿体走向近东西向,倾向北,倾角35°~65°。矿体长150~1100 m,一般200~300 m,斜深75~660 m,厚度平均0.89~8.91 m,一般厚度1~3 m。矿体平均品位:Pb 1.66%,Zn 2.45%,Cu 0.88%,WO_3 0.371%,Sn 0.383%,S 7.1%

续表 3-11

编号	矿产地名称	规模	勘查程度	成矿时代	成矿区(带)	构造单元	地质矿产简况
50	都兰县吉给申沟铅锌矿点	矿点	预查	T	Ⅲ-24	Ⅰ-5-2	出露地层主要为中元古界沙柳河岩组，岩性主要为大理岩、片麻岩，侵入岩主要为三叠纪闪长玢岩。矿体赋存于元古宇沙柳河岩组的大理岩、片麻岩与闪长玢岩的外接触带。见有2条矿体，一个长1.5 m、宽5～10 cm，倾向70°，倾角65°；另一个长10 m、宽3 m，倾向52°，倾角38°。呈透镜状、扁豆状产出。品位：Pb 3.4%～5.84%，平均4.81%；Zn 2.62%～5.09%，平均3.84%；Ag 6～25.2 g/t，平均15.2 g/t。
54	都兰县沙那黑钨铅锌矿床	小型	普查	T	Ⅲ-24	Ⅰ-5-2	出露地层以长城系小庙岩组片麻岩为主，岩性有二云二长眼球状混合岩化片麻岩、混合岩化黑云斜长片麻岩等。区内构造以断裂构造为主，褶皱构造为辅，断裂构造分为近东西向和南北走向两组，以近东西向断裂最为发育，控制着区内矿体的分布和产出空间。岩浆活动较为发育，大致分为两期：一期为形成较早的顺层产出的黑云母闪长岩侵入活动，二期为晚期的花岗岩脉侵入。区内共全出矿体15条，其中钨矿体12条，铅锌矿体2条，铜矿体1条，矿体均产于区内氧化破碎带内，矿体长200～500 m，厚0.52～10 m不等，矿体平均品位 WO_3 0.17%～0.728%，其中M4矿体共生Cu 0.22%。矿石类型有白钨矿石、方铅白钨矿石、黄铜白钨矿石；他形粒状结构；稀疏浸染状、星散状构造
55	共和县哇沿河铅矿点	矿点	预查	T	Ⅲ-24	Ⅰ-5-2	矿体赋存于中元古界沙柳河岩组斜长闪长片岩、大理岩与三叠纪二长花岗岩的外接触带。矿体呈扁豆状，长4 m，宽0.5 m，倾向46°，倾角37°。品位：Pb 8.11%
59	格尔木市喀雅克登塔南坡铅铜矿点	矿点	预查	T	Ⅲ-26	Ⅰ-7-3	出露地层为古元古界金水口岩群，岩性主要为二云斜长片麻岩、大理岩、混合岩等，出露海西期斑状二长花岗岩、钾长花岗岩。岩体与金水口岩群接触带发育几条规模较小的矽卡岩，铜铅矿产于此。圈出铅矿体和铜矿体各一条，铅矿体位于 F_6 断裂破碎带中，控制长度200 m，宽1.5 m，铅品位0.83%，矿化主要为方铅矿化，褐铁矿化，蚀变为高岭土化。铜矿体位于 F_4 断裂破碎带中，矽卡岩长度大于200 m，宽1～3 m，矿体宽1 m，铜品位1%，含矿岩性为碎裂大理岩
60	格尔木市喀雅克登塔格铁锌矿点	矿点	普查	T	Ⅲ-26	Ⅰ-7-3	矿体产于中三叠世花岗闪长岩与古元古界金水口岩群大理岩的接触带中，圈定43条矿体，其中Ⅰ号含矿带18条，Ⅱ号含矿带7条，Ⅲ号含矿带5条，Ⅳ号含矿带11条，C1磁异常区1条，C8磁异常区1条，其中主矿体8条，矿体走向多为北西向，少部分北北西或近东西向，倾向北东，倾角一般在30°～70°之间，矿体长50～620 m，厚度为0.52～18.58 m，延深多在100 m以内。Ⅰ-M1锌多金属矿体最大延深395 m。矿石矿物以闪锌矿为主，同时具白钨矿、黄铜矿、磁黄铁矿、磁铁矿、方铅矿、孔雀石、辉钼矿，矿化较复杂。闪锌矿、白钨矿、黄铜矿常共伴生产出接触交代型矿体中，当矿体出露地表时，常有红锌矿、孔雀石等矿物，磁铁矿常独立成矿，产出于矽卡岩中

续表 3-11

编号	矿产地名称	规模	勘查程度	成矿时代	成矿区(带)	构造单元	地质矿产简况
61	茫崖市鸭子沟铅锌矿床	小型	详查	T	Ⅲ-26	Ⅰ-7-3	出露地层有奥陶系祁漫塔格群碎屑岩夹火山岩组，岩性为变砂岩、结晶灰岩、硅质灰岩、云母石英片岩，局部夹大理岩和少量熔结角砾岩，矿(化)体主要赋存于该地层结晶灰岩中。侵入岩大量分布，主要为三叠纪花岗闪长岩、斑状二长花岗岩、二长花岗岩。矿区共圈出矿化蚀度带 6 条，宽 10～80 m，最长 1.9 km。共发现矿体 20 条，矿化体 5 条，多呈透镜状、脉状、似层状。其中铜矿(化)体 9 条，铅锌矿(化)体 16 条，长一般 20～280 m，最长 475 m，平均厚度一般 0.8～3.89 m，最厚 7.04 m。其中 M19 号矿体呈似层状，长 475 m，平均厚 7.04 m，平均品位 Pb 为 2.23%，Zn 为 3.18%，最高 Pb 为 5.57%，Zn 为 10.94%。M12 号矿体分两段，12-1 铜矿体厚 12 m，品位 0.28%～1.39%，平均 0.45%，12-2 铜矿体厚 3 m，品位 0.48%～0.76%，平均 0.62%，12 号矿体伴有钼矿化，品位 0.015%～0.047%
63	茫崖市可特勒高勒铅锌矿床	小型	详查	T	Ⅲ-26	Ⅰ-7-3	出露地层主要为上石炭统缔敖苏组碳酸盐岩，地层总体北东倾向，倾角在 10°～75°之间，构造为背斜和倒转背斜构造；区内岩浆活动强烈，侵入岩发育，岩性主要为灰白色斜长花岗岩和浅肉红色二长花岗岩，在花岗岩与上石炭统碳酸盐岩接触部位形成含矿矽卡岩带，是区内主要的赋矿层位。区内共圈出铅锌多金属矿体 8 条，矿化以 Cu、Pb、Zn、S、Fe 为主。矿体可大致划分出上、下两矿层：上部近地表矿体以铅锌矿为主，多倾向北；深部矿体以铜矿为主，多倾向南。两矿层之间并没有明显分界，且均为矽卡岩型成因，矿体多为透镜状，规模不一，一般长 15～20 m，最长 120 m 以上；宽一般 10～70 m 不等；厚一般在 1～4.86 m 之间，最厚达 5.9 m，厚度变化较大；矿体的矿石类型复杂，可在同一矿体中见磁铁矿石、硫铁矿石和铜、铅锌等多种矿石类型。矿床平均品位铅 1.71%，锌 0.49%，铜 2.07%
64	格尔木市乌兰拜兴铁铅锌矿床	小型	普查	T	Ⅲ-26	Ⅰ-7-3	出露地层主要为奥陶系祁漫塔格群碳酸盐岩组和变中基性火山组。碳酸盐岩组多以捕虏体及溶蚀残留体形式存在，主要岩性为厚层、巨厚层白色大理岩、灰色大理岩、条带状大理岩。受构造影响，这套地层存在一条破碎带，沿此破碎带及岩体接触带矽卡岩化较强，该岩组是矿区的重要赋矿地层。岩浆岩出露较广，主要有奥陶纪超基性岩、早泥盆世二长花岗岩、中泥盆世二长花岗岩及早三叠世斑状二长花岗岩等，其中早三叠世斑状二长花岗岩与成矿关系密切。矿体主要产于透辉石矽卡岩中，C1 磁异常区单个矿体长 100～1535 m，厚 1.07～15.04 m，延深 77.2～111.67 m，全区平均品位铁 34.45%，铜 0.46%，铅 0.52%，锌 1.16%

续表 3-11

编号	矿产地名称	规模	勘查程度	成矿时代	成矿区(带)	构造单元	地质矿产简况
65	茫崖市景忍东铅锌矿点	矿点	预查	T	Ⅲ-26	Ⅰ-7-3	地层有上石炭统缔敖苏组蚀变碳酸盐岩及上三叠统辉石石英安山岩，二者呈不整合接触，并在接触处灰岩侧具强烈的矽卡岩化和矿化，矿区北西向压扭性断裂和近东西向的压性断裂各一条，矿区东约 800 m 处有肉红色斑状二长花岗岩体出露。矿区圈定出东、西两条矿体，东矿体产于辉石石英安山岩中的矽卡岩内，断续长 114 m，宽 1.5～3.3 m，倾向南，倾角 50°左右；西矿体呈北西向产于蚀变碳酸盐岩中的透辉石矽卡岩、石榴石矽卡岩、石榴石帘石矽卡岩内，断续长 120 m，宽 3.1 m，倾向南西，倾角 30°。品位：Pb 一般 0.55%～3.27%，Zn 一般 0.67%～2.88%
67	茫崖市楚鲁套海高勒北侧铅锌矿点	矿点	预查	T	Ⅲ-26	Ⅰ-7-3	出露地层为上石炭统缔敖苏组结晶灰岩、大理岩，地层产状总的倾向南东，倾角 52°～72°，矿点处有一近东西向的断裂通过，侵入岩为三叠纪肉红色钾长花岗岩，矿点南侧的侵入岩与地层接触部位皆具矽卡岩化。矿体产于断裂破碎带中的透辉石矽卡岩、符山石透辉石矽卡岩、石榴石符山石透辉石矽卡岩内。矿点圈定矿体一条，长约 30 m，宽 1.2 m，倾向北西，倾角 38°。矿石品位：Pb 为 2.44%、Zn 为 3.49%、Au 为 0.2%。矿石呈浸染状构造，半自形一他形粒状结构、填隙结构、交代结构。金属矿物有方铅矿、闪锌矿、褐铁矿等
68	茫崖市楚鲁套海高勒北铅锌矿点	矿点	预查	T	Ⅲ-26	Ⅰ-7-3	出露地层为上石炭统缔敖苏组大理岩，于矿点北构成背斜构造，轴呈南西西向，矿即产于背斜轴南侧。因断裂影响，地层产状乱，倾向 250°～270°，倾角 35°～65°，断裂以东西向为主，两侧羽状断裂发育，沿破碎带具不连续的矽卡岩化。矿点出露有三叠纪肉红色钾长花岗岩。矿体呈不规则蠕虫状，产于东西向断裂破碎带中的石榴石矽卡岩内。共见 1 条矿体 3 条矿化体。矿体呈东西向展布，长 42 m，宽 2～10 m。品位 Pb 0.87%～2.13%，Zn 2.01%～3.00%。矿化体长 16～70 m，宽 2～12 m，含 Pb 0.04%～0.17%、Zn 0.21%～0.38%。矿石伴生元素 Sn 0.008%～0.04%、W 0.01%～0.08%、As 0.03%～0.06%
70	茫崖市虎头崖铜铅锌矿床	中型	勘探	T	Ⅲ-26	Ⅰ-7-3	出露地层主要为中元古界狼牙山组白云质灰岩及石英砂岩，其次为上石炭统缔敖苏组生物碎屑灰岩及砂砾岩，铜铅锌矿与两套碳酸盐岩建造密切相关。矿区断裂构造以东西向为主，主要有 4 条，多条矿带赋存在断层破碎带中。侵入岩以三叠纪中性—酸性岩为主，大面积呈岩株状产出，岩性有二长花岗岩、斑状二长花岗岩、钾长花岗岩和花岗闪长岩。二长花岗岩与上石炭统缔敖苏组灰岩接触部位具矽卡岩化，花岗闪长岩与上三叠统鄂拉山组火山岩碎屑岩接触部位具角岩化。圈定Ⅰ号和Ⅱ号含矿带。两带地表长大于 4.0 km，产状北倾，倾角 65°～78°。矿区共圈出多金属矿体 21 条。矿区平均品位铅 4.62%；锌 5.16%，伴生组分铜 0.19%，银 93.78 g/t。其中Ⅰ-5 号矿体，长 420 m，平均厚 3.55 m，矿体平均品位 Pb 3.78%，最高 21.12%；Zn 平均品位 3.45%，最高 16.6%；伴生组分 Cu、Ag，矿体呈似层状，产状 340°～355°∠65°～80°

续表 3-11

编号	矿产地名称	规模	勘查程度	成矿时代	成矿区(带)	构造单元	地质矿产简况
71	茫崖市楚鲁套海高勒南铜铅锌矿点	矿点	普查	T	Ⅲ-26	Ⅰ-7-3	矿体沿北西向断裂破碎带分布，产于奥陶系祁漫塔格群与海西期的花岗岩外接触带中的角岩化安山岩内。共见 3 条矿脉，宽分别为 2 m、5.3 m 及 6.5 m，因覆盖，矿体产状延伸不清。品位：Cu 0.14%～1.28%，Pb 最高 2.93%、Zn 1.28%～4.72%、Au 0.29 g/t，矿石伴生元素有 Cd 0.01%、Mo 0.001 5%、Li 0.01%、Bi 0.04%、W 0.1%
72	茫崖市迎庆沟锌铜铅矿床	小型	勘探	T	Ⅲ-26	Ⅰ-7-3	与成矿有关的地层主要为狼牙山组下岩段(灰岩夹碎屑岩段)、上岩段(碳酸盐岩段)、奥陶系滩间山群火山岩组、上石炭统缔敖苏组。矿区褶皱、断裂构造发育，东西向断裂构造是区域构造方向明显变化的转折部位，对矿化富集十分有利。矿区仅见三叠纪侵入岩，以中性—酸性岩为主，二长花岗岩与上石炭统缔敖苏组灰岩接触部位具矽卡岩化，花岗闪长岩与上三叠统鄂拉山组火山岩碎屑接触部位具角岩化。矿区内划分为 7 条矿带，共圈出 8 条主要矿体，其中Ⅰ号、Ⅲ号矿带中均以铁为主，Ⅱ号矿带中以铁矿为主共伴生锡铜，其余为多金属矿体。Ⅳ-1 多金属矿体位于矿区中北部，为Ⅳ矿带的主矿体。矿体产于破碎蚀变带内的矽卡岩中，严格受矽卡岩控制，由铅、铜、锌复合组成，矿体总体上呈东西向条带状展布，北倾，铅矿体长 490 m，平均厚度 1.79 m，平均品位 2.30 %；铜矿体长 300 m，平均品位 0.50%，平均厚度 3.49 m；锌矿体长 160 m，平均品位 2.52%，平均厚度 1.60 m
73	茫崖市楚鲁套海高勒东铁锌矿点	矿点	普查	T	Ⅲ-26	Ⅰ-7-3	出露地层为上碳统缔敖苏组结晶灰岩，倾向南西，倾角 45°，为单斜构造，侵入岩有三叠纪肉红色钾长花岗岩。矿区共圈定出 9 条矿体，Ⅰ号矽卡岩带北西西向延伸，倾向北东，倾角 40°左右，长约 300 m，圈出 2 条多金属矿体；Ⅱ号矽卡岩带长约 2 km，宽 5～40 m，平均宽 10 m，总体走向北北东，呈蛇曲状，圈出磁铁矿体 2 条，多金属矿体 5 条。一般长约 100 m，厚 1～20 m。矿体中Ⅰ-1、Ⅰ-2、Ⅱ-1 规模较大。品位：Cu 为 0.14%～1.67%，Pb 最高 2.93%，Zn 为 1.28%～4.72%，Au 为 0.2 g/t。其伴生元素有 Cd 为 0.01%，Mo 为 0.001 5%，Li 为 0.01%，Bi 为 0.04%，W 为 0.1%
75	格尔木市野马泉铁铅锌矿床	中型	详查	T	Ⅲ-26	Ⅰ-7-3	矿区含矿地层主要为奥陶系祁漫塔格群及上石炭统缔敖苏组。祁漫塔格群是矿区北部矿体的成矿围岩，岩性主要为大理岩、碳质钙板岩、硅质岩。上石炭统缔敖苏组是矿区南部矿体的成矿围岩，为一套滨—浅海相沉积岩系。矿区侵入岩广泛分布，均形成于晚三叠世，其中花岗闪长岩体呈岩株状侵入于上石炭统缔敖苏组和奥陶系祁漫塔格群，接触部位形成矽卡岩带。矿体主要产于侵入岩与碳酸盐岩外接触带的矽卡岩中。成矿元素多，有铁、铜、铅、锌，并伴生银、钴等。矿区主矿体有 18 条，主矿体长 200～2482 m，厚度 3.62～38.15 m，延深为 45～1100 m，平均品位全铁为 32.99%～47.32%，铜 0.25%～1.22 %，铅 0.67%～0.95%，锌 1.15%～2.95%

续表 3-11

编号	矿产地名称	规模	勘查程度	成矿时代	成矿区(带)	构造单元	地质矿产简况
76	格尔木市四角羊沟西铅锌矿床	小型	详查	T	Ⅲ-26	Ⅰ-7-3	矿区出露地层主要为上石炭统大干沟组，为一套浅海相碳酸盐沉积，主要岩性为大理岩、结晶灰岩，该套地层为矿区内主要赋矿地层，与区内多金属矿化关系密切，已发现的多金属矿(化)体均产于该套地层中。矿区侵入岩主要为三叠纪二长花岗岩。矿区矿石矿物有黄铜矿、闪锌矿、方铅矿、黄铁矿、磁黄铁矿、磁铁矿，微量碲铋矿、毒砂、辉钼矿和由黄铁矿及磁黄铁矿蚀变而成的白铁矿等，脉石矿物绿泥石、透闪石、石榴石、透辉石、方解石、蛇纹石、绿帘石、滑石、斜长石、石英等
78	格尔木市夏努沟西支沟铅锌矿床	小型	普查	T	Ⅲ-26	Ⅰ-7-3	出露地层有古元古界金水口岩群、奥陶系祁漫塔格群、上泥盆统牦牛山组、下石炭统大干沟组、上统缔敖苏组、下中二叠统打柴沟组及第四系。区内断裂构造较发育，以北西西向压性断裂为主，北北东向为张扭性断裂组为次。区内岩浆岩主要为新元古代灰白—灰红色二长花岗片麻岩、中泥盆世灰白色细粒花岗闪长岩和晚三叠世浅肉红色中细粒钾长花岗岩。矿区共圈定铅锌多金属矿(化)体 12 条，矿体主要产于三叠纪中酸性侵入岩及脉岩与金水口岩群、祁漫塔格群、缔敖苏组等地层的接触带中，矿体主要受接触带矽卡岩控制。其中Ⅸ号矿体为铅锌矿体，矿体赋存于矽卡岩带内，长度 400 m，延深 200 m，平均真厚度 1.20 m。矿体倾向 30°，倾角 30°，铅品位为 2.57%，锌品位为 1.71%。矿体中主要矿石矿物为方铅矿、闪锌矿等，脉石矿物以透辉石、石榴石、石英和方解石为主，矿石矿物多呈他形—半自形中粗粒结构，方铅矿、闪锌矿一般呈星点状到稀疏浸染状构造
79	格尔木市半个呆东铜铅锌矿点	矿点	预查	T	Ⅲ-26	Ⅰ-7-3	矿化产于奥陶系祁漫塔格群、石炭系大干沟组等地层中的碳酸盐与三叠纪花岗闪长岩接触带的矽卡岩中。圈定矿(化)体 4 个，Ⅰ号矿化体视厚度 1.42 m，推测长 100 m，透镜体状，走向 150°，倾角 15°。Pb 品位 0.20%，Zn 品位 0.83%～14.34%。Ⅱ号矿化体视厚度 1.0 m，推测长 100 m，透镜体状，赋存于奥陶系祁漫塔格群矽卡岩内，走向 150°，倾角 70°，Pb 品位 0.61%，Zn 品位 0.92%。Ⅲ号矿化体视厚度 2.0 m，推测长 100 m，透镜体状，走向 150°，倾角 70°，Pb 品位 0.48%～0.86%。Ⅳ号矿化体视厚度 5.42 m，推测长 100 m，不规侧囊状，Pb 品位 0.47%～1.75%，Zn 品位 0.45%～1.60%，走向 150°，倾角 70°

续表 3-11

编号	矿产地名称	规模	勘查程度	成矿时代	成矿区(带)	构造单元	地质矿产简况
81	格尔木市哈是托西铜铅锌矿点	矿点	普查	T	Ⅲ-26	Ⅰ-7-3	出露地层主要有古元古界金水口岩群下岩组,岩性为混合岩、黑云斜长片麻岩、薄层(含黄铁矿)和硅质大理岩。矿体产于金水口岩群与三叠纪花岗岩的接触带的矽卡岩中。共圈定多金属矿(化)体8条。Ⅰ-Cu矿体,形态为脉状、透镜状,长227 m,延伸50 m,厚1.39 m,倾向北,倾角70°,矿体Cu平均品位0.80%;Ⅱ-Cu矿体,脉状,长170 m,延深50 m,厚1.57 m,倾向北,倾角53°,Cu平均品位0.98%,伴生银。Ⅲ-Ag矿体,透镜状、脉状,长162 m,延伸50 m,厚2.03 m,产状331°∠71°,Ag平均品位279.36 g/t,伴生Cu、Pb、Zn。Ⅳ-Zn矿体,受F_4断裂控制,呈透镜状,长139 m,延深50 m,厚5.33 m,产状6°∠40°,Zn平均品位2.41%。Ⅴ-Zn矿体,为盲矿体,呈脉状,长340 m,延深170 m,厚1.09 m,倾向北东,倾角30°,Zn平均品位2.94%;Ⅵ-Zn矿体,为盲矿体,脉状,推测长366 m,延深300 m,厚2.65 m,倾向北东,倾角30°,Zn平均品位2.15%;Ⅶ-Zn矿化体,为盲矿体,脉状,推测长178 m,延深90 m,厚0.90 m,倾向北东,倾角26°,Zn平均品位0.70%,Pb平均品位0.32%,伴生银含量7.73 g/t;Ⅷ-PbZn矿体,为盲矿体,呈脉状,推测长178 m,延深90 m,厚2.68 m,倾向北东,倾角26°,Pb平均品位1.05%,Zn平均品位2.81%,伴生银含量16.14 g/t
82	格尔木市莫河下拉银铅锌矿点	矿点	普查	T	Ⅲ-26	Ⅰ-7-3	出露地层为古元古界金水口岩群,岩性主要为条带状混合岩、黑云斜长片麻岩夹条带状混合岩、薄层(含黄铁矿)硅质大理岩等;矿区断裂构造发育,共有F_1～F_5五条较大的断裂,具有明显的断裂控矿现象;矿区侵入岩分海西期、印支期和燕山期3个岩浆旋回,其中以印支期岩浆岩与区内多金属矿化关系最为密切。矿区发现银多金属矿体16条(其中铜矿体8条,锌矿体3条,铅锌矿体3条,银多金属矿体2条)。近地表矿体主要沿岩石裂隙面、断裂等构造带赋存,深部矿体主要位于岩体与地层的外接触带和岩体中。矿床平均品位Cu 0.80%、Pb 2.29%、Zn 1.02%。矿石类型有锌矿石、银铜铅锌矿石、铜矿石、铜铅锌矿石、铅锌矿石等,矿石为粒状结构、半自形—他形中细粒结构、半自形—自形中细粒结构、半自形—自形粗至巨粒或不等粒结构,星点状构造、稀疏—稠密浸染状构造、细脉状构造、团块状构造等。矿石矿物有辉银矿、黄铜矿、孔雀石、方铅矿、闪锌矿

续表 3-11

编号	矿产地名称	规模	勘查程度	成矿时代	成矿区(带)	构造单元	地质矿产简况
85	格尔木市它温查汉西铁铅锌矿床	中型	普查	T	Ⅲ-26	Ⅰ-7-3	矿区地层为奥陶系祁漫塔格群，岩性主要为结晶灰岩、白云质大理岩、大理岩及泥质片岩、硅质岩、千枚岩、板岩等，矿区岩浆活动较为强烈，侵入岩有三叠纪的二长花岗(斑)岩、花岗闪长斑岩、钾长花岗岩、石英闪长岩等，二长花岗岩及钾长花岗岩与大理岩接触形成明显的含铁铜锌矿化的矽卡岩。矿区圈定5条矿带，共圈出40条铁铅锌矿体，所有矿体均为盲矿体，赋矿岩性以矽卡岩为主。其中Ⅰ-11号矿体长约4200 m，延深50～300 m，厚4～70 m。矿体倾角15°～48°，mFe含量最高62.88%，平均33.33%；Cu含量最高4.48%，平均0.57%；Zn含量最高14.87%，平均2.53%；Au含量最高8.61 g/t，平均2.70 g/t。Ⅲ-1矿体呈板状，为铁、锌共生矿体，矿体长200 m，厚3.96 m，斜深100 m，mFe品位最高41.72%，平均品位29.55%；Zn品位最高1.65%，平均品位0.68%。矿石呈粒状变晶结构，块状构造，主要矿石矿物为黄铜矿、闪锌矿以及磁铁矿，脉石矿物主要是透辉石、绿帘石、方解石等
86	格尔木市那陵郭勒河西铜铅锌矿床	小型	普查	T	Ⅲ-26	Ⅰ-7-3	出露地层仅有下石炭统大干沟组，主要岩性为灰黑色灰岩、粉砂质泥岩、粉砂质硅质岩、结晶灰岩、大理岩等。岩浆岩主要为中酸性侵入岩，岩性有花岗斑岩、细粒花岗岩，局部有花岗闪长岩。在花岗岩类岩体与碳酸盐岩地层接触带发育了接触交代变质岩，其岩性主要为透辉石矽卡岩，局部见透闪石透辉石矽卡岩，石榴石透辉石矽卡岩，少量绿帘石矽卡岩及矽卡岩化大理岩、矽卡岩化灰岩。矿区自西向东发现M_1、M_2、M_3三个矿段。M_1矿段圈出9条铁多金属矿体，矿床平均品位Cu 1.32%、Zn 4.20%、Pb 1.54%、Au 91.86 g/t。矿石类型为铁铜锌矿石、铁铜矿石、铁锌矿石、铅锌矿石、铁矿石等，矿石结构以他形—半自形粒状结构为主，局部有压碎结构。矿石构造以块状、稠密浸染状、中等稀疏浸染状构造为主，其次有脉状、斑杂状、角砾状构造。矿石组分以铁为主要组分，共生组分以铜、锌为重要，铅仅局部出现。围岩蚀变具有矽卡岩化、绿泥石化、碳酸盐化
87	格尔木市拉陵高里河下游铁铜锌矿床	中型	普查	T	Ⅲ-26	Ⅰ-7-3	出露地层有奥陶系祁漫塔格群碎屑岩组，岩性为灰黑色变余长石石英砂岩、石英变砂岩、大理岩，是铁矿体的主要赋矿地层。下石炭统大干沟组碳酸盐岩段，岩性为生物碎屑灰岩、长石岩屑砂岩，为矿区铁铅锌矿的主要赋矿地层，与晚三叠世斑状二长花岗岩接触部位，易形成角岩、矽卡岩。区内侵入岩分布较广，主要为晚三叠世侵入岩，岩石类型有深灰色闪长岩、灰白色和浅肉红色斑状二长花岗岩。区内共圈定出30条以磁铁矿和铜锌矿为主的工业矿体，呈4个矿群。Ⅰ号矿群为磁铁矿体，地表长308 m，厚4.60 m，mFe品位47.52%，产状17°∠72°～33°∠76°。Ⅱ号矿群为铜多金属矿体，其中Ⅱ-8矿体为铜锌矿体，矿体长267 m，平均厚度5.70 m，Cu平均品位为1.10%，最高可达6.81%；Zn平均品位为1.25%，最高可达9.38%，产状5°∠54°。Ⅲ号矿群中，Ⅲ-2号矿体为隐伏矿体，长600 m，平均厚度8.88 m，mFe平均品位为32.29%，最高可达46.68%，产状5°∠40°。Ⅳ号矿群为磁铁矿体，Ⅳ-1号矿体长约813 m，平均厚度6.056 m，mFe平均品位为28.26%，最高可达45.50%，产状350°∠70°

续表 3-11

编号	矿产地名称	规模	勘查程度	成矿时代	成矿区(带)	构造单元	地质矿产简况
88	格尔木市小圆山铁锌矿床	小型	普查	T	Ⅲ-26	Ⅰ-7-3	出露地层为下石炭统石拐子组结晶灰岩、生物碎屑灰岩、大理岩及上泥盆统牦牛山组碎屑岩、玄武岩。岩浆岩为晚三叠世二长花岗岩、似斑状花岗岩，与地层接触带形成规模不等的矽卡岩。北西向逆断层发育。 目前在小圆山地区发现3处铁铅锌矿富集区，矿化产于矽卡岩中，在C4异常区圈定3条铁铜锌复合矿体，矿体长500～1000 m，厚7～12 m。TFe平均品位40.7%～42.3%、;Cu平均品位0.43%;Zn平均品位1.28%。C6异常区圈定铁铜矿体2条，矿体长200～500 m，控制厚度16.3 m，TFe平均品位44.02%、Cu平均品位0.05%。在小圆山北坡圈定铅锌矿体2条，矿体长200 m，厚8 m;Pb平均品位3.43%，Zn平均品位1.41%;Cu平均品位0.12%
89	格尔木市尕羊沟铅锌矿床	小型	普查	T	Ⅲ-26	Ⅰ-7-3	出露地层主要为上石炭统大干沟组，为一套浅海相碳酸盐沉积，岩性为大理岩、结晶灰岩，已发现的多金属矿(化)体均产于该套地层中。侵入岩为三叠纪中酸性岩体。矿区分为两个勘查区，Ⅰ区共圈定磁铁矿体8条，其中ⅠFe8磁铁矿体伴有工业锡矿体。Ⅱ区共圈定2条磁铁矿体和2条低品位磁铁矿体;4条铅锌矿体和2条低品位铅锌矿体;3条锌矿体和1条低品位锌矿体、3条铅矿体。ⅠFe2号矿体长126 m，平均厚度11.02 m，平均品位为41.62%，矿体产于矽卡岩中，产状168°∠42°～188°∠80°。ⅡZn1号矿体长94 m，平均厚度13.28 m，产状65°∠70°～265°∠70°，锌平均品位2.09%，局部伴有铅。ⅡPbZn3号矿体长67 m，平均厚度11.76 m，Pb平均品位1.12%，Zn平均品位1.03%，产状60°∠70°～110°∠72°
90	格尔木市哈西亚图铁矿床	中型	详查	T	Ⅲ-26	Ⅰ-7-3	出露地层为古元古界金水口岩群下岩组，岩性为大理岩和斜长片麻岩，该地层内广泛发育矽卡岩，为主要含矿岩性。矿区发育有三叠纪中酸性侵入岩，岩性为灰白色闪长岩、石英闪长岩、浅肉红色二长花岗岩及灰白色钾长花岗岩，其中石英闪长岩与成矿关系密切。矿区共圈定59条铁铅锌矿体，矿体走向长80～1150 m，厚1.01～10.84 m，延深70～600 m，TFe平均品位36.64%，Zn平均品位1.88%，Cu平均品位0.46%，Pb平均品位1.64%，Au平均品位4.11 g/t。C11磁异常区圈定6条主矿体，其中M1矿体位于第一层矿顶部，倾向180°，倾角20°～70°，矿体长975 m，厚1.50～12.09 m，平均厚度4.55 m，延深420 m，矿体TFe平均品位39.40%。M4矿体呈似层状，倾向180°，倾角33°～65°，矿体长1150 m，厚1.56～29.00 m，平均厚度8.48 m，延深400 m，TFe平均品位35.94%。M5矿体呈似层状，倾向180°，倾角10°～68°，矿体长1150 m，厚1.31～27.69 m，平均厚度7.5 m，延深600 m，TFe平均品位39.51%。M7矿体位于第三层矿顶部，呈似层状，倾向180°，倾角35°～75°。矿体长550 m，厚1.32～13.20 m，平均厚度7.35 m，延深500 m，TFe平均品位34.01%，Zn平均品位1.29%

续表 3-11

编号	矿产地名称	规模	勘查程度	成矿时代	成矿区(带)	构造单元	地质矿产简况
102	都兰县八路沟口北铅锌金矿点	矿点	预查	T	Ⅲ-26	Ⅰ-7-3	出露地层为古元古界金水口岩群，岩性主要为黑云斜长片麻岩、大理岩，侵入岩为花岗岩，以上二者接触处有一北西向矽卡岩带，长约 70 m，宽 5～6 m，产状 40°∠70°。矿体赋存于北西向矽卡岩带中，铅锌矿体长 70 m，宽 2 m；产状 40°∠70°。品位：Cu 0.22%；Pb 1.4%～3.4%；Zn 1.4%～3.7%。矿石为细粒自形结构，块状、团块状构造，金属矿物主要为方铅矿，少量黄铁矿、闪锌矿
103	都兰县岩金沟口北铅锌金矿点	矿点	预查	S	Ⅲ-26	Ⅰ-7-3	出露地层主要为古元古界金水口岩群，岩性为黑云斜长片麻岩，其次为大理岩，矿区侵入岩为闪长岩，地层和侵入岩接触带呈北西向延伸，闪长岩与大理岩接触处形成矽卡岩带。铅锌矿体主要赋存于东段的矽卡岩中，地表出露为闪长岩；地下矿体顶板为大理岩，底板为花岗岩、闪长岩。铅锌矿体长 25 m，宽 2～5 m，品位：Pb 2.0%；Zn 20%～40%；Au 1～2.95 g/t，平均 1.46 g/t。矿石为细粒自形结构，块状、团块状构造，金属矿物主要为方铅矿，少量黄铁矿、闪锌矿
104	都兰县黑石山铜铅锌矿床	小型	详查	T	Ⅲ-26	Ⅰ-7-3	出露地层主要为古元古界金水口岩群，由一套中深变质的黑云斜长片麻岩、斜长角闪片岩、斜长石英片岩、混合岩和大理岩组成。矿区侵入岩主要为三叠纪的中酸性侵入岩，主要岩性为花岗闪长岩，其次为花岗岩、斜长花岗岩、二长花岗岩、细粒闪长岩、石英闪长岩等。岩体与金水口岩群斜长角闪片岩的接触带形成矽卡岩带，是矿体的主要产出部位。矿区共圈定多金属矿体累计 18 条，主矿体特征：Ⅱ-4 号矿体由 Cu、Pb、Zn 三种元素复合而成，其中 Cu 矿体长 680 m，Zn 矿体长 930 m，Pb 矿体 350 m，矿体平均宽度 Cu 2.29 m、Pb 2.43 m、Zn 3.26 m，最宽 Cu 3.19 m、Pb 3.46 m、Zn 7.10 m，品位最高：Cu 1.98%、Zn 2.92%、Pb 0.59%，平均 Cu 1.15%、Zn 1.63%、Pb 0.54%。Ⅴ-1 号矿体由 Cu、Zn 两种元素复合而成，其中 Cu 矿体长 311 m，Zn 矿体长 47 m，矿体平均宽度 Cu 6.74、Zn 2.0 m，最宽 Cu 10.32 m、Zn 2.20 m，品位最高：Cu 5.91%、Zn 1.58%，平均 Cu 2.02%、Zn 0.81%。矿石矿物有黄铁矿、磁铁矿、磁黄铁矿、闪锌矿、黄铜矿，褐铁矿、方铅矿、铜蓝、铜矿、斑铜矿、黝铜矿、毒砂、孔雀石，矿石为等粒、不等粒鳞片粒状、纤维状、柱粒状、斑柱状、球粒状、细粒镶嵌变晶结构，角岩结构

续表 3-11

编号	矿产地名称	规模	勘查程度	成矿时代	成矿区(带)	构造单元	地质矿产简况
105	都兰县五龙沟地区岩金沟南锌铜矿点	矿点	预查	P	Ⅲ-26	Ⅰ-7-3	矿体主要赋存于古元古界金水口岩群白沙河组的白色大理岩与花岗闪长岩接触处的矽卡岩中。共见矿体 3 个,其中锌矿体 2 个,铜矿体 1 个(盲矿体)。锌矿体长 95~350 m,宽12.9~46 m,推深 10 m;铜体长 100 m,宽 23.5 m,推深 20 m。品位:平均品位 Zn 2.45%~2.54%;Cu 平均 0.27%
106	都兰县五龙沟铅锌矿点	矿点	预查	T	Ⅲ-26	Ⅰ-7-3	矿体产于三叠纪花岗闪长岩与白沙河组大理岩的外接触带。圈定矿体 2 条,均为盲矿体,两矿体间距 3~7 m。矿体走向北西-南东,倾向北东,倾角 61°~75°,矿体厚度一般为 1.3~3.5 m,铅品位一般为 0.6~6.06%,锌品位一般为 0.39%~4.88%。1 号矿体长 137 m,延深 76 m,平均厚度 1.5 m,平均品位 Pb 6.05%、Zn 0.51%;2 号矿体是矿区的主要矿体,长 195 m,延深 127 m,平均厚度 2.41 m,平均品位 Pb 5.15%、Zn 4.53%
108	都兰县岩金沟铅锌矿点	矿点	预查	T	Ⅲ-26	Ⅰ-7-3	出露地层为古元古界金水口岩群白沙河组,其岩性为混合岩化黑云斜长片麻岩、大理岩,侵入岩为闪长岩脉,上述大理岩与闪长岩接触处形成北西向的矽卡岩带。铅锌矿赋存于北西向矽卡岩中。矿体长 50~100 m,宽 0.5~3 m
112	都兰县金水口铁锌矿床	小型	普查	T	Ⅲ-26	Ⅰ-7-3	铁锌矿体赋存于中三叠世花岗闪长岩与金水口岩群大理岩接触处的矽卡岩中。共发现矿体 18 条。最大的一条矿体长 80 m,宽 20 m,呈透镜状、条带状等,其余矿体较小,铁矿平均品位 35.11%,有用矿物以磁铁矿为主,少量赤铁矿、黄铜矿、闪锌矿、黄铁矿等。铜矿点:铜品位 0.1%,矿化体受破碎蚀变带控制,破碎带宽 2~3 m,走向 192°,赋矿岩石为碎裂岩化花岗闪长岩,主要矿化为孔雀石化。金矿点:金品位 0.26 g/t,赋矿岩石为钾长石化碎裂岩化花岗闪长岩,主要矿化为弱褐铁矿化。蚀变带走向南东,宽度大约 50 m,多为地表岩石风化堆积物覆盖。锌矿点:锌品位 1.01%,矿化体受破碎带控制,破碎带宽 3~5 m,带内岩石破碎,赋矿岩石为碎裂岩化蚀变花岗闪长岩,见褐铁矿化。主要蚀变为绿泥石化、高岭土化、钾长石化、硅化
117	都兰县洪水河铁铜锌金矿床	小型	详查	T	Ⅲ-26	Ⅱ-1-1	出露地层主要有古元古界金水口岩群、中元古界蓟县系狼牙山组和第四系。其中狼牙山组大理岩夹片岩段为矿区赋矿地层。矿体赋存于矽卡岩中,共圈出锌多金属矿体 2 条,磁铁矿体 6 条,金矿体 2 条,铁钒帽 10 个。ZnⅠ-1 为以锌为主的多金属矿体,产状 220°∠61°,矿体长 90 m,真厚度 1.52~4.29 m,Zn 最高品位 21.7%,平均 8.32%,Ag 最高品位 142 g/t,平均 38.02 g/t。ZnⅠ-2 为一多金属矿体,地表长 50 m,控制真厚度 2.23 m,产状 258°∠57°,平均品位 Pb 10.15%、Zn 7.57%、Au 2.33 g/t、Ag 442.64 g/t、Cu 0.20%。区内矿石可分为以磁铁矿为主的铁多金属矿和以黄铜矿、闪锌矿为主的铜锌多金属矿两大类型。金属矿物主要有磁铁矿、磁黄铁矿、黄铁矿、黄铜矿、闪锌矿、方铅矿,其次为软锰矿、毒砂、辉钼矿、镜铁矿等

续表 3-11

编号	矿产地名称	规模	勘查程度	成矿时代	成矿区(带)	构造单元	地质矿产简况
118	都兰县清水河铜矿床	小型	普查	T	Ⅲ-26	Ⅱ-1-1	出露地层主要为中元古界万保沟群、上三叠统八宝山组、下—中侏罗统羊曲组、第四系等。其中，中元古界万保沟群火山岩组是矿区的主要含铜矿地层，岩性为玄武岩。矿区侵入岩主要为中三叠世的中酸性侵入岩，岩性主要为花岗闪长岩、英云闪长岩、钾长花岗岩。矿区共发现4条褐铁矿化蚀变带，5条Cu、Au、Pb多金属矿体及1个Cu矿化点。MⅠ号矿带位于sb1蚀变带内，有MⅠ-Cu1、MⅠ-Cu、Pb1两条铜多金属矿体，矿体呈似层状、板状，近东西向展布，MⅠ-Cu1矿体长336 m，厚2.61～5.33 m，矿体Cu平均品位0.47%；MⅠ-Cu、Pb1矿体长120 m，厚6.6 m，矿体Cu平均品位0.57%，Pb平均品位0.36%，两矿体产状15°∠67°左右。MⅢ号矿带分布有3条金多金属矿体，其中MⅢ-Au、Pb1矿体长95 m，厚1.78 m，矿体Au平均品位1.73 g/t，Pb平均品位0.38%；MⅢ-Au1金矿体长95 m，厚3.08 m，平均品位1.20 g/t，两条矿体产状60°∠62°。矿石中方铅矿化主要为细脉状，细粒他形
120	都兰县土讪铅锌矿点	矿点	普查	T	Ⅲ-26	Ⅰ-7-3	出露地层为中元古界小庙岩组，岩性黑云石英片岩，侵入岩为早三叠世花岗闪长岩。矿区矿石以铅锌为主，矿石结构主要为交代残余结构、次生假象结构、包含结构、半自形—他形粒状结构等。矿石构造有浸染状构造、网脉状构造、胶状构造、乳滴状构造、团块状构造、次生环带构造等。金属矿物以方铅矿、闪锌矿为主，次为黄铁矿、黄铜矿、辉铋矿、磁铁矿；氧化矿物有褐铁矿、孔雀石、黄钾铁矾等；脉石矿物以透辉石、方解石、绿帘石、绿泥石、角闪石、阳起石、斜长石、石英为主
122	都兰县阿柁北铜铅锌矿点	矿点	预查	T	Ⅲ-26	Ⅰ-7-3	出露地层为下石炭统大干沟组，属滨—浅海相沉积的灰岩及海陆交互相的碎屑岩与灰岩互层，自下而上共划分4层：石英岩状砂岩层、大理岩层、灰黑色砂页岩层、燧石条带灰岩层。该岩层与花岗闪长岩和上层上三叠统鄂拉山组火山岩为侵入接触，按地层顺序自下而上，可分为4个岩性层。石英岩状砂岩层、大理岩层、灰黑色砂页岩层、燧石条带灰岩层。矿点侵入岩为三叠纪花岗闪长岩、闪长岩

续表 3-11

编号	矿产地名称	规模	勘查程度	成矿时代	成矿区(带)	构造单元	地质矿产简况
123	都兰县双庆铁铅锌矿床	小型	详查	T	Ⅲ-26	Ⅰ-7-3	矿床含矿地层主要为下石炭统大干沟组，矿区三叠纪中酸性侵入岩发育，岩性主要为花岗闪长岩、黑云母花岗闪长岩斑岩。矿体赋存于下石炭统与三叠纪花岗闪长岩接触带之钙铝石榴透辉矽卡岩中，共发现 29 个矿体，其中铁矿体 9 个，铅锌矿体 18 个，铜矿体 2 个。矿体长 100～700 m，厚 1～20 m，延深几十米至 195 m。矿石结构主要有粗粒或细粒自形粒状、他形粒状、溶蚀及固溶体分解结构；矿石构造以块状、浸染状为主，少量脉状、条带状、胶状及网脉状。铁矿石品位：TFe 35.84%～53.19%，富矿石中平均 53%，最高 65.75%，富矿石占总矿石量的 56.5%。铅锌矿石品位：Pb 0.15%～14.64%、Zn 0.36%～15.33%。矿区平均品位：Pb 1.46%、Zn 3.00%、Cu 1.06%
125	都兰县河东北铅锌矿点	矿点	普查	T	Ⅲ-26	Ⅰ-7-3	矿区地层主要为下石炭统大干沟组，岩性为变质砂岩、变质粉砂岩、大理岩夹绿色片岩、绿泥石片岩等。矿区处于农场—双庆间北东向背斜构造之南翼，区内呈单斜构造。矿区见有三叠纪斑状花岗岩体，呈岩株产出。共圈了 4 条矿体，赋存于碎裂岩化白云质大理岩、黑云石英片岩与北西向断裂交接重叠的蚀变破碎带内。Ⅰ号金矿体长 100 m，宽约 2 m。平均 Au 1.34 g/t，最高 2.35 g/t，产状 215°∠44°。Ⅱ号铅锌矿体，长 100 m，宽约 1 m，平均 Pb 1.21%，走向 326°。Ⅲ号金、锌矿体，长 100 m，宽约 2 m，产状 250°∠47°，平均品位 Au 1.76 g/t、Zn 0.79%。Ⅳ号放射性铀、钍及多金属矿体长约 160 m，宽约 7 m
126	都兰县窑洞沟铁铅锌矿床	小型	普查	T	Ⅲ-26	Ⅰ-7-3	出露地层为下石炭统大干沟组，矿区断裂构造主要为大干沟组绿色片岩与大理岩之间的北东向层间断裂，为容矿构造，另外还有小规模的北西向断裂，矿区中酸性侵入岩发育，其中三叠纪花岗闪长岩、黑云母花岗闪长岩斑岩与矿体在成因上和空间上关系密切。矿区圈出 14 条矿体，其中发现低品位铁矿 10 条，铅矿 3 条，锌矿 1 条，矿(化)体赋存在大理岩与花岗岩的层间矽卡岩带内，矿(化)体呈板状，上薄下厚，矿体上贫下富，上为贫铁，中为铁铅、铁锌矿，下为铅锌铜。矿(化)体南区向东倾，北区向北倾，倾角 65°～70°，矿(化)体真厚度分别为 0.3～9.03 m，矿体长 50～100 m，平均品位 TFe 20.56%～26.55%，最高品位 33.73%。围岩蚀变主要有矽卡岩、阳起石化、绿帘石化、绿泥石化、绢云母化、高岭土化、硅化、碳酸盐化

续表 3-11

编号	矿产地名称	规模	勘查程度	成矿时代	成矿区(带)	构造单元	地质矿产简况
127	都兰县柴湾铜铅锌矿床	小型	详查	T	Ⅲ-26	Ⅰ-7-3	矿区零星出露有下石炭统大干沟组、上三叠统鄂拉山组，其中下石炭统大干沟组为一套滨—浅海相沉积岩系，为矿区主要含矿地层。矿区分Ⅰ矿化带和Ⅱ矿化带，共圈定矿体3条。其中ⅠCuPbZn-1矿体为一复合矿体，长572 m，厚1.23～8.83 m，平均厚度2.47 m，平均延深211.6 m，矿体倾向233°～248°，倾角为53°～75°，锌品位0.5%～12.34%，矿体平均品位3.39%，铜品位0.2%～4.67%，矿体平均品位1.20%，铅品位0.3%～12.6%，矿体平均品位1.23%。ⅡPbZn-1矿体长200 m，延深146 m，矿体厚1.21 m，产状360°∠47°，矿体平均品位为Pb 0.6%、Zn 1.69%。含矿岩性为矽卡岩、矿体顶板岩性矽卡岩，底板岩性为灰岩
128	都兰县龙洼尕当西沟铜铅锌矿点	矿点	预查	T	Ⅲ-26	Ⅰ-7-3	地层为下石炭统大干沟组、上三叠统鄂拉山组，区内发育有海西期花岗岩，区内广泛分布矽卡岩，并有磁铁矿化，以及铜、铅、锌矿化等。区内共圈定3条矿带，Ⅰ号矿带：产于矿区北部的陆相裂隙喷溢火山岩的矽卡岩带，长280 m，宽40 m左右，其内圈定铅锌矿体2条，矿体呈似层状，北北西-南南东走向，平均厚度6 m，延深60 m，矿体北北西向延伸，平均品位TFe 15.0%～52.10%、Pb 0.22%～2.74%、Zn 0.50%～3.53%。Ⅱ号矿带：产在区内中部的陆相裂隙喷溢火山岩的矽卡岩带。带长60 m左右，平均厚度3 m，延深30 m；矿体呈似层状，近东西方向。矿体为低品位磁铁矿体，肉眼见有星点状和浸染状的方铅矿、闪锌矿。Ⅲ号矿带：产于矿区东部的陆相裂隙喷溢火山岩中的矽卡岩带上，为一贫磁铁矿的铅锌矿带，铁品位较低，TFe品位17%左右、铅、锌品位较差；带宽2～10 m，表面呈灰黑色，局部黑色，走向北北西-南南东；磁铁矿呈稀疏浸染状，方铅矿、闪锌矿呈浸染状和细脉状
129	都兰县白石崖铁铅锌矿床	中型	勘探	T	Ⅲ-26	Ⅰ-7-3	矿区含矿地层主要为下石炭统大干沟组，可分为3个岩性段。其中中段的灰黑色中厚层状灰岩和白云质灰岩，受岩浆侵入接触变质，大多重结晶为大理岩，为区内主要含矿层；上段为砂页岩和燧石条带灰岩受接触变质影响，变质为角岩和大理岩，也是主要的含矿层。矿区的控矿和成矿构造发育，矿体主要受北北东逆断层、北东层间破碎带和侵入体接触构造控制明显。矿区岩浆活动强烈，以印支期岩浆活动为主，岩性为花岗闪长斑岩、肉红色钾长花岗斑岩、黑云母二长花岗岩，岩体与围岩接触部位发育有矽卡岩化。矿区共圈出铁矿工业矿体40条，低品位矿体7条；多金属矿工业矿体11条，低品位矿2条。各类矿体合计60条，矿体长为12～744 m，厚度为1.18～30.1 m，延深为30～300 m，铁品位为15.24%～55.90%，铅品位为0.299%～3.95%，锌品位为1.06%～4.77%，铜品位为0.1%～0.39%，矿体多呈似层状、透镜状脉状赋存于下石炭统大干沟组灰岩与中三叠世酸性侵入岩的接触带中或下石炭统大干沟组灰岩层间构造内

续表 3-11

编号	矿产地名称	规模	勘查程度	成矿时代	成矿区(带)	构造单元	地质矿产简况
130	都兰县龙洼尕当铁铅锌矿床	小型	详查	T	Ⅲ-26	Ⅰ-7-3	矿区含矿地层主要为下石炭统大干沟组,岩性为大理岩和燧石条带硅灰岩,区内岩浆岩分布面积较广,主要为印支期侵入的花岗闪长岩,岩体与大理岩或硅灰岩接触带广泛发育矽卡岩化及磁铁矿化,与成矿关系密切。矿区共圈出4个矿体,其中Ⅰ号铁矿体规模较大,铁品位较高。是矿床的主要矿体。Ⅱ号、Ⅲ号、Ⅳ号矿体规模次之,是区内主要的铅、锌矿体。Ⅰ号磁铁矿体,长300 m,平均真厚度6.71 m,延深115 m,平均品位37.53%,矿体产状60°~80°∠47°~79°。Ⅱ号铅锌矿体长175 m,平均真厚度6.17 m,最大延深305 m,产状70°~75°∠65°~70°,Pb+Zn平均品位2.08%;Ⅲ号铅锌矿体平均真厚度3.88 m,Pb+Zn平均品位15.64%,延深75 m,产状91°∠50°~55°;Ⅳ号铅锌矿体,产状91°∠68°,真厚度1.81 m,Pb+Zn平均品位9.21%。铁矿石的矿物成分,金属矿物以磁铁矿为主;铅锌矿石以闪锌矿、方铅矿为主。矿石结构有细粒—中粒半自形结构、粗粒自形—他形交代结构,构造有浸染状、细脉状、块状条带状、似豆状和碎裂状等。矿体围岩主要是透辉石矽卡岩
131	都兰县关角牙合北铜铅矿点	矿点	普查	T	Ⅲ-26	Ⅰ-7-1	矿化赋存于上石炭统缔奥苏组与三叠纪闪长岩、闪长玢岩接触带的矽卡岩中。含矿地段分东、西两区。西区:地表见宽1 m、1.3 m、2.2 m三层铜矿化体;深部钻孔亦见3层,视厚度为1.65 m、1.71 m、1.61 m的铜矿化体。西区矿石多呈团块状、星点状构造,少数为细脉状。地表氧化带普遍见褐铁矿、黄钾铁矾及少量铅矾、孔雀石,偶见黄铁矿及黄铜矿;深部矿化体中有磁黄铁矿、方铅矿、磁铁矿及黄铜矿等。矿化分布不均、不连续。地表矿化体品位Cu 0.233%~1.32%,深部Cu 0.315%~1.31%。东区:为褐铁矿体,其中含两层铅矿体,厚度分别为2.2 m及4.7 m。东区褐铁矿体伴生Cu、Pb、Zn,两层铅矿体平均品位分别为1.05%、1.4%
132	都兰县关角牙合南铅锌矿点	矿点	预查	T	Ⅲ-26	Ⅰ-7-3	出露地层有下石炭统大干沟组的大理岩和上三叠统鄂拉山组的火山岩。区内三叠纪下拉木松灰白色花岗闪长岩大面积分布,肉红色花岗斑岩脉侵入于花岗闪长岩中。含矿大理岩捕虏体产于花岗闪长岩中,矿化范围:长25 m,视厚1~2 m。矿体长7~8 m,视厚0.3~0.5 m,呈透镜状。Pb最高含量可达32.15%、Zn 28.66%、Cu 0.26%。矿石结构主要为他形粒状结构,其次为自形—半自形粒状结构、交代结构等。矿石构造主要为稀疏浸染状构造、块状构造、乳滴状构造。金属矿物有闪锌矿、磁铁矿、方铅矿、黄铜矿等

续表 3-11

编号	矿产地名称	规模	勘查程度	成矿时代	成矿区(带)	构造单元	地质矿产简况
133	都兰县东山根铜矿床	小型	普查	T	Ⅲ-26	Ⅰ-7-1	出露地层为晚三叠世中酸性火山碎屑岩，岩性主要为晶屑凝灰岩及火山角砾岩，矿区构造以断裂构造为主，分为3组，以北西向为主，北西西向、北东向次之，北东向与北西向两组断裂交叉部位是最主要的赋矿构造部位。矿区北东部为一花岗闪长岩侵入体，呈岩株状产出。矿区共圈定矿体8条，其中地表铜矿体3条，隐伏铜铅锌银矿体5条，深部铜铅锌银矿体多产于矽卡岩中。M6、M7、M8为主矿体，特征如下：M6矿体长约39.4 m，控制延深31 m，平均水平厚度2.85 m，铜平均品位0.60%、铅平均品位12.33%，锌平均品位12.49%，银平均品位849.07 g/t。M7矿体长约59 m，控制延深75 m，平均水平厚度3.01 m，铜平均品位1.12%、铅平均品位9.40%、锌平均品位15.35%、银平均品位494.66 g/t。M8矿体长约67.5 m，控制延深72.4 m，平均水平厚度3.70 m，铜平均品位1.39%，铅平均品位4.98%，锌平均品位4.5%，银平均品位205.49 g/t。矿石金属矿物有方铅矿、闪锌矿、黄铜矿、辉铜矿等，矿石呈中—细粒、自形—他形粒状结构，角粒状、稠密浸染状、细脉状构造
134	都兰县希龙沟铅锌矿点	矿点	预查	T	Ⅲ-26	Ⅰ-7-1	出露地层为中元古界沙柳河岩组上岩段，区内岩浆岩以三叠纪中酸性侵入岩为主，岩性为浅灰—浅肉红色斑状二长花岗岩，花岗闪长岩。矿化赋存于北东走向的层间破碎带中，矿体呈脉状、透镜状、扁豆状，共有矿脉4条，长5～50 m，宽0.05～0.3 m，产状65°～85°∠25°～60°，品位Pb 34.25%、Zn 2.36%、Sn 0.219%。矿石主要金属矿物方铅矿、闪锌矿。矿石主要为他形粒状结构，构造主要为稀疏浸染状构造、块状构造
135	都兰县海寺驼峰铅锌矿床	小型	详查	T	Ⅲ-26	Ⅰ-7-1	出露地层主要为上三叠统鄂拉山组，岩性主要为大理岩、碳质板岩、石英砂岩、矽卡岩化砂岩、矽卡岩化石英砂岩、矽卡岩等，矽卡岩是矿区的含矿层位。矿区内岩浆岩分布较广，以三叠纪侵入岩花岗闪长斑岩为主，次为分布在矿区北西角的钾长花岗岩脉。矿区圈定6条铅锌矿体，多具有局部膨大、缩小、分支、复合等特点，其中Ⅲ-①号矿体总体呈不规则似层状，长142 m，厚4.06～6.63 m，平均厚度5.21 m，Pb品位0.35%～25.54%，平均品位9.98%；Zn品位0.75%～19.92%，平均品位8.75%，产状133°～167°∠56°～62°。矿石结构主要有自形晶粒状结构、半自形晶粒状结构，构造主要有致密块状、浸染状构造。矿石矿物有方铅矿、闪锌矿、黄铁矿、黄铜矿、磁黄铁矿，脉石矿物有透辉石、石榴石、绿帘石、石英、方解石

续表 3-11

编号	矿产地名称	规模	勘查程度	成矿时代	成矿区(带)	构造单元	地质矿产简况
136	都兰县希龙沟铁铅锌矿床	小型	详查	T	Ⅲ-26	Ⅰ-7-1	出露地层为古元古界金水口岩群下岩组，岩性为一套片岩、片麻岩，夹薄层状或扁豆状大理岩，区内岩浆活动不强烈，主要为闪长玢岩及少量的石英脉，其中前者顺层产出与成矿有关。铁矿主要赋存于古元古界金水口岩群大理岩与花岗闪长岩接触处附近的矽卡岩化大理岩中。共圈出大小矿体 14 条，其中铁矿体 12 条，铅锌矿体 2 条。铁矿体长一般 30～90 m，最长 331 m 和 268 m；厚 0.7～2.89 m，最厚 4.55 m 和 3.13 m；延深一般 20～70 m，最大 300 m，个别 170 m。铅锌矿体长 75～150 m，厚 1.40～1.79 m，延深 89～150 m，呈脉状，倾角 55°。矿区磁铁矿呈半自形—他形粒状结构、交代残余结构；致密块状构造、中等—稠密浸染状构造。铅锌矿石呈他形晶结构；块状构造。矿石矿物主要为磁铁矿，少量黄铁矿。脉石矿物主要为蛇纹石、石榴石、绿泥石等。品位：矿体平均 TFe 26.37%～45.07%、Pb 7.95%～10.6%、Zn 6.54%～8.91%
139	都兰县热水克错铅锌矿床	小型	详查	T	Ⅲ-26	Ⅰ-7-1	矿区出露地层仅见零星的下石炭统，岩性为粉砂岩，夹层有大理岩和角岩，呈残留体分布于浅肉红色黑云母花岗斑岩中。矽卡岩分布于花岗斑岩与大理岩接触带，是矿区主要的含矿岩石。断裂构造多为负地形，走向近东西向，倾向南或北，倾角 60°～80°，破碎带多发育于岩体与围岩捕虏体的接触部位，控矿作用明显。区内侵入岩出露广泛，岩性为印支期黑云母花岗斑岩。矿区划分为北、中、南 3 条矿化带。其中中矿化带为本矿区含矿重点地段，矿化带长 250 m，宽 6～10 m，走向 80°，倾向北，倾角 80°左右。带内圈出两条矿体，PbZnⅠ矿体：控制长 100 m，平均水平厚度 1.51 m，真厚度 1.50 m，产状 350°∠80°～87°，平均品位 Pb 6.75%、Zn 1.21%、Ag 19.04%。PbZnⅡ矿体：控制长 162 m，平均水平厚度为 2.344 m，真厚度 2.323 m，产状 350°∠80°～87°，平均品位为 Pb 8.26%、Zn 3.05%、Ag 24.19%。矿石结构有自形—他形不等粒粒状结构、自形—半自形—他形不等粒粒状结构，矿石构造有细脉—网脉状构造、块状构造、条带状构造、浸染状构造。矿石矿物有毒砂、方铅矿、闪锌矿、黄铁矿、黄铜矿、白铁矿及少量磁黄铁矿等
140	都兰县恰当铜矿床	小型	详查	P	Ⅲ-26	Ⅰ-7-3	出露地层为上石炭统缔敖苏组，岩性为大理岩、斜长角闪岩，矿区出露海西期肉红色花岗岩，岩体呈岩株状，北西向展布，与成矿关系密切。矿化带发育在海西期肉红色花岗岩与大理岩接触带的矽卡岩中，矿化带长 300 m，宽 5～10 m，矿区圈定一条铜矿体，长 120 m，厚 1.73～4.70 m，一般含铜 10%左右，最低 0.047%，最高 24.19%。矿石多呈交代结构、中粗粒自形—他形粒状结构，块状、稠密浸染状、稀疏浸染状构造。金属矿物主要为黄铜矿、斑铜矿等。矿床平均品位铜 4.98%、锌 6.05%、铅 6.93%、银 145.11 g/t

续表 3-11

编号	矿产地名称	规模	勘查程度	成矿时代	成矿区(带)	构造单元	地质矿产简况
142	都兰县克错铜铅矿点	矿点	普查	T	Ⅲ-26	Ⅰ-7-1	区内出露地层以石炭系为主,周边为海西期—印支期中酸性侵入岩所包裹,为侵入岩“吞食”后的残留体。矿区圈定铜矿(化)体 17 条,铅矿体 2 条,磁铁矿点 1 处,共 20 个矿(化)体。矿区分东、西两个成矿区,西部成矿区总的特征为:矿体一部分沿接触带断续分布,有Ⅰ、Ⅸ、ⅩⅦ共 3 条;另一部分位于外接触带怀头他拉组中,岩石出露变砂岩,角岩化发育,有Ⅱ-Ⅷ、Ⅺ、Ⅻ、ⅩⅢ、ⅩⅤ号矿体共 12 条。矿体长度 2～160 m,平均品位铜 0.3%～1.14%。矿体品位低,规模小,连续性差,矿化强度低。东部成矿区,矿体赋存于花岗闪长岩与怀头他拉组大理岩的接触带附近。矿体长 20～160 m,平均品位铜 0.76%～4.59%,矿体倾角北西或北东,倾角一般在 20°～80°之间。铅矿化赋存于东部成矿区,方铅矿含量 12%～20%,矿体产状为 70°∠62°,矿体厚约 2 m,长度不详
143	都兰县大卧龙铅锌矿床	小型	普查	T	Ⅲ-26	Ⅰ-7-1	矿区出露地层主要为奥陶系祁漫塔格群上岩组下岩性段,为海相火山碎屑岩,岩性早期以硅质、火山碎屑、碳酸盐岩为主,晚期则以火山碎屑岩为主。矿区内发育 F_8、F_{101} 断层,其中,F_9 断层规模较大,是区内主要断层,与矿化关系密切。区内岩浆侵入活动十分强烈,主要为三叠纪岩浆活动,岩石类型包括闪长岩类、花岗岩类等。矿区发现 2 条矿化带,共圈定矿体 4 个,分别为 M3-1 锌铜矿体、M3-2 铅锌银矿体、M3-3 低品位铅矿体(盲矿体)、M3-4 铜矿体。M3-2 矿体为矿区主要矿体,矿体总体走向近北西-南东,向南陡倾,矿体长约 262m,平均真厚度 4.67m。矿石呈中细粒结构,浸染状构造、块状构造。矿石矿物主要有闪锌矿、方铅矿等;脉石矿物有透辉石、石榴石、绿泥石、绿帘石、方解石、黑云母等。矿床平均品位:锌 21.54%、铅 5.04%
144	都兰县大卧龙南岔沟铜铅矿点	矿点	普查	T	Ⅲ-26	Ⅰ-7-1	矿体产于奥陶系祁漫塔格群上岩组下岩段的黑云石英片岩、大理岩与三叠纪花岗岩的外接触带和黑云石英片岩中,层间断裂构造发育,矿体受大理岩层及层间破碎带控制。矿化主要与矽卡岩关系密切。共圈定铜矿体 2 条,铜铅矿体 1 条。M2-1 号为铜矿体,呈透镜状,矿体长 143 m,铜平均品位 0.33%,平均厚度为 2.5 m,含矿岩性为斜长角闪片岩和矽卡岩,矿体产状 25°∠65°。M2-2 号为铜铅矿体,呈透镜状,矿体长 143 m,铜平均品位 0.48%,平均厚度 1.76 m,铅平均品位 0.35%,厚度 1.76 m,含矿岩性为矽卡岩,矿体产状 255°∠50°。M2-3 号为铜矿体,呈似层状,矿体长 155 m,铜平均品位 0.68%,厚度 1.60 m,含矿岩性为矽卡岩。矿体总体走向 335°～155°。矿石呈中细粒结构,浸染状构造。矿石矿物为黄铜矿及少量磁铁矿、磁黄铁矿、黄铁矿等,次生矿物有孔雀石、褐铁矿等。脉石矿物有透辉石、石榴石、绿泥石、绿帘石、方解石、黑云母等

续表 3-11

编号	矿产地名称	规模	勘查程度	成矿时代	成矿区(带)	构造单元	地质矿产简况
146	都兰县加肉沟铜铅锌矿点	矿点	预查	T	Ⅲ-26	Ⅰ-7-1	铜铅锌矿体赋存于奥陶系祁漫塔格群的绢云石英片岩断裂破碎蚀变带中。主要矿石矿物为孔雀石和黄铜矿。品位:Cu 2.18%、Pb 0.3%～9.88%、Zn 0.52%～1.58%。另该点的南东方向亦有两处矿化点,矿石矿物除孔雀石外,还有黄铜矿和蓝铜矿。品位:Cu 0.43%～1.67%、Pb 0.31%～1.02%、Zn 0.52%～1.36%和 Cu 0.3%～6.88%、Pb 0.53%～5.12%
149	都兰县多沟铅锌铜矿点	矿点	预查	T	Ⅲ-26	Ⅰ-7-1	区内出露地层主要为下石炭统大干沟组,岩性为大理岩及长英质角岩。矿区侵入岩主要有海西晚期花岗闪长岩、闪长岩及印支期似斑状花岗岩。矿(化)体呈脉状赋存于下石炭统大干沟组大理岩与安山岩的接触部位。矿化带沿北东-南西向延伸,长 480 m,宽 5～10 m。带内圈定多金属矿体 1 条,矿体断续长 75 m,宽 0.3～2.4 m,沿层理或裂隙呈脉状产出。矿石品位:Pb 一般 2%,少数>10%,个别达 42.31%;Zn、Cu 一般低于 0.3%。矿石多呈细脉状、星散浸染状,局部呈块状构造。矿石金属矿物主要为方铅矿,其次为黄铁矿、闪锌矿、黄铜矿等,脉石矿物主要为石英和方解石等
150	都兰县柯柯赛铅锌铜矿点	矿点	预查	T	Ⅲ-26	Ⅰ-7-1	出露地层主要为下石炭统大干沟组大理岩,为主要赋矿地层。矿区断裂主要有北东东向,其次为南北向及南东东向,与成矿有关的是北东东向断裂组和南北向断裂组。矿区岩浆活动强烈,主要有三叠纪岩浆侵入活动,见于矿区北部,主要岩性有黑云母花岗岩,斜长花岗岩及闪长岩脉。矿体主要赋存于早石炭世大理岩内的北东东向与南北向节理裂隙交会处。矿区共圈定出矿体 5 条,其中 M1 和 M4 规模相对较大,M1 控制垂深 56.9 m,M4 控制垂深 32.5 m。矿石多呈半自形至他形粒状结构,构造为细脉浸染状、斑杂状及稀疏浸染状,金属矿物主要为闪锌矿和方铅矿,其次是黄铁矿,可见少量黄铜矿,偶见磁铁矿,脉石矿物主要为方解石,其次为透辉石、绿泥石、石榴石
152	都兰县柯柯赛(奈弄)铅锌银矿点	矿点	预查	T	Ⅲ-26	Ⅰ-7-1	出露地层为寒武系阿斯扎群碳酸盐岩组的大理岩段,侵入岩为三叠纪花岗闪长岩。在侵入岩与地层接触带圈定一条多金属矿(化)体,矿体呈脉状,长 8 m,宽 20～60 cm,倾向 170°,倾角 25°。品位:Pb 1.3%～6.69%、Zn 4.03%～12.03%、Cu 0.14%、Ag 30～204.8 g/t。矿石呈细粒结构,稠密浸染状—块状构造。金属矿物主要为闪锌矿和方铅矿,其次是黄铁矿,可见少量黄铜矿,偶见磁铁矿,脉石矿物主要为方解石,其次为透辉石、绿泥石、石榴石

续表 3-11

编号	矿产地名称	规模	勘查程度	成矿时代	成矿区(带)	构造单元	地质矿产简况
153	都兰县胜利铁铜锌矿床	小型	普查	T	Ⅲ-26	Ⅰ-7-3	出露地层主要为上石炭统缔敖苏组，为一套碎屑岩、碳酸盐岩夹火山岩的海相火山-沉积建造，岩性主要为大理岩、安山岩等。矿区侵入岩主要有三叠纪花岗闪长岩，花岗闪长岩体与大理岩之间的接触带构造呈不规则的港湾状，有大小不等的矽卡岩带，与金属矿化的关系十分密切。矿区断裂构造十分发育，主要有北西向，近东西向、北东向 3 组，叠加于矽卡岩体中，是磁铁矿化、多金属矿化的容矿构造。矿区圈出 9 条铁矿体，矿体长 20～178 m，厚 1.46～8.71 m，平均品位 21.3%～42.04%。其中Ⅲ号矿体有部分为含金铁铜锌矿体，厚 7.71 m，平均品位 Au 0.41 g/t，Cu 0.53%，Zn 1.58%，单样最高 Au 1.53 g/t，Cu 3.73%、Zn 6.3%。矿石结构有自形、半自形、他形不等粒状结构、交代结构、碎裂结构。矿石构造有致密块状、稠密浸染状、稀疏浸染状、网脉状等。主要金属矿物为磁铁矿，次有赤铁矿、黄铁矿、闪锌矿、褐铁矿、铜蓝等。矿床平均品位 TFe 33.34%、Cu 0.53%、Zn 1.58%
155	都兰县河夏沟口铜锌金矿点	矿点	预查	T	Ⅲ-26	Ⅰ-7-1	铜矿(化)体主要赋存于奥陶系祁漫塔格群与三叠纪花岗闪长岩接触带的矽卡岩带中，由北至南可划分为 2 个矿化带和 1 条矽卡岩带，带内共圈定铜矿体 3 条，金铜矿化体 1 条，金锌矿化体 1 条。M1 矿化带，位于滩间山群角闪安山岩中的同一层大理岩透镜体中，矿化带长约 400 m，宽 2～10 m，该带圈定矿体两条：M1-1 铜矿体，推测长 150 m，水平宽 4.1 m，呈透镜状，矿体产状 225°∠58～80°，铜品位 0.29～4.45%，平均品位 1.63%。M1-2 为铜锌矿体，推测长 160 m，宽 2.3 m，呈透镜状，矿体底板产状 60°∠87°，矿体顶板产状 215°∠79°，铜平均品位 1.04%，锌平均品位 0.71%。M2 矿化带受 F_2 断裂控制，矿带产状 45°∠48°，其中见金铜矿化，铜矿化体宽约 3 m，铜品位 0.2%，金品位 1.46 g/t。矽卡岩带呈北西向分布在三叠纪花岗岩与滩间山群大理岩接触带部位，矽卡岩带长 1700 m，宽 30～150 m，带中圈出金锌矿化体 1 条。矿石类型主要为黄铜矿矿石、黄铜矿闪锌矿矿石。矿石矿物为黄铜矿、黄铁矿、孔雀石、蓝铜矿、褐铁矿、磁铁矿、闪锌矿。脉石矿物主要为石榴石、透辉石、方解石等，其次为阳起石、绢云母等。矿石结构有他形粒状结构、他形—半自形粒状结构、包含结构，矿石构造有块状构造、浸染状构造

续表 3-11

编号	矿产地名称	规模	勘查程度	成矿时代	成矿区(带)	构造单元	地质矿产简况
156	都兰县三岔北山铜铅锌矿床	小型	普查	T	Ⅲ-26	Ⅰ-7-1	出露地层主要为奥陶系祁漫塔格群，岩性为暗绿—灰黑色变角闪安山岩夹黑云石英片岩及扁豆体状大理岩。矿区断裂构造较为发育，以北西向为主，各次级断层是本区铜多金属矿体的主要赋存部位。区内侵入岩发育，侵入时代为海西期和印支期，印支期花岗闪长岩、二长花岗岩呈北西向分布在测区的北部，与祁漫塔格群上岩段片岩、中岩段大理岩呈侵入接触，局部地段形成矽卡岩带，与多金属矿化关系十分密切。区内共圈定矿体 47 个，其中以铜为主的矿体 43 个，铅、锌(金)矿体 4 个。M1-2 矿体为铜、铅、锌、金、银、铁复合矿体，长约 800 m，最大控制斜深 330 m，真厚度最大 23.70 m，最小 0.96 m，平均厚度 4.87 m。矿石结构为自形结构、环带结构、他形不规则状结构、交代结构、包含结构、他形—半自形结构，构造为浸染状构造、网脉状构造、块状构造，星点状构造等。矿石中金属矿物主要为黄铜矿、黄铁矿、磁铁矿、闪锌矿等。矿石矿物主要是角闪石、辉石、石榴石、方解石、绿帘石、石英等
157	都兰县柯柯赛北山铁铜铅矿床	小型	普查	T	Ⅲ-26	Ⅰ-7-1	出露地层主要有上三叠统鄂拉山组，为一套陆相火山岩系，岩性以安山岩、流纹岩、英安岩、长英质角砾熔岩为主，受接触交代变质作用形成矽卡岩。区内主体构造线呈北西向，断裂对成矿有明显的控制作用。区内岩浆侵入活动以印支期为主，呈岩株状北西向大面积分布，岩体主要有花岗岩、钾长花岗(斑)岩等。区内仅发现 1 条磁铁矿体，矿体呈北东东-南西西向透镜状产出，长 163 m，最宽处 25 m，平均厚度为 10.23 m，倾向北西，倾角 88°；化学分析 TFe 平均品位达 44.77%，磁铁矿矿石中金属矿物主要为磁铁矿，伴有磁黄铁矿、黄铁矿，含少量闪锌矿、黄铜矿、方铅矿、赤铁矿、褐铁矿、白铁矿等。矿石呈他形—半自形，部分呈半自形—自形粒状结构，构造以浸染状构造为主
158	都兰县三岔北山西侧铅锌(铁)矿点	矿点	预查	T	Ⅲ-26	Ⅰ-7-1	出露地层为奥陶系祁漫塔格群的大理岩和上三叠统鄂拉山组火山岩及火山碎屑岩。矿点东侧有三叠纪柯柯赛二长花岗岩广泛分布。铅矿化产于祁漫塔格群大理岩中的断裂破碎带内。矿体长 8 m，视厚 0.6～1 m，呈透镜状产出。矿石品位：TFe 38.14%，Pb 1.48%，Zn 4.51%。矿石呈细粒结构，稠密浸染状—块状构造。金属矿物主要为闪锌矿和方铅矿，其次是黄铁矿，可见少量黄铜矿，偶见磁铁矿，脉石矿物主要为方解石，其次为透辉石、绿泥石、石榴石

续表 3-11

编号	矿产地名称	规模	勘查程度	成矿时代	成矿区(带)	构造单元	地质矿产简况
160	都兰县加羊铅锌银矿床	小型	详查	T	Ⅲ-26	Ⅰ-7-1	出露地层主要为奥陶系祁漫塔格群,为一套碳酸盐岩组和变火山岩岩组,其中碳酸岩岩组岩性为泥晶灰岩、泥灰岩等,为矿区的主要赋矿层位。区内出露的侵入岩主要为三叠纪花岗闪长岩。矿区共圈定 39 条矿(化)体。其中Ⅻ号矿体,长 144 m,延深 150 m 左右,矿体总体走向北北东-南南西,倾向南东,倾角 56°～79°,矿体真厚度 1.41～6.02 m,平均厚度3.34 m,品位:Pb 1.03%～7.74%,Zn 0.61%～9.69%,Ag 3.77～258.24 g/t,平均品位 Pb 3.07%、Zn 2.72%、Ag 61.01 g/t。ⅩⅣ-1 号矿体,长 240 m,延深 200 m 左右,走向北北东-南南西,倾向南东,倾角 50°～79°,真厚度 1.73～8.75 m,平均厚度 3.43 m,品位:Pb 1.44%～5.81%、Zn 1.00%～8.32%、Ag 17.00～173.10 g/t,平均品位 Pb 3.26%,Zn 4.22%,Ag 65.66 g/t。矿石矿物主要为磁黄铁矿、闪锌矿、方铅矿、胶状黄铁矿,少量黄铜矿、黄铁矿,偶见自然银、磁铁矿。矿石结构主要为不等粒粒状变晶结构,矿石构造主要为块状构造
161	都兰县柯赛东铅锌银矿床	小型	详查	T	Ⅲ-26	Ⅰ-7-1	区内地层主要为奥陶系滩间山群,为一套区域变质叠加接触交代变质岩系,其岩性为大理岩、透辉石石榴石矽卡岩、石榴石矽卡岩等,是最主要含矿地层。矿区岩浆活动以三叠纪中酸性侵入岩为主,呈岩株状,主要有花岗闪长岩、钾长花岗岩、二长花岗岩及少量花岗斑岩。矿区共圈定矿体 41 条,其中Ⅳ-1 号铅锌矿体是规模最大的矿体,长 450 m,厚 0.92～26.17 m,平均厚度 5.60 m,矿体产状 43°～89°∠42°～83°,平均品位 Pb 0.87%、Zn 2.57%、Ag 18.69 g/t。Ⅰ-7 铅锌矿体长 200 m,控制斜深 37～120 m,厚 0.54～5.42 m,平均厚度 2.09 m,产状:52°∠58°,平均品位:Pb 4.09%、Zn 3.22%、Ag 339.77 g/t。矿石矿物主要为方铅矿、闪锌矿等,其次为磁铁矿、铜蓝、自然铜等,矿石矿物主要有石英、透辉石、石榴石、方解石等。矿石的结构为自形—半自形粒状结构、他形粒状结构等,矿石的构造为稀疏浸染状构造、块状构造等
162	都兰县三岔北山东铅锌矿床	小型	预查	T	Ⅲ-26	Ⅰ-7-1	矿区地层主要为奥陶系祁漫塔格群,岩性为暗绿—灰黑色变角闪安山岩夹黑云石英片岩及扁豆体状大理岩等,为含矿岩层。矿区断裂构造以北西向为主,主断裂与次级构造的分支、复合部位及各次级断层是本区铜多金属矿体的主要赋存部位。区内侵入岩发育,其中三叠纪花岗闪长岩、二长花岗岩与多金属矿化关系十分密切。矿区共发现铜多金属矿化带 5 条,圈定矿体 47 条,其中铜多金属矿体 43 条,低品位锌矿体、锌金矿体各 1 条,低品位铅矿体 1 条、低品位金矿体 1 条。M1-2 矿体长约 800 m,最大控制斜深 330 m,铜矿体真厚度 23.70 m,厚度最大 23.70 m,最小 0.96 m,平均厚度 4.87 m,矿体倾向 220°～230°,倾角 55°～70°,铜品位 0.28%～4.68%。M5-3 矿体,为铅、锌、铜、铁复合矿体,长约 600 m,平均厚度 2.59 m,铅平均品位 3.43%,锌平均品位 2.26%,铜平均品位 0.31%,TFe 平均品位 34.61%。矿石为自形结构、他形—半自形结构、交代结构等,浸染状构造、网脉状构造、块状构造等。金属矿物主要为黄铜矿、黄铁矿、磁铁矿、闪锌矿、白铁矿、辉铜矿、孔雀石、褐铁矿等

续表 3-11

编号	矿产地名称	规模	勘查程度	成矿时代	成矿区(带)	构造单元	地质矿产简况
166	都兰县马日牟乌卡沟铅锌矿点	矿点	预查	T	Ⅲ-26	Ⅰ-7-3	矿点出露地层为古元古界金水口岩群，岩性主要为黑云斜长片麻岩、大理岩。侵入岩为晚三叠世花岗闪长岩。矿(化)体赋存于大理岩与三叠纪石英闪长岩之接触带矽卡岩中，品位：Zn 1.7%、Pb 0.08%、Cu 0.2%。矿石为充填—交代结构，次为网状结构、压碎结构等，以浸染状构造为主，次为块状、细脉状、角砾状构造。金属矿物有闪锌矿、黄铜矿、黄铁矿、方铅矿、磁黄铁矿、磁铁矿与斑铜矿等
167	兴海县什多龙北山铅锌矿床	小型	普查	T	Ⅲ-26	Ⅰ-7-1	出露地层为古元古界金水口岩群，岩性为黑云斜长角闪片麻岩、大理岩。侵入岩主要为三叠纪花岗闪长岩。矿床平均品位：锌 1.89%、铅 0.86%。矿石为充填—交代结构，次为网状结构、压碎结构等，构造以浸染状为主，次为块状、细脉状、角砾状。金属矿物有闪锌矿、黄铜矿、黄铁矿、方铅矿、磁黄铁矿、磁铁矿与斑铜矿等
170	共和县哇若地区过仓扎沙(As1)铅锌矿点	矿点	预查	T	Ⅲ-26	Ⅰ-7-4	区内出露地层主要有古元古界金水口岩群的千枚岩片岩，大理岩；中二叠统切吉组之含砾粗砂岩、中细粒长石石英砂岩及火山角砾岩夹英安岩。岩浆活动主要为三叠纪的花岗岩，围岩蚀变主要为矽卡岩化、碳酸盐化、硅化。圈定有 3 条铅锌矿体。$Ⅰ_1$号(铅、锌)矿体位于上石炭统中，产于石英岩中，地表出露长 30 m，宽 4.0 m，走向北北东。倾向 100°，倾角 36°。矿石品位：Pb 3.79%、Zn 4.53%、Ag 68.6 g/t。$Ⅰ_2$号(铅)矿体，产于上石炭统的板岩中，地表控长 60.0 m，宽 0.6 m，走向北北东。Pb 平均品位 0.36%。$Ⅰ_3$号(铅)矿体，产于上石炭统硅质板岩中，地表控长 80.0 m，宽 1.20 m，走向近南北向，Pb 品位 0.37%。矿石矿物为方铅矿、磁铁矿，脉石矿物为石英、方解石等，矿石呈他形—半自形粒状结构，浸染状构造或小团块构造
171	共和县哇若地区过群(As2 异常)铅锌矿点	矿点	预查	T	Ⅲ-26	Ⅰ-7-4	区内出露地层主要有古元古界金水口岩群之白云斜长片麻岩、黑云斜长片麻岩夹黑云片岩、薄层大理岩、石英片岩火山角砾岩等。矿区岩浆活动不发育，局部有三叠纪闪长花岗岩出露。$Ⅱ_1$锌矿体地表长 60.0 m，宽 1.0 m，倾向南西，倾角 40°，Zn 品位 2.16%。$Ⅱ_2$铅、锌矿体长 100 m 左右，宽 0.20 m，倾向 145°，倾角 45°，Pb 最高品位 30.5%，Zn 最高品位 3.90%。矿石矿物主要为方铅矿、闪锌矿，脉石矿物为石英、方解石，矿石呈他形粒状小团块状结构、他形—半自形粒状结构，脉状构造、浸染状构造、块状构造。围岩蚀变程度较高，主要为硅化、角岩化、褐铁矿化为主

续表 3-11

编号	矿产地名称	规模	勘查程度	成矿时代	成矿区(带)	构造单元	地质矿产简况
181	兴海县都休玛铅锌矿点	矿点	预查	T	Ⅲ-26	Ⅰ-7-4	出露地层为上三叠统鄂拉山组三段，岩性为流纹英安岩、凝灰岩等。侵入岩为三叠纪中细粒黑云母二长花岗岩。矿化赋存于上三叠统鄂拉山组三段与三叠纪黑云母二长花岗岩的接触带附近，宽 180～200 m，沿北西-南东向延伸，矿体地表断续出露，长度大于 3 km，品位：Pb 0.01%～0.11%、Zn 0.01%～0.22%(3 个样)、Cu 0.01%～0.09%、Ag 3.0～4.0 g/t。矿石呈他形、半自形粒状变晶结构，细脉浸染状构造，金属矿物主要为黄铁矿，偶见黄铜矿等
201	贵德县下多隆铅矿点	矿点	预查	T	Ⅲ-28	Ⅰ-8-1	出露地层主要为下—中三叠统隆务河组，岩性主要为碎屑岩、碎裂岩化灰岩、泥灰岩，侵入岩主要为晚三叠世花岗闪长岩，岩体与地层之间发育有矽卡岩化。矿化产在石榴透辉矽卡岩中。矿点范围内残坡积发育，未发现矿化基岩露头，仅见含矿矽卡岩转石，分布范围约 200 m×200 m，矿化集中地段长 13 m，宽 0.7 m。含 Pb 最高达 9.8%，一般 1%左右；Zn、Cu 约为 0.1%
210	泽库县公钦隆瓦东沟铅砷矿点	矿点	预查	T	Ⅲ-28	Ⅰ-8-1	出露上三叠统鄂拉山组安山岩。矿化蚀变带走向 340°～355°，计有 6 条，总宽度为 50 m。其中Ⅱ矿化蚀变带中有一条铅砷矿脉，位于断层上盘，长 15 m、宽 5 m。其余者均为矿化。品位：含 Pb 1.29%、As 3.11%
211	泽库县直贡尕日当铜铅锌矿点	矿点	预查	T	Ⅲ-28	Ⅰ-8-1	出露上三叠统鄂拉山组安山岩，三叠纪阿米夏降山花岗闪长岩在矿点及其北侧大面积分布。近南北向压扭性断层通过矿点，受此断层影响，安山岩和花岗闪长岩均具蚀变和碎裂岩化。两组裂隙发育，一组走向 60°～70°，另一组走向 310°～320°，其内均有矿脉充填。含矿电气石石英脉产于花岗闪长岩与安山岩的内接触带，受断层破碎带控制，点内共发现矿脉 12 条，一般长 5～8 m，最长 30 m，一般厚 0.05～0.2 m，最厚 0.4～0.5 m。矿石矿物有黄铜矿、方铅矿及闪锌矿等，表生矿物有孔雀石、褐铁矿，脉石矿物有石英、电气石。矿石呈半自形粒状结构，团块状和浸染状构造。矿石含 Pb 3.13%、Zn 1%、Cu 0.53%

续表 3-11

编号	矿产地名称	规模	勘查程度	成矿时代	成矿区(带)	构造单元	地质矿产简况
219	同仁县英熬龙瓦铅锌铜矿点	矿点	预查	T	Ⅲ-28	Ⅰ-8-1	出露上三叠统鄂拉山组灰绿色安山岩、安山质火山角砾岩、凝灰熔岩。三叠纪阿米夏降山花岗闪长岩呈岩基产出在矿点之北侧，大面积分布。矿化产在花岗闪长岩与安山岩接触带，计有 2 条含矿石英脉，长 20 m 左右，宽 2～30 cm。矿石矿物有毒砂、黄铜矿、方铅矿、闪锌矿、硫锑铅矿、黄铁矿、磁黄铁矿等，表生含铜矿物有孔雀石。品位：含 Pb 2.3%、Zn 11.63%、Cu 0.37%、As 9.23%
229	玛沁县雪前铅锌矿点	矿点	预查	J	Ⅲ-29	Ⅱ-2-1	出露地层为下三叠统洪水川组火山岩段，岩性为中酸性熔岩、熔岩角砾岩、集块岩、安山岩，中三叠统闹仑坚沟组，岩性为板岩、砂岩、凝灰岩、生物灰岩等。该点处见钾长花岗岩侵入三叠系中。铅锌矿化见于钾长花岗岩外接触带的大理岩化灰岩中，矿化范围长约 10 m、宽 0.2～1 m 不等，近东西向延展。矿石多呈稀疏浸染状，局部呈小团块状，在矿化体内，取拣块样分析 Cu 0.041%、Pb 0.71%、Zn 3.48%、Ag 22 g/t。矿化大理岩中铅锌已达工业品位。矿石为交代结构、包含结构、他形粒状结构，呈稀疏浸染状，局部呈小团块状构造。金属矿物有方铅矿、闪锌矿、黄铜矿、黄铁矿等
231	治多县藏麻西孔银铜铅矿床	中型	普查	K	Ⅲ-33	Ⅲ-2-3	矿区出露地层主要为风火山群下岩组，分为上、下两个岩段：下岩段为紫色中厚层中粗粒岩屑石英砂岩、钙质岩屑砂岩夹紫红色钙质泥岩等，是区内的第一含矿层；上岩段为紫红色中厚层中粗粒长石、石英砂岩，岩屑长石石英砂岩夹紫红色粉砂质泥岩，灰白色中厚层含粉砂质灰岩等，为区内的第二含矿层。岩浆活动微弱，仅出露于北部藏麻西孔，为正长斑岩体。矿区共发现 4 条矿化带，共圈出铜银矿体 12 条，ZⅡ-2 为主矿体，长 1102 m，厚 0.98～34.24 m，延深 227.5 m，银矿石平均品位银 252.75 g/t；铜银矿石平均品位：铜 0.63%、银 232.13 g/t。矿石结构主要有自形、半自形粒状、他形粒状结构及交代结构；构造主要有胶结状构造、块状构造、浸染状构造、脉状和条带状构造。矿石矿物以方铅矿、闪锌矿、黄铁矿及毒砂为常见；脉石矿物主要为石英

续表 3-11

编号	矿产地名称	规模	勘查程度	成矿时代	成矿区(带)	构造单元	地质矿产简况
233	治多县湖陆泊龙铅锌矿点	矿点	预查	E	Ⅲ-33	Ⅲ-2-1	出露上三叠统巴塘群中部火山岩组，喜马拉雅期下格拉哈石英闪长岩体分布于地层两侧，在石英闪长岩与大理岩接触带石榴石透辉矽卡岩化较发育。铅锌矿化产在外接触带石榴石透辉矽卡岩中。矿(化)体规模很小，呈小矿体产出，长 0.3 m，宽 0.2 m 左右。矿石品位含 Cu 0.01%、Pb 1.77%、Zn 0.35%。矿石为交代结构、包含结构、他形粒状结构，呈浸染状构造。金属矿物有方铅矿、闪锌矿及少许黄铜矿、孔雀石
241	杂多县乌葱察别铜锌银矿点	矿点	预查	E	Ⅲ-36	Ⅲ-2-5	出露上石炭统—中二叠统开心岭群诺日巴尕日保组火山岩段、碳酸岩段，上三叠统结扎群波里拉组灰白色大理岩，大理岩局部遭受接触交代变质，形成阳起石、硅灰石石榴石矽卡岩。北西西向断裂为区内主要断裂。燕山晚期色的日似斑状黑云母二长花岗岩出露于北、东侧，西侧有喜马拉雅期乌葱察别钾长花岗斑岩岩体。矿化赋存于矽卡岩中，矽卡岩呈南北向，北宽南窄，最宽 20 m，最窄 7 m，出露长 104 m，地表圈定 6 条铜多金属矿体，铜锌铅银矿密切共生。控制长 40～228 m，厚 1.62～28.77 m。矿体倾向南东者多，倾角 25°～80°。矿体品位 Cu 0.57%～5.28%、Zn 0.6%～37.83%、Pb 0.02%～0.33%。矿石半自形—他形微粒结构、填隙结构，浸染状、细脉状及网脉状构造。金属矿物主要有黄铁矿、褐铁矿、黄铜矿、闪锌矿，含少许方铅矿、方黄铜矿、孔雀石及蓝铜矿，脉石矿物主要为石榴石、硅灰石、阳超石、石英及方解石等
269	格尔木市切苏美曲西侧银铅铜矿点	矿点	预查	J	Ⅲ-35	Ⅲ-3-1	出露侏罗系雁石坪群，岩性为白色糖粒状大理岩、灰绿色矽卡岩化酸性浅成岩，局部夹少量角岩化角砾岩。矿化点处见有燕山早期浅肉红色黑云母花岗闪长斑岩、混染花岗岩。岩体周围见有铜矿化，矿化范围南北长约 70 m，东西宽约 20 m，矿体呈脉状，矿石品位 Cu 3.21%～7.23%、Pb 3.97%～31.0%、Zn 0.51%～0.74%、Ag 272～1608 g/t。矿石为他形—半自形—自形粒状结构，稀疏浸染状—浸染状、块状构造。金属矿物有黄铜矿、方铅矿、辉银矿、闪锌矿、褐铁矿、镜铁矿、铜蓝、孔雀石和蓝铜矿，脉石矿物为石英、方解石、黏土等

第四节 浅成中—低温热液型铅锌矿床

浅成中—低温热液型铅锌矿是青海省重要的铅锌矿类型，此类型共发现矿床(点)93处(表3-12)，其中，超大型1处(多才玛)，大型矿床1处(莫海拉亨)，中型矿床4处，小型矿床11处，矿点76处。93处矿产地中以铅锌矿为主矿种的矿产地89处，以铅锌矿为共生矿种的矿产地4处。成矿时代主要集中在古近纪、三叠纪，其次为奥陶纪、侏罗纪、志留纪等；空间分布主要集中在昌都-普洱、喀喇昆仑-羌北成矿带，其次有西秦岭、南祁连、中祁连等成矿带。

表3-12 青海省浅成中—低温热液型铅锌矿产地一览表

矿产地编号	矿产地名称	地区	主矿种	成矿时代	主矿种规模	勘查程度	成矿区(带)	构造单元
4	祁连县油葫芦沟中游铅锌矿点	海北州	铅锌	S	矿点	预查	Ⅲ-21	Ⅰ-2-4
15	祁连县牛心山铅矿点	海北州	铅	O	矿点	预查	Ⅲ-21	Ⅰ-2-3
18	大通县雪水沟铅锌矿点	西宁市	铅锌	O	矿点	预查	Ⅲ-21	Ⅰ-2-4
22	互助县黑龙掌锌矿点	海东市	锌	O	矿点	预查	Ⅲ-21	Ⅰ-2-4
23	天峻县南白水河银矿床	海西州	银铜铅	O	小型	普查	Ⅲ-22	Ⅰ-3-1
24	互助县萨日浪-尕什江铅锌矿床	海东市	铅锌	O	小型	普查	Ⅲ-22	Ⅰ-3-1
25	德令哈市莫和贝雷台铅锌矿床	海西州	铅锌	S	小型	普查	Ⅲ-23	Ⅰ-3-3
26	天峻县哲合隆铅锌矿床	海西州	铅锌	S	小型	普查	Ⅲ-23	Ⅰ-3-3
27	天峻县大尼铅矿点	海西州	铅	O	矿点	预查	Ⅲ-23	Ⅰ-3-3
28	化隆县玉石沟铅锌矿点	海东市	铅锌	O	矿点	预查	Ⅲ-23	Ⅰ-3-2
29	化隆县双格达铅锌金矿点	海东市	铅锌	T	矿点	普查	Ⅲ-23	Ⅰ-3-2
30	化隆县尼旦沟尖帽丛东金铅矿点	海东市	铅锌	O	矿点	预查	Ⅲ-23	Ⅰ-3-2
32	大柴旦行委青龙滩北铅锌铜矿点	海西州	铅锌	O	矿点	预查	Ⅲ-24	Ⅰ-5-1
33	大柴旦行委口北沟铅锌银矿点	海西州	铅锌	O	矿点	预查	Ⅲ-24	Ⅰ-5-2
36	都兰县达达肯乌拉山锌矿点	海西州	锌	D	矿点	预查	Ⅲ-24	Ⅰ-5-1
40	乌兰县夏乌日塔铅锌矿床	海西州	铅	O	小型	普查	Ⅲ-24	Ⅰ-5-2
42	都兰县天池铅锌矿点	海西州	铅锌	O	矿点	预查	Ⅲ-24	Ⅰ-5-2
43	都兰县一棵松铅锌银矿点	海西州	铅锌	T	矿点	普查	Ⅲ-24	Ⅰ-5-2
44	都兰县泉水沟脑铅锌矿点	海西州	铅锌	P	矿点	预查	Ⅲ-24	Ⅰ-5-2
46	都兰县钻石沟铅锌金矿点	海西州	铅锌	T	矿点	预查	Ⅲ-24	Ⅰ-5-2
49	都兰县沙柳河西区铅锌矿点	海西州	铅锌	T	矿点	普查	Ⅲ-24	Ⅰ-5-2
53	都兰县沙那黑沟脑铅矿点	海西州	铅	T	矿点	预查	Ⅲ-24	Ⅰ-5-2
56	共和县巴硬格莉沟上游铅锌矿点	海南州	铅锌	T	矿点	预查	Ⅲ-24	Ⅰ-5-2
94	格尔木市石人山口铅矿点	海西州	铅	T	矿点	预查	Ⅲ-26	Ⅱ-1-1
95	都兰县三色沟铅矿点	海西州	铅	S	矿点	预查	Ⅲ-26	Ⅰ-7-3

续表 3-12

矿产地编号	矿产地名称	地区	主矿种	成矿时代	主矿种规模	勘查程度	成矿区(带)	构造单元
96	都兰县大格勒沟口东铅矿点	海西州	铅	D	矿点	预查	Ⅲ-26	Ⅰ-7-3
97	都兰县五龙沟西三色沟铅(重稀土)矿点	海西州	铅	S	矿点	预查	Ⅲ-26	Ⅰ-7-3
107	都兰县八路沟铅锌金矿点	海西州	铅锌金	T	矿点	预查	Ⅲ-26	Ⅰ-7-3
110	都兰县五龙沟东支沟铅锌矿点	海西州	铅锌	P	矿点	预查	Ⅲ-26	Ⅰ-7-3
111	都兰县二龙沟铅矿点	海西州	铅	P	矿点	预查	Ⅲ-26	Ⅰ-7-3
113	都兰县阿不特哈打北东铅矿点	海西州	铅	T	矿点	预查	Ⅲ-26	Ⅱ-1-1
115	都兰县注斯楞铅矿点	海西州	铅	D	矿点	预查	Ⅲ-26	Ⅱ-1-1
164	兴海县镇牛沟铅锌矿点	海南州	铅锌	T	矿点	预查	Ⅲ-26	Ⅰ-7-1
188	兴海县加当铅银矿点	海南州	铅银	T	矿点	预查	Ⅲ-26	Ⅰ-7-4
190	德令哈市怀头他拉北山铅矿点	海西州	铅	T	矿点	预查	Ⅲ-28	Ⅰ-3-4
191	德令哈市蓄集北山铅锌矿床	海西州	铅	T	小型	预查	Ⅲ-28	Ⅰ-3-4
192	德令哈市蓄集山铅银铜矿床	海西州	铅	T	小型	普查	Ⅲ-28	Ⅰ-3-4
194	乌兰县察汗河沟口东侧铅矿点	海西州	铅	S	矿点	预查	Ⅲ-28	Ⅰ-7-4
197	同德县阿尔干龙洼金矿床	海南州	金铅	T	小型	普查	Ⅲ-28	Ⅰ-8-1
198	玛沁县亚路沟(合哇)铅锌锑矿点	果洛州	铅锌	T	矿点	预查	Ⅲ-28	Ⅰ-8-1
200	共和县当家寺北东铜铅锌矿点(K6)	海南州	铅锌	T	矿点	预查	Ⅲ-28	Ⅰ-8-1
202	河南县日西哥铜铅锌矿点	黄南州	铅锌	T	矿点	预查	Ⅲ-28	Ⅰ-8-1
204	河南县特日根马吾铜铅锌矿点	黄南州	铅锌	T	矿点	详查	Ⅲ-28	Ⅰ-8-1
205	河南县额米尼日杂铜铅锌矿点	黄南州	铅锌	T	矿点	预查	Ⅲ-28	Ⅰ-8-2
206	河南县娘土合寺铅锌矿点	黄南州	铅锌	T	矿点	预查	Ⅲ-28	Ⅰ-8-1
207	泽库县拉海藏铅砷矿点	黄南州	铅锌	T	矿点	预查	Ⅲ-28	Ⅰ-8-1
208	泽库县桑干卡铅砷矿点	黄南州	铅	T	矿点	普查	Ⅲ-28	Ⅰ-8-1
213	尖扎县哇家银铅锌矿点	黄南州	铅锌	T	矿点	普查	Ⅲ-28	Ⅰ-8-1
214	泽库县阿楞隆瓦西支沟脑铅砷矿点(K24)	黄南州	铅锌	T	矿点	预查	Ⅲ-28	Ⅰ-8-1
215	泽库县阿楞隆瓦西支沟铅锌矿点(K25)	黄南州	铅锌	T	矿点	预查	Ⅲ-28	Ⅰ-8-1
216	泽库县阿楞隆瓦东支沟铅锌矿点(K26)	黄南州	铅锌	T	矿点	预查	Ⅲ-28	Ⅰ-8-1
218	同仁县策多隆瓦铅锌矿点	黄南州	铅锌	T	矿点	预查	Ⅲ-28	Ⅰ-8-1
223	泽库县马尼库铅锌矿点	黄南州	铅锌	T	矿点	预查	Ⅲ-28	Ⅰ-8-1
225	同仁县台乌龙铅锌银砷矿点	黄南州	铅	T	矿点	预查	Ⅲ-28	Ⅰ-8-1
227	同仁县孔果雄铅银砷矿点	黄南州	铅	T	矿点	预查	Ⅲ-28	Ⅰ-8-1
228	同仁县哭虎浪沟铅矿点	黄南州	铅	T	矿点	预查	Ⅲ-28	Ⅰ-8-1
240	杂多县哼赛青铅锌矿点	玉树州	铅锌	P	矿点	预查	Ⅲ-36	Ⅲ-2-6
242	杂多县色穷弄锌矿点	玉树州	锌	P	矿点	预查	Ⅲ-36	Ⅲ-2-6
243	杂多县尕茸曲铅矿点	玉树州	铅	J	矿点	预查	Ⅲ-36	Ⅲ-2-6

续表 3-12

矿产地编号	矿产地名称	地区	主矿种	成矿时代	主矿种规模	勘查程度	成矿区(带)	构造单元
244	杂多县下吉沟(8号)锌铅铜银矿点	玉树州	铅锌	E	矿点	预查	Ⅲ-36	Ⅲ-2-6
245	杂多县然者涌铅锌银矿床	玉树州	铅锌银	E	中型	普查	Ⅲ-36	Ⅲ-2-6
246	杂多县耐千尕作东铜铅矿点	玉树州	铅锌	P	矿点	预查	Ⅲ-36	Ⅲ-2-6
247	杂多县尕牙根铅矿点	玉树州	铅	P	矿点	预查	Ⅲ-36	Ⅲ-2-6
248	杂多县尕牙先卡、坐先卡铅矿点	玉树州	铅	P	矿点	预查	Ⅲ-36	Ⅲ-2-6
249	杂多县麦多拉铅锌矿点	玉树州	铅锌	C	矿点	预查	Ⅲ-36	Ⅲ-2-6
250	杂多县阿阿牙赛铅锌矿点	玉树州	铅锌	P	矿点	预查	Ⅲ-36	Ⅲ-2-6
251	杂多县阿姆中涌铅锌矿点	玉树州	铅锌	P	矿点	预查	Ⅲ-36	Ⅲ-2-6
252	囊谦县下日阿千碑银铅锌矿点	玉树州	铅	J	矿点	普查	Ⅲ-36	Ⅲ-2-6
253	囊谦县吉曲河南铅锌矿点	玉树州	铅锌	T	矿点	预查	Ⅲ-36	Ⅲ-2-6
254	杂多县莫海拉亨-叶龙达铅锌矿床	玉树州	铅锌	E	大型	普查	Ⅲ-36	Ⅲ-2-6
255	囊谦县解嘎银铜铅矿床	玉树州	银铜铅	J	中型	普查	Ⅲ-36	Ⅲ-2-6
256	杂多县东莫扎抓铅锌矿床	玉树州	铅锌	E	中型	普查	Ⅲ-36	Ⅲ-2-6
257	囊谦县达拉贡银铜矿床	玉树州	银铜铅	J	小型	普查	Ⅲ-36	Ⅲ-3-1
258	囊谦县巴塞浦铅银矿点	玉树州	铅	J	矿点	预查	Ⅲ-36	Ⅲ-3-1
259	杂多县莫海先卡铅锌矿点	玉树州	铅锌	T	矿点	预查	Ⅲ-36	Ⅲ-2-6
261	囊谦县包贝弄铅锌矿点	玉树州	铅锌	E	矿点	预查	Ⅲ-36	Ⅲ-2-6
262	囊谦县胶达铅锌银矿点	玉树州	铅锌	E	矿点	预查	Ⅲ-36	Ⅲ-2-6
263	囊谦县高钦弄铅矿点	玉树州	铅	C	矿点	预查	Ⅲ-36	Ⅲ-2-6
264	玉树市凶娜铅锌矿点	玉树州	铅锌	T	矿点	预查	Ⅲ-36	Ⅲ-2-5
265	玉树市权毛卡铅锌矿点	玉树州	铅锌	T	矿点	预查	Ⅲ-36	Ⅲ-2-5
266	玉树市日胆果铜铅锌矿点	玉树州	铅锌	P	矿点	预查	Ⅲ-36	Ⅲ-2-5
270	格尔木市雀莫错铅矿点	海西州	铅	E	矿点	预查	Ⅲ-35	Ⅲ-3-1
273	格尔木市楚多曲铅锌矿床	海西州	铅锌	E	小型	普查	Ⅲ-35	Ⅲ-3-1
275	格尔木市错多隆铅锌矿点	海西州	铅锌	E	矿点	预查	Ⅲ-35	Ⅲ-3-1
276	格尔木市周琼玛鲁铅锌矿点	海西州	铅锌	K	矿点	普查	Ⅲ-35	Ⅲ-3-1
277	格尔木市巴斯湖铅锌矿床	海西州	铅锌	E	小型	普查	Ⅲ-35	Ⅲ-3-1
279	格尔木市多才玛铅锌矿床	海西州	铅锌	E	超大型	详查	Ⅲ-35	Ⅲ-2-7
280	格尔木市查肖玛沟脑锌矿点	海西州	铅锌	E	矿点	预查	Ⅲ-35	Ⅲ-3-1
281	格尔木市宗陇巴锌矿床	海西州	锌	E	中型	普查	Ⅲ-35	Ⅲ-2-5
282	格尔木市特勒沙日姐铅锌矿点	海西州	铅锌	T	矿点	预查	Ⅲ-35	Ⅲ-2-7
283	格尔木市空介铅锌矿点	海西州	铅锌	E	矿点	预查	Ⅲ-35	Ⅲ-2-7
285	格尔木市水鄂柔锌矿点	海西州	锌	E	矿点	预查	Ⅲ-35	Ⅲ-2-5
287	格尔木市直钦赛加玛铜铅锌矿点	海西州	铅	T	矿点	预查	Ⅲ-35	Ⅲ-3-1

一、格尔木市多才玛铅锌矿床

（一）概况

该矿床位于唐古拉山北坡、长江源头的沱沱河一带。行政区划属格尔木市（实际由西藏自治区安多县管辖）。矿区距国道109线、青藏铁路约65 km，交通较为便利。

2002—2004年，青海省地质调查院在沱沱河地区开展1∶20万区域化探扫面工作，圈定了茶曲帕查和仓龙错切玛等多处规模大、强度高、套合好的综合异常。2005年，在综合分析前期区域成果资料的基础上，在区内开展了1∶5万水系沉积物测量工作，开展异常查证工作，圈定5条矿化蚀变带、5条铅矿体和4条锌矿体。2006—2008年，该院开展了普查工作。2006年，由于对成矿规律、控矿因素及矿体产状等认识不清，一直未有大的进展。2007年，在重新研究的基础上，开展了进一步勘查工作，发现厚度大、品位高的铅锌矿体。2009年，由青海省第五地质矿产勘查院开展了勘查工作。2010—2015年，由青海省第五地质矿产勘查院通过对多才玛地区的矿产勘查工作，圈出了规模较大的铅锌矿体，使该矿床达到大型铅锌矿床规模。2015年，在孔莫陇矿段继续开展普查工作，矿床规模达超大型。2016—2020年，由青海省国有资产投资管理有限公司和青海省第五地质矿产勘查院以联合勘查方式开展了详查工作。

（二）区域地质特征

矿床大地构造位置位于三江造山带开心岭-杂多陆缘弧带，成矿带属喀喇昆仑-羌北成矿带之纳保扎陇-郭纽曲成矿亚带（Ⅳ-35-1）。区内出露地层有上石炭统—中二叠统开心岭群、上三叠统结扎群、中—上侏罗统雁石坪群、白垩系风火山群、始新统祖尔肯乌拉组、渐新统—中新统雅西措组和第四系；区域内岩浆侵入活动较发育，多呈岩株状产出，主要发育有印支期、燕山晚期和喜马拉雅期3期岩浆活动；区内断裂构造发育，其中北西-南东向断裂是区域内的主要构造线，该组断裂延伸较远，规模较大，严格控制着区内地层、岩浆岩和矿产的分布（图3-38）。

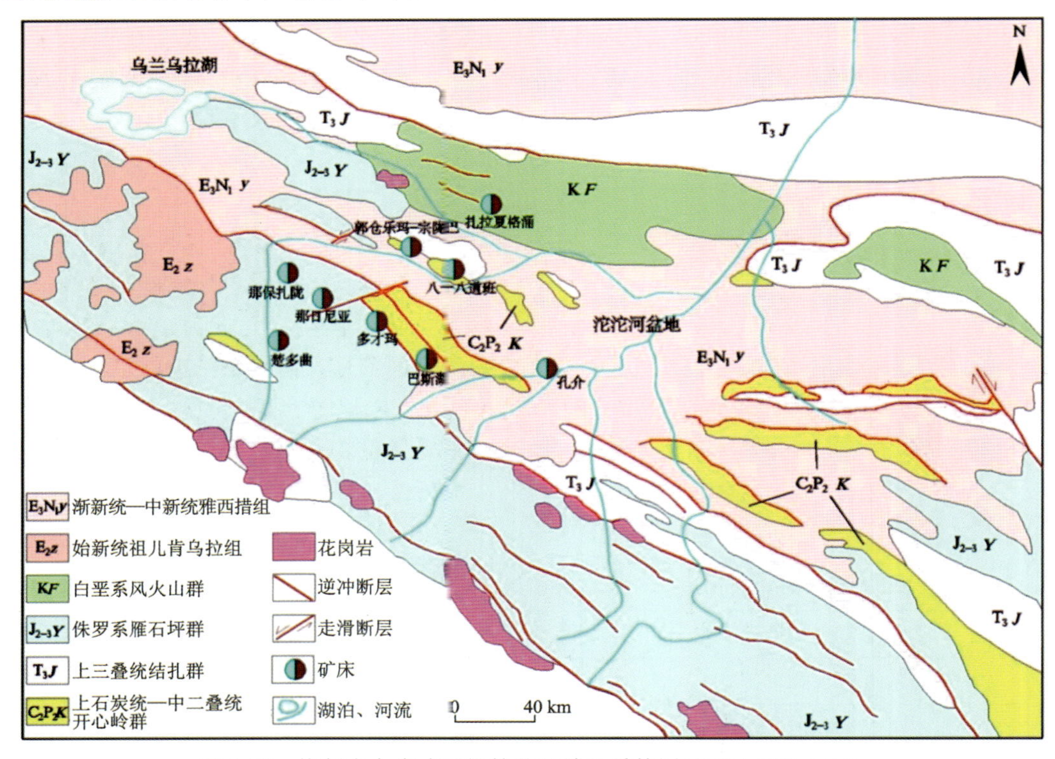

图3-38　格尔木市多才玛铅锌矿区域地质简图（据贾文彬等，2018）

（三）矿区地质特征

1. 地层

出露地层主要为中二叠统九十道班组下岩段和上岩段，侏罗系雁石坪群夏里组，古新统—始新统沱沱河组、渐新统—中新统雅西措组、中新统五道梁组及第四系（图 3-39）。中二叠统九十道班组为主要含矿层。

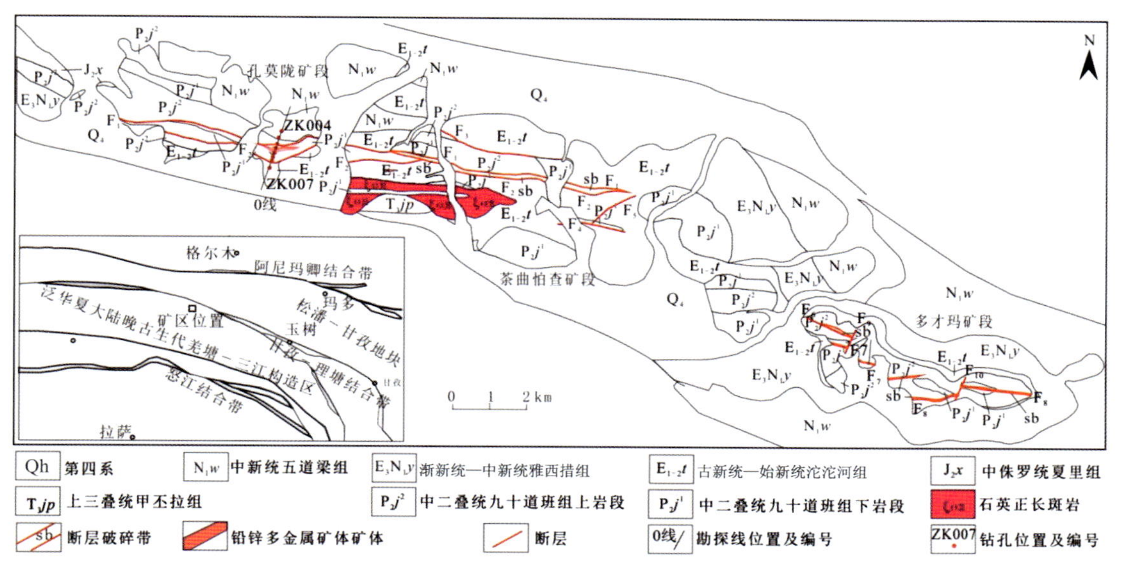

图 3-39 格尔木市多才玛铅锌矿矿区地质简图（据刘长征等，2015，有修改）

中二叠统九十道班组：主要出露于矿区中部，矿区东部和西部有少部分出露于地表，呈长条带状展布，自西端孔莫陇矿段向东端多才玛矿段均有分布，分为上、下 2 个岩性段。下岩段，主要为浅灰白色块层状结晶灰岩、生物碎屑灰岩夹少量长石岩屑砾岩；上岩段，由浅灰白色层状灰岩组成。中二叠统九十道班组下岩段与成矿关系较密切，为矿区含矿岩段，圈定的具规模的铅锌矿体大多产于该岩性段。该层岩石厚度大约在 800 m 以上，分布范围较广，在茶曲帕查矿段和多才玛矿段主要分布在古近系沱沱河组紫红色砂砾岩以下，两者呈断层接触。

2. 构造

1）褶皱

多才玛铅锌矿区总体以背斜构造贯穿于全区，轴向北西西-南东东，轴线方向以 120°～130°为主，轴线总体表现以山脊为主，可见长度约 20 km。其核部为中二叠统九十道班组下岩段结晶灰岩、碎裂灰岩为主，两翼为中二叠统九十道班组上岩段泥质灰岩及古近系沱沱河组等，最外为中新统五道梁组。其中北翼地层倾向北东，南翼地层倾向南，两翼产状分别为 10°∠35°、190°∠30°。轴面近乎直立，轴部及两翼断裂构造发育。圈定的铅锌矿体严格受地层构造控制，中二叠统九十道班组下岩段是主要的容矿地层，矿体展布形态受背斜构造的控制，总体呈北西西-南东东向展布，矿体北面北倾，南面南倾，和矿区背斜构造基本保持一致。

2）断裂

矿区断裂构造极为发育，主要为区域 F_2 断裂带及其附近衍生的平行及走滑断层，各断裂特征如下。

F_1 逆断层：该断层位于孔莫陇矿段中部，总体呈北西-南东向，在地表断续出现，长度约 9 km，倾向总体向南，倾角 45°～65°，沿断裂形成宽 20～40 m 不等的破碎带，由构造角砾岩、断层泥等组成，角砾成分为灰岩，因强烈挤压呈次圆状，具明显的碳酸盐化、泥化及表生褐铁矿化，硅化较弱。破碎带中见有铅锌矿化现象，但规模较小。多处被北东-南西向的平移断层错断，断距约 300 m。

F_2 逆断层：该断层位于 F_1 逆断层南侧，贯穿整个孔莫陇矿段，是区内规模最大的断裂，总体走向与地层走向基本一致，呈近东西向或北西-南东向，倾向总体向北，倾角 80°～90°，钻孔中岩芯的部分轴心夹角在 20°～50°之间，沿断裂形成宽 40～100 m 不等的破碎带。长度约 8 km，呈波状弯曲，地表多数地段为负地形。破碎带由构造角砾岩、断层泥等组成，具明显的碳酸盐化、泥化及褐铁矿化。角砾成分为灰岩，硅化较弱，偶见针状毒砂矿化，发现的铅锌矿体即产于该蚀变破碎带中。

F_3 逆断层：该断层位于孔莫陇矿段 F_1 断层的北侧，长度约 3 km，总体近东西向，地表见有构造角砾岩，具一定的定向性，多呈棱角状。

F_5 平移断层：该断层位于茶曲帕查矿段，呈北东-南西向延伸，为本矿段的主要控矿构造。长约 1 km，地表见有构造角砾岩。

F_6、F_7、F_8 逆断层：断层位于多才玛矿段，呈北西向和近东西向，断层破碎带见有明显的负地形和构造角砾岩，该断层均被北东向的 F_9、F_{10} 平移断层错断。

3. 岩浆岩

区内岩浆侵入活动微弱，只在孔莫陇矿段东南一带见石英正长斑岩呈岩株状零星分布，岩石呈肉红色，含灰岩及少量玄武岩捕虏体，后期蚀变有赤铁矿化、绢云母化、碳酸盐化、绿泥石化。

（四）矿体特征

矿区共分为孔莫龙、茶曲帕查、多才玛 3 个矿段，共圈出铅锌矿体 161 条。

1. 孔莫陇矿段

孔莫陇矿段圈出铅锌矿体 153 条，其中主矿体 7 条（KM2～KM8），矿体以铅锌矿体为主，含矿岩性为碎裂灰岩、结晶灰岩，主要为隐伏矿体，极少量矿体在地表有出露，矿体呈薄板状、板状、透镜状等，矿体产状较缓，总体基本以背斜的形式产出，南边南倾，北边北倾。倾角在 18°～40°之间，长度 300～2550 m 不等，平均厚度 2.00～22 m，铅锌矿体品位为 1.52%～11.46%，厚度及品位在倾向上由南向北有厚富、薄贫、厚富的趋势，南边铅锌矿体的厚度一般较大，品位较高，同时出现银矿体品位变高的趋势，往北铅锌矿体厚度普遍变薄，银矿体品位变低甚至尖灭的现象。

其中富矿体（Pb+Zn 品位大于 6%）长 100～1000 m，宽度 1.49～108 m，厚度 2.00～22 m，主要赋存在 4200～4700 m 高程范围内，矿体走向上受北西向构造控制明显，倾向上受背斜构造控制明显，整体北边北倾、南边南倾，产状较缓，倾角 30°～50°。主要矿体特征叙述如下。

（1）KM3 铅锌矿体：控制长度 2550 m，斜深 450 m，矿体呈板状、层状产出，近东西向展布，以背斜形式产出，矿体最大厚度 33.71 m，平均厚度 7.68 m。矿体平均品位 Pb 4.23%、Zn 1.47%，赋矿岩性主要为碎裂灰岩、结晶灰岩等。

（2）KM4 铅锌矿体：控制长度 2100 m，斜深 560 m，矿体呈板状、层状产出，近东西向展布，以背斜形式产出，矿体最大厚度 47.39 m，平均厚度 8.53 m。矿体平均品位 Pb 5.14%、Zn 1.26%，赋矿岩性主要为碎裂灰岩、结晶灰岩等（图 3-40）。

（3）KM7 铅锌矿体：控制长度 2500 m，斜深 490 m，矿体呈板状、层状产出，近东西向展布，以背斜形式产出，矿体最大厚度 53.79 m，平均厚度 8.69 m。矿体平均品位 Pb 4.27%、Zn 0.72%，赋矿岩性主要为碎裂灰岩、结晶灰岩等。

2. 茶曲帕查矿段矿体特征

茶曲帕查矿段圈出铅锌矿体 5 条，矿体长 100～485 m，厚 3～25.52 m，斜深 40～269 m，铅品位为 0.46%～7.88%，锌品位 0.61%～9.55%。含矿岩性主要为泥晶灰岩和复成分砾岩。

3. 多才玛矿段矿体特征

多才玛矿段圈出铅锌矿体 3 条，矿体长 100 m，厚 4.78～6.96 m，斜深 40～80 m，铅品位 0.76%～1.04%，锌品位 3.83%～5.66%。含矿岩性为钙质粉砂岩、碎裂结晶灰岩以及碎裂灰岩。

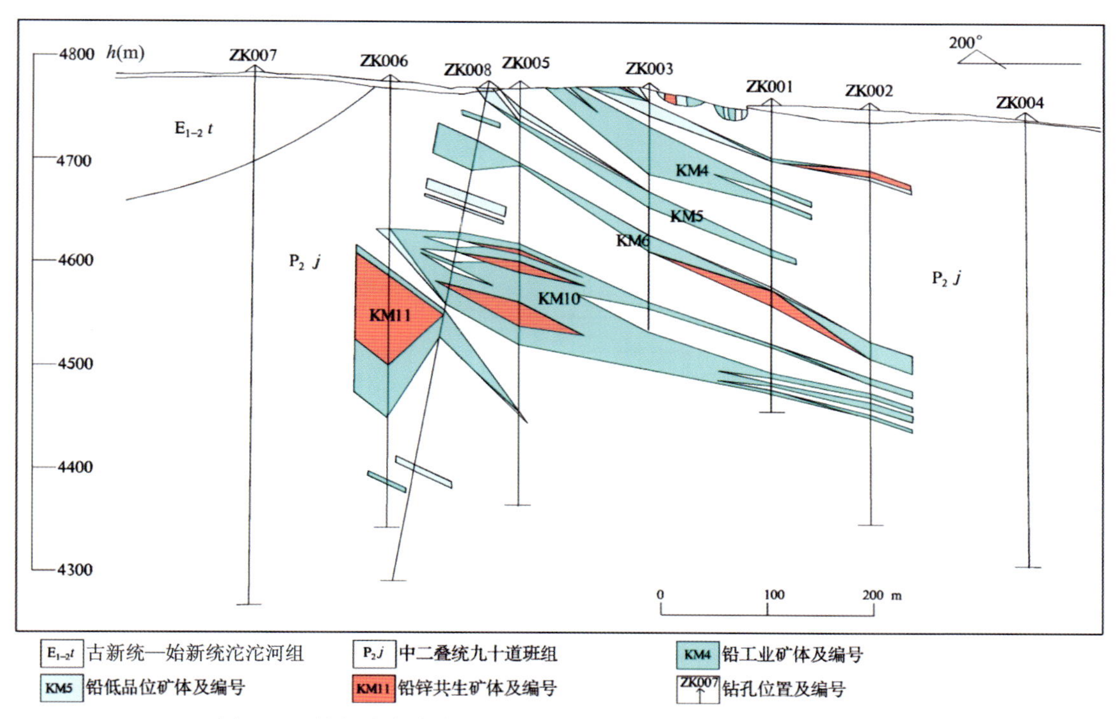

图 3-40 格尔木市多才玛铅锌矿 0 勘探线剖面图(据姚旭东等,2019)

(五)矿石特征

1. 矿石类型

矿石主要以硫化物形式存在;按矿石中主要有用组分,类型可分为铅矿石、锌矿石、铅锌矿石、铅锌银矿石等;按矿石结构、构造,可分为浸染状矿石、致密块状矿石、角砾状矿石、脉状矿石、细脉浸染状矿石等。

2. 矿石物质组成

矿石矿物有黄铁矿、方铅矿、白铅矿和闪锌矿等,脉石矿物主要为方解石、白云石以及少量的石英等矿物。

矿石中方铅矿、闪锌矿均以独立矿物和次生矿物两种形式存在,多以充填裂隙为主。方铅矿以粒状结构为主,粒径相对较粗,呈团块状集合体。闪锌矿以他形晶粒状结构为主,部分具胶状结构,可见颗粒状以及充填裂隙两种。黄铁矿大多呈团块状集合体,颗粒之间可见方铅矿和闪锌矿的分布。

矿石中主要有益元素为铅(Pb)、锌(Zn),伴生有益组分有银(Ag)、镉(Cd)、硒(Se)、铊(Tl)等。

3. 矿石结构、构造

矿石结构主要有包含结构、他形粒状结构、半自形粒状结构、全自形粒状结构。矿石构造主要为浸染状构造、星散浸染状构造、团块状构造。

(六)围岩蚀变

容矿围岩以灰岩为主,主要围岩蚀变有碳酸盐化(包括白云岩化)、硅化、泥化。其中与矿化关系较为密切的主要为硅化,常以石英细脉的形式产出。

(七)资源储量

根据 2019 年《西藏自治区安多县多才玛矿区铅锌矿详查阶段性报告》,矿区累计查明资源储量工业品位矿:铅金属量 409.30×10⁴ t,平均品位 5.43%;锌 98.19×10⁴ t,平均品位 1.30%;伴生银 2 251.22 t,平均品位 29.85 g/t。另有,低品位矿资源量:铅金属量 52.54×10⁴ t,平均品位 1.88%;锌金属量 15.48×10⁴ t,平均品位 0.55%。

(八)成矿阶段划分

钱烨(2014)将区内成矿分为热液成矿期和表生成矿期,其中热液成矿期分为 3 个阶段(表 3-13)。

表 3-13　格尔木市多才玛铅锌矿床不同成矿阶段矿物组合

矿物名称	热液成矿期			表生期
	石英-黄铁矿阶段	玉髓-重晶石-碳酸盐-方铅矿阶段	碳酸盐-石膏阶段	氧化淋滤阶段
石英	—			
玉髓或蛋白石	—	—		
重晶石		—		
石膏			—	
碳酸盐		—	—	—
黄铁矿	—	—	—	
黄铜矿	—	—		
闪锌矿		—	—	
方铅矿		—	—	
高岭石			—	
白铅矿				—
孔雀石				—
蓝铜矿				—
铅矾				—
褐铁矿				—

(1)石英-黄铁矿阶段(Ⅰ):与岩浆岩有关的早期含矿气水热液,沿局部裂隙侵入,形成了强烈的黄铁矿化,黄铁矿伴随石英呈半自形产出。

(2)玉髓-重晶石-碳酸盐-方铅矿阶段(Ⅱ):为主要成矿阶段,主要以脉状网脉状硫化物产于断裂裂隙之中,出现方铅矿交代Ⅰ阶段的黄铁矿;矿物组合主要有方铅矿、闪锌矿、碳酸盐、重晶石、玉髓等。

(3)碳酸盐-石膏阶段(Ⅲ):随着温度降低形成少量方解石细脉,穿切早阶段石英脉,矿物组合以碳酸盐、石膏为主,伴有黄铁矿、高岭石等。

表生期主要形成孔雀石、铜蓝、铅矾和褐铁矿。方铅矿的四周和裂隙中常见白铅矿华,石英脉中见孔雀石和蓝铜矿。

(九)成矿物理化学条件

刘长征等(2015)对多才玛矿区进行了包裹体测温结果显示:成矿流体冰点温度为−19.3～−0.5 ℃,均一温度变化范围 97～497 ℃;流体盐度变化范围为 0.9%～21.9% NaCleqv;估算的成矿压力为 5～10 MPa,对应成矿深度为 0.5～1 km;流体包裹体的流体密度为 0.7～1.00 g/cm³;总体为低温、中低盐度、中等密度、低压、浅成相的一个成矿环境。

(十)矿床类型

多才玛铅锌矿床主要产于中二叠统九十道班组碎裂岩化灰岩及泥灰岩中,矿体受近东西向和北西西向的张性断裂控制,方铅矿、闪锌矿大多沿裂隙构造呈细脉状产出,表现出热液成矿的主要特征。该矿床成因类型为构造-热液型铅锌矿，根据本次研究技术要求，将其归属于浅成中—低温热液型矿床。

（十一）成矿机制和成矿模式

1. 成矿时代

中二叠统九十道班组灰岩多为多才玛铅锌矿体的主要赋矿围岩，古近系五道梁组和沱沱河组的灰岩和粉砂岩为次要赋矿围岩，宋玉财等（2013）认为矿床形成略晚于五道梁组的沉积期。晁温馨等（2017）获得矿区钻孔内的二长花岗岩的锆石 U-Pb 年龄为（65.8±1.1）Ma，认为成矿时代晚于该年龄时限。综合认为，多才玛矿床主体形成时代应为古近纪。

2. 矿床成因及成矿模式

多才玛铅锌矿床容矿围岩以灰岩为主，产在沱沱河盆地这一造山逆冲推覆带的前陆盆地环境中（侯增谦等，2008）；矿床具有明显后生特征，与岩浆无直接关系；矿体受北西向断层、断裂控制，呈脉状、透镜状、层状产在破碎带中；矿物组合为方铅矿＋闪锌矿＋黄铁矿＋方解石＋石英；围岩蚀变主要为碳酸盐化、硅化、高岭土化等；矿区硫同位素组成变化范围较大，其峰值主要分布在－26.72‰～－4.1‰之间，具有塔式分布特征，表明硫的来源是细菌还原硫酸盐的产物；矿石铅同位素组成稳定，显示铅的来源复杂多样，金属成矿物质不仅来自上地壳和造山带，还来自壳幔混合的俯冲带，揭示了成矿热液在成矿过程中受到一定程度多源混染影响，具有多阶段、多来源富集形成特征（刘长征等，2015）。

该矿床形成于新生代始新世大规模富钾质碱性岩活化作用的阶段，即处于挤压碰撞向走滑拉伸阶段转变的后碰撞时期。主要受控于东西向张性和北东向压性断裂以及后期的南北向次级张性断裂。构造带中的构造角砾岩和裂隙为后期大气降水提供了流体下渗通道和容矿空间，为矿化奠定了基础，二叠系九十道班组灰岩和深部侵入体为成矿提供物源，同时深部岩浆也为成矿提供了热源。本次研究，综合上述特点，建立了多才玛铅锌矿床成矿模式（图 3-41）。

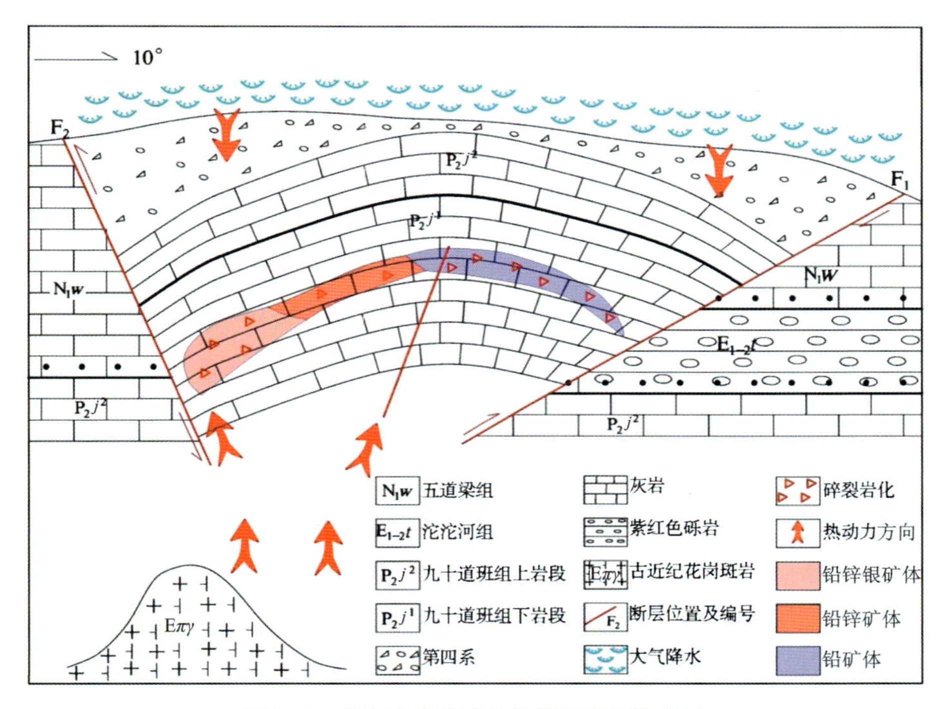

图 3-41　格尔木市多才玛铅锌矿成矿模式图

（十二）找矿模型

通过对矿区成矿环境、矿床地质特征及其地球物理、地球化学特征的初步分析总结，初步总结本区找矿模型。

(1)构造环境:雁石坪弧后前陆盆地。

(2)地层:中二叠统九十道班组为主要含矿层。

(3)控矿构造:矿区内近东西向主构造带与矿化关系密切,断裂带北侧常出现激电、土壤异常,当三者套合时极有可能发现多金属矿化体。

(4)地球化学异常:区内以铅锌为主的水系异常,具有一定的规模和强度,形态完整、浓度梯度变化明显,是找矿有利部位。

(5)地球物理异常:本区含矿岩性与非矿岩性的激电性差异较为显著,物探相位激电测量出现"相对高阻高相位"异常带,指示深部可能有矿化体存在。

(6)地表氧化标志:由于铅锌矿化带中含有菱锌矿、白铅矿、毒砂等金属矿物,氧化后呈现红、褐、灰绿等多种氧化色,在地表形成杂色条带。

二、杂多县莫海拉亨-叶龙达铅锌矿床

(一)概况

矿区位于唐古拉山脉东段,澜沧江、金沙江上游,子曲河食宿站以西的沙群涌曲沟脑一带,行政区划属玉树藏族自治州杂多县昂赛乡管辖。矿区距省道S309(玉树州一杂多县公路)约25 km,距玉树州政府210 km,距杂多县城55 km,交通尚属方便。

2002年,青海省地质调查院在该区1∶5万化探工作时圈定了6处呈串珠状展布的异常(自西向东有刊破给、拉茸、莫海拉亨、拉亨弄、莫海、叶龙达);2006年,该单位对异常进行了检查,发现多处土壤异常高值地段,在异常浓集中心区发现并初步圈定了4条矿化带;2007年,该单位对矿区开展了预查工作,期间提交了《青海省杂多县莫海拉亨铅锌矿预查报告》;2008—2010年,由青海省地质调查院开展了普查工作;2011—2013年,项目转入联合勘查,由青海省地质调查院与西部矿业股份有限公司联合对青海省杂多县莫海拉亨-叶龙达铅锌矿开展普查工作。

(二)区域地质特征

矿床大地构造位置位于北羌塘-昌都陆块北缘的结多弧前陆盆地,成矿带属昌都-普洱成矿带之纳日贡玛-囊谦成矿亚带(Ⅳ-36-3)。区域内地层由老到新有下石炭统杂多群、上石炭统加麦弄群,二叠系诺日巴尕日保组,中二叠统九十道班组,上二叠统乌丽群那益雄组,三叠系巴颜喀拉山群,上三叠统巴塘群,上三叠统结扎群甲丕拉组、波里拉组、巴贡组,侏罗系雁石坪群雀莫错组、布曲组—夏里组并组,白垩系风火山群,古近系祖尔肯乌拉组,新近系曲果组以及第四系。其中,下石炭统杂多群、二叠系诺日巴尕日保组及九十道班组、上三叠统结扎群是区域上主要的赋矿层位;区域上北西西向逆冲兼走滑断裂发育,多为新生代以来的复活构造,控制同期走滑拉分盆地的形成,并有与其配套的北东—北东东向及北西向断裂的形成;区内岩浆侵入活动较发育,多呈岩株状产出。

(三)矿区地质特征

1.地层

出露地层主要为下石炭统杂多群(图3-42),也是区内主要赋矿地层,按其岩性组合特征,可分为灰岩夹碎屑岩组、灰岩组。其岩性主要为灰白色厚层—巨厚层状灰岩夹灰黑色厚层状灰岩,少量碎屑岩、中酸性火山岩,地层呈北西-南东向展布,与上三叠统甲丕拉组呈角度不整合接触。

2.构造

区内断裂构造发育,按其展布方向可划分为3组:北西西向断裂、北西-南东向断裂、北东向断裂。

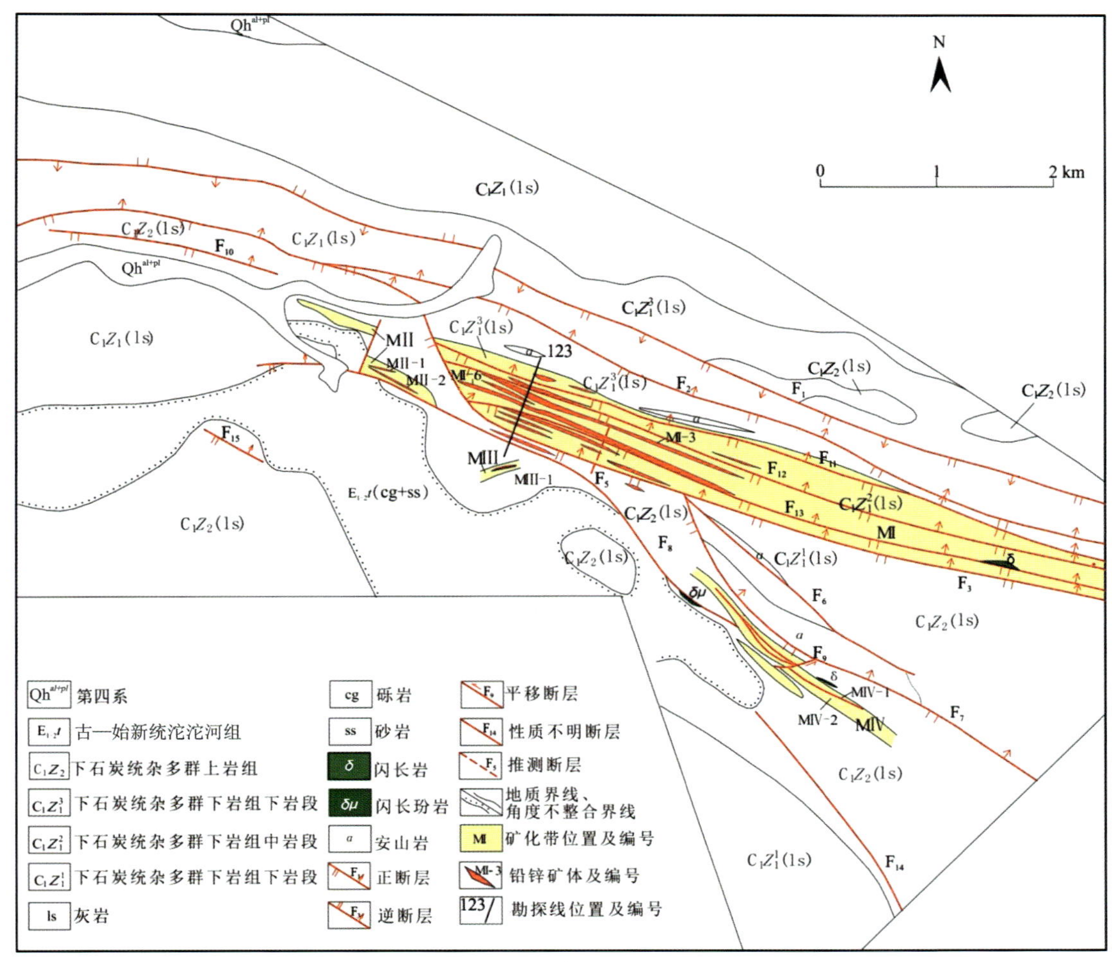

图 3-42 杂多县莫海拉亨铅锌矿区地质简图(据青海省地质调查院,2017,有修改)

其中,北西向断裂是主矿体赋存地段,莫海拉亨矿区主矿带(MⅠ)主要夹持于北西向断裂之间,是典型的控矿构造,同时,两个构造带的交会处是矿化密集产出部位,尤其北西向断裂与北东向断裂的交会部位,是成矿金属元素最有利的沉淀空间;北西西向断裂:表现出活动时间较晚的特点,控制着区内矿(化)体产出位置及形态特征,是典型的控矿构造。

3. 岩浆岩

矿区岩浆活动微弱,喷出岩多呈透镜状夹层零星分布于下石炭统杂多群碎屑岩组及碳酸盐岩组地层中。

(四)矿体特征

矿区共圈定有4条矿化带(MⅠ、MⅡ、MⅢ、MⅣ),其中MⅠ、MⅣ矿化带最具规模(图3-43)。MⅠ矿化带是区内最主要的含矿带之一,呈东西向延伸,长度大约4100 m,宽120～260 m,矿化带呈长条状赋存于下石炭统杂多群灰岩组中,产状18°～30°∠40°～55°。MⅡ矿带呈长条状赋存于杂多群碳酸盐岩组中,其长度约1400 m,宽110～130 m。MⅢ矿化带长条状赋存于杂多群碳酸盐岩组中,其长度约300 m,宽80 m。MⅣ矿化带长约2000 m,宽80～140 m。

矿区内共圈定矿体110条,均为铅锌复合矿体。矿体呈大小不等的层状、似层状、透镜状和不规则囊状等形态沿北西-南东方向成带状展布,主要产于碳酸盐岩地层中,与断裂破碎带和岩溶发育的灰岩密切相关。

MⅠ矿化带所圈出的矿体中MⅠ-3为三矿体，含矿岩性为灰黑色碎裂灰岩带，局部为中厚层状灰岩，矿体呈条带状、层状，长约1300 m，宽0.64～50.57 m，矿体呈北西-南东向展布，倾向北西，倾角一般42°～60°。矿体铅最高品位2.15%，平均品位1.21%，锌最高品位21.62%，一般品位0.61%～9.04%。

MⅣ-2锌矿体是MⅣ矿带中的主要矿体，含矿岩性为灰白色灰岩，矿体呈长条状，长约1700 m，平均厚度5.10 m，北西-南东向展布，产状20°～45°∠55°～75°。锌最高品位为15.87%，平均品位为2.85%。

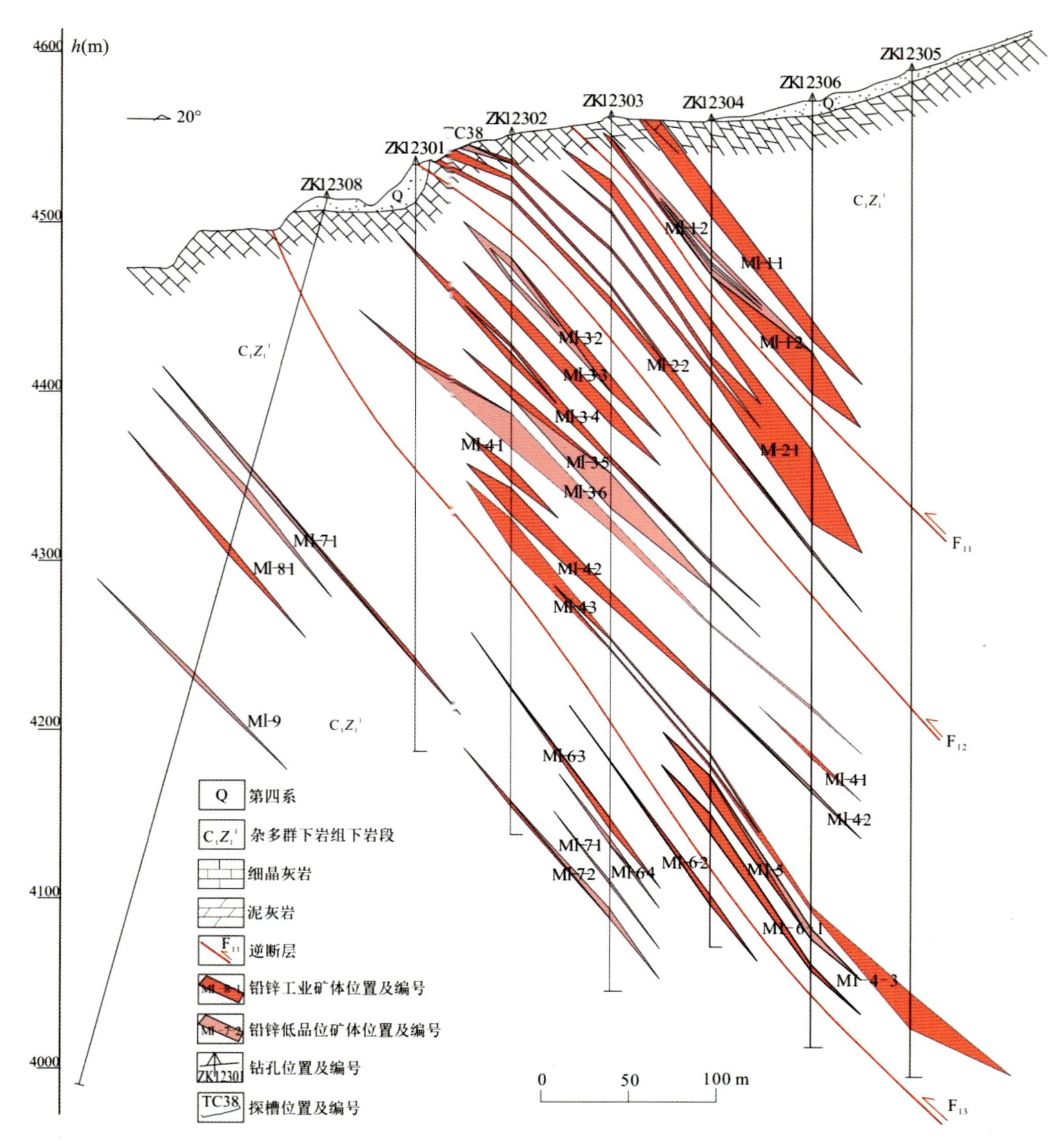

图3-43　杂多县莫海拉亨铅锌矿区123勘探线剖面图（据青海省地质调查院，2017，有修改）

（五）矿石特征

1. 矿石类型

根据矿石的氧化程度，矿区矿石类型主要为原生铅锌矿石；根据矿石中有用矿物的组合，原生矿石类型可进一步划分为闪锌矿矿石、闪锌矿-方铅矿矿石、黄铁矿-闪锌矿-方铅矿矿石。

2. 矿石物质组成

矿石矿物为闪锌矿、方铅矿、黄铁矿；脉石矿物为重晶石，萤石、白云石、方解石、石英、绢云母、埃洛石和迪开石等，并发现干沥青。

3. 矿石结构构造

矿石结构包括他形粒状结构、球形结构、半自形—自形粒状结构和重结晶结构；矿石构造包括胶状构造、浸染状、脉状、团块状和角砾状构造。

（六）围岩蚀变

矿体呈似层状、透镜状及扁豆状等形态赋存于下石炭统杂多群碳酸盐岩组中，矿化带内为碎裂灰岩，岩石破碎，裂隙发育，蚀变强烈，蚀变的强度、规模与铅锌品位的高低及矿体规模成正比，与成矿作用有关的围岩蚀变主要为硅化、碳酸盐化，局部发育萤石化及轻微重晶石化。

（七）资源储量

截至2020年底，累计查明资源储量铅金属量 14.34×10^4 t，平均品位0.24%～0.8%；锌 77.57×10^4 t，平均品位2.84%。保有金属量铅 14.34×10^4 t，锌 77.57×10^4 t。

（八）矿化阶段及分布

依据矿物组合和相互穿插切割关系，将成矿作用划分为以下几个阶段：

(1)矿化前围岩发生白云石化阶段。

(2)团块状重晶石化胶结灰岩角砾。

(3)石英硫化物阶段为主要成矿期，伴随硅化沉淀萤石、方解石，方铅矿、闪锌矿、黄铁矿等矿物，几种硫化物的具体生成顺序为纯黄铁矿脉、胶黄铁矿脉→方铅矿、闪锌矿胶结角砾→深色闪锌矿→浅色闪锌矿、黄铁矿。硅化伴随了整个阶段，萤石、方解石总体稍早于硫化物沉淀发生。

(4)晚期碳酸盐阶段，沉淀结晶细小且晶面平整的方解石，形成方解石细脉。

(5)黏土化阶段，矿后酸性热液流经围岩，结晶埃洛石和迪开石，出现黏土化。

（九）矿床类型

潘彤和李善平(2014)认为莫海拉亨铅锌矿矿床与典型的MVT矿床有某些相似性，但也具有独具特色的成矿作用，下石炭统杂多群碳酸盐岩为铅、锌等成矿元素的矿源层，在后期造山作用碰撞体制下成矿流体叠加沉淀成矿。根据本次研究技术要求将该类型归为浅成中—低温热液型矿床。

（十）成矿机制和成矿模式

1. 成矿时代

田世洪等(2009)采用Sr-Nb等时线法获得莫海拉亨铅锌矿床成矿年龄为31.8～33.9 Ma，平均为33 Ma，成矿时代为中新世。

2. 成矿物质来源

对矿区重晶石进行了Sr-Nd同位素组成分析，由成矿年龄 $t=33$ Ma(田世洪等，2009)计算的 $(^{87}Sr/^{86}Sr)_i$ 和 $(^{143}Nd/^{144}Nd)_i$ 与测定的 $(^{87}Sr/^{86}Sr)_i$ 和 $(^{87}Nd/^{86}Nd)_i$ (现代值)不存在明显差别。不同阶段的方解石Sr-Nd同位素组成彼此间无明显区别。总体来说，不同阶段不同脉石矿物的Sr-Nd同位素组成彼此也无显著差别，说明它们具有相同的物质来源。

李善平等(2013)通过对矿区矿石铅同位素的研究显示，矿石Pb同位素 $\mu(^{238}U/^{204}Pb)$ 多为9.27～9.77，平均为9.42；ω 值平均为39.99，μ 平均值均小于9.58，$^{206}Pb/^{204}Pb$ 一般为18.51～18.92，平均值为18.62；$^{208}Pb/^{204}Pb$ 平均值为38.64，具有稳定同位素组成的特性，具有上地壳岩化的特征。田世洪等

(2011)通过硫同位素研究显示，热液硫化物 $\delta^{34}S$ 值范围为 $-30.0‰\sim7.4‰$，这一特征十分类似于盆地热液流体成因的矿床，宽的 $\delta^{34}S$ 变化范围可以解释为流体在盆地内活动期间与不同地层单元发生相互作用，从而继承了不同物质单元的S同位素特点，还原硫应主要来自硫酸盐的细菌还原或者含硫有机质的热还原，反映硫来自沉积盆地。Sr-Nd同位素特征亦显示脉石矿物的物质来源来自上地壳岩石。C、O同位素分析显示铅锌矿床的成矿流体来源具有海水蒸发起源与大气降水混合的特征，是区域性热液流体活动的产物。

3. 成矿机制

矿床主体位于乌兰乌拉-下拉秀三叠纪陆缘带结多弧后前陆盆地，矿区内岩浆活动不发育，矿（床）体均赋存于下石炭统杂多群碳酸盐岩系中，受地层层位控制特征显著。含矿围岩地层的岩性（或渗透性）对矿体的展布有着更重要的作用。区内矿体均赋存于碳酸盐岩系中，并且广泛与孔隙发育的灰岩、局部岩溶空间和断裂破碎带密切相关，这些开放的空间既是含矿热（卤）水的运移通道，也是大量硫化物沉淀的最佳场所，矿石的结构构造特征充分证明了矿床是含矿热水（液）通过在这些先已存在的空间中充填和交代形成的。矿体常赋存于破碎灰岩带、灰岩与角砾岩接触部位。矿体与方解石脉及萤石脉关系密切，萤石矿物在矿区较为发育，表明铅锌矿区发育有低温热液作用；矿质多在碳酸盐岩的孔隙、裂隙、溶洞及层间破碎带等空间充填交代形成，为后期热液的改造作用所决定，其成矿机理与沉积地层的地下热（卤）水有明显关系。

4. 成矿模式

基于上述分析，建立了莫海拉亨铅锌矿床的成矿模式，具体如图3-44所示。

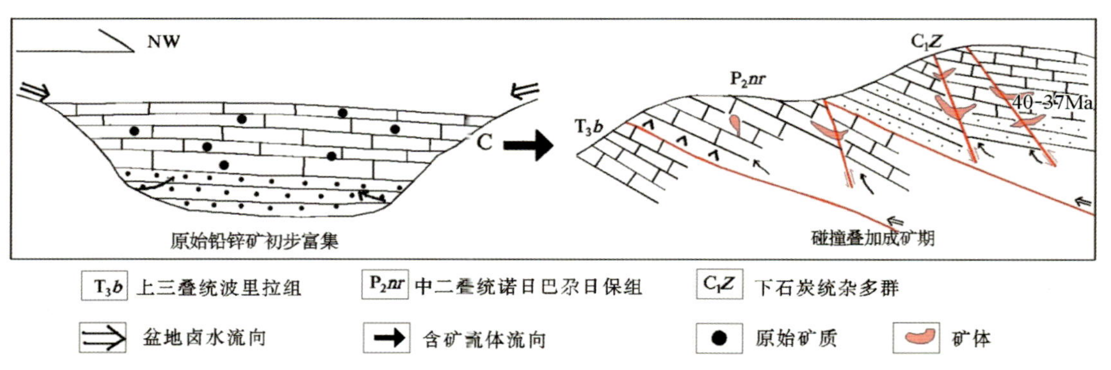

图3-44　杂多县莫海拉亨铅锌矿成矿模式图（据杨生德等，2013）

第一，先后经历了三叠纪裂谷盆地和侏罗纪—白垩纪坳陷盆地发育历史的青藏高原东—北部玉树地区，伴随着印度—亚洲大陆的强烈碰撞而形成面积显著收缩的新生代前陆盆地，并接受河湖相碎屑岩沉积，原始矿源层形成。

第二，随着大陆碰撞造山持续推进，在高原东北缘发育强烈的地壳缩短，形成以逆冲推覆构造系统为代表的“薄皮构造”。逆冲推覆构造系统的指向是由向南西向北东推覆，一系列中生代地层单元作为构造岩片推覆并叠置于前陆盆地之上，由于逆冲后后伸展作用和后期走滑断层的叠加，地层完整性被破坏，形成大量开放空间。

第三，逆冲推覆构造系统根部附近的侧向造山作用，导致古近纪盆地含水地层的大量脱水，产生正常的或超高压的流体并沿拆离滑脱带长距离迁移。流体运移过程中，盆地卤水和碳酸盐岩相互作用，形成富含Pb-Zn的成矿流体。

第四，区域含矿流体流经莫海拉亨铅锌矿床下部，通过淋滤杂多群底部碎屑岩组中酸性火山岩的铅、锌和硅，金属含量增加，流体流入莫海拉亨矿床浅部的冲起构造，与本地富流体储库发生汇合。伴随温度降低，成矿流体溶蚀灰岩并形成坍塌角砾，同时硅化灰岩、硫化物在逆断层上盘碎裂带、地层被逆冲断裂强烈破坏的褶皱转折端以及溶蚀坍塌角砾形成的开放空间中沉淀、形成矿体。

（十一）找矿模型

（1）含矿地层：区内矿（床）体均产于下石炭统杂多群碳酸盐岩组中，矿化多集中分布于层间断裂（破碎带）带，因此下石炭统杂多群灰岩组是直接找矿标志。

（2）赋矿岩性：矿区内矿化带含矿岩性多为灰黑—黑色泥碳质灰岩、角砾状灰岩、碎裂灰岩，呈黑色条带近东西向展布，其结构疏松，相对软弱；矿化围岩多为巨厚层状灰白色灰岩，其质地坚硬，呈灰白色条带近东西向展布，二者在地表极易区分。

（3）控矿构造：通过近年来勘查发现，一是北西向断裂是主矿体赋存地段，莫海拉亨矿区主矿带（MⅠ）主要夹持于北西向 F_2、F_3 断裂之间；二是北西向与北东向（平移）断裂交会部位是矿化密集产出部位，即北西向断裂与北东向断裂的交会部位，是寻找富矿找矿标志；三是含矿层中呈网脉状相互连通的节理、裂隙系统是赋矿最有利的空间，因此构造破碎及岩溶发育地段地段也是找矿主要标志。

（4）矿化蚀变：铅锌矿体在地表风化后所形成的褐黄色“铁帽”，其颜色与区内围岩易区分，尤其是在杂多群碳酸盐岩组中，如发现“铁帽”产生，其下伏层位杂多群碎屑岩组中均有原生铅锌矿化（层）体产出，因此矿化带地表形成的“铁帽”是直接找矿标志。

（5）围岩蚀变：含矿层矿化较为密集产出部位，围岩均发生强烈的碳酸盐化和少量萤石化，常形成巨晶方解石、白云石和灰紫色萤石，岩芯观察呈“白色柱”，即灰黑色含矿层位中产出的“白色柱”是直接找矿标志。

（6）化探：区内化探异常呈长条带状展布，连续分布有 5 处异常，通过异常检查，每一处异常中均发现不同规模、不同强度的矿化蚀变带，尤其是莫海拉亨-拉亨弄-莫海异常，均已证实有矿（化）体存在的事实。因此 Pb、Zn、Ag 化探异常是直接找矿标志。

（7）物探：从矿化较为密集产出的激电异常的验证结果来看，物探异常强度高、规模大，指示深部高密度极化体的存在，地质及化探异常可得到物探工作的有力印证。因此，物探激电工作所发现的异常地段是间接找矿标志。

（8）遥感高分辨率蚀变信息：通过对 1∶5 万莫海拉亨地区遥感地质矿产解译图与羟基、铁染异常分布图分析，得出赋矿地层与遥感异常分布、强度及异常套合程度关系，遥感异常优选区有些是 OH^- 与 Fe^{3+} 蚀变套合较好并且具有一定强度，有些是在具备良好异常的同时，线环构造及地层、岩浆岩等成控矿有利因子显示明显，遥感高分辨率蚀变信息是找类似矿的一个标志。

三、杂多县东莫扎抓铅锌矿床

（一）概况

该矿床位于青海省南部，唐古拉山脉东段，子曲河食宿站北西东莫涌曲一带，属青海省玉树藏族自治州杂多县管辖。地理坐标：东经 95°41′—95°50′，北纬 33°02′—33°08′。矿区距玉树州政府 240 km，距杂多县城 70 km，距玉树州—杂多县公路约 30 km。从公路有便道可抵达矿区，交通尚属方便。

2001—2005 年，青海省地质调查院在该区开展了“青海省纳日贡玛-众根涌铜矿资源评价”项目，初步查明了各矿区地层、构造、岩浆岩、矿化带的分布特征，对东莫扎抓矿区矿化富集地段采用硐探、钻探工程进行了深部验证。

2004—2007 年，青海省地质调查院在矿区实施了“青海省杂多县东莫扎抓铅锌银矿普查”项目，2008—2009 年，青海省地质调查院在该区实施了“青海杂多然者涌-东莫扎抓铜多金属矿评价”项目，并于 2012 年提交了《青海杂多然者涌-东莫扎抓铜多金属矿评价报告》，于 2017 年提交了《青海省杂多县东莫扎抓铅锌银矿普查报告》。

（二）区域地质特征

矿床大地构造位置位于开心岭-杂多陆缘弧带，成矿带属昌都-普洱成矿带之纳日贡玛-囊谦成矿亚带（Ⅳ-36-3）。区域地层以石炭系杂多群、上石炭统—中二叠统开心岭群和三叠系结扎群为主，新生代地层仅有古近系沱沱河组和第四系零星分布。区域构造主要有玉树地区的逆冲推覆构造，该推覆带呈北西向延伸，沿走向向西可延至风火山地区。杂多县以北地区北西-南东向逆冲断裂发育。区域岩浆活动频繁，印支期、燕山期、喜马拉雅期均有规模不等的岩浆侵入活动，尤以印支期岩浆事件最为强烈。

（三）矿区地质特征

1. 地层

出露地层主要有二叠系诺日巴尕日保组、九十道班组，上三叠统波里拉组及第四系，地层总体呈北西向展布，局部为北东向、近东西向（图 3-45）。其中诺日巴尕日保组和波里拉组为矿区主要含矿层位。

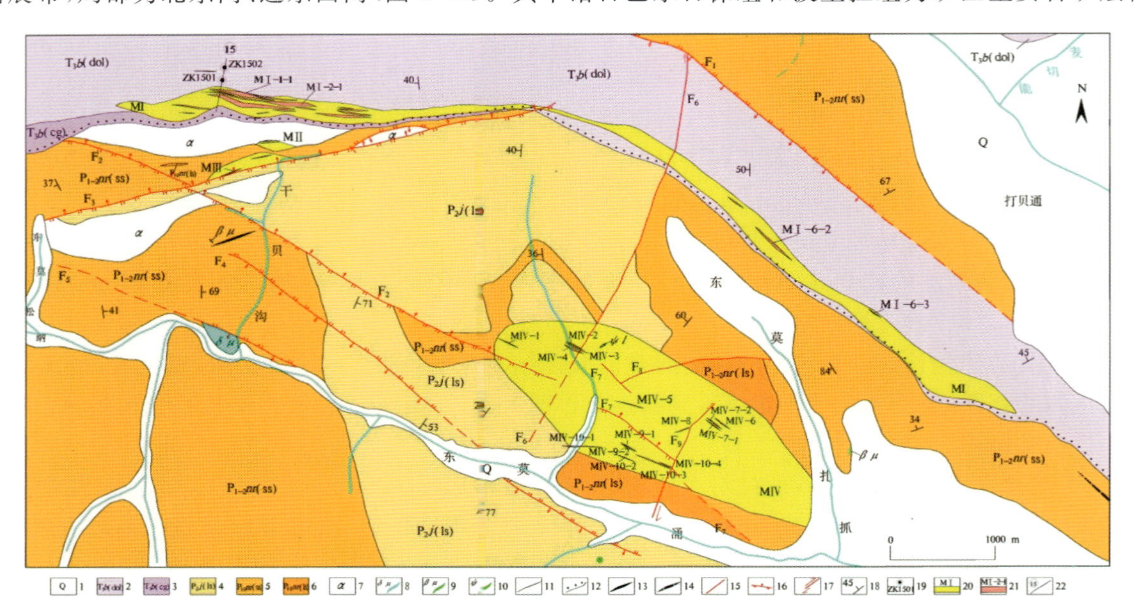

1. 第四系腐殖土、残坡积物、冲洪积物；2. 上三叠统波里拉组白云岩段深灰色中厚层状白云岩；3. 上三叠统波里拉组砾岩段紫红色复成分砾岩；4. 中二叠统九十道班组灰岩段深灰色巨厚层状含生物碎屑泥晶灰岩；5. 中—下二叠统诺日巴尕日保组砂岩段浅灰色、灰绿色、紫红色中层状中细粒长石石英砂岩；6. 下—中二叠统诺日巴尕日保组灰岩段深灰色厚层状含生物屑亮晶砾屑灰岩夹碎裂灰岩；7. 紫红色安山岩；8. 浅灰绿色闪长玢岩；9. 深灰色辉绿岩脉；10. 深灰色辉石岩脉；11. 实测地质界线；12. 实测不整合界线；13. 背斜；14. 向斜；15. 实测、推测性质不明断层；16. 实测、推测逆断层及编号；17. 实测、推测平移断层；18. 岩层产状；19. 已施工见矿钻孔位置及编号；20. 矿化蚀变带编号；21. 铅锌矿体位置及编号；22. 勘探线及编号

图 3-45　杂多县东莫扎抓铅锌矿区地质简图（据青海省地质调查院，2017）

下—中二叠统诺日巴尕日保组，分布于矿区东西部，呈北西-南东向展布，具体划分为 3 个岩性段：灰岩段、砂岩段、碎裂灰岩段。中二叠统九十道班组，分布于矿区中部，呈北西-南东向展布，本区主要出露灰岩段。上三叠统结扎群波里拉组分为白云岩段和砾岩段两个岩性段。主要分布于北侧，地层产状倾向北东，倾角 30°～54°，主要岩性为中—厚层状白云岩。

2. 构造

1）断裂构造

矿区由于受子曲深大断裂影响，形成次一级断裂构造较发育，按其展布方向分为北西西向、北东向、东西向、南北向 4 组断裂，以北西西向最为发育，按其性质可分为逆断层、平推断层。北西西向逆断层为区内主干断裂，基本控制了区内地层和火山岩的分布。其中东莫涌断裂贯通全区，出露长 15 km，形成的次一级断裂也较发育。其主要断裂自北向南，编号为 F_1～F_{10}，其中，与成矿相关的有如下断裂。

F_3：位于干贝沟沟脑，走向呈北东东向，两端延出矿区，为一逆断层，倾向向北，倾角 34°，断裂两侧岩石破碎，形成了较宽的挤压破碎带，局部见构造角砾岩，具硅化和褐铁矿化现象，沿沟有断层泉分布。沿断裂岩石破碎，黄褐色蚀变带断续出现，与北西西向断裂 F_2 交会部位形成铅锌矿化体。与成矿关系较密切。

F_7：位于东莫涌沟以北一带，该断裂为深大断裂 F_2 的次一级断裂，长大于 7 km，倾向北东，倾角 70°，在昂刮沟一带，被后期平推断裂所截，为一呈北西向展布的逆断裂，沿断裂两侧岩石极为破碎，偶见褐铁矿化，星点状、团块状的铅锌矿化现象，与成矿关系较为密切。

F_9：位于 HS13 异常区，断层呈近南北向展布，为一平移断层，矿区内长约 1 km，该断裂为成矿后期构造，对 MⅣ矿化带具有破坏作用。

2）褶皱构造

在诺日巴尕日保组中发育有短轴褶皱，见有两个背斜和一个向斜：其一背斜分布于干贝沟西侧，轴向为 70°，北翼产状 5°∠49°，南翼产状 155°∠56°；其二背斜产于巴米弄沟西侧，走向为北西向（约 290°），北翼产状 95°∠57°，南翼产状 210°∠50°；向斜轴向走向为 85°，北翼产状 155°∠56°，南翼产状 340°∠71°。区内褶曲轴向与断层线方向一致。

3. 岩浆岩

岩浆岩以火山岩和脉岩为主。火山岩分布于矿区西北角和东南角，为二叠系中的海相火山岩，呈北西-南东向产出，岩性以安山岩、玄武安山岩、凝灰岩为主，形态呈不规则状，以似层状、透镜状产于诺日巴尕日保组灰色巨厚层状灰岩中。火山岩与灰岩接触部位，岩石普遍具碳酸盐化、褐铁矿化。

在二叠系诺日巴尕日保组、九十道班组中，沿层间裂隙侵入有宽度及长度较小的基性岩脉和超基性岩脉，岩性为辉绿岩和单辉橄榄岩，走向前者为北西向，后者为北东向。

（四）矿体特征

矿区共圈定 5 条矿化带，圈定铅锌矿体 51 条，其中 MⅠ矿化带中圈定矿体 28 条，MⅡ矿化带中圈定矿体 2 条，MⅢ矿化带中圈定矿体 2 条，MⅣ矿化带圈定矿体 15 条，MⅤ矿化带圈定矿体 1 条，另在矿化带外圈定矿体 3 条。

以锌铅复合矿体为主，铅锌矿体受地层和构造的双重控制，具有成层呈带状分布特点。地层的岩性及产状控制了矿体的层状分布特点，矿体呈大小不等的层状、似层状、透镜状和不规则囊状等形态沿北西-南东方向分布。矿体的连续性较差，厚度变化较大，含矿岩性为碎裂灰岩、薄层状灰岩、泥碳质灰岩、泥灰岩。一般铅矿体仅在局部地段较为富集，延伸（深）长度、矿化强度等均不及锌矿体，连续性差。其中 MⅠ-1-1、MⅠ-2-1、MⅠ-3-1 三条矿体规模最大，为矿区主矿体，现对其详述如下。

（1）MⅠ-1-1 锌铅矿体：位于 MⅠ矿化带北西部位，近东西向带状展布。矿体长 580 m，矿体厚 8.16～32.24 m。Zn 平均品位 4.42%，Pb 平均品位 0.34%。产状 13°～345°∠40°～54°。矿体产于结扎群波里拉组，含矿岩性为灰黑色白云岩、碎裂白云岩，矿化主要有闪锌矿、方铅矿、黄铁矿、褐铁矿及少量孔雀石。闪锌矿呈脉状、网脉状，多与方铅矿共生；孔雀石沿裂隙呈粉末状；黄铁矿多沿脉石矿物呈稀疏星点状分布。

（2）MⅠ-2-1 锌铅矿体：矿体位于 MⅠ矿化带西部，近东西向带状展布。矿体长 1020 m，厚 1.63～17.08 m。Zn 平均品位 2.81%，Pb 平均品位 0.51%。产状 1°～15°∠42°～55°。矿体产于结扎群波里拉组，赋矿岩性为灰黑色白云岩、碎裂白云岩，矿化以闪锌矿、方铅矿、黄铁矿、褐铁矿为主，闪锌矿呈脉状、网脉状，方铅矿多与闪锌矿共生，晶型完整，多呈集合体出现，黄铁矿呈细粒星点状、褐铁矿沿岩石裂隙面呈薄膜状分布。

（3）MⅠ-3-1 锌铅矿体（图 3-46）：矿体位于 MⅠ矿化带西部，近东西向带状展布。该矿体为矿体最大规模矿体，矿体长 840 m，厚 1.76～30.95 m。Zn 平均品位 3.89%，Pb 平均品位 0.58%。产状 350°～

40°∠40°～55°。矿体产于结扎群波里拉组，赋矿岩性为灰黑色白云岩、碎裂白云岩，矿化以闪锌矿、方铅矿、黄铁矿、褐铁矿为主，局部见有孔雀石化，闪锌矿呈脉状和网脉状，方铅矿多与闪锌矿共生，晶型完整，多呈集合体出现，黄铁矿呈细粒星点状、褐铁矿沿岩石裂隙面呈薄膜状分布。

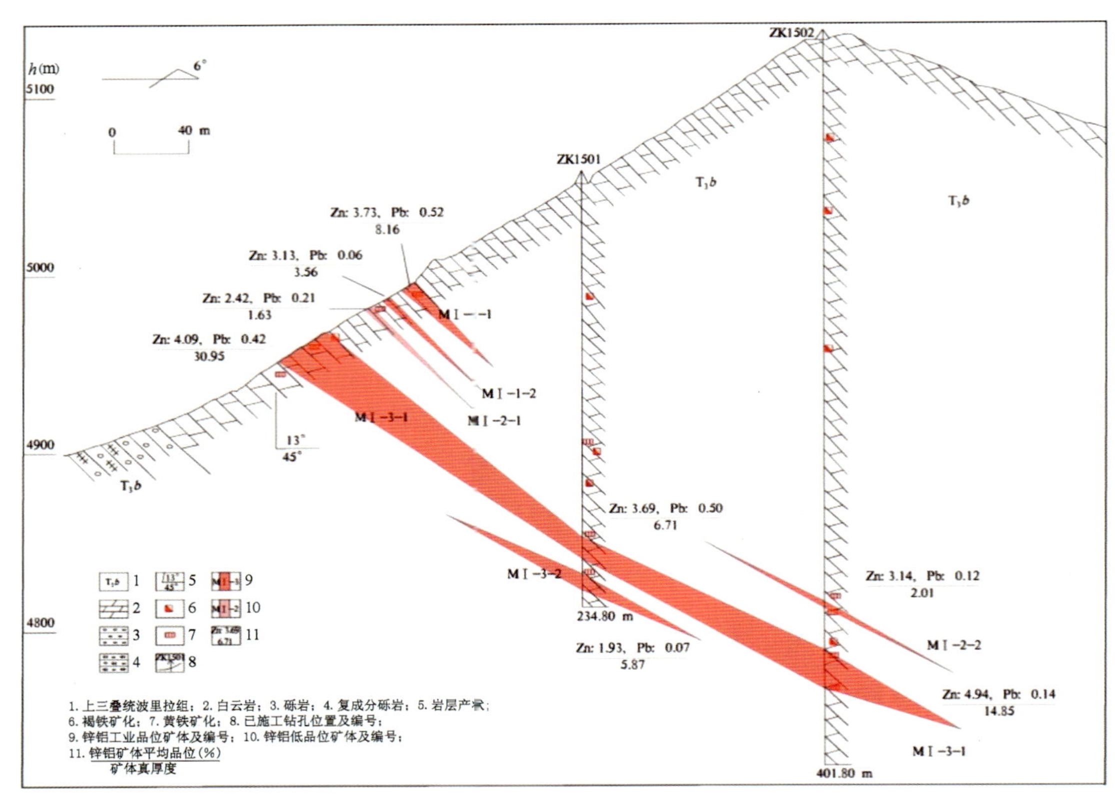

图 3-46　杂多县东莫扎抓铅锌矿区 15 号勘探线剖面图(据青海省地质调查院,2017)

(五)矿石特征

1. 矿石类型

在近地表区或深部工程中锌主要以氧化物存在，锌在氧化物中含量为 30.26%～95.45%，平均为 76.76%，而其他物相的锌含量非常小，由此可见矿石的自然类型为氧化物矿石。

根据矿石中有用组分组合及含量等将矿石划分为 4 种工业类型：工业铅锌矿石、工业铅锌低品位银矿石、低品位铅锌矿石、低品位铅银矿石。

2. 矿石物质组成

矿石中原生金属硫化矿物主要为黄铁矿、闪锌矿、方铅矿，有极少量的黄铜矿；后生金属氧化物为褐铁矿、菱锌矿、白铅矿、铅矾、水锌矿；脉石矿物主要为白云石、方解石、石英、高岭石，其次为极少量的磷灰石等副矿物。

3. 矿石结构构造

矿石结构有皮壳状结构，球形结构，他形粒状结构，自形、半自形结构，部分方铅矿呈半自形，交代结构，交代反应边结构；矿石构造主要有胶状构造、浸染状构造、脉状构造、角砾状构造。

(六)围岩蚀变

围岩蚀变有硅化、碳酸盐化。

硅化：常呈细小的网状石英细脉产出，脉宽小于 1 cm，铅锌矿化的富集与硅化有关。

碳酸盐化：具多期性特点，早期的碳酸盐化表现为方解石呈不规则粒状晶形，颗粒细小，呈星点状分布在岩石中，大多数为他形粒状集合体，晚期的碳酸盐化主要表现为白云石呈细脉状充填在裂隙中。

（七）资源储量

截至2020年底，矿区累计查明资源储量铅金属量 6.57×10^4 t，平均品位1.9%；锌金属量 33.74×10^4 t，平均品位4.21%。保有金属量铅 6.57×10^4 t，锌 33.74×10^4 t。

（八）矿化阶段

东莫扎抓铅锌矿成矿期可分为4个期次。

沉积胚胎期：在海相沉积中，黄铁矿、闪锌矿等金属硫化物以细粒、微细粒浸染状分布于白云岩层理，并在后期的物理化学条件改变的情况下发生硫化物颗粒的重结晶。

热液成矿期：含矿热液在构造作用下，沿白云岩裂缝或塌陷空洞中运移沉积。由于物理化学条件的改变，含矿元素以硫化物的形式产出，并交代白云岩角砾边缘，产状为脉状，硫化物结晶的顺序为方铅矿略晚于闪锌矿。

构造热液叠加改造期：在强烈的构造作用热量作用下，热流体萃取前期金属硫化物并富集成矿。

表生期：形成的铅锌矿床因长期遭受到风化剥蚀作用面出露于或接近于地表，在受到大气降水淋滤作用，矿石矿物分解改造，形成褐铁矿、菱锌矿、白铅矿和铅钒等。

（九）矿床类型

该矿区矿体主要产于诺日巴尕日保组和波里拉组中，矿体主要受地层和断裂带构造控制，方铅矿、闪锌矿大多沿裂隙构造呈细脉状产出，表现了热液成矿的主要特征。本次研究将该矿床成因归为浅成中—低温热液型矿床。

（十）成矿机制和成矿模式

东莫扎抓矿区内岩浆活动微弱，矿（床）体均赋存于碳酸盐岩中，并且广泛与孔隙发育的灰岩、局部岩溶空间和断裂破碎带密切相关，这些开放的空间为含矿热（卤）水的运移和大量硫化物沉淀提供了最佳场所，矿石的结构构造特征充分证明了矿床是含矿热水（液）通过在这些先已存在的空间中充填和交代形成的。因此，区内矿床成因属典型的以碳酸盐岩为容矿岩石的后生矿床。

这种产于碳酸盐岩中的、具有显著后生特征的一类铅锌矿床，受一定地层层位控制的特征十分明显，矿床的形成与岩浆活动无明显的成因联系，矿质多在碳酸盐岩的孔隙、裂隙、溶洞及层间破碎带等空间充填交代形成。

（十一）找矿模型

（1）含矿地层：诺日巴尕日保组和波里拉组为铅锌矿主要赋存部位，矿化多集中分布于构造作用形成的破碎带中。

（2）矿化特征：铅锌矿与黄铁矿呈正相关关系，黄铁矿经风化作用在地表形成褐铁矿化（铁帽）。

（3）蚀变特征：含矿层矿化较为密集产出部位，围岩均发生强烈的碳酸盐化和硅化，形成网脉状方解石和石英脉。

（4）控矿构造：北西西向断裂与北东向断裂的交会部位是找矿的有利部位。含矿层中呈网脉状相互连通的节理、裂隙系统是赋矿最有利的空间。

（5）地球物探异常：低阻、高极化体经验证不同程度地发现矿化体。

（6）地球化学异常：以铅锌为主的水系异常，具有一定的规模和强度，形态完整、浓度梯度变化明显，是找矿的有利部位。

四、杂多县然者涌铅锌银矿床

（一）概况

该矿床位于青海省南部，唐古拉山脉东段。行政区划隶属于青海省玉树藏族自治州杂多县扎青乡，交通尚属方便。

2001—2002 年，青海省地质调查院在然者涌地区对圈定的 1∶5 万水系异常开展了矿产检查工作，初步发现了地表铅锌矿化体。2003 年，青海省地质调查院在进行纳日贡玛-众根涌铜资源评价时，于然者涌地区进行铜铅锌多金属矿预查，在 AS22-5 异常区内地表圈定了铅、锌、银矿（化）体两条，为普查工作奠定了基础。2011—2013 年开展普查工作。

（二）区域地质

该矿区位于三江东段，大地构造位置属开心岭-杂多陆缘弧带（Ⅲ-2-6）；成矿带属昌都-普洱成矿带之乌丽-囊谦成矿亚带（Ⅳ-36-3）。

区内地层主要为下石炭统杂多群（C_1Z），二叠系诺日巴尕日保组（$P_{1-2}n$）、九十道班组（P_2j），下三叠统马拉松多组（T_1m），上三叠统结扎群（T_3J），以及分布较为局限的古—始新统沱沱河组（$E_{1-2}t$），第四系等（图 3-47）。本区处于乌丽-囊谦深大断裂（F_{31}）弧形转折部位，自晚古生代至新生代均有强烈的地壳运动，断裂构造和褶皱构造发育。区内岩浆活动较强，而且具多期性，酸性岩浆侵入活动有燕山晚期—喜马拉雅期，集中在纳日贡玛、色的日地区。火山喷发活动发生于早石炭世、早—中二叠世和古近纪。

（三）矿区地质

1. 地层

区内地层单一，为下—中二叠统诺日巴尕日保组（$P_{1-2}n$）。矿区地层由于受区域构造的控制，总体呈北西向展布，局部为北东向、近东西向。

下—中二叠统诺日巴尕日保组（$P_{1-2}n$）：为一套浊流碎屑岩组合，近东西向展布。多金属矿化体即产于该组的破碎带中。

2. 构造

区内断裂构造较为发育，以近东西向为主，主要有 F_3、F_4、F_9，其中 F_3、F_9 与成矿关系密切（图 3-48）。

F_3 断裂：位于矿区中部，近东西向展布，为一北倾高角度逆断层，该断裂直接控制着矿区 MⅠ矿化带，是矿体的主要赋矿构造。

F_4 断裂：位于矿区南部，为一南倾低角度逆断层，该断裂含矿性不详。

F_9 断裂：地表覆盖厚，为一北倾高角度逆断层，呈近东西向展布，该带直接控制着矿区 MⅡ矿化带，是次要赋矿构造。

3. 岩浆岩

区内岩浆岩不发育。

（四）矿体特征

圈定两条矿带，自南向北为 MⅠ和 MⅡ。共圈定铅锌银矿体 29 条，具有成层呈带状分布特点。矿体呈大小不等的层状、似层状、透镜状和不规则囊状等形态沿东西方向分布。矿体长 140～750 m，平均

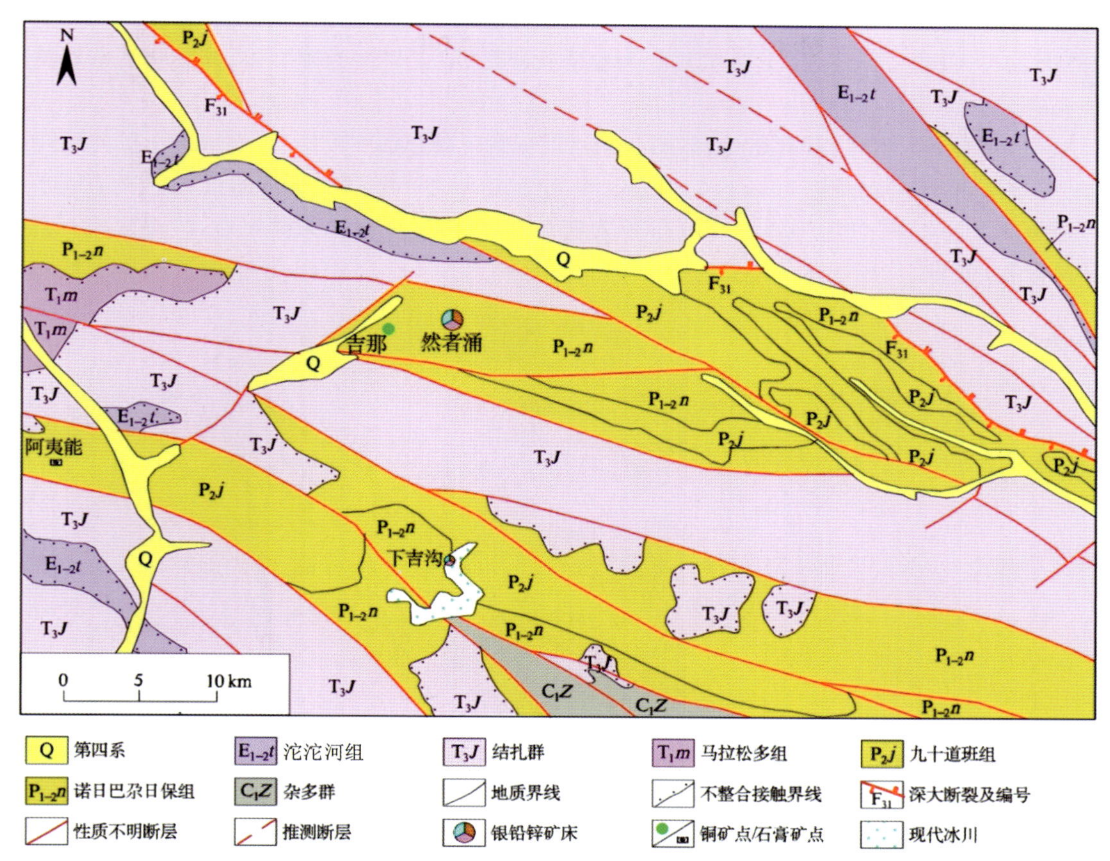

图 3-47　杂多县然者涌铅锌银矿区域地质图(据安永尉等,2014,修改)

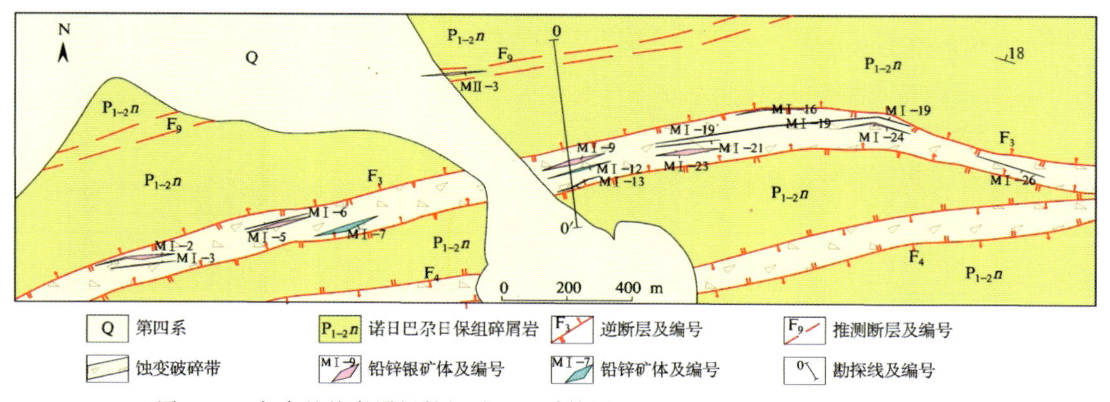

图 3-48　杂多县然者涌铅锌银矿区地质简图(据青海省地质调查院,2018,有修改)

280 m;厚度 0.89～7.27 m,平均 2.97 m;Ag 品位 15.5～1740 g/t,平均 94.7 g/t;Pb 品位 0.12～38.52%,平均 1.44%;Zn 品位 0.13～14.65%,平均 1.55%。其中 MⅠ-5、MⅠ-6、MⅠ-9 三条矿体规模较大。

(1)MⅠ-5 矿体:位于 MⅠ矿化带西部,近东西向带状展布,矿体长 300 m,倾向延伸 350 m,矿体厚 1.34～7.93 m,Ag 品位 1.45～990 g/t,Ag 平均品位 133.8 6 g/t,Pb 平均品位 2.59%,Zn 平均品位 1.94%,产状 345°～12°∠67°～81°。赋矿部位为构造破碎带,赋矿岩性为碎裂岩、碎裂状长石石英砂岩夹粉砂岩。

(2)MⅠ-6 矿体:位于 MⅠ矿化带西部,近东西向带状展布,矿体长 300 m,倾向延伸 310 m,矿体厚

0.91～12.06 m，Ag 品位 1.45～1740 g/t，Ag 平均品位 117.38 g/t，Pb 平均品位 2.39%，Zn 平均品位 1.8%，产状 345°～12°∠67°～89°。赋矿部位为构造破碎带，赋矿岩性为碎裂岩、碎裂状长石石英砂岩夹粉砂岩、泥岩。

(3)MⅠ-9 矿体：位于 MⅠ矿化带中部(图 3-49)，近东西向镰刀状展布，矿体长 612 m，倾向延伸 400 m，矿体厚 1.01～6.96 m，Ag 品位 20～417 g/t，Ag 平均品位 84.94 g/t，Pb 平均品位 1.74%，Zn 平均品位 0.81%，产状 352°～354°∠60°～74°。赋矿部位为构造破碎带，赋矿岩性为碎裂岩、碎裂状长石石英砂岩夹粉砂岩、砾岩、泥岩。

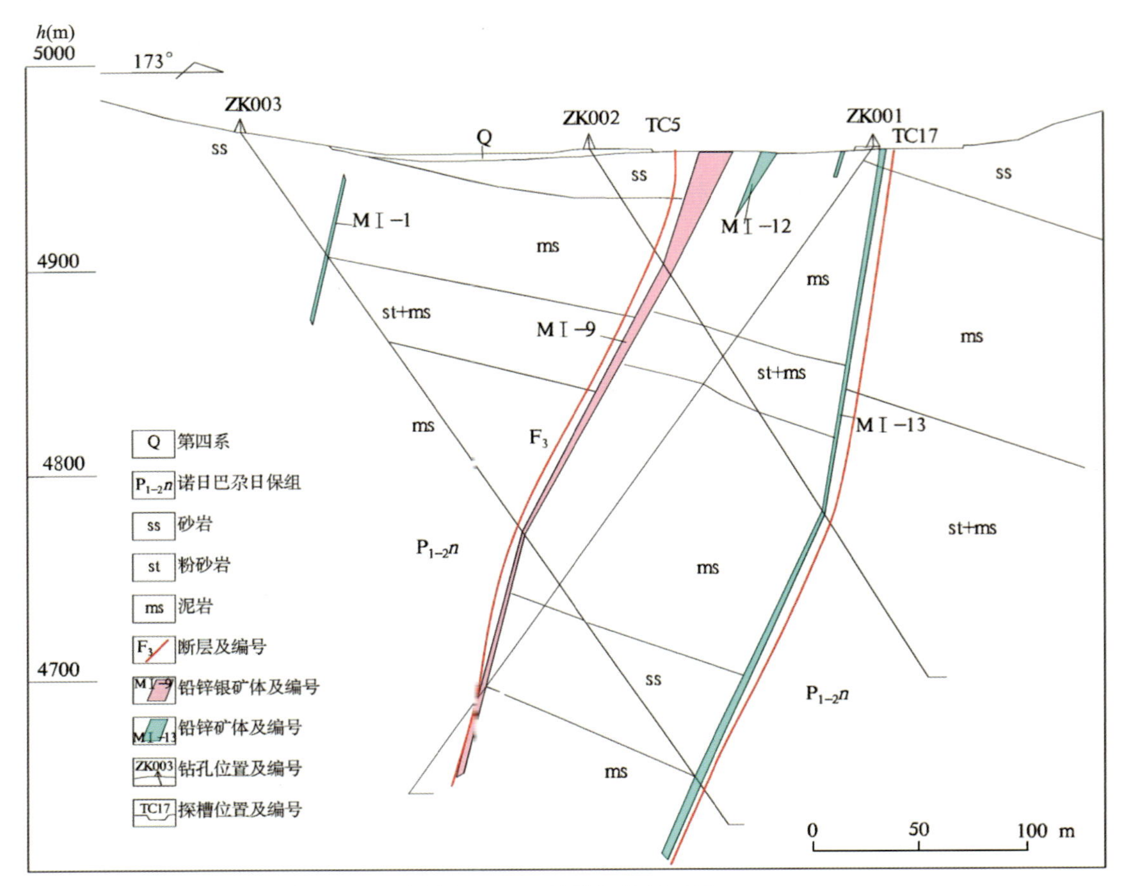

图 3-49　杂多县然者涌铅锌银矿区 0 号勘探线剖面图(据安永尉等，2014，有修改)

(五)矿石特征

1. 矿石类型

根据矿石中有用矿物组合，矿石的工业类型可分为 7 种：铅锌银矿石、锌银矿石、铅银矿石、铅锌矿石、铅矿石、锌矿石、银矿石，其中以铅锌银矿石、铅锌矿石为主。

2. 矿石物质组成

矿石矿物主要为银黝铜矿、方铅矿、闪锌矿、黄铁矿、赤铁矿，此外局部见少量的黄铜矿、辉铜矿；脉石矿物主要为石英、长石、方解石。

3. 矿石结构、构造

矿石结构有他形—半自形粒状结构、自形粒状结构、填隙结构、包含结构、压裂或压碎结构等。

矿石构造比较简单，主要有由充填作用形成的充填构造、由重结晶及交代作用形成的稀疏—稠密浸染状构造、团块构造。

（六）围岩蚀变

围岩蚀变主要有碳酸盐化、高岭土化、硅化、绿帘石化等。

（七）资源储量

截至2020年底，矿区共查明资源储量银金属量728 t，平均品位154.81 g/t；铅10.74×10^4 t，平均品位2.14%；锌9.86×10^4 t，平均品位2.31%。保有金属量银728 t，铅10.74×10^4 t，锌9.86×10^4 t。

（八）矿床类型

根据矿区地质特征可知，矿体严格受断裂构造控制，矿体多赋存在断层中，赋矿围岩为下—中二叠统诺日巴尕日保组，该套地层富含Ag、Pb、Zn等元素。另外与方解石共生的方铅矿、闪锌矿多成巨晶出现，表明方铅矿、闪锌矿同时生成，方铅矿和闪锌矿多呈细脉状、网状分布于矿石中，局部沿石英脉边缘分布，这说明铅、锌等金属矿物随热液沿裂隙运移，热液在沿裂隙充填时携带有用组分，与围岩发生接触交代、溶离促使金属矿物富集。通过上述特征，本次研编认为该矿床类型为浅成中—低温热液型。

（九）成矿机制和成矿模式

1.成矿时代

该矿区未做同位素测年，邻近的东莫扎抓矿区确定的成矿年龄为(35.015±0.034) Ma(刘英超，2009)，大致可作参考，成矿时代应为古近纪。

2.成矿机制及成矿模式

通过成矿地质背景、地层因素、构造因素及热液因素的分析，区内逆冲断层发育，断层逆冲时及逆冲后的伸展作用使断层附近的岩石发生破碎，从而为沿区域主干道运移的成矿流体的纵向排泄提供了有利的运移通道。逆冲推覆构造系统根部附近的侧向造山作用产生了正常或超高压的盆地热卤水流体，流体沿区域逆冲断层底部的拆离滑脱带长距离迁移，在迁移过程中，流体与区域碳酸盐岩地层发生作用，饱和了其中的Pb、Zn、Ag元素。区域流体运移至矿床下部，流经下—中二叠统诺日巴尕日保组灰岩底部火山岩相岩石，淋滤其中的铅、锌、银，成为富含铅、锌、银的流体，并通过逆冲断裂进入矿区，在逆断层上盘碎裂带、断层附近的顺层和切层次级裂隙等开放空间中充填沉淀了硫化物，形成矿体(图3-50)。

（十）找矿模型

根据矿床地质特征、地球物理特征、地球化学特征建立然者涌铅锌银矿的找矿模型(表3-14)。

五、其他浅成中—低温热液型铅锌矿产地

青海浅成中—低温热液型铅锌矿产地除以上典型矿床外，还有格尔木市宗陇巴锌矿床、格尔木市楚多曲铅锌矿床、格尔木市巴斯湖铅锌矿床、德令哈市蓄集山铅银铜矿床、互助县萨日浪-尕什江铅锌矿床、天峻县哲合隆铅锌矿床、乌兰县夏乌日塔铅锌矿床等，其他浅成中—低温热液型铅锌矿产地特征见表3-15。

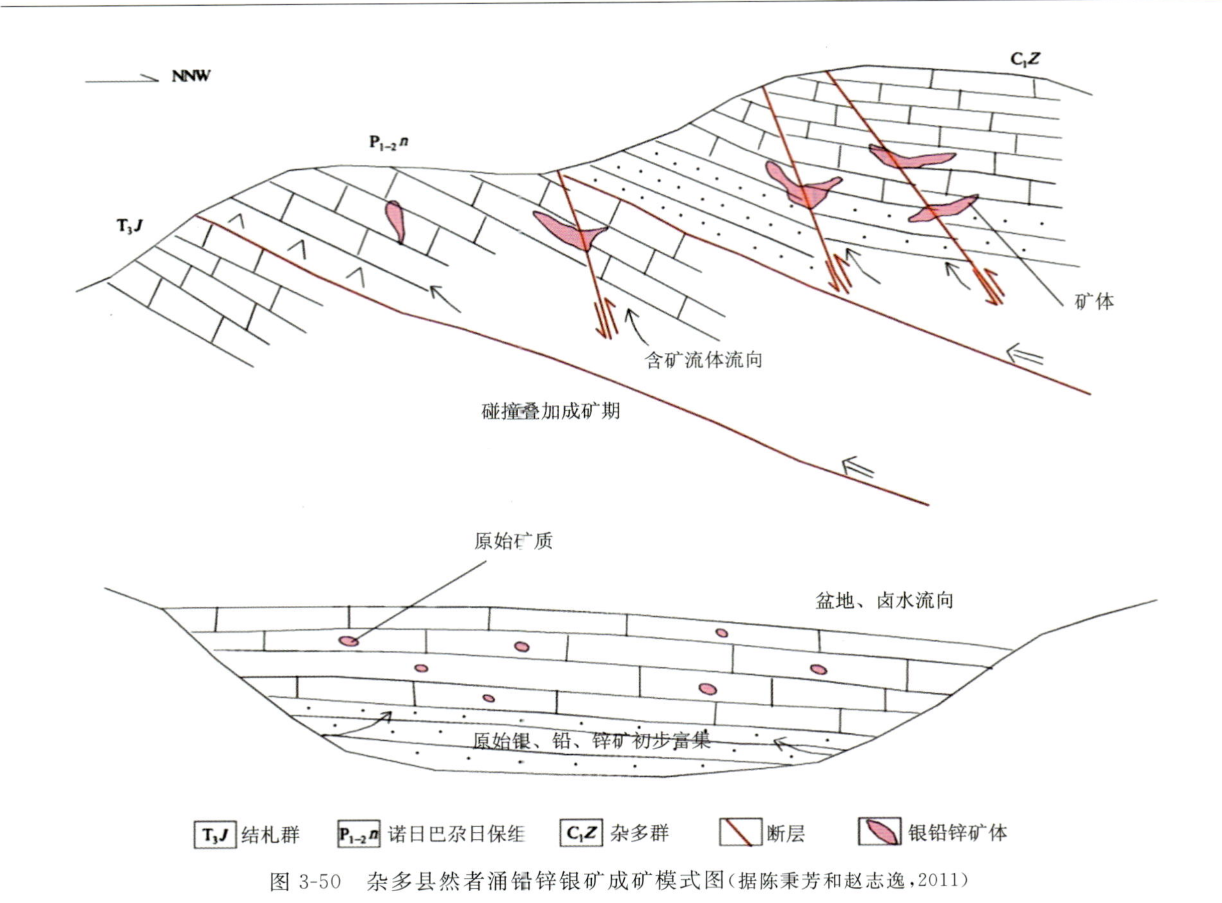

图 3-50　杂多县然者涌铅锌银矿成矿模式图(据陈秉芳和赵志逸,2011)

表 3-14　杂多县然者涌铅锌银矿找矿模型

分类		主要特征
成矿地质背景	构造环境	形成于火山-沉积断陷盆地环境
	含矿建造	诺日巴尕日保组杂砂岩
	构造	矿体主要赋存于近东西向的断裂破碎带及次一级的断裂、裂隙中,该组断裂为有用组分的运移提供通道,为有用组分的富集提供空间
	矿化蚀变标志	黄铁矿化、褐铁矿化、方铅矿化、闪锌矿化
地球物理、化学标志	物探找矿标志	低阻(蚀变破碎带)或高阻(非蚀变破碎带)高极化带及磁场正负伴生特征明显
	水系异常特征	1∶20 万水系沉积物测量中圈定了 AS 甲 122 然者涌 Cu、Pb、Zn、Ag 异常及 1∶5 万水系沉积物加密测量中圈定的 AS22-5Ag、As(Cu、Pb、Zn、Au、Sb)
	土壤异常特征	各异常 Ag 具二级浓度分带,其余皆为一级浓度分带,各元素之间套合很好,强度较大

表 3-15　青海省其他浅成中—低温热液型铅锌矿产地特征简表

编号	矿产地名称	规模	勘查程度	成矿时代	成矿区(带)	构造单元	地质矿产简况
4	祁连县油葫芦沟中游铅锌矿点	矿点	预查	S	Ⅲ-21	Ⅰ-2-4	出露地层主要为下奥陶统阴沟群上岩组，岩性为中基性火山岩夹结晶灰岩。地层走向北西西，倾向南西，倾角 55°～70°，呈一单斜地层。侵入岩为加里东期钾长花岗岩体，岩体北与玄武岩呈侵入接触，接触面向南西倾，倾角 65°，岩体南呈断层接触，断面倾向北东，倾角 50°，岩体长 2500 m，宽 150～300 m。矿体赋存于钾长花岗岩体北部边缘裂隙带中。矿体呈条带状或细脉状，矿体产状倾向 195°，倾角 65°。矿体长约 60 m，宽 5 m。据样品分析：锌大于 1%，铅 0.4%。矿石呈他形—半自形微粒状结构，浸染状构造，矿石金属矿物有方铅矿、闪锌矿、黄铁矿及黄铜矿等，脉石矿物有长石、石英及绢云母
15	祁连县牛心山铅矿点	矿点	预查	O	Ⅲ-21	Ⅰ-2-3	出露地层为寒武系黑刺沟组，为一套变质火山岩系中。岩浆岩主要为加里东中期牛心山花岗岩，矿体赋存于牛心山花岗岩东侧破碎带中间部位。圈定出矿体 5 条：Ⅰ号矿体长约 20 m，宽 2 m，产状 17°∠57°，由 3 条铅矿脉组成，总厚度 0.7 m，含 Pb 1.32%～4.07%；Ⅱ号矿体长约 15 m，宽 0.8 m，含 Pb 0.31%；Ⅲ号矿体长 10 余米，宽 0.5 m，产状 360°∠60°，含 Pb 1.65%；Ⅳ、Ⅴ号矿体较小，长约数米，宽小于 80 cm。矿石呈自形—他形晶粒状结构，方铅矿呈团块状、浸染状和细脉状，不均匀分布。矿石矿物有方铅矿、黄铜矿、铜蓝、孔雀石
18	大通县雪水沟铅锌矿点	矿点	预查	O	Ⅲ-21	Ⅰ-2-4	出露地层为上奥陶统扣门子组，岩性主要为中基性火山熔岩、中酸性火山碎屑岩及正常沉积岩。断裂构造为压性及压扭性，且为成矿前及伴随矿液活动的控矿，导矿构造。断裂两侧往往有数十米蚀变带发育，并伴随长英质岩脉侵入，且蚀变带内节理，劈理、裂隙发育，矿体赋存于构造蚀变带中的蚀变绢云母千枚岩中。见有两条含矿石英矿脉，其走向 110°，脉宽 0.05～1.7 m，平均 0.5 m，长 45 m；另一条走向 80°，宽 0.5～0.7 m，平均宽 0.2 m，长 150 m。矿体品位 Cu 0.002%、Zn 1.7%～4.04%、Pb 0.38%～1.89%。以上矿脉走向与断层蚀变带走向一致，矿体形态沿走向局部有膨大，狭缩、复合、尖灭、再现现象。矿石呈自形—他形晶粒状结构，浸染状构造，矿石矿物由黄铜矿、闪锌矿组成
22	互助县黑龙掌锌矿点	矿点	预查	O	Ⅲ-21	Ⅰ-2-4	出露地层为中元古界花石山群克素尔组下部，岩性为大理岩(局部含碳质)夹碳质板岩，变中基性火山岩。矿化与碳质绢云硅质板岩有关，地层产状 210°∠60°。矿点北为一走向北西-南东的区域性大断裂。矿化点北有大面积加里东期二长花岗岩侵入体。矿化较好地段宽 2.80 m。在 TC1 探槽采集刻槽样 3 个，光谱分析结果为：含碳质板岩样 Zn 0.35%，绢云片岩样 Zn 1.05%。矿石以他形粒状为主，条带和脉状构造。矿石矿物以方铅矿、闪锌矿为主，少量黄铁矿，少数矿体含有黄铜矿、磁黄铁矿、白铁矿

续表 3-15

编号	矿产地名称	规模	勘查程度	成矿时代	成矿区(带)	构造单元	地质矿产简况
23	天峻县南白水河银矿床	小型	普查	O	Ⅲ-22	Ⅰ-3-1	出露地层主要有新元古界天峻组浅变质碎屑岩，西南边缘有少量三叠系出露。加里东期黑云母花岗岩成长条状北西向分布。矿区分为西矿区和东矿区两个矿区，东矿区共圈定矿体 6 条，主矿体 EM1 多金属矿体为薄透镜状，为盲矿体。走向长 440 m，倾向延深 685 m，矿体厚 0.94～15.9 m，平均真厚度 5.71 m，走向 10°～190°，倾向 100°，倾角 65°～73°。矿体平均品位：Ag 为 160.88 g/t，Cu 为 0.45%，Au 为 0.72 g/t，Pb 为 0.54%。西矿区共发现铜矿(化)体矿体共 9 条，其中有两处矿化达到工业品位，为 WM1、WM2。WM1 矿体走向长 132 m，厚 1.37 m，倾向 335°～3°，倾角 83°～85°，平均品位 Cu 为 2.01%，Au 为 0.13 g/t。矿区矿石主要金属矿物为黄铜矿、方铅矿、闪锌矿、黝铜矿等，脉石矿物主要有石英、绿泥石、高岭石、绢云母等。矿石结构主要有镶嵌结构、交代结构、包含结构等，构造主要有块状、角砾状、浸染状构造等
24	互助县萨日浪-尕什江铅锌矿床	小型	普查	O	Ⅲ-22	Ⅰ-3-1	矿区地层皆为中元古界花石山群，岩性为一套海相碳酸盐岩和碎屑岩，为区内主要含矿地层。矿区发育有纵向层间断裂构造，这些断层与地层产状一致，并具多期活动，故常见脉状富矿石，脉旁常见厚度不大的断层泥。矿体主要赋存于白云质大理岩中，由北向南划分 3 个矿化带，共圈定矿体 22 条，矿体长 20～390 m，厚 0.84～8.65 m，倾斜延伸 25～132 m，铅品位最高 5.18%，一般 0.54%～3.75%，锌品位最高 3.32%，一般 1.11%～2.38%。矿石结构以他形粒状为主，少数为半晶质粒状结构，构造以浸染状和团块状为主，少数呈条带和脉状构造。矿石矿物以闪锌矿、方铅矿为主，次有黄铁矿、磁黄铁矿、黄铜矿、磁铁矿、菱铁矿等，脉石矿物方解石、白云石及透辉石、透闪石、石英等
25	德令哈市莫和贝雷台铅锌矿床	小型	普查	S	Ⅲ-23	Ⅰ-3-3	出露地层主要为志留系下岩组，可划分 3 个岩性段，其中，上岩段与成矿密切，上岩段岩性为砂岩、粉砂岩，夹有砾岩。矿区发育有北东向、北东东向断裂构造，地表发育宽 0.1～1.0 m 的破碎带，破碎带中见断层角砾，局部见方铅闪锌矿化和石英脉充填。矿区圈定铅锌矿体两个。Ⅰ号矿体走向长 255 m，延深 130 m，厚度 0.20～6.27 m，平均厚 2.24 m，矿体平均品位 Pb 5.73%，Zn 6.11%，Ag 13.57 g/t。Ⅱ号矿体走向长 50 m，矿体厚度 3.56 m，矿体平均品位为 Pb 1.58%、Zn 5.41%。矿石结构主要为半自形—他形晶粒状结构，矿石构造呈致密块状集合体、细脉状、浸染状，矿石矿物主要是方铅矿、闪锌矿，偶见黄铁矿、黄铜矿、辉锑矿
26	天峻县哲合隆铅锌矿床	小型	普查	S	Ⅲ-23	Ⅰ-3-3	矿区出露地层主要为志留系上岩组千枚岩段，为含矿围岩。区内断裂构造主要有两组，即北西向和北北东向，其中北北东向断裂组为矿区主要储矿构造。矿区共圈定 11 条矿体及 1 条矿化体。矿体长 16～180 m，厚 0.3～2.9 m，平均品位 Pb 0.3%～66.85%，Ag 2.5～125 g/t，个别矿体含锌。其中Ⅳ号矿体，规模最大，长 180 m，厚 1～2.9 m，垂深 115～130 m，平均品位 Pb 0.3%～57.28%、Zn 0.88～1.92%，Ag 2.5～108.75 g/t。矿石矿物主要为方铅矿，其次为黄铁矿，有时可见白铅矿、闪锌矿，脉石矿物以石英、碳酸盐矿物为主，按结构构造不同分为致密块状、浸染状、稀疏浸染状、似角砾状矿石

续表 3-15

编号	矿产地名称	规模	勘查程度	成矿时代	成矿区(带)	构造单元	地质矿产简况
27	天峻县大尼铅矿点	矿点	预查	O	Ⅲ-23	Ⅰ-3-3	含矿地层为中元古界沙柳河岩组，岩性为灰绿色绢云母千枚岩、千枚状板岩，及浅灰色、灰色变长石石英砂岩，中部有一条走向北东-南北向的平移断层。含铅石英脉主要沿绢云母千枚岩夹片理化长石石英砂岩中裂隙充填。矿化带长约 250 m，宽十几厘米至几米，其走向北东西，倾向北北东。单个矿脉长 20～40 m，宽 5～10 cm，最宽可达 40 cm，延深 10～15 cm。矿石主要组分 Pb 达 0.5%～0.75%，伴生 Ag 一般 100 g/t 左右，最高达 216 g/t；伴生 Au 一般 0.03 g/t，最高 0.24 g/t。矿石矿物以方铅矿为主外，其次有黄铁矿、黄铜矿、铜蓝、自然铜、白铅矿；脉石矿物有石英、方解石等。矿石呈自形、半自形粒状结构，致密块状、浸染状、稀疏浸染状构造
28	化隆县玉石沟铅锌矿点	矿点	预查	O	Ⅲ-23	Ⅰ-3-2	出露地层为寒武系第三统—芙蓉统六道沟组，岩性为中基性火山岩、火山碎屑岩。铅锌矿化赋存于玉石沟超基性岩体中段北部，矿体呈脉状产于褐黄色碳酸盐化蛇纹岩中，沿裂隙充填。据拣块样化学分析结果：铅锌矿石含 Pb 3.44%～8.84%，Zn 0.69%～8.11%，Au 0.10～0.50 g/t，SFe 15.43%～19.80%。矿石矿物有方铅矿、闪锌矿、针镍矿、磁黄铁矿、黄铁矿、白铁矿、铬铁矿、磁铁矿、黄铜矿，脉石矿物为方解石、绿帘石及石英等。矿石以他形粒状为主，浸染状、致密块状构造
29	化隆县双格达铅锌金矿点	矿点	普查	T	Ⅲ-23	Ⅰ-3-2	出露地层为寒武系第三统—芙蓉统六道沟组，岩性为中基性火山岩、火山碎屑岩，断裂构造有北东向，近东西向及北西向 3 组，北西向和北东向裂隙较发育，加里东期侵入岩有单辉橄榄岩、含长辉石岩、正长辉长岩、闪长玢岩、斜长花岗岩、斜长花岗斑岩及煌斑岩等。铅矿化产于六道沟组浅黄褐色蚀变安山质凝灰岩及灰绿色蚀变安山岩夹安山质角砾岩中，，共发现 30 多条，单个矿脉一般宽 0.2～5 cm，长数米，Pb 品位一般为 0.6%～1.19%，最高为 63%。矿石矿物以方铅矿为主，其次有黄铁矿、黄铜矿、闪锌矿、白铁矿，以及少量铅矾、白铅矿、孔雀石等氧化矿物，脉石矿物为石英、方解石。矿石以脉状、网脉状、浸染状构造为主，块状构造少见
30	化隆县尼旦沟尖帽丛东金铅矿点	矿点	预查	O	Ⅲ-23	Ⅰ-3-2	出露地层为寒武系第三统—芙蓉统六道沟组，岩性为中基性火山岩、火山碎屑岩。加里东期五道岭花岗闪长岩体侵入于六道沟组中。矿区南部以铅矿化为主，北部为金矿化。铅矿化产在六道沟组安山玄武岩中的绿泥石黄铁矿化蚀变带内，铅矿化体长 70 m，宽 3 m，其内包括数个铅矿脉，矿脉一般长 0.2～0.3 m，最大长度 2 m，宽一般 0.1～0.2 m，最大宽度 0.4 m。金矿化也赋存于六道沟组安山玄武岩中的绿帘石黄铁矿化蚀变带内，金矿化带长 170 m，宽 4～5 m，金伴生于铁灰色他形粒状黄铁矿中。多金属矿体品位 Pb 1.00%～62.92%，Zn 0.05%～0.42%，Cu 0.06%～0.44%，Au 0.9～4.33 g/t，Ag 3.30～16.5 g/t，金矿体：含 Au 1.05～33.2 g/t。矿石矿物有方铅矿、黄铁矿，以及少许闪锌矿、孔雀石，矿石呈浸染状、团块状沿构造

续表 3-15

编号	矿产地名称	规模	勘查程度	成矿时代	成矿区(带)	构造单元	地质矿产简况
32	大柴旦行委青龙滩北铅锌铜矿点	矿点	预查	O	Ⅲ-24	Ⅰ-5-1	出露地层为中元古界万洞沟群片岩千枚岩组千枚岩段，岩性为黄褐色硅化白云质大理岩，区内见一组走向北西300°的断层，矿化沿断层破碎带分布。矿化沿硅化白云质大理岩中的断层破碎带分布，其中见一个透镜状矿化体，长约8 m，中间最宽处厚1.2 m，品位：Pb 2.15%、Cu 0.33%、Zn 0.02%、Au 0.08 g/t、Ag 37.0 g/t。矿石有硫化和氧化矿两种类型，前者为星散状、浸染状构造，后者为土状或被膜状构造。矿石矿物为方铅矿、孔雀石、褐铁矿、铅矾及黄铜矿，脉石矿物为石英及少量方解石
33	大柴旦行委口北沟铅锌银矿点	矿点	预查	O	Ⅲ-24	Ⅰ-5-2	出露地层为古元古界达肯大坂岩群、奥陶系滩间山群a岩组。矿点Ⅳ号氧化蚀变带产于北东东向的构造带内，长约350 m，宽一般在10 m左右，倾向北西，倾角60°左右，北东段圈出4个小铅矿体，长10～20 m，厚1～2.5 m，铅含量0.5%～9.6%，锌很低，金0.1～0.4 g/t，其中两条矿体厚度较大，铅品位4.5%～5.45%。西南段在浅井中揭露矿体厚2 m，Pb平均4.55%、锌0.02%～0.13%、金3.6 g/t，井下岔子样品，Pb 5.88%、Zn 0.01%～0.76%。带内次生氧化物极发育，有褐铁矿、锰的氧化物和氢氧化物、黄钾铁矾、自然硫、石膏、铅矾、明矾、水绿矾、碳酸盐和高岭石等
36	都兰县达达肯乌拉山锌矿点	矿点	预查	D	Ⅲ-24	Ⅰ-5-1	出露地层为中—上泥盆统牦牛山组杂色碎屑岩段，岩性为灰色、黑色薄层细砾岩，夹灰黑色、银灰色绢云母千枚岩，顺层或斜交层理贯入许多石英脉。圈定9条含铜石英脉，长10～16 m，最长19.5 m，宽0.2～0.5 m，最宽处1.5 m，石英脉中采样10件(化学分析4件、光谱分析6件)，达工业品位的4件，品位为0.79%～1.54%。矿石中金属矿物以辉铜矿为主，少量斑铜矿、孔雀石、赤铁矿、黄铜矿、黄铁矿，脉石矿物为石英。矿石多呈他形粒状结构，少数为半自形，自形结构，构造以浸染状为主
40	乌兰县夏乌日塔铅锌矿床	小型	普查	O	Ⅲ-24	Ⅰ-5-2	矿区地层主要为奥陶系滩间山群，岩性组合为灰绿色绿帘石片岩、白云绿泥绿帘石片岩、片理化钙质石英片岩、二云石英片岩、白云母片岩、中基性岩屑凝灰岩、绿泥石化碳酸盐化安山岩、大理岩等。断裂构造以北西向最为发育，北东向次之。其中北西向断裂发育于滩间山群片岩中，形成断裂破碎带，是主要的控矿构造。区内岩浆岩较发育，主要为中性—酸性岩类。矿区圈定出1条多金属矿体和4条金矿化体，多金属矿体产于片理化构造破碎带中，地表出露长约25 m，厚度为2.3 m。走向115°左右，倾角68°，倾向南西，平均品位Au为2.83 g/t，Cu为0.24%，Pb为2.43%，Zn为3.75%。矿石矿物主要为方铅矿、闪锌矿，少见黄铜矿，脉石矿物为长石、石英、方解石、白云母、绢云母、硅灰石等。矿石呈半自形—他形粒状结构，条带状、星点状构造

续表 3-15

编号	矿产地名称	规模	勘查程度	成矿时代	成矿区(带)	构造单元	地质矿产简况
42	都兰县天池铅锌矿点	矿点	预查	O	Ⅲ-24	Ⅰ-5-2	出露地层为古元古界达肯大坂岩群的变质岩系，区内有花岗闪长岩、斜长花岗岩等岩体侵入，区内有一东西向断裂破碎带发育于海西期花岗闪长岩中，倾向南、断续长约 5 km。铅锌矿体赋存于海西期花岗闪长岩内东西向断裂破碎带中。见矿体 1 条，现已被开采殆尽，据采坑推测长 80 m，宽 3～4 m，呈扁豆状。品位：据坑壁取样分析 Pb 3.82%、Zn 1.79%、Ag 39.2 g/t
43	都兰县一棵松铅锌银矿点	矿点	普查	T	Ⅲ-24	Ⅰ-5-2	矿体产于古元古界达肯大坂群片岩、片麻岩地层中。区内共发现 3 条含矿带，由南至北分别为Ⅰ、Ⅱ、Ⅲ矿带。3 个含矿带共圈出不同矿种的大小矿体 17 条。其中Ⅰ矿带 8 条，Ⅱ矿带 7 条，Ⅲ矿带 2 条。矿区矿体平均含铅 7.11%、锌 1.15%、银 71.21 g/t。只有Ⅱ6 矿体伴生金 1.13 g/t、铜 0.83%
44	都兰县泉水沟脑铅锌矿点	矿点	预查	P	Ⅲ-24	Ⅰ-5-2	出露地层为古元古界达肯大坂岩群的变质岩系，岩性有二云斜长片麻岩夹混合岩化二长片麻岩、斜长角闪片岩、角闪斜长片麻岩、含石榴石二云石英片岩及少量大理岩。岩浆岩有花岗闪长岩、斜长花岗岩等的分布。有一东西向断裂破碎带发育于海西期花岗闪长岩中，倾向南、断续长约 5 km。铅锌矿体赋存于海西期花岗闪长岩内东西向断裂破碎带中。地表出露长 80 m，宽 3～4 m，呈扁豆状。品位：采坑断面取样分析 Pb 3.82%、Zn 1.79%、Ag 39.2 g/t
46	都兰县钻石沟铅锌金矿点	矿点	预查	T	Ⅲ-24	Ⅰ-5-2	出露地层主要为奥陶系滩间山群，自下而上分为火山岩组，片岩岩组、砂岩岩组，该层为铜铅锌矿化的含矿层。断裂构造按走向分为东西面、北西向、北东向、近南北向 4 组。铅锌金矿化带，呈近东西或北东向展布，长 1000 m，由北西南发现 3 个铅锌金矿化带，由绢云石英片岩夹薄层大理岩组成，带内黄铁矿、方铅矿化、褐铁矿化普遍，圈出矿体 3 条，PbZn3 矿体长 30 m，厚 0.2～0.5 m，品位 Pb 26.90%～74.60%、Zn 1.6%～10.53%、Ag 70.3～666 g/t、Au 0.56～1.74 g/t；PbZn4 矿体长 5 m，厚 0.5～0.8 m，品位 Pb 6.55%、Zn 0.49%、Ag 64.35 g/t、Au 0.20 g/t；Au5 矿体长 100 m，厚2.3 m，Au 品位 0.35～2.26 g/t，Ag 品位 1.0～27.6 g/t
49	都兰县沙柳河西区铅锌矿点	矿点	普查	T	Ⅲ-24	Ⅰ-5-2	出露地层主要为中元古界沙柳河岩组，岩性为条带状二云斜长片麻岩、蚀变斜长角闪岩、绿泥透闪石英片岩、火山碎屑岩等，是矿区主要含矿层位。褶皱与断裂构造发育。共圈出矿带 4 处，铜锌矿(化)体 12 处。长一般 30～50 m 不等，个别断续长 185 m，厚 0.5～2.0 m 不等，延深一般 20～40 m，个别 55 m，多呈透镜状，品位 Pb 1.82%、Zn 1.09%。矿石多呈浸染状，局部条带状构造，矿石矿物主要为方铅矿、闪锌矿、黄铁矿，局部黄铜矿，脉石矿物有绿帘石、石英、长石、方解石、透辉石、石榴石及绿泥石等

续表 3-15

编号	矿产地名称	规模	勘查程度	成矿时代	成矿区(带)	构造单元	地质矿产简况
53	都兰县沙那黑沟脑铅矿点	矿点	预查	T	Ⅲ-24	Ⅰ-5-2	矿体赋存于中元古界沙柳河岩组的灰白色条带状混合片麻岩中的近南北向断裂中。矿体长 15 m，厚 1.7 m，呈脉状；倾向 280°，倾角 60°。品位：Pb 3.56%、Ag 1276.8 g/t。矿石矿物主要为方铅矿，其次为黄铁矿、黄铜矿
56	共和县巴硬格莉沟上游铅锌矿点	矿点	预查	T	Ⅲ-24	Ⅰ-5-2	出露古元古界达肯大坂岩群二云石英片岩、斜长角闪岩，两侧有三叠纪巴硬格莉花岗岩大面积出露，矿化沿北西西向的巴硬格莉山-帕龙断层东盘的北西向扭性断裂带分布。矿化带长 250 m，宽 2 m，其内含矿方解石脉宽 2～3 mm，有用矿物为方铅矿、闪锌矿、黄铁矿，矿石矿物为方铅矿、闪锌矿、黄铁矿，品位：Pb 0.08%、Zn 0.05%、Cu 0.05%
94	格尔木市石人山口铅矿点	矿点	预查	T	Ⅲ-26	Ⅱ-1-1	出露地层主要为三叠系隆务河组，出露于南部，岩性主要为变砂岩。含铅石英脉产于变砂岩中，含铅石英脉长 400 余米，平均宽 2 m，矿化不均匀，有用矿物为方铅矿，含少许黄铜矿，呈浸染状分布，目估含 Pb<0.1%
96	都兰县大格勒沟口东铅矿点	矿点	预查	D	Ⅲ-26	Ⅰ-7-3	出露有海西期肉红色中粗粒花岗岩。铅矿赋存于海西期肉红色中粗粒花岗岩内的节理中，为含方铅矿石英脉，长 1 m，宽 0.05～0.1 m，呈脉状，矿化不连续，品位：Pb 2%，As 0.80%
97	都兰县五龙沟西三色沟铅(重稀土)矿点	矿点	预查	S	Ⅲ-26	Ⅰ-7-3	出露地层为青白口系丘吉东沟组，岩性为斜长角闪片岩、绿泥片岩、结晶灰岩、大理岩、绢云石英片岩、条带状混合岩化钾长片麻岩等。侵入岩为海西期花岗岩及花岗闪长岩。区内断裂构造发育，走向 130°～140°。矿(化)体赋存于海西期花岗岩与青白口系丘吉东沟组内接触带断裂构造中。圈定各类矿脉 55 条，其中萤石矿脉 2 条、铅矿脉 6 条、含重稀土铅矿脉 12 条、含铅和重稀土菱铁矿脉 6 条，其他矿脉 29 条。矿脉中以萤石矿规模最大，两条萤石矿脉分别长 613 m 和 189 m，平均宽 2.3 m 和 2.05 m。其次为菱铁矿脉，长 40～60 m，宽 0.4～1.0 m，其内含方铅矿及重稀土。铅矿及含重稀土的铅矿长 10～15 m，宽 0.1～0.6 m，含矿性较好。两条萤石矿脉 CaF_2 平均分别为 25.15% 和 44.94%；方铅矿脉平均品位 Pb 0.7%～20%；重稀土 Y_2O_3 为 0.05%～0.07%。矿石矿物主要为方铅矿、重稀土、菱铁矿等
107	都兰县八路沟铅锌金矿点	矿点	预查	T	Ⅲ-26	Ⅰ-7-3	出露地层为古元古界金水口岩群白沙河岩组，岩性主要为黑云斜长片麻岩与混合岩化黑云斜长片麻岩和斜长角闪(片)岩等。断裂构造较发育，其内蚀变发育，矿体赋存于古元古界金水口岩群白沙河岩组片麻岩内的北东向断裂破碎带中。蚀变带长 1.1 km，出露宽 5～40 m，产状 39°∠65°～80°，带内共圈出矿体 6 条，其中铅矿体 2 条，锌矿体 2 条、铅金矿体 1 条和金矿体 1 条。3 号铅矿体，长340 m，平均厚度 1.88 m，铅平均品位 1.10%，产状 280°～290°∠70°～80°，8 号锌矿体长 115 m，厚 1.88 m，平均锌品位 1.33%，产状 280°∠70°；6 号锌矿体长 110 m，厚 0.94 m，锌品位 1.66%，产状280°∠70°。品位：Pb 2.55%、Zn 0.49%

续表 3-15

编号	矿产地名称	规模	勘查程度	成矿时代	成矿区(带)	构造单元	地质矿产简况
110	都兰县五龙沟东支沟铅锌矿点	矿点	预查	P	Ⅲ-26	Ⅰ-7-3	出露海西期石英闪长岩，呈岩基产出，分布广泛，早期辉长岩呈残留体产于其中。铅锌矿化赋存于辉长岩中，含铅锌石英脉长 100 m，宽 1.3 m，团块状矿石 Pb 6.16%、Zn 12.68%、Cu 0.05%。矿石类型为方铅矿闪锌矿矿石，矿石矿物有黄铁矿、方铅矿、闪锌矿和少许黄铜矿，矿石具浸染状和团块状构造
111	都兰县二龙沟铅矿点	矿点	预查	P	Ⅲ-26	Ⅰ-7-3	出露地层主要为古元古界金水口岩群，岩性为云母石英片岩、绿泥石英片岩夹少量大理岩。铅矿赋存于金水口岩群中，共见铅矿脉 35 条，矿脉长一般 10～20 m，宽 0.05～0.5 m。Pb 品位 0.3%～10%。
113	都兰县阿不特哈打北东铅矿点	矿点	预查	T	Ⅲ-26	Ⅱ-1-1	出露地层主要为上石炭统—下二叠统浩特洛哇组的英安岩，石英脉产于其中。矿化赋存于石英脉内，石英脉呈残积物出露，长约 11 m，宽 0.5～1 m，走向 280°，Pb 品位 0.61%，矿石矿物主要为方铅矿
115	都兰县注斯楞铅矿点	矿点	预查	D	Ⅲ-26	Ⅱ-1-1	出露地层为中元古界万保沟群火山岩组，岩性为深绿色玄武岩。侵入岩为可可晒尔单元中粗粒二长花岗岩，与地层呈侵入接触，沿接触带为一近东西向断裂通过。铅矿体赋存于断裂带及其附近的二长花岗岩中，矿体长约 20 m，Pb 品位 1.16%。矿石矿物主要为方铅矿，其次为铅钒
164	兴海县镇牛沟铅锌矿点	矿点	预查	T	Ⅲ-26	Ⅰ-7-1	出露下石炭统大干沟组之大理岩、灰岩、砂岩、基性火山岩，侵入岩主要为三叠纪都龙花岗闪长岩，围岩蚀变有绿泥石化和绢云母化。矿体呈脉状沿花岗闪长岩裂隙充填，矿脉走向以北北东为主，倾向南东，断续长 30 余米，宽 0.05～0.5 m，平均宽 0.35 m，品位 Pb 0.8%～1.37%、Zn 5.30%～13.65%、Cu 0.12%～1.36%。矿石为充填—交代结构，次为网状结构、压碎结构等，以浸染状构造为主，次为块状、细脉状、角砾状构造。金属矿物有闪锌矿、方铅矿、黄铜矿、白铁矿及孔雀石
188	兴海县加当铅银矿点	矿点	预查	T	Ⅲ-26	Ⅰ-7-4	出露地层为中三叠统古浪堤组板岩段，岩性为粉砂岩、粉砂质板岩。侵入岩有玛温根花岗闪长岩。断层有北西向和近南北向断裂。矿化位于岩体东与粉砂岩、粉砂质板岩接触带中。矿(体)脉有 6 条，脉宽 0.01～0.50 m，长 1.0～17.00 m，还有呈扁豆状，长轴 0.5 m，短轴 0.3 m，矿石品位：Pb 3.11%～19.90%、Ag 94.30～1612.5 g/t、As 0.76%～1.27%
190	德令哈市怀头他拉北山铅矿点	矿点	预查	T	Ⅲ-28	Ⅰ-3-4	出露地层为下石炭统—中二叠统宗务隆山群第二岩组、下二叠统巴音河群及第四系。宗务隆山群第二岩组划分为 6 个岩性段，其中第三岩性段为钙质千枚岩夹绢云母绿泥石千枚岩，为含矿层。断裂有达呼尔沟脑断裂及不太明显的层间断裂破碎带。区内见矿(化)体一条，断续长 100 m 左右，倾斜延伸>10 m，厚 0.46～1.25 m，铅品位 0.34%～18.41%，平均品位 9.07%，矿(化)体产状 30°∠47°。矿石类型为石英脉方铅矿石，矿石矿物为方铅矿，少量闪锌矿、黄铁矿，脉石矿物以石英为主，矿石呈半自形中粒结构，稀疏浸染状、稠密浸染状构造

续表 3-15

编号	矿产地名称	规模	勘查程度	成矿时代	成矿区(带)	构造单元	地质矿产简况
191	德令哈市蓄集北山铅锌矿床	小型	预查	T	Ⅲ-28	Ⅰ-3-4	出露地层主要为下石炭统—中二叠统宗务隆山群中、下岩组。其中下岩组据岩性组合分第一、二、三3个岩段。第一岩段:含砂砾绢云千枚岩夹中厚层大理岩。第二岩段:薄层灰岩、角砾状灰岩;东段具铜、银矿化,为南矿化带。第三岩段:下部为条带状泥质灰岩夹薄层状灰岩、钙质千枚岩;中部为薄层状灰岩和绢云石英千枚岩,下部具铜、铅、银矿化,为中矿带;上部绢云千枚岩、含砾绢云石英千枚岩。中岩组厚层—块状灰岩夹薄层灰岩、绿泥绢云千枚岩,下部具铜、铅、银矿化,为北矿带。矿点铅平均品位 5.8%
192	德令哈市蓄集山铅铜矿床	小型	普查	T	Ⅲ-28	Ⅰ-3-4	出露地层主要为下石炭统—中二叠统宗务隆山群中、下岩组,构造以断裂为主,分东西向、北东向及北西向3组,是区内导矿和容矿构造。矿体主要赋存于宗务隆山群中、下岩组中的东西向断裂构造破碎带中,分北、中、南3个矿带。北矿带,地表断续长 2000 m,宽 20～100 m,圈出矿体7条;中矿带,地表断续长 1300 m,宽 20～80 m,圈出矿体5条;南矿带有2条矿体已采空。其中较大矿体为7号,赋存于北矿带,长 106.0 m,厚 5.93 m,推深 26.0 m,呈脉状产出。其余矿体长 10.0～65.0 m 不等,厚 1.20～6.75 m 不等,推深 5～32.5 m 不等,矿体多呈脉状。矿体平均品位:Cu 0.01%～1.63%、Pb 0.02%～5.97%、Ag 0.1～175.5 g/t。主要矿石矿物有方铅矿、黝铜矿、白铅矿、黄铁矿等。矿石的结构主要为他形粒状结构、半自形结构等,主要构造为稀疏—稠密浸染状构造
194	乌兰县察汗河沟口东侧铅矿点	矿点	预查	S	Ⅲ-28	Ⅰ-7-4	出露地层为古元古界达肯大坂岩群大理岩、黑云斜长片麻岩,后期有闪长岩脉、花岗岩脉和石英脉侵入。矿化产于黑云石英片岩及片麻岩中,含铅石英脉呈单脉产出,矿脉长 1.05 m,宽 0.04 m,矿石呈稀疏浸染状,品位 Pb>1%、Zn 0.2%,及少量 Cu、Mo、Ag 等。矿物成分有方铅矿、黄铁矿,脉石矿物为石英
197	同德县阿尔干龙洼金矿床	小型	普查	T	Ⅲ-28	Ⅰ-8-1	矿区出露地层为三叠系隆务河组,岩性为碎屑岩夹灰岩,区内断裂活动十分强烈,分北东-南西向和北西-南东向两组。侵入岩不甚发育,主要为中酸性侵入岩。矿区共圈定4条工业矿体、7条低品位矿体。矿体受破碎蚀变带的控制明显,以透镜状为主,其次为脉状。矿体长 80～418 m,斜深 40 m,厚度 0.80～1.98 m,金品位 1.12～7.56 g/t。提交金资源量 1200 kg,品位 3.56 g/t;共生铅 2468 t,品位 0.99%

续表 3-15

编号	矿产地名称	规模	勘查程度	成矿时代	成矿区(带)	构造单元	地质矿产简况
198	玛沁县亚路沟(合哇)铅锌锑矿点	矿点	预查	T	Ⅲ-28	Ⅰ-8-1	出露地层为三叠系隆务河组,岩性为长石石英砂岩与板岩互层。南西西向和北东向裂隙构造发育。铅锌锑矿化受南西西和北东向裂隙构造控制。矿区内共发现2条含矿石英脉。G1矿脉出露于亚路沟山顶,呈扁豆状,长65 m,最大厚度1.2 m,平均厚度0.73 m,呈南西西向延伸。G2矿脉位于西侧约600 m的山脚,为规则脉状,长约40 m,最大厚度0.52 m,呈北东向延伸。据6个样品化学分析结果,含Cu 0.01%~0.52%,平均0.178%;Pb 0.02%~2.38%,平均0.958%;Zn 0.03%~2.95%,平均0.685%;Sb 0.26%~1.77%,平均0.77%。矿石类型为方铅矿闪锌矿辉锑矿石英脉型矿石,矿石主要呈团块状构造,其次为脉状构造
200	共和县当家寺北东铜铅锌矿点(K6)	矿点	预查	T	Ⅲ-28	Ⅰ-8-1	矿点晚三叠世当家寺二长花岗岩大面积出露,呈岩基产出。含矿石英脉沿二长花岗岩裂隙充填,矿化石英脉产于北东70°的扭—压扭性小破碎带中,矿化体长20 m,宽0.2~0.3 m,呈北东向展布。矿石矿物主要有孔雀石、褐铁矿、赤铁矿、铅矾等。品位:Cu 0.1%~1%、Pb 0.2%~0.4%、Zn 0.3%~1%
202	河南县日西哥铜铅锌矿点	矿点	预查	T	Ⅲ-28	Ⅰ-8-1	出露地层为三叠系隆务河组上部灰绿色中厚层长石石英砂岩、砂质板岩夹灰岩扁豆体,矿点东北有三叠纪石英闪长岩体。矿脉赋存于灰岩、钙质砂岩和板岩之中,有3条矿脉:①斜切地层矿脉,产状30°∠5°,长1 m,宽20 cm;②顺层产出的矿脉,产状150°∠45°,长70 cm,宽5 cm;③含矿石英脉,产状118°∠48°,长14 m,宽1~8 cm。品位:Cu 0.04%~0.06%、Pb 0.003%~7.83%、Zn 1.72%~2%、Au 0.5~5 g/t、Fe 24.82%~30.12%。矿石矿物为黄铜矿、方铅矿、闪锌矿、黄铁矿、褐铁矿
204	河南县特日根马吾铜铅锌矿点	矿点	详查	T	Ⅲ-28	Ⅰ-8-1	出露地层为三叠系隆务河组下部灰—深灰色中薄层灰岩、长石石英砂岩与板岩互层。矿点东北有拉日玛三叠纪石英闪长岩体。矿脉赋存于硅化灰岩之中,含矿方解石、石英脉有3条与地层斜交,产状:220°∠25°,长2 m左右,宽10~12 cm,铜个别可达边界品位,铅锌均为矿化。矿石矿物为黄铜矿、方铅矿、闪锌矿、黄铁矿,黄铁矿风化呈褐铁矿
205	河南县额米尼日杂铜铅锌矿点	矿点	预查	T	Ⅲ-28	Ⅰ-8-2	出露地层为中三叠统古浪堤组,岩性为灰绿色长石石英砂岩、砂岩夹灰黑色灰岩、泥灰岩扁豆体,其北约250 m处为石英闪长岩体。圈定2条矿体,Ⅰ号矿体长4 m,宽0.4 m,产状295°∠65°;Ⅱ号矿体长0.8 m,宽0.35~0.48 m,产状288°∠50°,呈脉状或团块状产出。品位:Cu 0.006%~0.71%、Pb 0.3%~7.83%、Zn 0.03%~2.85%、Au 0.5~5 g/t、Ag 150 g/t、Sn>0.1%、Sb 0.01%~0.4%、As 0.3%~1%。矿石矿物为方铅矿、闪锌矿、黄铜矿、赤铁矿、黄铁矿等

续表 3-15

编号	矿产地名称	规模	勘查程度	成矿时代	成矿区(带)	构造单元	地质矿产简况
206	河南县娘土合寺铅锌矿点	矿点	预查	T	Ⅲ-28	Ⅰ-8-1	出露三叠系隆务河组砂板岩夹砾岩、灰岩，铅锌矿化产于砂岩中，共发现5条矿脉，长分别为30 m、9.5 m、30 m、20 m、20 m，平均厚分别为0.15 m、0.1 m、0.13 m、0.03 m、0.15 m。矿物成分为Pb、Cu、As、Fe的硫化物，有用矿物为方铅矿、闪锌矿、黄铁矿及孔雀石等
207	泽库县拉海藏铅砷矿点	矿点	预查	T	Ⅲ-28	Ⅰ-8-1	出露地层为三叠系隆务河组，岩性为中细粒厚层石英长石砂岩夹薄层泥钙质板岩或硅质条带板岩，区内侵入岩主要为黑云母斜长花岗岩及花岗闪长岩。矿脉产于隆务河组砂板岩及黑云母斜长花岗岩-花岗闪长岩之裂隙中，含铅砷石英脉产于花岗闪长岩与砂板岩的接触带，受构造裂隙控制，共发现大小含矿石英脉47条。长20～80 m，其厚度0.01～1.46 m，其中厚度达0.15 m以上者计有12条。品位：As 1.19%～30.60%，平均14.71%；Cu 0.03%～0.34%，平均0.0268%；Pb 0.04%～8.74%，平均0.898%；Zn 0.03%～3.86%，平均1.56%。4号矿脉光谱Ag达50 g/t。矿石矿物以毒砂为主，其次为方铅矿及少量黄铜矿。脉石矿物为石英，次生氧化物见有褐铁矿、臭葱石及少许孔雀石等。矿石多为致密块状构造
208	泽库县桑干卡铅砷矿点	矿点	普查	T	Ⅲ-28	Ⅰ-8-1	出露地层为三叠系隆务河组上岩组，岩性为厚层长石砂岩、石英长石砂岩与深灰色粉砂质板岩互层。含铅砷石英脉产于砂板岩中，矿脉长度>20 m，宽0.8 m，矿石矿物有毒砂、方铅矿和黄铁矿等，次生矿物有孔雀石
213	尖扎县哇家银铅锌矿点	矿点	普查	T	Ⅲ-28	Ⅰ-8-1	出露地层为三叠系隆务河组，岩性为砾岩夹板岩，为本区的含矿层位。构造以断裂为主，其中F_8破碎带是矿点的主体断裂构造，由平行产出的4条挤压破碎带组成，单条破碎带长约1.2 km，宽数米到20 m，最宽达30 m，产状与地层产状一致，破碎带内矿化石英脉较普遍。圈出个6个矿体群33条矿体。以Ⅲ号矿体群规模最大，长约130 m，宽15.70 m，圈定矿体10条。其余5个矿体群一般长40～110 m，最长130 m，厚一般0.8～2.5 m，最厚为8 m，矿体品位铅0.3%～3%、锌0.5%～2%、金含量1～7.13 g/t、银40～460 g/t。矿石金属矿物主要有方铅矿、闪锌矿、黄铁矿、黄铜矿，脉石矿物为石英、方解石、绢云母。矿石结构主要有交代结构、包含结构、揉皱结构、他形粒状结构，构造有脉状、网脉状、星点状、浸染状
214	泽库县阿楞隆瓦西支沟脑铅砷矿点(K24)	矿点	预查	T	Ⅲ-28	Ⅰ-8-1	出露地层为上三叠统鄂拉山组，有两组节理裂隙控制矿脉，一组走向317°～323°。倾向南西，倾角51°～74°；另一组走向340°～345°，倾角近直立。含矿石英脉产于花岗闪长岩中的断裂破碎带中，发现5条铅、砷矿脉，脉宽0.4～0.8 m，长度不清。矿石含Pb 8.25%(最高23.15%)，As 4.79%、Zn 0.35%。矿石金属矿物主要为方铅矿、毒砂，其次为黄铜矿、黄铁矿、白铁矿，脉石矿物为石英、电气石。矿石呈半自形—他形粒状结构，浸染状构造

续表 3-15

编号	矿产地名称	规模	勘查程度	成矿时代	成矿区(带)	构造单元	地质矿产简况
215	泽库县阿楞隆瓦西支沟铅锌矿点(K25)	矿点	预查	T	Ⅲ-28	Ⅰ-8-1	出露地层为上三叠统鄂拉山组,阿楞隆瓦断层通过矿点,发育两组裂隙,其一走向 308°～320°,倾向北东,倾角 60°～80°;另一组走向 260°～280°,倾向南西,倾角 42°,前者中常有矿脉充填。矿化点产于燕山期花岗闪长岩中,含铅锌石英脉产于断层破碎带中,矿脉长 2 m,宽 20～30 cm,矿石含 Pb 0.78%～0.9%、Zn 1.68%、As 0.1%～3.69%、Cu 0.09%。矿石半自形—他形微粒结构、填隙结构,浸染状构造。金属矿物有方铅矿、闪锌矿、黄铁矿等,脉石矿物有石英
216	泽库县阿楞隆瓦东支沟铅锌矿点(K26)	矿点	预查	T	Ⅲ-28	Ⅰ-8-1	出露地层为上三叠统鄂拉山组安山岩,矿点北侧有三叠纪阿米夏降山花岗闪长岩呈岩基广泛分布,西侧有近南北向的阿楞隆瓦断层。含矿电气石石英脉产于花岗闪长岩与安山岩外接触带的构造破碎带中,受裂隙构造控制,共见 13 条,其中 5 条矿化较好,1 号矿脉:长 7 m、宽 2 m。5 号矿脉:长 31 m、宽 2.1 m;6 号矿脉:长 21.5 m、宽 19 m;7 号矿脉:长 15 m、宽 7 m;13 号矿脉:长 25 m、宽 7 m。品位:1 号矿脉 Zn 0.89%、As 1.09%;5 号矿脉:Pb 4.6%、Zn 2.1%;6 号矿脉 Pb 2.71%、Zn 1.91%;7 号矿脉 Pb 12.5%;13 号矿脉:Pb 12.51%、Zn 0.08%。矿石金属矿物有方铅矿、闪锌矿、黄铁矿等,脉石矿物有石英。矿石呈半自形—他形微粒结构、填隙结构,浸染状构造
218	同仁县策多隆瓦铅锌矿点	矿点	预查	T	Ⅲ-28	Ⅰ-8-1	出露地层为上三叠统鄂拉山组安山岩。含矿电气石石英脉产于花岗闪长岩与火山岩的外接触带的蚀变安山岩中。矿脉走向 330°,沿构造裂隙充填。矿化带出露长约 100 m,宽 10 m,矿石含 Pb 7.68%、Zn 6.26%、As 16.9%、Sb 2.65%、Cu 0.2%、Cd 0.055%、WO_3 0.02%、Ag 0.05%。矿石金属矿物有方铅矿、闪锌矿、毒砂、黄铁矿及黄铜矿等,脉石矿物为石英和电气石。矿石呈半自形—他形微粒结构、填隙结构,致密块状和浸染状构造
223	泽库县马尼库铅锌矿点	矿点	预查	T	Ⅲ-28	Ⅰ-8-1	出露地层为上三叠统鄂拉山组火山岩,岩性为英安岩及英安质火山角砾岩,南部有斜长花岗斑岩,南东有石英黑云母细晶闪长岩。矿脉赋存于英安岩内,G1 矿化体,长 10 m,宽 0.08 m,产状 120°∠75°,品位 Cu 0.40%、Pb>1%、Zn 1.0%、Sn 0.08%、As 1.0%、Ag>1000 g/t、Au 0.2 g/t。G2 矿化体长>10 m,宽 0.15 m,产状 103°∠80°,品位 Pb>1%、As>1%、Sb 0.1%、Ag 50 g/t、Au 0.95 g/t。矿石矿物有毒砂、闪锌矿、黄铁矿、砷硫锑铅矿、黄铜矿等,脉石矿物为石英。矿石半自形—他形晶粒状结构,致密块状构造

续表 3-15

编号	矿产地名称	规模	勘查程度	成矿时代	成矿区(带)	构造单元	地质矿产简况
225	同仁县台乌龙铅锌银砷矿点	矿点	预查	T	Ⅲ-28	Ⅰ-8-1	出露地层主要为上三叠统鄂拉山组，岩性为喷溢相安山岩夹少量爆发相安山质火山碎屑岩，流层产状 237°∠74°,95°∠67°。断裂构造发育。主要为台乌龙层状火山机构的火山断裂及南北向区域性断裂的次级断裂，它们是导矿和储矿构造。侵入岩有潜火山岩相深灰绿色黑云母安山岩、灰色斜长花岗斑岩。已发现 5 条矿脉：G1 矿脉：长度大于 5 m，脉宽 1.3 m，产状 264°∠81°，主要元素含量，Pb 23.14%、Ag 850 g/t、Au 1.25 g/t、Sn 0.8%、As 7.35%、Sb 2.29%、Cd 0.01%；G2 矿脉：长度大于 10 m，脉宽 0.9 m，产状 112°∠50°；G3 矿脉：长 5 m，宽 0.4 m，呈脉状产于断层破碎带东侧，产状 295°∠54°；G4 矿脉长 5 m，宽 0.1 m，呈脉状产于斜长花岗斑岩接触带。产状 265°∠55°；G5 矿脉长 5 m，宽 0.1 m，呈脉状产于斜长花岗斑岩接触带，产状 288°∠63°
227	同仁县孔果雄铅银砷矿点	矿点	预查	T	Ⅲ-28	Ⅰ-8-1	出露地层主要为上三叠统鄂拉山组，岩性为喷溢相安山岩夹少量爆发相安山质火山碎屑岩，矿化产于安山质火山岩内。已知有 4 个矿化体：G1 长 2 m，宽 0.02～0.3 m，产状 120°∠60°；G2 长 2 m，宽 0.01～0.10 m，产状 87°∠80°；G3 长 2.5 m，宽 0.05～0.15 m，产状 85°∠75°；G4 长 5 m，宽 0.05～0.1 m，产状 78°∠77°。矿石品位：Pb 1.07%～11.6%、Zn 0.05%～0.1%、Sn 0.1%、As 14.51%、Ag 127.5 g/t
228	同仁县哭虎浪沟铅矿点	矿点	预查	T	Ⅲ-28	Ⅰ-8-1	出露地层为中三叠统古浪堤组，岩性为片岩、板岩。矿点发现有 4 条矿脉，矿脉沿板岩之层理裂隙充填，矿脉宽 5～20 cm，长 3～10 m，采样经光谱分析，含铅 0.3%～0.5%，铜 0.1%～0.6%。金属矿物为方铅矿、黄铁矿
240	杂多县哼赛青铅锌矿点	矿点	预查	P	Ⅲ-36	Ⅲ-2-6	区内出露下二叠统火山岩组安山岩，斜长花岗斑岩脉侵入其中，安山岩具次生石英岩化及高岭土化蚀变。铜铅锌矿化产于安山岩中，矿化范围出露长 50 m，宽 50 m，方铅矿、闪锌矿呈团块状及致密块状，黄铜矿呈星点状。矿化含 Zn 0.71%、Pb 0.015%～0.1%、Cu 0.08%～0.1%、Ag 15～200 g/t。黄铁矿、黄铜矿、方铅矿、闪锌矿呈浸染状和细脉状集合体沿北西向构造破碎带内的裂隙充填
242	杂多县色穷弄锌矿点	矿点	预查	P	Ⅲ-36	Ⅲ-2-6	出露地层为下—中二叠统诺日巴尕日保组碎屑岩，矿点处有一断裂通过，赋矿岩性主要为构造碎裂岩。地表矿化宽 2 m，长 500 m 左右，出露较连续，Zn 含量 1.28%、Pb 0.33%。矿石呈浸染状、团块状构造，金属矿物主要可见黄铁矿、闪锌矿、褐铁矿
243	杂多县尕茸曲铅矿点	矿点	预查	J	Ⅲ-36	Ⅲ-2-6	出露地层为上石炭统—中二叠统开心岭群碎屑岩夹火山岩段的结晶灰岩。在结晶灰岩中见重晶石化、萤石化，同时见铅矿化伴随，方铅矿呈浸染状，团块状，不规则囊状等

续表 3-15

编号	矿产地名称	规模	勘查程度	成矿时代	成矿区(带)	构造单元	地质矿产简况
244	杂多县下吉沟(8号)锌铅铜银矿点	矿点	预查	E	Ⅲ-36	Ⅲ-2-6	出露地层为下—中二叠统诺日巴尕日保组碎屑岩夹火山岩段,矿化产于顶部碎裂岩化条带条纹状灰岩及深灰色泥灰岩中的北北西向逆断层破碎带上,圈定矿体11条,多呈长条状,矿体水平宽1~16 m,长数十米到数百米不等。1号矿体似层状产出,产状260°∠75°,长75 m,厚1.9 m,Zn平均品位1.17%。2号矿体似层状产出,产状250°∠75°,长270 m,厚7.7 m,Zn平均品位3.4%,Pb 3.28%。3号矿体似层状产出,产状260°∠75°,长70 m,厚1 m,Zn平均品位1.1%,Pb 0.72%。4号矿体似层状产出,产状260°∠75°,长225 m,厚2.5 m,Zn平均品位8.725%,Pb 2.44%。矿石类型以氧化矿为主,原生矿为次的混合型铅锌矿石
246	杂多县耐千尕作东铜铅矿点	矿点	预查	P	Ⅲ-36	Ⅲ-2-6	出露地层为二叠系诺日巴尕日保组和九十道班组。区内共圈定铅锌矿化体8条,长100~500 m,宽1.02~11.17 m,含矿岩性构造角砾岩,铜品位最高1.42%,平均0.45%;铅最高品位24.74%,平均8.57%;锌最高品位16.96%,平均8.26%;银最高品位1826 g/t,平均183 g/t。矿石金属矿物主要为方铅矿、闪锌矿、黄铜矿、孔雀石、铜蓝等
247	杂多县尕牙根铅矿点	矿点	预查	P	Ⅲ-36	Ⅲ-2-6	出露下石炭统杂多群上部含煤碎屑岩组:灰—灰白色结晶灰岩夹灰绿色细砂岩、板岩、粉砂岩。铅矿化产在石灰岩中,共发现6条含矿带。矿带长10~15 m,厚0.5~1 m。矿带中见大小矿体7个,长0.3~12.6 m,一般为5 m左右,厚一般0.5 m。呈不规则脉状、鸡窝状产出。矿石品位:含Pb 0.5%~26.2%,平均5%,Cu、Zn含量低,伴生元素为Ag。矿石矿物有方铅矿、白铅矿、黄铁矿、黄铜矿,脉石矿物有重晶石、萤石、方解石等。矿石呈浸染状、块状构造
248	杂多县尕牙先卡、坐先卡铅矿点	矿点	预查	P	Ⅲ-36	Ⅲ-2-6	出露下石炭统杂多群上部碎屑岩组,近东西向及北西向逆断层横贯矿区南部。矿区共发现4个矿化带,包括36条矿脉。矿体长1.3~30 m,宽0.3~2.25 m,一般含铅重晶石脉和萤石脉矿化较富,据刻槽样化学分析结果:Pb<0.5%的有196个,Pb>0.5%的有98个,Zn一般<0.01%,Zn 0.01%~0.5%。矿石矿物有方铅矿、闪锌矿、黄铁矿、黄铜矿、白铅矿、铅矾、蓝铜矿、孔雀石及微量辰砂。脉石矿物为重晶石、萤石、石英、方解石。矿石呈散点浸染状及块状构造
249	杂多县麦多拉铅锌矿点	矿点	预查	C	Ⅲ-36	Ⅲ-2-6	矿点赋存于下石炭统杂多群上部碎屑岩夹石膏岩组,岩性为灰—灰黑色板岩,粉砂岩夹少量灰岩及较多的石膏和煤线。矿点处北西向断裂形成层间构造破碎带,矿体产于北西向断层破碎带内,在宽12 m的破碎带中矿体地表出露长45 m,矿体平均宽1.2 m,两侧分别出露宽约2.5 m富黄铁矿层。在黄铁铅锌矿石中,铅最高含量达65%,平均24.5%,锌平均6.15%;在以黄铁矿为主的铅锌黄铁矿石中,铅含量约10%。矿石金属矿物为黄铁矿、方铅矿、黄铜矿、闪锌矿等,矿石呈半自形粒状结构,块状、蜂窝状构造

续表 3-15

编号	矿产地名称	规模	勘查程度	成矿时代	成矿区(带)	构造单元	地质矿产简况
250	杂多县阿阿牙赛铅锌矿点	矿点	预查	P	Ⅲ-36	Ⅲ-2-6	出露地层为二叠系诺日巴尕日保组和九十道班组，共圈定铅锌矿化体8条，长100～500 m，宽1.02～11.17 m，含矿岩性构造角砾岩，铜品位最高1.42%，平均0.45%；铅最高品位24.74%，平均8.57%；锌最高品位16.96%，平均8.26%；银最高品位1826 g/t，平均183 g/t。金属矿物主要为方铅矿、闪锌矿、黄铜矿、孔雀石、铜蓝等
251	杂多县阿姆中涌铅锌矿点	矿点	预查	P	Ⅲ-36	Ⅲ-2-6	出露地层为二叠系诺日巴尕日保组和九十道班组。区内共圈定2条铅矿化带，长300～1000 m，宽20～150 m，含矿岩性为构造角砾岩，主要矿石矿物为方铅矿；铅最高品位23%，平均品位5.84%。金属矿物主要为方铅矿、闪锌矿
252	囊谦县下日阿千碑银铅锌矿点	矿点	普查	J	Ⅲ-36	Ⅲ-2-6	出露地层为上石炭统加麦弄群，岩性为灰—深灰色灰岩夹少量泥灰岩及黏土岩，是主要含矿层位。区内圈定4条含矿破碎带。矿点共圈定银矿体6条，以AgⅠ号规模较大，长374 m，平均宽1.76 m，银品位66.9～216 g/t，平均108.76 g/t；共圈定铅矿体7条，其中PbⅠ矿体规模较大，长680 m，平均宽2.47 m，铅品位最高32.91%，最低0.36%，平均9.15%；共圈定锌矿体3条，其中ZnⅠ号规模较大，长300 m，平均宽3.70 m，锌品位最高8.78%，最低0.82%，平均4.35%；其余银、铅、锌矿体一般长80～200 m，宽0.65～9.26 m，银矿体平均品位42.5～215.22 g/t，铅矿体平均品位0.7%～8.08%，锌矿体平均品位1.31%～3.75%。矿石中矿石矿物有方铅矿、闪锌矿、黄铁矿、褐铁矿、磁铁矿；脉石矿物有石英、方解石、重晶石、绢云母等。矿石一般呈细脉、浸染状、块状构造
253	囊谦县吉曲河南铅锌矿点	矿点	预查	T	Ⅲ-36	Ⅲ-2-6	出露地层为上三叠统结扎群，岩性为灰—深灰色灰岩、泥灰岩夹紫红—黄褐色砂岩、粉砂岩。区内圈定铅锌矿(化)体2条，宽分别为1.4 m和3.2 m，矿化以方铅矿、闪锌矿为主，Pb最高品位达25.3%，Zn最高品位达0.48%。矿石中金属矿物有方铅矿、闪锌矿、黄铁矿、褐铁矿、磁铁矿；脉石矿物有石英、方解石、绢云母等。矿石呈半自形粒状结构，块状、蜂窝状、细脉状、团块状构造
257	囊谦县达拉贡银铜矿床	小型	普查	J	Ⅲ-36	Ⅲ-3-1	出露地层为下石炭统杂多群，断裂构造发育，并形成较宽的构造破碎带，从早到晚依次为北西西向、北东东向、近南北向、北西向及北东向。区内共圈出铜银工业矿体17条，低品位矿体9条，银矿体1条。矿体一般长20～150 m，最长224 m。品位：M14号矿体Ag 44.6～1230 g/t，平均411.21 g/t，Cu 0.31%～10.4%，平均2.62%；Au 0.0～0.5 g/t。M20号矿体Ag 353～780 g/t，平均586.33 g/t；Cu 0.13%～2.96%，平均1.30%；Pb 8.1%～12.32%，平均10.21%。矿石矿物为黄铜矿、辉铜矿、砷黝铜矿、蓝铜矿、方铅矿、孔雀石、铜蓝、黄铁矿、褐铁矿；脉石矿物有石英、方解石、重晶石、铁白云石等。矿石结构有半自形—他形粒状结构、碎裂结构，矿石构造为稠密浸染状，块状。围岩蚀变有硅化、重晶石化、碳酸盐化、黄铁矿化、萤石化、褐铁矿化

续表 3-15

编号	矿产地名称	规模	勘查程度	成矿时代	成矿区(带)	构造单元	地质矿产简况
258	囊谦县巴塞浦铅银矿点	矿点	预查	J	Ⅲ-36	Ⅲ-3-1	出露地层为下石炭统杂多群下部的碳质粉砂岩夹岩屑石英砂岩，断裂有两期：早期为近东西向压性推覆断裂，后期北西向断裂形成宽 3.2 m、长>750 m 的矿化破碎带。区内有 7 条矿化辉绿玢岩脉。矿化受北西向断层和岩脉控制，赋存于构造破碎带内和辉绿玢岩中，共圈出铅矿体 2 条，长分别为 30 m、38 m，宽分别为 2.2 m、4 m，走向北西，近于直立，化学样分析，Pb 分别为 0.49%～2.64%、1.14%～1.22%，Ag 分别为 10.2～37.2 g/t、17.4～25.0 g/t，Sb 分别为 0.21%～0.3%、0.14%～0.19%。圈定银表外矿体 2 条，长分别为 70 m、120 m，宽分别为 0.8 m、2 m，化学分析 Ag 分别为 58.2 g/t、65.6 g/t，Au 0.24 g/t、0.0 g/t。金属矿物有闪锌矿、方铅矿、黄铁矿、褐铁矿（白铅矿）。矿石结构以半自形—他形晶粒状结构、交代假象结构、似斑状结构为主，矿石构造以脉状、稀疏浸染状、星点状为主
259	杂多县莫海先卡铅锌矿点	矿点	预查	T	Ⅲ-36	Ⅲ-2-6	出露地层为下石炭统杂多群上部含煤碎屑岩组，岩性为褐铁矿化灰岩和白色石英岩，矿点见 5 条矿化带，圈定有 10 个小矿体，长度为 0.25～8.3 m，一般长约 3 m。厚度为 0.26～6.8 m，一般厚约 0.7 m。29 个化学样分析结果，Pb 0.03%～21.55%，平均为 2.386%；Zn 0～2.66%，平均 0.908%。矿石中金属矿物为方铅矿，少量闪锌矿及黄铁矿和微量黄铜矿，非金属矿物有石英、萤石、方解石、重晶石等，方铅矿呈不规则之团块状、囊状及星点浸染状赋存于萤石-方解石脉或萤石-石英脉中
261	囊谦县包贝弄铅锌矿点	矿点	预查	E	Ⅲ-36	Ⅲ-2-6	出露地层为下石炭统杂多群下部碎屑岩组灰岩夹砂岩。矿区内有 F_4 逆断层成北西向延伸，其破碎带宽 20～70 m，矿化赋存于 F_4 断层破碎带，以产于北东向次级断裂中的矿化为最好。区内发现两处矿化体。Ⅰ号矿化体长 70 m，宽 20～30 m；Ⅱ号矿化体长约 100 m，宽 50 m 左右。铅矿化与萤石脉相伴生，据化学分析样品分析结果：矿带北西端 Cu 0.2%、Pb 23.54%、Zn 36.31%、Ag 77 g/t；矿带南东端 Cu 0.01%、Pb 0.09%、Zn 3.60%、Ag 2 g/t。矿石矿物有方铅矿、闪锌矿、黄铁矿、黄铜矿、白铅矿、菱铁矿、孔雀石、蓝铜矿及褐铁矿等。矿石呈浸染状、角砾状、细脉状、团块状构造
262	囊谦县胶达铅锌银矿点	矿点	预查	E	Ⅲ-36	Ⅲ-2-6	出露地层为下石炭统杂多群下部碎屑岩组，矿点有北东向逆断层，走向 60°，断续出露长 2 km 以上，其破碎带宽 20～50 m。矿化赋存于北东向断层的破碎带中。矿化带断续长约 110 m，其北东段长约 50 m，金属硫化物呈浸染状分布于萤石，方解石及石英脉中，尤以萤石脉中常见。矿化带南西段断续出露长 60 m，一般宽 2～3 m，最宽 6 m。金属硫化物产于萤石脉中，品位：矿带北东端 Pb 8.69%、Zn 20.18%、Ag 72.50 g/t、Cu 0.19%；南带南西端 Pb 25.28%、Zn 1.97%、Ag 130 g/t、Cu 0.23%。矿石矿物以方铅矿、闪锌矿为主，矿石成稀疏—中等浸染状及团块状构造

续表 3-15

编号	矿产地名称	规模	勘查程度	成矿时代	成矿区(带)	构造单元	地质矿产简况
263	囊谦县高钦弄铅矿点	矿点	预查	C	Ⅲ-36	Ⅲ-2-6	出露地层为下石炭统杂多群下部碎屑岩组，北西向逆断层从矿点通过，断层破碎带长近 300 m，宽 8～25 m，矿化赋存在灰岩中的北西向逆断层的破碎带中。含矿带长约 130 m、宽 15～26 m，以产在北东向张裂隙中的矿化相对为好，矿化与萤石化、碳酸盐化及硅化关系密切。富矿矿石含 Pb 2.89%、Zn 0.03%、Cu 0.04%，贫矿含 Pb 0.7%、Zn 0.01%、Cu 0.004%。矿石矿物以方铅矿为主。含少量黄铜矿、黄铁矿等，矿石呈浸染状、细脉状、团块状构造
264	玉树市凶娜铅锌矿点	矿点	预查	T	Ⅲ-36	Ⅲ-2-5	出露地层为上三叠统结扎群下部紫红色碎屑岩组，含铜铅锌矿化产在碎裂蚀变砾岩和砂砾岩中，沿交叉裂隙充填，部分为含铅锌石英、方解石及重晶石细脉，矿化露头长 50 m，宽 12 m，北西西向(300°)展布。经样品控制圈出的铅锌矿体长约 27 m、宽 0.5～2 m，其内包括一条长 10 m、宽 5 cm 的闪锌矿重晶石脉。矿石品位：Pb 0.68%、Zn 2.22%、Cu 0.15%、Ag 14.5 g/t。矿石中主要矿物有方铅矿、闪锌矿、黄铜矿；其次为辉铜矿、磁黄铁矿、黄铁矿、磁铁矿、孔雀石及铜蓝等；脉石矿物有重晶石、石英、方解石。矿石呈他形晶粒、固熔体分解结构，脉状、浸染状、斑杂状、块状构造
265	玉树市权毛卡铅锌矿点	矿点	预查	T	Ⅲ-36	Ⅲ-2-5	出露地层为上三叠统结扎群，岩性为青灰色和黄灰色中厚层泥岩、砂岩、泥晶灰岩及板岩，一条走向为北西-南东向的区域性大断层通过该点。矿(化)体位于构造破碎带中，矿区出现 3 条铅矿体，视厚度分别为 1 m、2 m、1 m，平均品位：2.98%、0.64%、3.43%，推测长度为 10 m；锌矿体 1 条，视厚度 7 m，平均品位：0.57%，推测长度 100 m。矿石矿物为方铅矿、闪锌矿、菱铁矿等，矿石呈细粒、中细粒结构，稀疏浸染状、星点状构造
266	玉树市日胆果铜铅锌矿点	矿点	预查	P	Ⅲ-36	Ⅲ-2-5	出露地层为上三叠统结扎群，岩性主要为砂岩、泥质板岩与灰岩，矿点处见有 1 条北东东向构造断裂带，断裂带长约 2 km，矿点西为日胆果二长斑岩体，呈岩株状。矿点圈定 2 条铅锌矿体，受北西向断裂控制，呈脉状产出，产状 345°～0°∠76°～80°。M1 铅锌复合矿体长大于 800 m，厚 1.0～2.2 m，平均品位：铅 7.49%，最高 18.0%；锌 1.87%，最高 2.53%；银 118.8 g/t，最高 176 g/t。M2 铅矿体推测长 100 m，厚 1.0 m，品位：铅 1.72%，银 58.4 g/t。矿石矿物主要为方铅矿、铅华、褐铁矿。褐铁矿呈土状、蜂窝状，方铅矿呈块状
270	格尔木市雀莫错铅矿点	矿点	预查	E	Ⅲ-35	Ⅲ-3-1	出露地层为上二叠统乌丽群拉卜查日组，区内断裂构造主要有两组北西西向和北东向，其中北东向断裂为控矿构造。本区共圈出 5 条矿化蚀变带、10 条矿体，矿体主要赋存于矿化蚀变带中，矿体均受构造蚀变带的严格控制，整体呈北东-南西向延伸，产状 45°～75°，倾向南东，方铅矿及闪锌矿呈细脉状分布，浸染状，局部富集地段呈块状。矿石矿物为方铅矿、闪锌矿，也有黄铜矿、黄铁矿、孔雀石、蓝铜矿等，脉石矿物主要为方解石、石英、重晶石等

续表 3-15

编号	矿产地名称	规模	勘查程度	成矿时代	成矿区(带)	构造单元	地质矿产简况
273	格尔木市楚多曲铅锌矿床	小型	普查	E	Ⅲ-35	Ⅲ-3-1	矿区主要含矿地层为侏罗系雁石坪群雀莫错组,矿体主要赋存在北西西向切割碳酸盐岩层的陡倾断裂中,另外近南北向层间破碎带中也有矿体产出。区内共圈定 8 条矿化蚀变(破碎)带,共圈出多金属矿体 11 条,其中铅锌银矿体 4 条,铅银矿体 3 条,铅铜银矿体 1 条,铜银矿体 1 条,铅矿体 1 条,矿体长 200～1400 m,厚度 1.27～24.04 m。M1 铅锌银矿体长 1400 m,最大斜深 660 m,平均厚 5.58 m,倾向 95°～126°,倾角 45°～52°,Pb 平均品位 2.77%,最高 19.69%;Zn 平均品位 4.2%,最高 10.00%;Ag 平均品位 33.21 g/t,最高 188 g/t。M8-2 铜铅银矿体长 600 m,倾向 0°～25°,倾角 65°,厚 6.31 m,Pb 平均品位 2.04%,最高 7.68%;Cu 平均品位 0.72%,最高 3.11%;Ag 平均品位 145.1 g/t,最高 372 g/t。矿石矿物为方铅矿、黄铜矿、闪锌矿、镜铁矿、白铅矿、褐铁矿、黄铁矿、铜蓝,脉石矿物主要为重晶石、石英、方解石,少许绢云母。矿石结构以他形粒状结构为主,构造为块状、角砾状、细脉状等
275	格尔木市错多隆铅锌矿点	矿点	预查	E	Ⅲ-35	Ⅲ-3-1	出露地层为侏罗系雁石坪群下岩组砂岩夹灰岩,断裂构造发育,以北西向及近南北向为主,铅锌矿化赋存于两组断裂交叉部位。矿区及外围,锰铁帽和贫铁帽转石分布范围较大,呈北北西向分布,断续长 2000 m,宽约几十米局部宽达 120 m。矿石质量:氧化矿石一般含 Pb 0.36%～1.25%,少数达 12.38%～16.59%;Zn 一般 0.15%～0.75%,最高 7.64%～10.54%。矿石矿物由方铅矿、闪锌矿、镜铁矿、黄铁矿、石英、方解石组成,矿石呈浸染状和块状构造
276	格尔木市周琼玛鲁铅锌矿点	矿点	普查	K	Ⅲ-35	Ⅲ-3-1	区内地层主要有二叠系诺日巴尕日保组、九十道班组,区内北西-南东向压扭性逆断层破碎带宽10～20 m,是主要的控矿构造。区内发现 9 条矿化破碎蚀变带,长 130～3500 m 不等,宽10～50 m,其中已揭露矿体 10 条,矿体长一般 400～500 m,宽 3～24 m,其中最大的矿体ⅦZn 矿体长约 3500 m,宽 18～40 m,平均宽 26.3 m,锌品位 0.35%～3.84%,平均品位 1.59%。产状 170°～230°∠50°～80°。矿体中锌平均品位 0.95%～1.82%,铅平均品位 0.58%。矿石呈自形—半自形—他形晶粒状结构、生物碎屑结构、碎裂结构,星点状、浸染状、胶状、蜂窝状、条带状、块状构造,金属矿物为方铅矿、铅黄、铅华、褐铁矿
277	格尔木市巴斯湖铅锌矿床	小型	普查	E	Ⅲ-35	Ⅲ-3-1	区内地层主要为二叠系诺日巴尕日保组、九十道班组,其中中二叠统九十道班组为主要含矿层位。北西-南东向断裂构造与成矿关系密切。矿区共圈定矿体 9 条,分别赋存于 SBⅠ～SBⅣ矿化破碎带内。主矿体特征如下:M8 矿体,长 1000 m,宽 400 m,厚度为 15～18 m,铅品位 0.3%～7.61%,平均品位 1.84%,均为氧化矿。M9 矿体,长度 1000 m,矿体宽度 2～24 m,矿体走向为110°～130°,倾向北东,倾角为 60°～80°,铅品位 0.5%～47.4%,平均品位为 1.89%,其中最高品位为 47.4%;锌品位 1.01%～8.82%,平均品位为 0.98%,其中最高品位为 8.82%,并伴有银矿体。矿石矿物为方铅矿、闪锌矿、铅矾、白铅矿、菱锌矿、褐铁矿、黄铁矿;脉石矿物主要为石英、长石、方解石、白云石、重晶石。矿石呈块状、脉状、团窝状、浸染状、胶状构造,矿石结构主要有包含结构、海绵陨铁结构、自形—半自形结构、他形粒状结构

续表 3-15

编号	矿产地名称	规模	勘查程度	成矿时代	成矿区(带)	构造单元	地质矿产简况
280	格尔木市查肖玛沟脑锌矿点	矿点	预查	E	Ⅲ-35	Ⅲ-3-1	出露地层为侏罗系雁石坪群，岩性为灰色中厚层状角岩化长石粉砂岩，矿点以北为燕山期灰白色斑状二长花岗岩体，侵入于雁石坪群。矿化蚀变带分布于二长花岗斑岩脉及附近，具钼、锌矿化，矿化带长 100～200 m，宽 1～2 m，Ⅰ号矿(化)体走向 285°，长 60 m，宽 6 m，围岩为砂岩，W、Sn、Mo 含量光谱分析低微。Ⅱ号为矿化二长花岗斑岩脉，矿化体长 90 m，宽 12 m，具黄铁矿化蚀变，含 Mo、Ag、Zn。Ⅲ号为矿化碎屑岩块之残坡积带，范围约 160 m^2。Zn 品位最高 2.24%～4.15%。矿石矿物为辉钼矿、黄铁矿、褐铁矿，脉石为石英、方解石、长英岩
281	格尔木市宗陇巴锌矿床	中型	普查	E	Ⅲ-35	Ⅲ-2-5	矿区出露地层为二叠系诺日巴尕日保组、九十道班组，古近系五道梁组及第四系。其中中二叠统九十道班组是区内主要含矿层位。矿区共圈定出 3 条含矿破碎蚀变带，在蚀变带圈定出 19 条锌矿体。M4 锌矿体：产状 10°∠65°。矿体长 316 m，厚 3.88 m，锌平均品位 4.10%，最高 10.56%；铅平均品位 3.12%，最高 3.38%。M5 矿体：长 100 m，厚 3.18 m，产状 328°∠53°，锌平均品位 16.09%，最高 16.34%。M8 矿体：长 860 m，厚 12.11 m，控制斜深 1100 m，矿体产状倾向 330°～340°，倾角 52°～69°，锌平均品位 4.48%，最高 18.22%。矿石矿物为菱锌矿、白铅矿、毒砂、褐铁矿，臭葱石，脉石矿物主要为石英、方解石，少许绢云母。矿锌矿石结构为自形—半自形—他形晶粒状结构、生物碎屑结构、碎裂结构；角砾状、细脉状构造，局部浸染状构造
282	格尔木市特勒沙日姐铅锌矿点	矿点	预查	T	Ⅲ-35	Ⅲ-2-7	出露地层为中二叠统九十道班组，岩性以深灰色粉晶、泥晶灰岩为主，断裂构造主要见北西西向断层。铅锌矿体长 500 m，宽 6 m，铅品位 0.43%～0.53%，平均品位 0.5%，锌品位 9.2%～10.17%，平均品位 10.08%。锌矿体长 500 m，宽 28 m，锌品位 0.67%～7.7%，平均品位 3.37%。矿石矿物为褐铁矿、菱锌矿、白铅矿等，脉石矿物为方解石等。矿石呈细粒结构、星点状、胶状构造
283	格尔木市空介铅锌矿点	矿点	预查	E	Ⅲ-35	Ⅲ-2-7	出露地层主要为渐新统—中新统雅西措组，开心岭群逆冲推覆于雅西措组之上，铅锌矿化产于逆冲推覆断裂面之下的雅西措组中。区内断裂构造以北西向为主。区内发现 4 条锌矿化体。Ⅰ Zn 矿体，宽 6 m，长 540 m，产状 40°∠20°，Zn 平均含量 4.72%，Cu 含量 0.34%，Pb 为 0.45%；Ⅱ Zn矿体，产状 45°∠20°，长 750 m，宽 29 m，Zn 平均含量 5.5%，Pb 平均含量 0.58%。Ⅲ Zn 矿体，宽 14 m，长 450 m，产状 120°∠18°，Zn 平均含量 3.45%，Pb 平均含量 0.63%；Ⅳ Zn 矿体，宽 4 m，长约 150 m，产状 340°∠20°，Zn 平均含量 0.64%，Pb 0.125%。矿石矿物为褐铁矿、菱锌矿、赤铁矿，脉石矿物为方解石、碎屑等

续表 3-15

编号	矿产地名称	规模	勘查程度	成矿时代	成矿区(带)	构造单元	地质矿产简况
285	格尔木市水鄂柔锌矿点	矿点	预查	E	Ⅲ-35	Ⅲ-2-5	出露地层有二叠系开心岭群诺巴尕日保组二岩段的灰岩及新生界沱沱河组二岩段的砂岩、泥岩，其中沱沱河组为主要含矿层位。发现4条小规模的锌矿化体和2条小规模的铅矿化体。Zn-Ⅰ号锌矿化体，宽1.5 m(真厚度为0.26 m)，长200 m，产状121°∠10°，锌含量为0.61%。Pb-Ⅱ号铅矿化体，地表宽1.5 m，长160 m，产状128°∠12°，铅含量0.84%。矿石矿物为褐铁矿、赤铁矿、针铁矿、磁铁矿、菱锌矿、白铅矿等，呈针—土状、块状、稠密浸染状构造
287	格尔木市直钦赛加玛铜铅锌矿点	矿点	预查	T	Ⅲ-35	Ⅲ-3-1	出露地层为上三叠统结扎群，为碎屑岩-碳酸盐岩。矿石中金属矿物有方铅矿、闪锌矿、铅矾、白铅矿、菱锌矿、褐铁矿、黄铁矿。矿是呈包含结构、海绵陨铁结构、自形—半自形结构、他形粒状结构，块状构造、胶状构造、脉状构造、团窝状构造和浸染状构造

第五节　岩浆热液型铅锌矿床

青海省共发现岩浆热液型铅锌矿床(点)41处(表3-16),其中,中型矿床1处(哈日扎),小型矿床9处,矿点31处。41处矿产地中以铅锌矿为主矿种的矿产地37处,以铅锌矿为共生矿种的矿产地4处。矿床(点)的形成主要与三叠纪中酸性侵入岩关系密切。成矿时代主要集中在三叠纪,其次为二叠纪、古近纪、志留纪等;空间分布主要集中在东昆仑成矿带,其次有昌都-普洱、西秦岭、柴北缘成矿带等。

表3-16　青海省岩浆热液型铅锌矿产地一览表

矿产地编号	矿产地名称	地区	主矿种	成矿时代	主矿种规模	勘查程度	成矿区(带)	构造单元
11	祁连县绵沙湾铅矿点	海北州	铅锌	O	矿点	预查	Ⅲ-21	Ⅰ-2-3
19	门源县大南沟铅银铜金矿点	海北州	铅锌	O	矿点	预查	Ⅲ-21	Ⅰ-2-4
37	都兰县红柳沟铅锌矿点	海西州	铅锌	T	矿点	预查	Ⅲ-24	Ⅰ-5-2
38	都兰县查查香卡农场南西铅锌银矿点	海西州	铅	T	矿点	普查	Ⅲ-24	Ⅰ-5-2
41	都兰县阿尔茨托山西缘铅银矿点	海西州	铅银	P	矿点	预查	Ⅲ-24	Ⅰ-5-2
48	都兰县配种沟锌矿点	海西州	锌	T	矿点	预查	Ⅲ-24	Ⅰ-5-2
66	茫崖市黑柱山地区铅锌矿床	海西州	铅锌、重晶石	P	小型	普查	Ⅲ-26	Ⅰ-7-1
69	格尔木市玛沁大湾铅锌矿床	海西州	铅锌	T	小型	普查	Ⅲ-26	Ⅰ-7-3
98	都兰县五龙沟下游西侧锌金矿点	海西州	锌金	T	矿点	普查	Ⅲ-26	Ⅰ-7-3
99	都兰县铅矿沟北铅铜矿点	海西州	铅铜	T	矿点	预查	Ⅲ-26	Ⅰ-7-3
100	都兰县五龙沟中游铅铜矿点	海西州	铅铜	D	矿点	普查	Ⅲ-26	Ⅰ-7-3
101	都兰县铅矿沟铅矿点	海西州	铅	T	矿点	预查	Ⅲ-26	Ⅰ-7-3
109	都兰县沙丘沟口北金铜铅锌矿点	海西州	金铜铅锌	T	矿点	预查	Ⅲ-26	Ⅰ-7-3
114	都兰县没确桑昂西铅铜矿点	海西州	铅铜	S	矿点	预查	Ⅲ-26	Ⅱ-1-1
116	都兰县没确桑昂铅锌矿点	海西州	铅锌	S	矿点	普查	Ⅲ-26	Ⅱ-1-1
121	都兰县乌妥沟银铅锌矿床	海西州	银铅锌	T	小型	详查	Ⅲ-26	Ⅰ-7-3
124	都兰县麻疙瘩铜铅锌矿点	海西州	铜铅锌	T	矿点	普查	Ⅲ-26	Ⅰ-7-3
137	都兰县隆统北铅锌矿点	海西州	铅锌	T	矿点	预查	Ⅲ-26	Ⅰ-7-3
138	都兰县海寺Ⅱ号硅灰石、铅锌矿床	海西州	铅锌	T	小型	详查	Ⅲ-26	Ⅰ-7-1
145	都兰县大卧龙东岔沟铅锌矿点	海西州	铅锌	T	矿点	预查	Ⅲ-26	Ⅰ-7-1
148	都兰县哈茨谱山北铅锌矿床	海西州	铅锌	T	小型	详查	Ⅲ-26	Ⅰ-7-1
151	都兰县哈日扎铅锌矿床	海西州	铅锌	T	中型	普查	Ⅲ-26	Ⅰ-7-3
159	都兰县滨玛沟脑铅锌矿点	海西州	铅锌	T	矿点	预查	Ⅲ-26	Ⅰ-7-1
168	玛多县错扎玛铅锌矿床	果洛州	铅锌	T	小型	预查	Ⅲ-26	Ⅰ-7-3
177	共和县叉叉龙洼北东铅矿点	海南州	铅	T	矿点	预查	Ⅲ-26	Ⅰ-7-4
184	兴海县拉玛屯铅锌矿点	海南州	铅锌	T	矿点	预查	Ⅲ-26	Ⅰ-7-4

续表 3-16

矿产地编号	矿产地名称	地区	主矿种	成矿时代	主矿种规模	勘查程度	成矿区(带)	构造单元
186	共和县玛温根铅银矿床	海南州	铅锌银	T	小型	普查	Ⅲ-26	Ⅰ-7-4
187	兴海县下尼铅矿点	海南州	铅	T	矿点	预查	Ⅲ-26	Ⅰ-7-4
195	兴海县拿东北西砷银铅矿点	海南州	砷银铅	T	矿点	预查	Ⅲ-28	Ⅰ-8-1
196	同德县江群铅锌矿点	海南州	铅	T	矿点	预查	Ⅲ-28	Ⅰ-8-1
199	共和县当家寺南东铜铅锌银矿点(K7)	海南州	铅锌	T	矿点	预查	Ⅲ-28	Ⅰ-8-1
203	泽库县和日寺铅矿点	黄南州	铅	T	矿点	预查	Ⅲ-28	Ⅰ-8-1
212	同仁县哲格姜铅锌矿点	黄南州	铅锌	T	矿点	预查	Ⅲ-28	Ⅰ-8-1
224	同仁县江什加铜铅锌矿点	黄南州	铅锌	T	矿点	预查	Ⅲ-28	Ⅰ-8-1
226	河南县智后茂切沟铜铅矿点	黄南州	铅	T	矿点	预查	Ⅲ-28	Ⅰ-8-2
234	玉树市叶交扣铅矿点	玉树州	铅	T	矿点	预查	Ⅲ-33	Ⅲ-2-3
237	格尔木市约改铅锌矿点	海西州	铅锌	E	矿点	预查	Ⅲ-36	Ⅲ-2-5
260	玉树市贾那弄锌矿点	玉树州	铅锌	T	矿点	预查	Ⅲ-36	Ⅲ-2-5
267	玉树市来乃先卡银铅锌矿床	玉树州	铅	T	小型	普查	Ⅲ-36	Ⅲ-2-5
268	玉树市卡实陇铅银矿床	玉树州	铅	T	小型	普查	Ⅲ-36	Ⅲ-2-5
274	格尔木市日阿茸窝玛铅锌矿点	海西州	铅锌	E	矿点	预查	Ⅲ-35	Ⅲ-3-1

一、都兰县哈日扎铅锌矿床

(一)概况

该矿床位于都兰县热水乡察汗乌苏河上游浪麦滩以南哈日扎主脊一带，距都兰县城约 70 km，属都兰县热水乡管辖。至矿区交通条件较好，从浪麦滩沿一条约 12 km 的简易便道到达矿区。

2005—2006 年，青海省地质调查院开展 1∶5 万区域矿产地质、水系沉积物地球化学及磁法测量综合调查时，发现了哈日扎铜矿(化)点。2007—2008 年，该院在哈日扎矿区开展了预查工作，初步圈定了含铜花岗闪长斑岩的出露范围，并圈定 8 条矿化带，11 条矿体。2010—2015 年，青海省第三地质矿产勘查院开展了普查工作。2016—2019 年，青海省第三地质矿产勘查院与青海省国有资产管理有限公司联合勘查，开展了详查工作，提交了《青海省都兰县哈日扎地区多金属矿详查报告》。

(二)区域地质特征

矿床大地构造位置位于东昆北岩浆弧带。成矿带属东昆仑成矿带之伯喀里克-香日德成矿亚带(Ⅳ-26-2)。区域上出露地层主要为古元古界金水口岩群、上石炭统缔敖苏组碳酸盐岩、上三叠统鄂拉山组陆相火山岩、新近系贵德群及第四系。区域上断裂构造十分发育，以压性或压扭性断裂为主，构成主干构造，走向为北西西—近东西向。区内岩浆侵入活动强烈，从基性到酸性均有发育，按形成时代大致划分为加里东期、海西期、印支期和燕山期 4 个时间段，其中加里东期(以晚奥陶世为主)岩浆岩属偏铝—过铝质钙碱性岩，与俯冲汇聚有关的大陆弧型花岗岩，由英云闪长岩、石英闪长岩、花岗闪长岩等岩石序列组成。海西期主要出露有早二叠世花岗闪长（斑）岩、正长花岗（斑）岩、花岗（斑）岩，次为闪长岩及石英闪长岩等。印支期是区内岩浆岩的大规模活动期，主要发育有晚三叠世花岗斑岩、花岗闪长岩、二长花岗岩、似斑状二长花岗岩和钾长花岗岩等。

（三）矿区地质特征

1. 地层

矿区地层主要出露有古元古界金水口岩群、上三叠统鄂拉山组和第四系（图 3-51）。古元古界金水口岩群，主要分布于哈日扎矿区北区，南区东北角也有少量出露，依据岩石组合，将其分为 3 个岩性段，即片麻岩岩组、片岩岩组和碳酸盐岩岩组，3 个岩性段出露较全。上三叠统鄂拉山组，主要分布于南区，北区有零星出露，为一套陆相火山岩建造。岩性主要有灰绿色晶屑凝灰熔岩、英安岩、含集块凝灰熔岩、英安质熔岩角砾岩等，岩石受后期构造影响普遍发育构造片理。

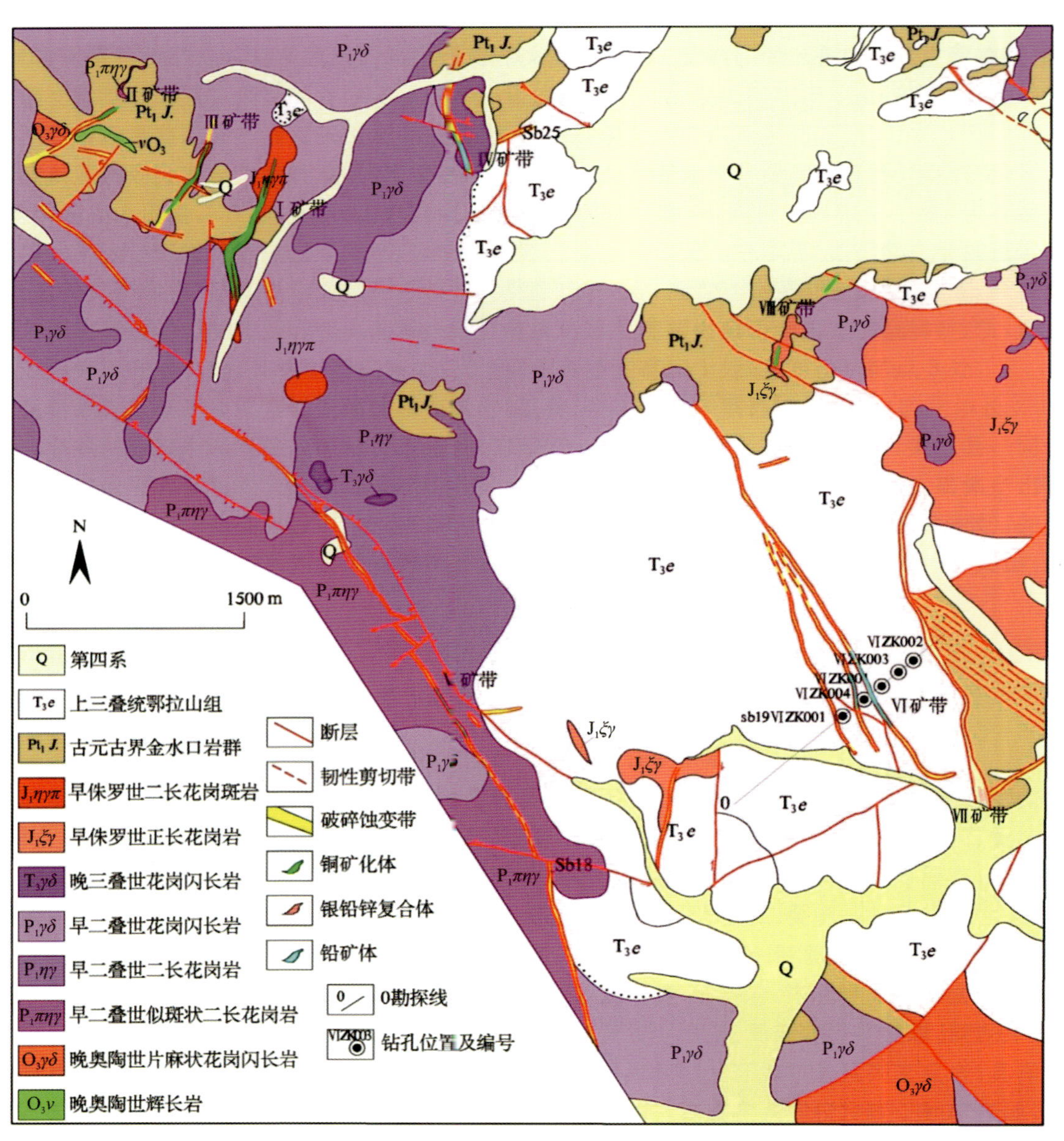

图 3-51　都兰县哈日扎铅锌矿区地质简图（据青海省第三地质矿产勘查院，2016，有修改）

2. 构造

矿区构造主要发育近东西向、北西向、近南北向、北东向4组断裂，含铜花岗闪长斑岩与北西向和南北向断裂构造有关。

3. 岩浆岩

矿区内岩浆活动十分强烈，岩浆岩分布广泛，主要表现为中酸性侵入岩。出露的侵入岩主要有晚奥陶世片麻状花岗闪长岩、辉长岩；早二叠世花岗闪长岩、二长花岗岩、似斑状二长花岗岩；晚三叠世花岗闪长岩；早侏罗世二长花岗斑岩、正长花岗岩等。其中与成矿有关的主要为晚三叠世—早侏罗世中酸性侵入岩。

（四）矿体特征

矿区地表共圈定矿化带8条，圈定矿体89条，矿体长度一般为50～1000 m，厚度为0.78～14.82 m，铅矿体品位0.36%～1.7%，锌矿体品位0.47%～1.08%，铜矿体品位0.21%～0.95%，金矿体品位1.26～6.48 g/t，银矿体品位29.99～355 g/t。其中铅锌矿体18条；铅锌银、铜铅锌银等复合矿体32条，铜矿体34条，金矿体3条，银矿体2条。铜矿主要分布于矿区北部，南部主要为铅锌银等复合矿体，主要矿体特征叙述如下。

1. Ⅰ-1铜矿体

该矿体主要分布于矿区北部，主要沿近南北向的平移断层分布，含矿岩石为（碎裂）花岗闪长斑岩、构造角砾岩，矿体呈似层状，矿体长度约1000 m，单工程矿体品位为0.32%～0.67%，矿体平均品位为0.47%；单工程矿体真厚度为1.19～14.82 m，平均真厚度为7.53 m。矿体总体产状290°∠70°。

2. Ⅴ-1铜铅锌锡银复合矿体

该矿体位于矿区西南部，产于早二叠世似斑状二长花岗岩内的北西向破碎蚀变带，矿体长度为2800 m，平均真厚度为5.5 m。该矿体主体隐伏，矿体总体产状约240°∠80°，为一条铜铅锌锡金银多金属复合矿体。铜矿体平均品位为0.56%；铅矿体平均品位为0.92%；锌矿体平均品位为1.08%；银矿体平均品位为93.82 g/t。金矿体平均品位为1.93 g/t。

3. Ⅵ-1铅锌银复合矿体

该矿体位于矿区东南部，产于上三叠统鄂拉山组北西向的破碎蚀变带中，含矿岩性为晶屑凝灰熔岩。矿体呈似层状，长度为900 m，平均真厚度为8.13 m，矿体总体产状60°∠63°。Pb平均品位为1.55%，Zn平均品位0.75%，Ag平均品位78.16 g/t（图3-52）。

（五）矿石特征

1. 矿石类型

1）矿石自然类型

按矿石自然类型分为氧化矿石和原生矿石两种类型；仅在北区Ⅰ、Ⅱ、Ⅲ矿带近地表见少量含氧化物铜矿石（孔雀石）；氧化矿石分布范围小，无一定规律；氧化物亦很少，多为原生矿石。

矿区内仅北区斑岩型铜矿石和北区岩浆热液型铜矿石地表部分黄铜矿氧化成相对较为明显的孔雀石。南区岩浆热液型多金属矿石基本未见氧化成分，因此均为原生矿石。

2）矿石工业类型

按矿石中主要有用组分不同，矿石工业类型可分为铜矿石、铅矿石、铅锌矿石、铜铅锌银矿石、铜金矿石等。

2. 矿石矿物成分

矿石矿物主要为方铅矿、闪锌矿、黄铜矿、黄铁矿、毒砂、钛铁矿、磁黄铁矿、白铁矿、闪锌矿、方铅矿、褐铁矿。脉石矿物主要为石英、钾长石、斜长石、方解石、角闪石、黑云母、绿泥石等。

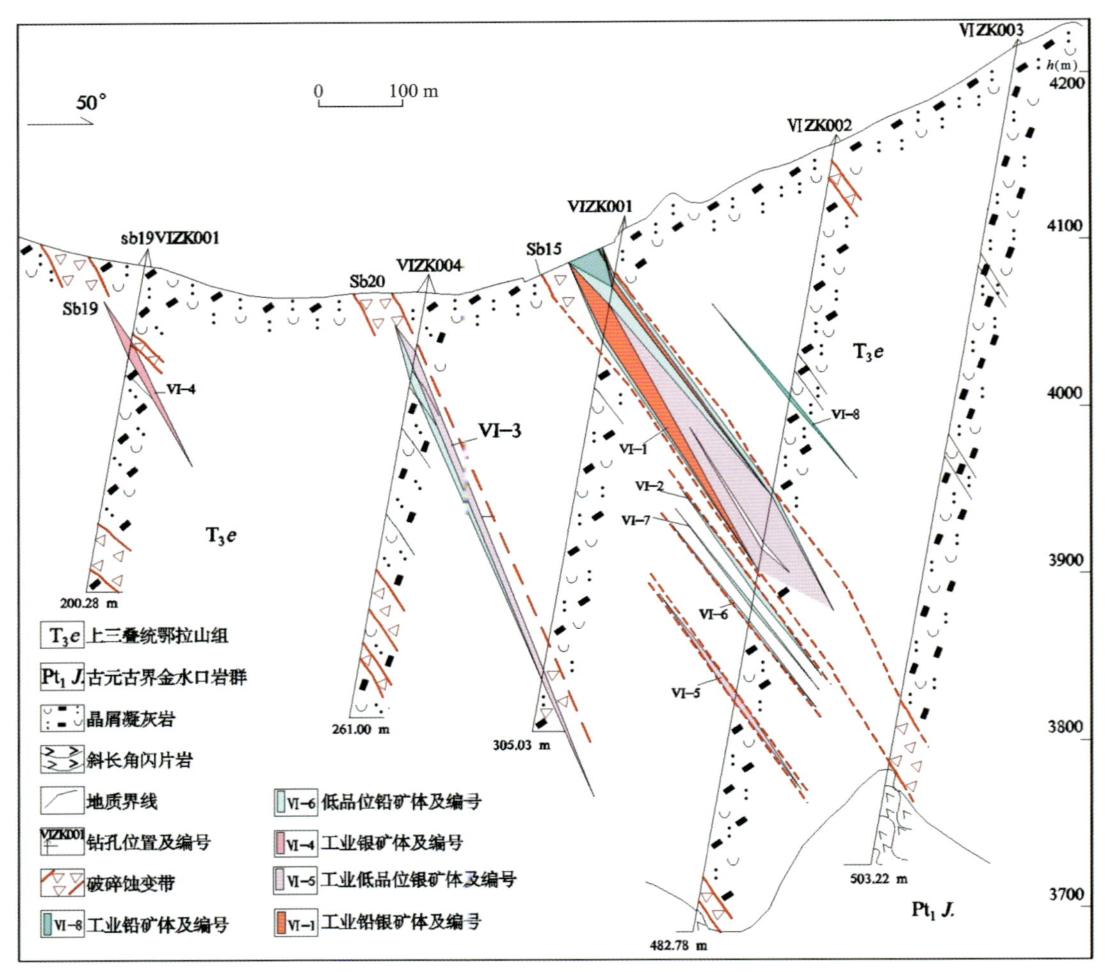

图 3-52　都兰县哈日扎铅锌矿区 0 勘探线剖面图(据马忠元等,2016,有修改)

3. 矿石结构构造

矿石结构主要有结晶结构、交代结构和固溶体分离结构。其中,结晶结构主要为自形—半自形晶粒状结构、他形晶粒状结构、包含结构以及共生边结构;交代结构包括侵蚀结构、骸晶结构、交代残余结构以及假象结构;固溶体分离结构主要为乳滴状结构、叶片状结构(李青,2019)。

矿石构造主要为浸染状、网脉状、脉状、星点状构造,局部有团块状构造。

(六)围岩蚀变

矿区围岩蚀变强烈,热液脉型铅锌多金属矿体及两侧的蚀变受断裂影响明显,与成矿关系最为密切者为硅化、绢云母化等,往往在这些蚀变强烈的部位能发现矿(化)体;其次为高岭土化、钾化、碳酸盐化、绿泥石化等,局部为绿帘石化、黄钾铁矾化以及矽卡岩化等。高岭土化、绿泥石化、黄钾铁矾化与成矿具有一定的关系,在矿体及近矿围岩两侧均叠加有该类蚀变,但其分布范围更大,通常在矿体远端的围岩也常见该类蚀变;碳酸盐化主要在石英脉孔隙中较为常见,为次生蚀变,与成矿关系不密切(燕正君,2019)。

(七)资源储量

截至 2020 年底,累计查明资源储量 333 类及以上铅金属量 11.23×10^4 t,平均品位 1.16%;锌 2.31×10^4 t,平均品位 0.92%;铜 6458 t,平均品位 0.45%;锡 793 t,平均品位 0.19%。保有金属量铅 11.23×10^4 t,锌 2.31×10^4 t,铜 6458 t,锡 793 t。

（八）成矿物理化学条件

张斌等（2018）通过 S-Pb 同位素及矿物特征的研究分析显示，矿床主体成矿温度为 260～280 ℃。测试数据显示 $\delta^{34}S$ 值全部为负值（$-4‰<\delta^{34}S<0‰$），变化范围较窄，分布区间为－3.8‰～－0.5‰，平均值为－2.375‰，具有深源岩浆硫的特点，相对富集轻硫，整体呈单向阶梯式分布特征，不符合平衡状态下各硫化物矿物中 $\delta^{34}S$ 的分布特征，说明在形成各硫化物时硫并未达到平衡状态。矿石 Pb 同位素组成较集中，各硫化物之间差异相对较小，且表现出造山带与下地壳的双重来源特征，认为成矿物质主要来源于下地壳的部分熔融与深部岩浆的混合。

（九）成矿阶段划分

经矿区内已产出矿种共生规律、矿种空间展布规律等综合分析认为哈日扎的成矿作用主要经历了两个阶段。

第一阶段是早侏罗世岩浆侵入过程中，挥发分携带铜多金属成矿元素向顶部及外围运移。在与围岩接触部位，岩浆遇冷温度降低，其中的副矿物、暗色矿物、斜长石和石英等矿物以及铜多金属等元素开始从岩浆中结晶出来。随着岩浆进一步演化，Cu 元素在此处不断聚集，形成了围绕哈日扎花岗闪长斑岩体的Ⅰ矿带。在岩浆演化过程中，随着时间的推移，从边部向中心，岩浆逐渐冷凝结晶，较多铜元素残留在岩浆内部并随着岩浆演化不断富集。

第二阶段是哈日扎铜铅锌锡金银等矿形成的阶段，也是主要的成矿阶段，由于随着冷却收缩和区域构造发育，含矿热液在 H_2S^-、F^-、Cl^- 等挥发组分的带动下沿围岩裂隙及北西向、北东向的构造破碎带运移，在含矿热液运移的过程中不同的温度阶段形成了不同矿种。该阶段以充填成矿为主，交代为辅。自斑岩体往外围，由近至远依次形成了Ⅱ、Ⅲ矿带，Ⅳ、Ⅴ、Ⅷ矿带，Ⅵ矿带，Ⅶ矿化带等热液脉型矿体。

（十）矿床类型

哈日扎矿床具备多种类型的成矿特征（斑岩型-岩浆热液型-接触交代型），但主要以岩浆热液型铅锌矿为主，因此，确定为岩浆热液型矿床。

（十一）成矿机制和成矿模式

1. 成矿时代

与成矿关系密切的花岗闪长斑岩形成于（234.5±4.8）Ma（宋忠宝等，2013），石英闪长岩成岩年龄为（239.3±2.2）Ma（国显正等，2015），花岗斑岩年龄为 245.8～242.6 Ma（王小龙等，2017）；哈日扎矿区的赋矿围岩——火山凝灰熔岩的锆石年龄为 225 Ma（燕正君，2019），指示印支期成矿。本次将矿床成矿时代归为三叠纪。

2. 成矿机制

印支早期古特提斯洋逐渐闭合，东昆仑地区进入陆内造山阶段，地壳加厚。深部的地幔岩浆侵位于地壳底部，与地壳发生同化混染作用，而后深部幔源岩浆继续向上侵入，其中挥发分以及成矿元素逐渐熔离进入成矿热液流体，并在近地表随着稳压条件的进一步降低，成矿元素逐渐析出、沉淀并富集成矿。

3. 成矿模式

综合其成矿环境、矿床地质特征、矿体特征、矿石特征、成矿物源等要素，建立了成矿模式（图 3-53）。

（十二）找矿模型

都兰县哈日扎铅锌矿床找矿模型如表 3-17 所示。

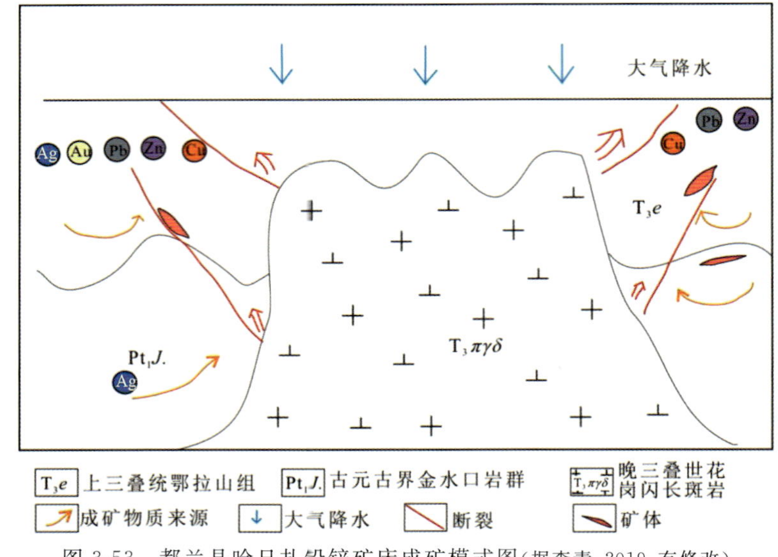

图 3-53　都兰县哈日扎铅锌矿床成矿模式图(据李青,2019,有修改)

表 3-17　都兰县哈日扎铅锌矿床找矿模型

分类		主要特征
地质标志	赋矿地层	上三叠统鄂拉山组、古元古界金水口岩群
	构造	北西向断裂构造及其派生次级张性、张扭性断裂是重要的导矿、容矿构造
	热驱动力	晚三叠世—早侏罗世形成的岩体
	蚀变矿化	围岩蚀变沿构造带分布,分带明显,从矿(化)体至围岩整体具有钾化、硅化、绢英岩化、绿帘石化、绿泥石化、高岭土化、碳酸盐化的趋势,反映了成矿热液从高温到低温的演化过程
地球化学标志	1∶5 万水系异常特征	异常规模大,强度高,异常面积大
	1∶1 万土壤异常特征	组合异常以 Cu、Pb、Zn、Ag、Bi、Sn 为主,伴生元素有 Au、W、Mo,其中 Pb、Zn 套合较好
地球物理标志	磁法	矿体产在金水口岩群内,环状磁异常形态反映金水口岩群地层出露形态;金属矿主要发育在磁异常发育的地方
	电法	低阻高极化异常($\eta_s \geqslant 4\%$,$\rho_s \leqslant 400\ \Omega \cdot m$)是矿致异常
物化探方法组合		利用 1∶5 万水系沉积物测量和 1∶1 万土壤异常特征,辅助开展 1∶2000 岩石和激电中梯剖面

二、都兰县哈茨谱山北铅锌矿床

(一)概况

该矿床位于都兰县城东哈茨谱山主峰西,隶属于都兰县夏日哈镇,从国道 G109 线 2338 km 里程碑向南东方向约 18 km 有汽车便道可抵达矿区。

（二）区域地质特征

矿床大地构造位置位于祁漫塔格-夏日哈岩浆弧，成矿带属东昆仑成矿带之祁漫塔格-都兰成矿亚带（Ⅳ-26-3）。区域出露地层主要有奥陶系滩间山群、上三叠统鄂拉山组及新近系贵德群和第四系等。其中滩间山群和鄂拉山组与成矿关系密切。区域上构造十分发育，主要有褶皱和断裂。褶皱构造位于安固滩倒转复向斜的轴部及南翼，于大卧龙沟东侧发育一系列次级褶皱。断裂构造发育3组，东部的北西向断裂和西部的北东向断裂叠加在近东西向断裂之上，其中北西向和北东向断裂与矿化关系密切。该区岩浆活动强烈，火山岩、侵入岩广泛发育。侵入岩以中酸性为主，主要为晚志留世英云闪长岩、晚三叠世花岗闪长岩、早侏罗世钾长花岗岩；火山岩集中发育在奥陶纪—志留纪和晚三叠世地层中。其中晚三叠世花岗闪长岩与成矿关系密切。

（三）矿区地质特征

出露地层主要有奥陶系滩间山群变碎屑岩组、上三叠统鄂拉山组、第四系等；矿区内断裂构造较为发育；岩浆岩主要为晚三叠世中酸性侵入岩。

滩间山群为一套以斜长角闪岩、二云母石英片岩、变长石石英砂岩、大理岩和变质硅质岩为主的变碎屑岩岩组（图3-54），主要以捕虏体形式分布于英云闪长岩中，与上三叠统鄂拉山组呈角度不整合接触，志留纪花岗岩与其呈侵入接触。上三叠统鄂拉山组，主要岩性为一套灰色、灰绿色、灰紫色安山岩、玄武安山岩夹杏仁状安山岩、玄武质安山质凝灰岩，安山质晶屑、岩屑凝灰岩，火山角砾岩等，以喷发不整合覆盖在晚志留世的英云闪长岩之上，地层倾向南东，倾角45°左右，该地层与成矿密切相关。

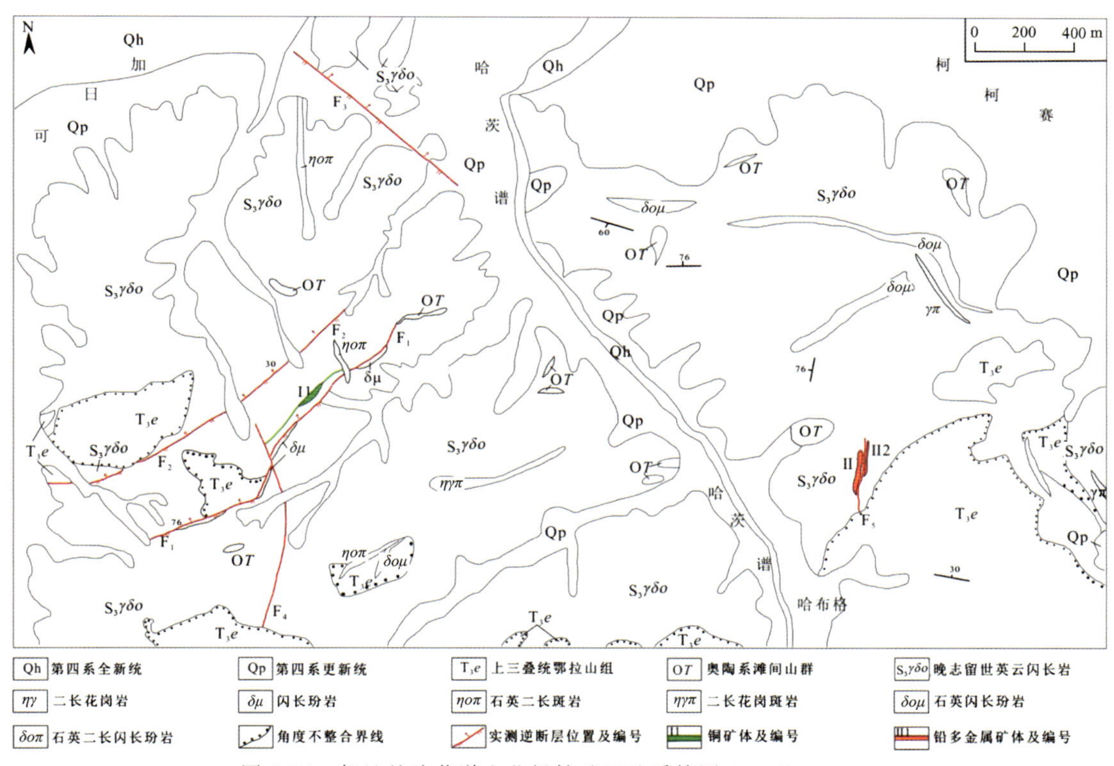

图3-54　都兰县哈茨谱山北铅锌矿区地质简图（据刘传朋，2016）

构造主要为断裂构造，按断裂的展布方向分为3组，即北东向、北西向及近南北向。对矿体具有控制作用的断裂主要有北东向F_1断裂和F_2断裂、近南北向F_5断裂。F_1断裂分布于矿区中北偏西侧，出露长度约2200 m，总体走向40°～70°，倾向北西，倾角70°～80°，形成宽10～40 m的破碎带，发现并圈定

I_1 铜矿体；F_2 断裂，位于 F_1 断裂北偏西 300 m 左右，出露长度约 2500 m，总体走向 40°～60°，倾向北西，倾角约 80°，沿断裂发育 5～20 m 的硅化蚀变破碎带，局部见有褐铁矿化、孔雀石化；F_5 断裂，位于矿区东南角，出露长度约 550 m，总体走向 5°，倾向东，倾角 45°左右，断裂带宽 20～30 m，断裂带内圈定 II_2 矿体。

侵入岩主要为晚志留世中酸性侵入岩，岩性为英云闪长岩，其次为晚三叠世中酸性侵入岩，岩石类型主要为二长花岗岩、闪长玢岩、石英二长斑岩、二长花岗斑岩等，岩浆活动与成矿关系密切。

（四）矿体特征

矿区共圈定两条矿化带，矿体 33 条。其中Ⅰ矿带位于矿区西南部，共圈定 12 条铜矿体，编号为 I_1～I_{12}，地表出露长度 750 m 左右，宽度 2～26 m，矿体受北东向断裂构造控制，含矿岩性主要为英云闪长岩和石英岩等，局部矿化较强，可见孔雀石、黄铜矿、黄铁矿等矿化。Ⅰ矿带总体走向近 45°，倾向北西，倾角 60°～80°。Ⅱ矿带位于矿区东南部，共圈定 21 条铅锌多金属矿体，受近南北向 F_5 断裂控制，矿体地表形态简单，呈脉状，地表出露长度 450 m 左右，4052 m 中段矿带长度约 520 m，宽度 10～30 m，局部矿化较强，可见孔雀石、黄铜矿、黄铁矿、方铅矿等矿化，其他地段仅见碎裂状黑色蚀变，矿带总体走向近南北，倾向东，倾角 30°～55°。

区内圈定的主要矿体特征如下。

II_1Pb 矿体：位于Ⅱ矿带内，矿体产于南北向 F_5 断裂中，矿体地表形态简单，呈脉状或透镜状，总体走向 350°～13°，倾向 80°～103°，倾角 30°～55°。矿体地表出露长度约 390 m，最宽 17 m，真厚度一般在 1.03～6.65 m 之间，平均真厚度为 3.41 m。在 4052 m 中段，沿走向具分支复合的特点，沿倾向最大延深 280 m。赋矿岩石为碎裂岩（原岩英云闪长岩），铅品位一般在 0.32%～2.30%之间，平均品位为 0.72%，矿石品位沿走向和倾向变化不大，变化系数为 68.28%，矿石有用组分变化均匀，并伴生有益的 Au、Ag 等元素，其中伴生金平均品位为 0.25 g/t，伴生银 13.65 g/t，矿体连续性较好。

II_1PbZn 矿体：位于Ⅱ矿带内，产于南北向 F_5 断裂中，矿体地表形呈脉状，产状 95°∠45°。矿体铅垂厚度 2.71 m，真厚度 1.92 m。赋矿岩石为碎裂岩（原岩英云闪长岩），铅平均品位 0.90%，锌平均品位 1.29%，并伴生有益的 Au、Ag 等元素，其中伴生金平均品位为 0.10 g/t，伴生银平均品位为 27.52 g/t。矿体围岩主要是碎裂状英云闪长岩等，普遍发育硅化，局部发育碳酸盐化、绿帘石化、黄铁矿化，基本无夹石。

（五）矿石特征

矿石工业类型根据有用元素组合可分为铅矿石、铅锌矿石、铅银矿石、铜矿石、铅锌金矿石等。

矿石成分比较简单，主要矿石矿物有黄铜矿、方铅矿、黄铁矿、磁黄铁矿，脉石矿物有方解石、石英、绿泥石等。

矿石品位 Cu 一般为 0.41%～6.48%，最高 58.40%，平均 1.06%；Pb 一般为 0.30%～2.61%，最高 14.89%，平均 1.10%；Zn 一般为 0.66%～1.51%，最高 2.81%，平均 0.96%；Ag 一般为 51.04～106.80 g/t，最高 216.99 g/t，平均 89.02 g/t Au 一般为 0.05～0.40 g/t，最高 4.57 g/t，平均 0.19 g/t。通过基本分析和组合分析表明，矿石有用组分为 Pb、Cu、Zn、Ag、Au；有害组分为 SiO_2、S、As。

矿石结构主要为自形晶结构或自形粒状结构，方铅矿、黄铜矿、黄铁矿常呈他形—半自形粒状、粒状单晶产出。其次有碎裂—角砾结构，常见于构造角砾岩中，铅锌矿常沿构造裂隙或角砾间呈细脉状充填。少部分为脉状充填结构：方铅矿、闪锌矿常沿构造裂隙或角砾间隙呈细脉状充填。矿石构造主要为块状构造、浸染状构造、碎裂状构造、网脉状构造、条带状构造、星散状构造。铅多金属矿体大部分为块状构造和浸染状构造（刘传朋，2016）。

（六）围岩蚀变

矿体以蚀变英云闪长岩为围岩，以破碎带为容矿部位，矿石多呈浸染状，矿体脉状与围岩呈渐变关系，少有夹石，赋矿围岩中多见碳酸盐化、褐铁矿化、硅化、黄铁矿化、高岭土化，零星黄铜矿化。

（七）资源储量

截至2020年底，累计查明资源储量333类及以上铅金属量8.95×10^4 t，平均品位2.15%；铜1.20×10^4 t，平均品位0.87%；锌486 t，平均品位1.44%；银188 t，平均品位107.24 g/t；金31 kg，平均品位3.28 g/t。保有金属量铅8.95×10^4 t，铜1.20×10^4 t，锌486 t，银188 t，金31 kg。

（八）矿化阶段划分及分布

成矿大致经过3个阶段：前期岩浆期后热液和断裂活动期，此阶段发生大规模的硅化作用，伴有微弱的硫化物矿化；第二阶段为岩浆热液期，此阶段发生一定的硅化作用（局部形成石英脉），伴有多金属硫化物矿化；第三阶段是岩浆期后气水热液期，该阶段发生较强的铜、铅多金属矿化，并且发生较强的碳酸盐岩等蚀变。

（九）矿床类型

矿床中矿体主要产于中酸性侵入岩及其附近，成矿与岩浆热液有密切的关系，局部受断裂构造控制。该矿床为岩浆热液型铅锌多金属矿床。

（十）成矿机制

矿床严格受断裂构造控制，均发育在构造破碎带中，围岩为英云闪长岩、玄武安山岩等。矿体形态呈脉状、透镜状。晚三叠世中酸性岩浆侵入活动，含少量成矿元素的岩浆热液沿北东向和近南北向2组断裂贯入，使构造岩发生硅化、黄铁矿化等蚀变，矿化微弱，伴随断裂活动。随后岩浆期后含矿热液继续聚集，并沿着矿区内北东向和近南北向2组贯穿到岩体里的断裂发生运移，然后贯入到断裂破碎带和次一级裂隙中，发生充填交代作用，形成目前矿区内的铜矿体和铅多金属矿体。

三、其他岩浆热液型铅锌矿产地

岩浆热液型铅锌矿产地除以上典型矿床外，还有茫崖市黑柱山地区铅锌矿床、格尔木市玛沁大湾铅锌矿床、都兰县乌妥沟银铅锌矿床、都兰县海寺Ⅱ号硅灰石铅锌矿床、玛多县错扎玛铅锌矿床、共和县玛温根铅银矿床、玉树市来乃先卡银铅锌矿床、玉树市卡实陇铅银矿床等，其他岩浆热液型铅锌矿产地特征见表3-18。

第六节　其他类型铅锌矿床

青海铅锌矿除上述成矿类型外，还有机械沉积型、风化型、斑岩型等。

一、机械沉积型

青海省只有2处机械沉积型铅锌矿点，即治多县扎西尕日锌铁矿点、德令哈市滚艾尔沟铅铜矿点。

1.治多县扎西尕日锌铁矿点

矿点位于风火山西段北坡之扎西尕日。由青藏公路七十九道班沿沟西行约26 km可达工区，交通方便。

表 3-18 青海省其他岩浆热液型铅锌矿产地特征简表

编号	矿产地名称	规模	勘查程度	成矿时代	成矿区(带)	构造单元	地质矿产简况
11	祁连县绵沙湾铅矿点	矿点	预查	O	Ⅲ-21	Ⅰ-2-3	出露寒武系黑刺沟组，岩性为变质碎屑岩夹灰岩，并有加里东期肉红色斑状花岗岩侵入其中。铅矿化产在斑状花岗岩内接触带局部混合岩化花岗岩中。铅矿化体长 6 m，宽 2 m。方铅矿呈浸染状和细脉状，含 Pb 0.02%～1.18%
19	门源县大南沟铅银铜金矿点	矿点	预查	O	Ⅲ-21	Ⅰ-2-4	矿点出露上奥陶统扣门子组火山岩，岩性为灰绿色安山岩、玄武安山岩、更长玄武岩，是矿区的主要含矿层位。矿化蚀变带延伸方向 80°～260°，宽 30 m，长 300 m。含矿石英脉宽 1～5 cm，走向断续延伸大于 100 m，局部脉体膨大宽 10 cm。矿(化)体品位：Cu 0.18%、Zn 0.63%、Pb 8%；含矿石英脉品位：Pb 0.28%
37	都兰县红柳沟铅锌矿点	矿点	预查	T	Ⅲ-24	Ⅰ-5-2	出露地层为中—上泥盆统牦牛山组杂色碎屑岩段，岩性为灰色、黑色薄层细砾岩，夹灰黑色、银灰色绢云母千枚岩。铅、锌矿(化)体集中分布于红柳沟中游东侧，呈北西-南东向展布，走向 310°～325°。矿体产于北西向分布的、大致平行的 4 条褐红色、褐黄色氧化蚀变破碎带中，赋矿岩性为一套浅灰肉红色流纹质晶屑凝灰岩、霏细岩及青灰色火山角砾岩层。主要矿化体特征：Zn M2 矿(化)体长约 130 m，平均视厚 5.21 m，Zn 平均品位 0.89%，产状 25°∠75°。ZnM2-1 长约 20 m，平均视厚 1.00 m，Zn 平均品位 1.04%。ZnM2-2 平均视厚 0.95 m，Zn 平均品位 0.71%
38	都兰县查查香卡农场南西铅锌银矿点	矿点	普查	T	Ⅲ-24	Ⅰ-5-2	出露地层为上三叠统鄂拉山组陆相火山岩，总体受北西向断裂呈北西-南东向条块状展布，是一套中酸性火山熔岩和火山碎屑岩系为主体的岩性组合，有安山质凝灰熔岩、晶屑凝灰熔岩和次闪长玢岩等。区内共圈定 6 条铅锌银矿体，矿体呈南北向，倾向东，倾角 70°～90°，矿体长 40～72 m，厚 0.50～1.46 m，平均品位 Pb 1.12%～11.57%、Zn 0.22%～3.93%、Ag 34.05～596.95 g/t。矿石矿物为方铅矿、闪锌矿、黄铁矿，矿石呈半自形粒状、半自形—他形粒状结构，块状、胶状、浸染状、脉状构造
41	都兰县阿尔茨托山西缘铅银矿点	矿点	预查	P	Ⅲ-24	Ⅰ-5-2	出露地层为古元古界达肯大坂岩群，该区处于北西向与近东西向构造的交会部位，断裂、褶皱构造均较发育，矿点西为海西期花岗闪长岩，矿体产于花岗闪长岩和斜长角闪片岩接触带附近的岩脉中。区内发现 1 条铅银矿脉，地表出露长 13 m，宽 2.6 m，品位铅 0.37%～61.6%、锌 0.36%～0.66%、银 4.26～815 g/t、金 0.27 g/t。金属矿物成分主要为方铅矿、闪锌矿，以及少量黄铁矿、蓝铜矿、黄铜矿；脉石矿物为长石、方解石、石英。矿石呈他形晶粒状结构，致密块状、稠密浸染状和稀疏浸染状构造
48	都兰县配种沟锌矿点	矿点	预查	T	Ⅲ-24	Ⅰ-5-2	矿化体赋存于古元古界达肯大坂岩群的片麻岩与辉橄岩接触带的后者一侧。共见东、西矿化两处，其中东边处规模相对较大，长约 20 m，宽约 5 m，闪锌矿呈浸染状分布于蛇纹石化辉橄岩中。矿化体中间富、两侧贫。品位：Pb 0.44%、Zn 0.44%

续表 3-18

编号	矿产地名称	规模	勘查程度	成矿时代	成矿区(带)	构造单元	地质矿产简况
66	茫崖市黑柱山地区铅锌矿床	小型	普查	P	Ⅲ-26	Ⅰ-7-1	矿区内地层由老至新为奥陶系祁漫塔格群、泥盆系黑山沟组、石炭系及第四系。区内断裂构造十分发育,以北西向为主。矿区的侵入活动主要时期为加里东期,海西期、燕山期次之,以中酸性花岗岩类为主,其中早二叠世高堳豁闪长岩、花岗闪长岩为主要的控矿岩体。矿区圈定铅锌矿带1条,铅锌矿体4条,矿带位于泥盆系黑山沟组砂板岩与早二叠世闪长岩外接触带附近,受近东西向断裂构造控制明显。M4铅锌矿体长210 m,厚2.36~8.76 m,平均厚5.56 m,Pb平均品位0.43%,Zn平均品位2.29%,伴生Au平均品位0.13 g/t,矿体产状205°~211°∠62°~75°。矿石矿物主要为闪锌矿,次为方铅矿、黄铁矿;脉石矿物以石英为主、含少量方解石、绢云母等。矿石结构主要为半自形—他形粒状结构,构造有稀疏浸染状构造、细脉状构造
69	格尔木市玛沁大湾铅锌矿床	小型	普查	T	Ⅲ-26	Ⅰ-7-3	出露地层主要为古元古界金水口岩群下岩组、下泥盆统契盖苏组火山岩段及第四系。区内断裂构造由近东西向和北西向两组断裂构成。区内岩浆活动以中酸性侵入岩为主,侵入时代以海西期为主,印支期及燕山期侵入岩次之。区内共圈出18条矿体,其中铜矿体5条、铅矿体3条、锌矿体3条、铅锌矿体5条、铁锌矿体1条、铁矿体1条。矿体总体规模较小,长70~300 m,厚度1.04~40.76 m。矿体产状一般倾向5°~43°,倾角15°~52°。PbZn2矿体地表出露长280 m,平均厚度为18.94 m,产状为10°∠40°,平均品位:Pb 0.81%,Zn 0.65%,最高1.90%,伴生Ag 5.83 g/t。Zn3矿体长200 m,平均厚度40.76 m,平均品位:Zn 1.74%、Pb 0.25%、伴生Ag 20~30 g/t,产状20°∠15°。金属矿物主要有黄铜矿、方铅矿、闪锌矿、蓝辉铜矿、黄铁矿、磁铁矿、硬锰矿、孔雀石、褐铁矿等。矿石为半自形粒状结构,浸染状构造
98	都兰县五龙沟下游西侧锌金矿点	矿点	普查	T	Ⅲ-26	Ⅰ-7-3	出露中元古界长城系小庙组的黑云石英片岩,有斜长花岗岩出露。矿化赋存于斜长花岗岩与小庙组的黑云石英片岩之接触带内含矿石英、方解石脉中。矿化带长70 m,宽20 m。见矿脉15条。规模变化大,长3.1 m,最长40 m;宽0.2~1.0 m。品位Zn 0.67%(富集地段40%)、Au 0.4~0.8 g/t。矿化不均,金属矿物有黄铁矿、毒砂、闪锌矿、黄铜矿;脉石矿物为石英、方解石
99	都兰县铅矿沟北铅铜矿点	矿点	预查	T	Ⅲ-26	Ⅰ-7-3	出露地层为古元古界金水口岩群片麻岩组的黑云斜长片麻岩夹石英片岩及绿泥石英片岩。区内岩浆活动强烈,在北侧有印支期肉红色花岗岩,呈岩基状侵入;南侧为海西期灰色黑云斜长花岗的侵入。区内见黄铁矿化和磁铁矿化,形成长400 m、宽200 m的蚀变带,沿北东-南西向展布,带内亦见石英脉和方解石脉。铅(铜)矿化赋存于北东向蚀变带内之石英脉及方解石脉中,长一般5~10 m,宽一般1~5 cm,呈细脉状成群出现,产状变化大。方铅矿呈星散状分布,局部密集成条带,沿裂隙面见孔雀石和铜蓝。矿石品位:Pb 20%(目估)、Cu 0.63%

续表 3-18

编号	矿产地名称	规模	勘查程度	成矿时代	成矿区(带)	构造单元	地质矿产简况
100	都兰县五龙沟中游铅铜矿点	矿点	普查	D	Ⅲ-26	Ⅰ-7-3	出露地层为古元古界金水口岩群,岩性有黑云斜长片麻岩与云母石英片岩互层,夹大理岩及角闪片岩。矿化赋存于三叠纪花岗岩与古元古界金水口岩群的黑云斜长角闪片麻岩之接触带石英脉内。矿脉长 15 m,宽 0.2 m,呈脉状产出。矿脉中含方铅矿、菱铁矿及黄铁矿。品位:Pb 0.67%、Cu 0.43%
101	都兰县铅矿沟铅矿点	矿点	预查	T	Ⅲ-26	Ⅰ-7-3	出露地层为中元古界沙柳河岩组片麻岩段。断裂主要有北西向和北东向两条,断裂构造有明显控矿情况。以上两组断裂带在交会处有斑状花岗岩呈小岩株产出。矿体主要赋存于沙柳河岩组的大理岩内断裂破碎带中,构成南北两条断裂蚀变带,矿体主要产于南带,北带仅见矿化。南带共圈出矿体 6 个,矿体最长 141 m,最短 12 m,厚 0.6~1.3 m。其中 N1 号、N2 号矿体较大,分别长 141 m,厚 1.2 m;长 100 m,厚 1 m。矿石品位:Pb 0.3%~26.45%,平均 4.52%;Zn 0.54%~7.62%,平均 2.77%;Ag 5.49~589.3 g/t,平均 129.96 g/t。矿石为他形晶粒状结构;致密块状、稠密浸染状和稀疏浸染状构造。矿石矿物主要为方铅矿、闪锌矿,以及少量黄铁矿、蓝铜矿、黄铜矿;脉石矿物为长石、方解石、石英
109	都兰县沙丘沟口北金铜铅锌矿点	矿点	预查	T	Ⅲ-26	Ⅰ-7-3	出露地层为古元古界金水口岩群白沙河岩组,岩性主要为黑云斜长片麻岩。矿点岩浆岩主要为三叠纪侵入岩,岩性为黑云斜长片麻岩、斜长角闪岩、混合岩化黑云斜长片麻岩、钾长花岗岩。见铅锌多金属矿体两条,矿体长 50 m,宽 0.4~1.9 m,铅锌矿物含量 10%~15%。品位:铜铅锌综合平均 4.85%
114	都兰县没确桑昂西铅铜矿点	矿点	预查	S	Ⅲ-26	Ⅱ-1-1	出露地层为中元古界万保沟群火山岩组、下石炭统哈拉郭勒组。有加里东期钾长花岗岩、二长花岗斑岩侵入岩分布。矿点圈定铅矿体 1 条,铜矿体 1 条,矿体长 42~55 m,厚 0.44~0.89 m,Pb 平均品位 10.43%,Cu 平均品位 1.38%。M10 铅矿体,控制长 42 m,厚 0.89 m,铅品位 0.29%~17.33%,平均 10.43%,矿体呈脉状,产状 41°~72°∠80°~83°,赋矿岩石为钾长花岗岩。M11 铜矿体,推测长 55 m,厚 0.44 m,铜品位 1.38%,矿体呈脉状,产状 145°∠51°,赋矿岩石为钾长花岗岩。矿石金属矿物主要有闪锌矿、黄铜矿、方铅矿、黄铁矿等。矿石为他形晶粒状结构,块状构造
116	都兰县没确桑昂铅锌矿点	矿点	普查	S	Ⅲ-26	Ⅱ-1-1	出露地层为中元古界万保沟群火山岩组之蚀变玄武岩;下石炭统哈拉郭勒组的蚀变英安岩。侵入岩为早奥陶世中细粒石英二长岩。该点有一走向近东西逆断层,断面南倾,破碎带宽 20~50 m。铅(锌)矿化沿断裂带两侧分布,在东西长 2000 m、南北宽 500 m 范围内有矿化显示。区内圈定铅矿体 8 条,铅锌矿体 1 条,铅低品位矿体 5 条。矿体长 42~150 m,厚 0.57~4.05 m,Pb 品位 1.10%~18.41%,Zn 品位 0.76%~1.79%。矿石矿物主要为方铅矿,其次为黄铜矿、铜蓝、铅钒及孔雀石。矿石结构主要为他形晶粒状结构,构造以块状为主

续表 3-18

编号	矿产地名称	规模	勘查程度	成矿时代	成矿区(带)	构造单元	地质矿产简况
121	都兰县乌妥沟银铅锌矿床	小型	详查	T	Ⅲ-26	Ⅰ-7-3	出露地层主要为中元古界万保沟群变质火山碎屑岩、变粒岩组和变火山岩、片岩、千枚岩、大理岩组，矿区发育有海西期花岗闪长岩与印支期花岗岩，其接触部位见有长约 1300 m 的破碎蚀变带，带宽 4～21 m，呈北西西走向。蚀变带中圈定银铅锌矿体共 7 条，其中Ⅰ号矿体长度 960 m，控制高差 218 m，厚度一般为 0.80～6.10 m，平均 2.15 m，矿体走向 105°，倾向 9°～32°、188°～246°，倾角 72°～87°。品位：铅一般为 0.30%～22.36%，平均 2.58%；锌一般为 0.50%～8.67%，平均 2.65%；银一般为 40.00～2328 g/t，平均 350.47 g/t。矿石矿物以闪锌矿、方铅矿为主，其次为黄铁矿、毒砂、黝铜矿等，脉石矿物有石英、碳酸盐、蛋白石、玉髓等。矿石结构主要有他形粒状结构、填隙结构，矿石构造主要为块状构造、条带—稠密浸染状构造、充填脉状构造等
124	都兰县麻疙瘩铜铅锌矿点	矿点	普查	T	Ⅲ-26	Ⅰ-7-3	出露地层主要为上三叠统鄂拉山组，岩性为基性熔岩和砾岩。区内岩浆活动较为强烈，为三叠纪中酸性侵入岩，岩性为花岗闪长岩、二长花岗岩、正长花岗岩，铜铅锌矿体主要产于二长花岗岩中。矿点共圈定铅锌多金属矿体 3 条，其中 MⅠ铜铅矿体为主矿体，矿体呈条带状，厚 4.5 m，延伸大于 80 m，产状 155°～185°∠65°～80°。品位 Cu：0.12%～0.32%，平均 0.21%；Pb：0.41%～0.46%，平均 0.44%；Zn：0.27%～0.65%，平均 0.43%。矿石矿物主要有黄铜矿化、磁铁矿、方铅矿、闪锌矿、黄铁矿、褐铁矿，脉石矿物主要为斜长石、钾长石、石英、黑云母、角闪石等。矿石结构主要为中—细粒、似斑状、斑状结构等，构造主要为细脉状、稀疏浸染状、星点状和块状构造
137	都兰县隆统北铅锌矿点	矿点	预查	T	Ⅲ-26	Ⅰ-7-3	出露岩体为三叠纪浅肉红色黑云母花岗岩，其内有下石炭统大理岩夹粉砂岩组成的捕虏体。断裂构造发育，以北西西向为主，倾向南或北，倾角 60°～80°。断裂多发育在接触带，铅锌矿化明显受其控制。矿化赋存于黑云花岗岩与大理岩接触带的断裂破碎带中。分 3 个矿化带，北矿化带长 115 m，宽 4.6 m，铅锌仅为矿化。中矿化带长 150 m，宽 10～15 m，走向 290°，倾向北，倾角 80°左右，其中见 2 个小矿体，1 个长 3 m，宽 1.5 m；另一个长 9 m，宽 1.6 m，品位：Pb 2.92%～4.59%、Zn 0.94%～5.25%、Cu 0.13%～0.27%。南矿化带长 30 m，宽 7.5 m，走向近东西，品位：Pb 0.01%、Zn 0.3%、Cu 0.04%。矿石矿物为毒砂、闪锌矿、方铅矿、黄铁矿、黄铜矿、白铁矿等，脉石矿物为透辉石、钙镁橄榄石、石榴石、斜长石、次闪石等
138	都兰县海寺Ⅱ号硅灰石、铅锌矿床	小型	详查	T	Ⅲ-26	Ⅰ-7-1	出露地层有下石炭统怀头他拉组，矿区岩浆活动强烈，主要为三叠纪花岗闪长岩及中酸性脉岩，其中铅锌矿主要产于花岗闪长岩中，截至 2020 年底查明资源量铅：0.83×10⁴ t，平均品位 2.13%；锌 1.29×10⁴ t，平均品位 3.07%。矿石主要金属矿物有黄铁矿、方铅矿、闪锌矿，矿石结构有半自形—他形不等粒粒状结构、自形—半自形—他形不等粒粒状结构，矿石构造有细脉—网脉状构造、块状构造、条带状构造、浸染状构造。另外在下石炭统怀头他拉组大理岩段的大理岩中，圈出硅灰石主矿体 7 个，其中 1 号矿体长 625.13 m，厚 13.67 m，延深 420.00，其余矿体长 100～500 m 不等，厚 4.09～12.51 m 不等，延深 50～300 m 不等，矿石中硅灰石 36.63%～83.15%，平均 52.48%；透辉石 1.57%～15.30%

续表 3-18

编号	矿产地名称	规模	勘查程度	成矿时代	成矿区(带)	构造单元	地质矿产简况
145	都兰县大卧龙东岔沟铅锌矿点	矿点	预查	T	Ⅲ-26	Ⅰ-7-1	出露地层为长城系沙柳河岩组，岩性为斜长角闪片岩、黑云角闪斜长片岩及大理岩等。东岔沟矿化带分布于沿 F_8 断裂侵入的斜长花岗斑岩脉附近，矿化带长约 100 m，宽 2～5 m，最大宽度 10 m。呈透镜状、扁豆状产出，产状：15°∠28°
159	都兰县滨玛沟脑铅锌矿点	矿点	预查	T	Ⅲ-26	Ⅰ-7-1	出露地层有上三叠统鄂拉山组的安山岩和上石炭统缔敖苏组的大理岩，矿点西侧有三叠纪的似斑状花岗岩分布。铅锌矿体赋存于上三叠统鄂拉山组安山岩与上石炭统大理岩接触部位的破碎蚀变带中，矿石矿物为方铅矿、闪锌矿，品位：Pb 1.68%、Zn 16.4%
168	玛多县错扎玛铅锌矿床	小型	预查	T	Ⅲ-26	Ⅰ-7-3	出露地层为下三叠统洪水川组，分上、下段，上段岩性为砂质板岩夹砂岩，下段岩性为细晶白云岩、灰岩夹变质砂岩、硅质岩、凝灰质板岩。其中下岩段为矿区铅锌矿主要含矿岩层。矿区发现并圈定 11 条矿体，7 条为地表矿体，4 条为盲矿体，矿体大多北倾，倾角大部分在 65°以上，矿（化）体一般长 60～560 m，延深 55～325 m，厚 0.43～10.84 m，矿体平均品位：铅 1.04%、锌 2.05%。矿石矿物有方铅矿、闪锌矿、黄铁矿等，矿石呈自形　他形粒状结构、填隙结构，构造有似层状构造、星点浸染状构造、团块状构造等
177	共和县叉叉龙洼北东铅矿点	矿点	预查	T	Ⅲ-26	Ⅰ-7-4	出露地层为上三叠统鄂拉山组流纹质凝灰熔岩，附近有规模较大的北西向走滑断层通过。矿体呈细脉状产于断层破碎带中，长 0.5～1 m，宽 5～10 cm。整个矿化带南北长约 100 m，宽 40 m，铅品位 0.5%～0.8%。该矿化点与岩浆热液活动及北西向断裂关系密切
184	兴海县拉玛屯铅锌矿点	矿点	预查	T	Ⅲ-26	Ⅰ-7-4	出露地层为石炭纪、二叠纪地层。侵入岩有海西期、燕山期火成岩，岩性为闪长斑岩。矿体产于绿泥石化强烈的闪长斑岩中的方解石脉中，走向 305°，脉宽 0.5 m 左右。矿体长 40 cm 左右，呈透镜体。另一种为脉状矿体，最长为 5 m，厚度 0.5～3 cm。矿石品位：Pb 平均 1.39%、最高 15.47%、最低 0.03%；Zn 平均0.934%、最高 5.90%、最低 0.01%。矿石中方铅矿为自形结构、半自形结构，致密块状、稀疏浸染状构造。金属矿物为方铅矿、闪锌矿，其次为黄铜矿、黄铁矿
186	共和县玛温根铅银矿床	小型	普查	T	Ⅲ-26	Ⅰ-7-4	出露地层主要为中二叠统切吉组，矿区以北西向断裂构造为主，共发现 9 条断层，为控矿构造。矿区圈定 3 条矿化带，9 条矿体，矿体长度 50～100 m，最长 2176 m，厚度一般 1～2 m，斜深 50.0 m，走向北西，倾向东或北东，倾角 60°～80°，矿体平均品位 Au 0.04～0.92 g/t、Ag 31.0～199.4 g/t、Pb 0.64%～2.93%、Zn 0.43%～0.56%、Cd 0.001 9%～0.013%。其中，M2 为主矿体，长度 176 m，走向 330°，倾向北东，倾角 70°～80°，平均厚度 1.59 m，银平均品位 199.94 g/t，最高 371 g/t；铅平均品位为 2.16%，最高 3.4%，金平均品位 0.20 g/t，最高为 0.53 g/t，镉平均品位为 0.010%，最高为 0.029%，锡平均品位 0.013%，最高为 0.92%。矿石矿物主要为赤铁矿、褐铁矿、方铅矿、闪锌矿及锡石、黄铁矿，脉石矿物为石英。矿石结构主要为他形—半自形结构、交代残余结构，构造为浸染状、网脉状、粉末状等

续表 3-18

编号	矿产地名称	规模	勘查程度	成矿时代	成矿区(带)	构造单元	地质矿产简况
187	兴海县下尼铅矿点	矿点	预查	T	Ⅲ-26	Ⅰ-7-4	出露地层为中二叠统切吉组，岩性为灰绿色英安岩、大理岩、砂岩夹砂板岩。矿区北部有一灰白色粗粒花岗岩体。矿体产于大理岩之裂隙中，走向356°，呈囊状，体积小于1 m^3，围岩无蚀变现象。经光谱半定量分析：Pb 0.7%、Cu 0.3%、As 3%。有用矿物以方铅矿为主
195	兴海县拿东北西砷银铅矿点	矿点	预查	T	Ⅲ-28	Ⅰ-8-1	出露地层主要为中三叠统古浪堤组，岩性以角岩化长石石英砂岩及灰黑色千枚岩为主，区内断裂发育，走向100°～120°，倾向北西，倾角20°～80°，断裂形成宽度一般8～45 m的破碎带。侵入岩主要为三叠纪黑云母石英闪长岩、黑云母花岗闪长岩、细粒英云闪长岩及闪长玢岩等。矿体主要沿断裂破碎带分布，共见7条矿体，以Ⅱ号脉规模最大，长152.5 m，宽1.45～8 m。Ⅰ号脉长72.5 m，宽1～1.6 m。其他矿脉长多小于25 m，宽0.1～1 m。其中Ⅰ号、Ⅱ号、Ⅲ号矿脉平均品位如下：Ⅰ Cu 0.05%、Pb 0.56%、Zn 0.065%、Au 0.3 g/t、Ag 61.75 g/t；Ⅱ Cu 0.075%、Pb 0.57%、Zn 0.186%、Au 0.277 g/t、Ag 40.6 g/t、As 24.7%；Ⅲ Cu 1.985%、Pb 0.0096%、Zn 0.153%、Au 0.08 g/t、Ag 2.90 g/t、As 4.75%。矿石为条带状构造、团块状构造和细脉浸染状构造。矿石矿物为毒砂、黄铜矿、方铅矿、黄铁矿、闪锌矿、磁黄铁矿等
196	同德县江群铅锌矿点	矿点	预查	T	Ⅲ-28	Ⅰ-8-1	出露地层主要是中三叠统古浪堤组，岩性为砂岩、页岩。矿体均被第四系掩盖，矿体呈脉状。品位 Fe_2O_3 18.9%、Pb 3.04%、Zn 0.7%、Sb 0.1%、Bi 0.1%。矿石矿物有方铅矿、黄铜矿、毒砂、黄铁矿等
199	共和县当家寺南东铜铅锌银矿点(K7)	矿点	预查	T	Ⅲ-28	Ⅰ-8-1	区内三叠纪当家寺二长花岗岩呈岩基出露、分布广泛，含矿石英脉呈单脉状和网脉状沿二长花岗岩裂隙充填，围岩具较弱的硅化、碳酸盐化、绢云母化、蛋白石化及高岭土化等蚀变。矿化石英脉沿15°方向破碎带分布，长约50 m，宽1～2 m，据拣块样光谱分析结果：含 Cu 0.2%～8%、Pb 2%～4%、Zn 0.2%～2.8%、Sn 0.04%～0.45%(最高13.85%)、Bi 0.05%～0.6%、Mo 最高0.021%、Ag 66～198 g/t(最高1420 g/t)、Sb 0.07%～0.15%。矿石矿物有辉铜矿、黄铁矿、孔雀石、白铅矿、铅矾、铅黄等，呈星散状、薄膜状及土状产于石英脉中
203	泽库县和日寺铅矿点	矿点	预查	T	Ⅲ-28	Ⅰ-8-1	矿点位于三叠纪和日花岗岩体裂隙中，呈不规则脉状或串株状，矿体长3 m，厚0.05 m，矿石矿物有方铅矿、毒砂、白铁矿，脉石矿物主要为石英
212	同仁县哲格姜铅锌矿点	矿点	预查	T	Ⅲ-28	Ⅰ-8-1	出露三叠系隆务河组上岩段钙质石英砂岩夹硅质泥岩，三叠纪阿米夏降山灰白色中粒花岗闪长岩侵入于其中。含矿电气石石英脉赋存于花岗闪长岩与砂板岩的内接触带，共发现8处矿(化)体，其中Ⅰ号矿体：长15 m，平均宽1 m。Ⅱ号矿体：长20 m、厚1 m。Ⅲ号矿体长度不清，宽1.5～2 m。Ⅳ号矿体：长4 m、宽0.6～1.3 m。据两个光谱半定量成果：Pb 0.15%～1%、Zn 0.15%～1%。矿石矿物主要有方铅矿、闪锌矿、黄铜矿，脉石矿物为石英、电气石。他形—半自形粒状及交代结构，矿石呈浸染状及胶状构造

续表 3-18

编号	矿产地名称	规模	勘查程度	成矿时代	成矿区(带)	构造单元	地质矿产简况
224	同仁县江什加铜铅锌矿点	矿点	预查	T	Ⅲ-28	Ⅰ-8-1	出露地层为中三叠统古浪堤组，岩性主要为长石石英砂岩，有三叠纪花岗闪长岩侵入，发育有3组节理裂隙，走向分别为320°、30°和近南北，后两组中有矿脉充填。区内圈定铅矿脉10条，矿脉宽2～8 cm，沿围岩北东向及北西向两组节理充填，北东者4条，产状北东5°～60°，倾向北西70°～85°，北西者矿脉6条，北西40°～60°，倾向南西及北东，倾角31°～73°，长度不明。经采样光谱分析结果，含铅锌品位高者均大于10%，低者铅小于0.001%，锌接近0.1%
226	河南县智后茂切沟铜铅矿点	矿点	预查	T	Ⅲ-28	Ⅰ-8-2	出露地层为下—中三叠统马热松多组，岩性主要为长石砂岩夹板岩、泥岩，节理发育，有较多的方解石细脉贯入。铜铅矿化产在沿节理贯人的方解石、重晶石-方解石细脉中，脉厚一般为0.5～5 mm，少数达15 mm。含矿细脉仅存于砂岩中，矿化范围约100 m^2，其中有3个矿化露头，最大者约1 m^2，Pb平均品位0.58%
234	玉树市叶交扣铅矿点	矿点	预查	T	Ⅲ-33	Ⅲ-2-3	出露下石炭统—中二叠统西金乌兰群。铅锌矿化产在地层外接触带，矿(化)体规模很小，矿石铅品位1.8%。矿石中金属矿物为方铅矿、闪锌矿、褐铁矿，矿石呈交代结构、包含结构、他形粒状结构，浸染状、块状构造
237	格尔木市约改铅锌矿点	矿点	预查	E	Ⅲ-36	Ⅲ-2-5	出露下白垩统风火山群措居日组，构造以北西向逆断层为主，与成矿关系密切。区内岩体较发育，主要为喜马拉雅期石英正长斑岩和闪长玢岩。铅锌矿体赋存于约改闪长玢岩中，受北西-南东向断裂破碎带的控制，呈脉状、似层状，倾向北北东，倾角48°～55°。矿点圈定铅矿体11条，锌矿体4条。其中SbⅢM4铅矿体：倾向北东10°～15°倾角50°，矿体地表长260 m，厚5.2 m，铅平均品位0.72%，伴生银平均品位5.18 g/t。SBⅢM5铅矿体：倾向北东10°～15°倾角50°，矿体地表长260 m，厚3.2 m，铅平均品位0.37%。矿石呈自形、半自形结构，角砾状、细脉条带状、块状构造。金属矿物为方铅矿、铅黄、铅华、褐铁矿
260	玉树市贾那弄锌矿点	矿点	预查	T	Ⅲ-36	Ⅲ-2-5	矿化赋存于上三叠统结扎群中部下灰岩组灰岩中。矿化带长150 m，宽0.8 m，成北西向展布，其内见数条含铅锌石英方解石脉，矿脉沿灰岩裂隙充填。单脉一般长0.2～5 m，宽0.1～5 cm，其中主矿脉长约80 m，厚0.8 m，含Cu 0.07%～0.2%、Zn 6.74%～14.15%。矿石矿物有方铅矿、闪锌矿，以及少量黄铁矿、黄铜矿，呈浸染状构造
267	玉树市来乃先卡银铅锌矿床	小型	普查	T	Ⅲ-36	Ⅲ-2-5	出露地层主要为上三叠统结扎群，岩性为含燧石微灰岩、泥晶球粒灰岩、含生物碎屑灰岩等，为矿区的含矿层。矿区见有北西向、近东西向两组断裂，断裂构造具有一定的控矿作用。矿区三叠纪岩浆侵入活动较为强烈，岩性为黑云母花岗闪长岩，与成矿有一定的关系。矿区圈定铅锌银复合矿体3条，分布于褐铁矿化灰岩中，矿体长75～503 m，平均厚1.45～2.93 m，矿体走向260°～295°，倾角45°～67°，矿体平均品位：Ag 94.25～243.56 g/t、Pb 3.18%～7.72%、Zn 1.45%～2.87%。矿石矿物有方铅矿、闪锌矿、黄铁矿、黄铜矿、黝铜矿等，脉石矿物包括原岩矿物、蚀变矿物两类。矿石呈他形粒状、包含结构、碎裂结构，矿石构造有块状构造、浸染状构造、脉状构造、环带构造

续表 3-18

编号	矿产地名称	规模	勘查程度	成矿时代	成矿区(带)	构造单元	地质矿产简况
268	玉树市卡实陇铅银矿床	小型	普查	T	Ⅲ-36	Ⅲ-2-5	出露地层主要为上三叠统结扎群波里拉组灰白色大理岩，岩浆岩不发育，断裂构造以东西向、北西向为主，具有一定的控矿作用。矿区共圈定矿体9条，其中M2矿带圈定矿体5条，矿体长17～70 m，厚度0.68～208 m，延深10～84 m，平均品位铅16.24%～49.23%，银平均品位494～1337 g/t。其中，M2-5为主矿体，倾向168°，倾角83°，矿体长度大于70 m，水平厚度208 m，延深大于57 m，平均品位铅48.26%，银1337 g/t。M5矿带圈定矿体2条，矿体长30～145.5 m，厚度1.6～4.26 m，延深30～70 m，平均品位铅21%左右，银547～733 g/t。矿石金属矿物以方铅矿为主，其次为黄铁矿、闪锌矿，脉石矿物以方解石为主，其次为石英。矿石呈细粒—粗粒自形—半自形粒状结构，致密块状、条带状、浸染状构造
274	格尔木市日阿茸窝玛铅锌矿点	矿点	预查	E	Ⅲ-35	Ⅲ-3-1	出露地层为古近系沱沱河组，岩石组合为玄武安山岩、粗面安山岩、粗面岩等。矿点圈定铅锌矿体3条，Ⅰ铜矿体长度不详，宽1 m，铜品位为0.63%；Ⅱ锌矿体长度不详，宽2 m，锌平均品位为2.18%；Ⅲ铅锌矿体长度不详，宽4 m，铅平均品位为0.53%，锌平均品位为0.93%。矿石呈细粒结构，星点状构造，金属矿物为方铅矿、菱锌矿、褐铁矿等

该矿点为1987年进行1：20万区调发现并检查。

区内出露地层为古近系渐新统雅西措组和新近系上新统五道梁组。前者岩性为紫红—橘红色巨厚层状含铁质中细粒岩屑砂岩及紫红色粉砂质泥岩，出露厚116 m，后者呈弧形分布于前者北西侧。岩性下部为砂屑微晶灰岩夹褐色含锌铁矿层，上部为浅灰色中薄层钙质细粒岩屑砂岩，产状270°∠24°。矿体位于错仁德加古近纪—新近纪断陷盆地内，受北西向新生代山间断陷盆地的控制。

矿体受古近纪—新近纪山间断陷盆地和中新世灰岩层位控制。含矿地层地表出露不连续，北东-南西向断续出露长43～365 m，宽0.2～3 m，走向延伸被第四系覆盖。有南、北两条矿体。1号矿体断续出露长365 m，宽1～2 m，矿层产状平缓，倾角15°左右。取样11个，含Zn最高达11.43%，最低0.84%，平均3.19%，其中1样含Ag 215 g/t，含铁品位平均23.3%。2号矿体沿走向出露长43 m，向北尖灭，向南为第四系覆盖，矿层宽0.2～0.3 m，风化面呈褐色或酱紫色，产状与地层一致。取样1个，含Zn 3.15%，含Ag 3 g/t，含TFe 26.03%。

该矿点以锌为主，银铁可供综合利用。有害元素硫、磷含量均低于工业指标要求。矿石为含锌、银的菱铁矿石，呈粒状结构，条带状构造。可见矿石矿物有菱铁矿、黄铁矿、方铅矿等，次生矿物有褐铁矿、赤铁矿等。

2. 德令哈市滚艾尔沟铅铜矿点

该矿点属德令哈市蓄集乡管辖，位于德令哈东60 km的滚艾尔沟中游，德令哈至滚艾尔沟口有路可通，但至矿点交通不便。

出露地层为上石炭统第二岩组及第三岩组，前者岩性主要为薄—中厚层状灰岩、白云质灰岩夹千枚岩、石英岩等；后者为钙质千枚岩或绿泥千枚岩夹钙质千枚岩。褶皱、断裂构造发育。上石炭统第二岩组组成东西向背斜构造的轴部，南、北两翼为第三岩组。断裂主要为东西走向，多属逆冲性质，后期的北西向组显扭性。围岩有硅化、绿泥石化等蚀变作用，石英脉发育。

矿化体赋存于上石炭统第二岩组的石英岩中，石英岩长350 m，呈透镜状，其内矿化体长230 m，宽5～12 m，厚5～6 m，西部产状170°～185°∠35°，东部产状142°～154°∠18°～20°。

矿石呈他形—半自形粒状结构，浸染状构造。矿石矿物有辉铜矿、赤铜矿、黄铁矿、褐铁矿、黄铜矿、铅锌矿、铜蓝及孔雀石等。品位：Pb平均0.397%、Cu平均0.138%。个别样品光谱半定量Ag含量较高，高者0.001%～0.002 5%。

二、风化型

青海省只有1处风化型铅锌矿点，即格尔木市巴布茸铅锌铜矿点。

该矿点地处青海省西南部唐古拉山北坡，行政区划属于青海省格尔木市，实际由西藏自治区安多县进行管辖。矿点出露地层为渐新统—中新统雅西措组，岩性主要为砂岩、粉砂岩、泥岩，夹石膏。该层为矿点上主要含矿层位，在灰色粉砂岩裂隙面中见有褐铁矿化现象，呈北北东-南南西向展布，具有明显的带状属性。区内北西西向、北东向断裂发育，褶皱构造以背斜构造为主。

地表圈定铅锌矿体2条，矿体产于雅西措组石英砂岩中，岩石普遍风化，局部有较强的硅化。M1矿体长度300 m，平均宽度1.75 m，铅矿体平均品位0.70%，最高1.03%；锌矿体平均品位0.75%，最高0.77%。M2长度800 m，宽度1.5～3 m，铅平均品位0.23%，最高0.38%；锌平均品位0.19%，最高0.20%。

矿石矿物主要为铁矿、孔雀石、白铅矿、方铅矿、闪锌矿等，呈星点状，矿物粒径小于0.5 mm，不均匀稀疏分布于石英砂岩内部，矿化分布在地表浅部，在2 m以下岩石就无矿化了。

三、斑岩型

青海省只有1处斑岩型钼锌矿点，即都兰县清水河东沟钼锌矿点。矿点上有大片花岗闪长岩出露，其内有三叠纪黑云母斜长花岗斑岩的侵入，为南北长1.95 km、东西宽1.3 km、面积0.875 km^2的岩株。矿（化）赋存于印支期黑云母斜长花岗岩和黑云母斜长花岗斑岩中，其中前者见锌矿体1处，后者见钼矿体3处，共计4处。锌矿体垂厚5 m，品位：Zn 0.57%～1.07%，平均0.29%；Ⅰ号钼矿体垂厚2.0 m，Ⅱ号钼矿体垂厚5 m，Ⅲ号钼矿体垂厚2.50 m，钼矿体品位0.052%～0.184%。

第四章　成矿规律

第一节　矿产空间分布

根据《中国成矿区带划分方案》(徐志刚等,2008),并结合“中国矿产地质志·青海卷”项目成果,青海省各成矿带(Ⅲ级)划分情况如表4-1和图4-1所示。

表4-1　青海成矿单元划分表

Ⅰ级成矿域	Ⅱ级成矿省	Ⅲ级成矿带	
		编号	名称
Ⅰ-2秦祁昆成矿域	Ⅱ-5阿尔金-祁连(造山带)成矿省	Ⅲ-19	阿尔金成矿带
		Ⅲ-20	河西走廊铜-钼-煤成矿带
		Ⅲ-21	北祁连金-铜-铅-锌-铁-铬-煤-石棉-硫铁矿成矿带
		Ⅲ-22	中祁连金-铜-煤-石英岩-大理岩-石灰岩-石膏-黏土成矿带
		Ⅲ-23	南祁连金-镍-铅-锌-磷-石灰岩-花岗岩-石英岩成矿带
	Ⅱ-6昆仑(造山带)成矿省	Ⅲ-24	柴达木盆地北缘金-铅-锌-钛-锰-铁-铬-铜-钨-稀有-煤-石棉-滑石-硫铁矿-石灰岩-大理岩成矿带
		Ⅲ-25	柴达木盆地锂-硼-钾-钠-镁-盐类-石油-天然气-芒硝-天然碱成矿带
		Ⅲ-26	东昆仑镍-金-铁-铅-锌-铜-银-钨-锡-钴-铋-汞-锰-玉石-萤石-硅灰石-页岩气-重晶石-大理岩-石灰岩-石墨-硫铁矿成矿带
	Ⅱ-7秦岭-大别造山带成矿省	Ⅲ-28	西秦岭金-铅-锌-铜(铁)-汞-钨-锑-砷-干热岩-石灰岩-大理岩-花岗岩-盐类-泥炭成矿带
Ⅰ-3特提斯成矿域	Ⅱ-8巴颜喀拉-松潘成矿省	Ⅲ-29	阿尼玛卿铜-钴-锌-金-煤-砂金-石膏成矿带
		Ⅲ-30	北巴颜喀拉-马尔康金-锑-砂金-泥炭成矿带
		Ⅲ-31	南巴颜喀拉-雅江砂金-锑-石膏-水晶-黏土成矿带
	Ⅱ-9喀喇昆仑-三江成矿省	Ⅲ-32	义敦-香格里拉石膏-芒硝成矿带
		Ⅲ-33	金沙江铁-银-铜-砂金石灰岩-黏土成矿带
		Ⅲ-35	喀喇昆仑-羌北铅-锌-铁-铜-水晶-石膏成矿带
		Ⅲ-36	昌都-普洱铅-锌-钼-铜-银-铁-砂金-煤-硫铁矿-盐类-石膏成矿带

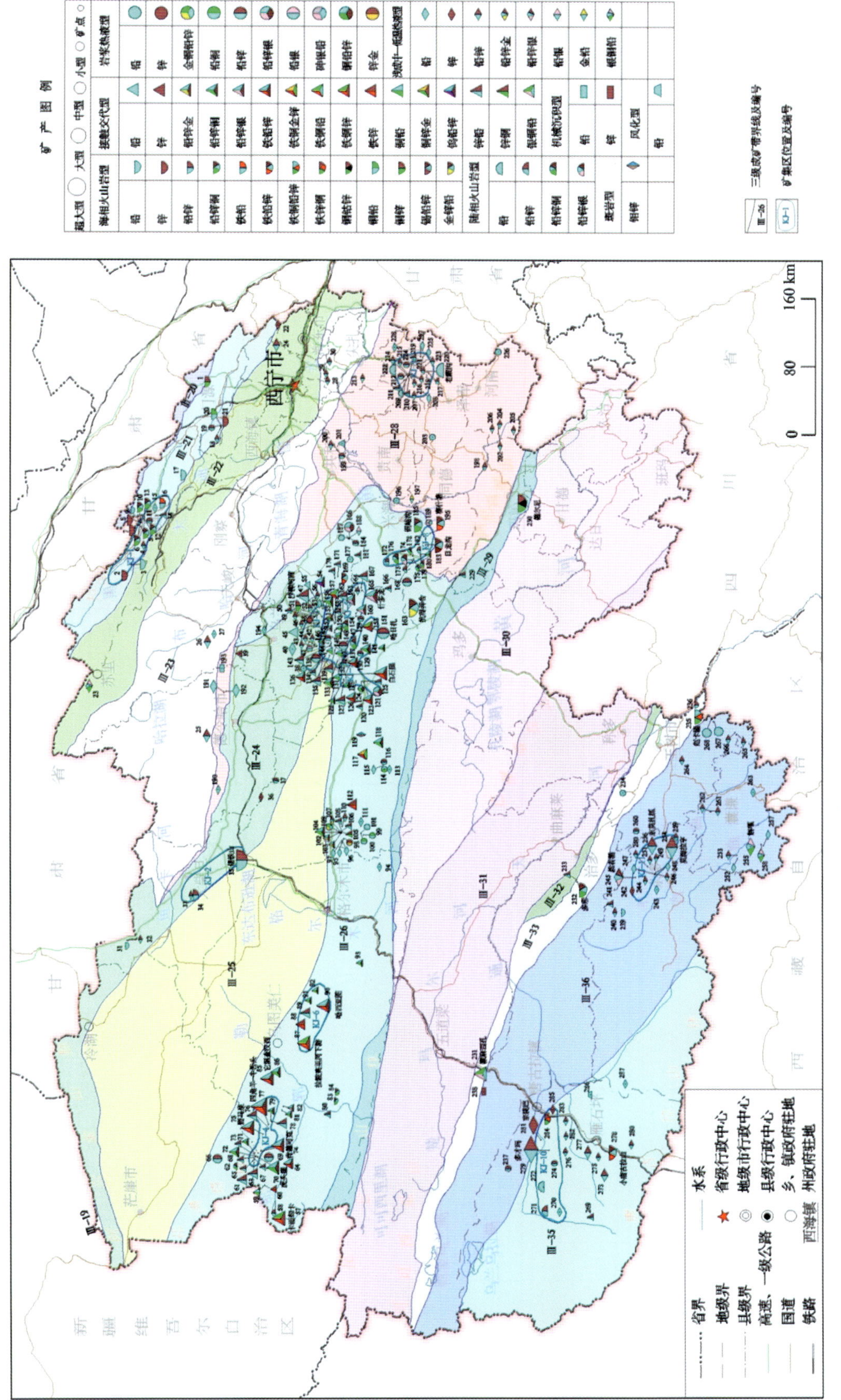

图4-1　青海省铅锌矿成矿规律图

从青海省铅锌矿产地空间分布情况看，由北向南依次为北祁连成矿带（Ⅲ-21）、中祁连成矿带（Ⅲ-22）、南祁连成矿带（Ⅲ-23）、柴北缘成矿带（Ⅲ-24）、东昆仑（造山带）成矿带（Ⅲ-26）、西秦岭成矿带（Ⅲ-28）、阿尼玛卿成矿带（Ⅲ-29）、金沙江（缝合带）成矿带（Ⅲ-33）、喀喇昆仑-羌北成矿带（Ⅲ-35）、昌都-普洱成矿带（Ⅲ-36）（图4-2，表4-2、表4-3）。其中分布最为密集的是青海省中部的东昆仑成矿带，其次为西秦岭成矿带、昌都-普洱（地块/造山带）成矿带等。矿床类型在空间上也具有一定变化规律，青海省自北至南重要的铅锌矿成矿带特征如下。

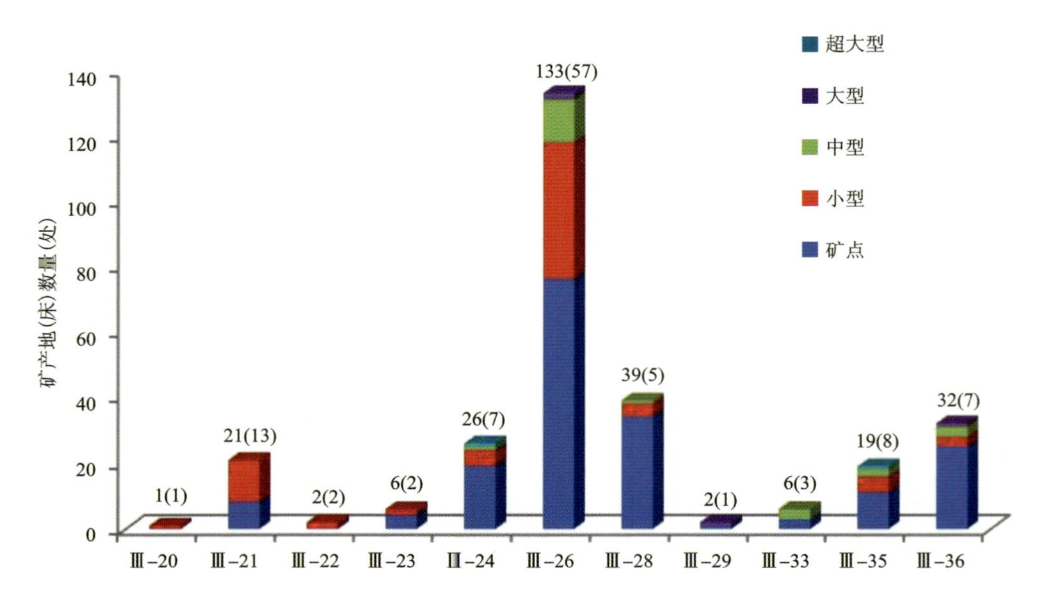

图4-2　青海省铅锌矿空间分布与规模结构图

注：柱顶数字21(13)代表：矿产地21处(其中矿床13处)

表4-2　青海省铅锌矿产地类型、规模及成矿带分布统计表

成矿类型	矿产地规模	成矿带（处）											合计
		Ⅲ-20	Ⅲ-21	Ⅲ-22	Ⅲ-23	Ⅲ-24	Ⅲ-26	Ⅲ-28	Ⅲ-29	Ⅲ-33	Ⅲ-35	Ⅲ-36	
海相火山岩型	矿点		1			2	2			1		1	7
	小型	1	13			2	1				1		18
	中型						3			2	1		6
	大型						1		1				2
	超大型					1							1
陆相火山岩型	矿点						8	3					11
	小型						4	1			2		7
	中型							1					1
接触交代型	矿点		1			3	40	4	1	1	1	1	52
	小型					2	30						32
	中型					1	9			1			11
	大型						1						1

续表 4-2

成矿类型	矿产地规模	成矿带(处)											合计
		Ⅲ-20	Ⅲ-21	Ⅲ-22	Ⅲ-23	Ⅲ-24	Ⅲ-26	Ⅲ-28	Ⅲ-29	Ⅲ-33	Ⅲ-35	Ⅲ-36	
浅成中—低温热液型	矿点		4		4	10	11	19			8	20	76
	小型			2	2	1		3			2	1	11
	中型										1	3	4
	大型											1	1
	超大型										1		1
岩浆热液型	矿点		2			4	14	7		1	1	2	31
	小型						7					2	9
	中型						1						1
斑岩型	矿点						1						1
机械沉积型	矿点							1				1	2
风化型	矿点										1		1
矿产地统计	矿点	0	8	0	4	19	76	34	1	3	11	25	181
	小型	1	13	2	2	5	42	4	0	0	5	3	77
	中型	0	0	0	0	1	13	1	0	3	2	3	23
	大型	0	0	0	0	0	2	0	1	0	0	1	4
	超大型	0	0	0	0	1	0	0	0	0	1	0	2
合计(处)		1	21	2	6	26	133	39	2	6	19	32	287
矿产地占比(%)		0.3	7.3	0.7	2.1	9.1	46.3	13.6	0.7	2.1	6.6	11.1	100

表 4-3 青海省铅锌矿产地成矿时代及成矿带分布统计表 单位:处

成矿带	矿产地规模	成矿时代												合计
		∈	O	S	D	C	P	T	J	K	E	N	Q	
Ⅲ-20	小型及以上矿床		1											1
Ⅲ-21	矿点	1	6	1										8
	小型及以上矿床	8	5											13
Ⅲ-22	小型及以上矿床		2											2
Ⅲ-23	矿点		3					1						4
	小型及以上矿床			2										2
Ⅲ-24	矿点		5		1		3	10						19
	小型及以上矿床		4					3						7
Ⅲ-26	矿点		2	5	4		6	59						76
	小型及以上矿床						6	51						57

续表 4-3

成矿带	矿产地规模	成矿时代												合计
		∈	O	S	D	C	P	T	J	K	E	N	Q	
Ⅲ-28	矿点			1		1		32						34
	小型及以上矿床							5						5
Ⅲ-29	矿点								1					1
	小型及以上矿床						1							1
Ⅲ-33	矿点							2			1			3
	小型及以上矿床							2		1				3
Ⅲ-35	矿点							2	1	1	6		1	11
	小型及以上矿床						1		1		4	2		8
Ⅲ-36	矿点					2	9	5	3	1	5			25
	小型及以上矿床							2	2		3			7
矿产地统计	矿点	1	16	7	5	3	18	111	5	2	12	0	1	181
	小型及以上矿床	8	12	2	0	0	8	63	3	1	7	2	0	106
(矿产地)合计		9	28	9	5	3	26	174	8	3	19	2	1	287

1. 北祁连成矿带-南祁连成矿带

青海北东部的祁连成矿省中,铅锌矿产地主要分布在北祁连成矿带中。北祁连成矿带矿产地共计21处,其中小型矿床13处,矿点8处。矿床类型以海相火山岩型为主,其次为浅成中—低温热液型和岩浆热液型。成矿时代主要为寒武纪—奥陶纪。较为典型的矿床有祁连县郭米寺铜铅锌矿床、下柳沟铅铜锌矿床、下沟铅铜锌矿床、尕大坂铅锌铜矿床等。

而在中祁连和南祁连成矿带中矿产地分布数量较少,中祁连成矿带中有2处小型铅锌矿床(萨日浪、南白水河),南祁连成矿带中有6处铅锌矿产地,其中2处为小型矿床(莫和贝雷台、哲合隆)。成矿类型均为浅成中—低温热液型,成矿时代主要为奥陶纪、志留纪。

2. 柴北缘成矿带

该带中铅锌矿产地总计26处,其中超大型铅锌矿床1处(锡铁山),中型铅锌矿床1处(沙柳河南区),小型铅锌矿床5处(双口山、沙柳河老矿沟、夏乌日塔、太子沟、沙那黑),矿点19处。矿床类型以海相火山岩型为主,次为接触交代型和浅成中—低温热液型。成矿时代主要为奥陶纪、三叠纪。

3. 东昆仑成矿带

东昆仑(造山带)成矿带中铅锌矿产地分布最多,总计133处,其中大型2处,中型13处,小型42处,矿点76处。矿床类型有接触交代型、海相火山岩型、岩浆热液型、陆相火山岩型、浅成中—低温热液型等,其中接触交代型矿床数量分布最多。成矿时代主要为三叠纪,其次为二叠纪。较为典型的矿床有格尔木市四角羊-牛苦头锌铁铅矿床、玛多县抗得弄舍金铅锌矿床、兴海县什多龙铅锌银矿床、都兰县哈日扎铅锌矿床、格尔木市卡而却卡铜锌铁矿床、格尔木市肯德可克铁铅锌矿、兴海县鄂拉山口铅锌银矿床等。

4. 西秦岭成矿带

该带内铅锌矿产地总计39处,其中中型矿床1处(老藏沟),小型4处(蓄集山、蓄集北山、夏布楞、阿尔干龙洼),矿点34处。成矿类型有陆相火山岩型、浅成中—低温热液型、岩浆热液型、接触交代型等,其中浅成中—低温热液型矿产地分布的数量最多。成矿时代主要为三叠纪。

5. 喀喇昆仑-羌北成矿带

该带共有矿产地 19 处，其中超大型 1 处（多才玛）、中型 2 处（宗陇巴、小唐古拉山）、小型 5 处（巴斯湖、那日尼亚、纳保扎陇、楚多曲、开心岭）、矿点 11 处。矿床类型有浅成中—低温热液型、海相火山岩型、陆相火山岩型等，其中以浅成中—低温热液型最为重要，且矿床的规模较大。成矿时代主要为古近纪、新近纪，其次为侏罗纪、二叠纪等。

6. 昌都-普洱成矿带

该带铅锌矿产地共计 32 处，其中大型 1 处（莫海拉亨）、中型 3 处（东莫扎抓、然者涌、解嘎）、小型 3 处（卡实陇、来乃先卡、达拉贡）、矿点 25 处。矿床类型主要为浅成中—低温热液型和岩浆热液型，其次为海相火山岩型、接触交代型、机械沉积型。成矿时代主要为古近纪，其次为三叠纪、侏罗纪等。

第二节　成矿时间分布

本次通过对铅锌矿产地成矿时代统计，从矿产地数量分布情况看，青海省在三叠纪时期铅锌矿产地分布最为密集（矿产地 174 处，占铅锌矿产地的 60.6%，下同），其他时期分布较少，依次为奥陶纪（28 处，占 9.8%）、二叠纪（26 处，占 9.1%）、古近纪（19 处，占 6.6%）、寒武纪和志留纪（各 9 处，各占 3.1%）、侏罗纪（8 处，占 2.8%）、泥盆纪（5 处，占 1.7%）、石炭纪和白垩纪（各 3 处，各占 1.0%）、新近纪（2 处，占 0.7%）、第四纪（1 处，占 0.3%）（表 4-4，图 4-3）。但从资源量分布情况分析，青海省铅锌矿成矿期主要集中在奥陶纪和古近纪，其次为三叠纪、二叠纪等时期。

表 4-4　青海省铅锌矿产地成矿时代及成矿类型统计表　　单位：处

成矿带	矿产地规模	成矿时代												合计
		∈	O	S	D	C	P	T	J	K	E	N	Q	
海相火山岩型	矿点	1	4				1	1						7
	小型	8	8				2							18
	中型						3	2	1					6
	大型						1	1						2
	超大型		1											1
陆相火山岩型	矿点						2	9						11
	小型							5				2		7
	中型							1						1
接触交代型	矿点		1	1	1		3	42	2		2			52
	小型						1	31						32
	中型							10		1				11
	大型							1						1
浅成中—低温热液型	矿点		9	4	3	2	11	35	3	1	8			76
	小型		3	2				3	1		2			11
	中型								1		3			4
	大型										1			1
	超大型										1			1

续表 4-4

成矿带	矿产地规模	成矿时代												合计
		∈	O	S	D	C	P	T	J	K	E	N	Q	
岩浆热液型	矿点		2	2	1		1	23			2			31
	小型						1	8						9
	中型							1						1
斑岩型	矿点							1						1
机械沉积型	矿点					1				1				2
风化型	矿点												1	1
矿产地统计	矿点	1	16	7	5	3	18	111	5	2	12		1	181
	小型	8	11	2			4	47	1		2	2		77
	中型						3	14	2	1	3			23
	大型						1	2			1			4
	超大型		1								1			2
合计		9	28	9	5	3	26	174	8	3	19	2	1	287
矿产地占比(%)		3.1	9.8	3.1	1.7	1.0	9.1	60.6	2.8	1.0	6.6	0.7	0.3	100

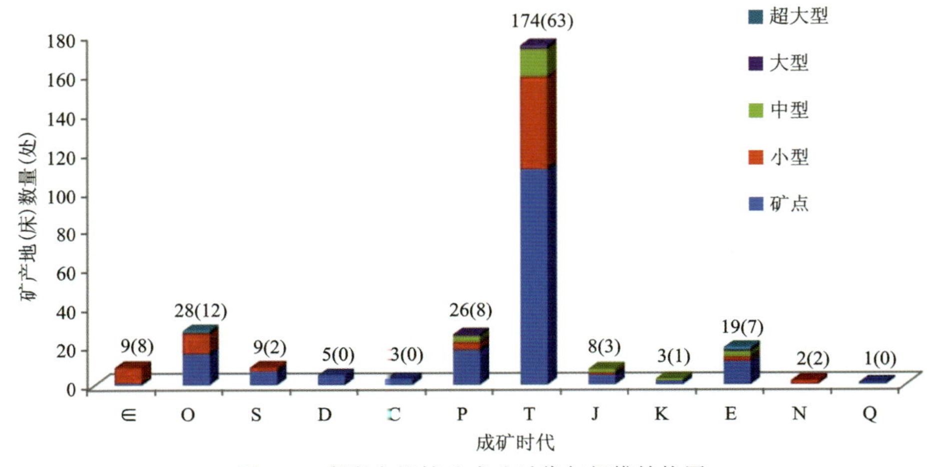

图 4-3　青海省铅锌矿成矿时代与规模结构图

注：柱顶数字 9(8)代表：矿产地 9 处(其中矿床 8 处)

1. 矿床成因类型与成矿强度随时间的变化规律

从各时期的成矿类型及分布情况看(表 4-2、表 4-4，图 4-3)。不同时代在矿床类型与矿化强度上有所差异，从而反映出成矿作用在时间上的演化趋势。总的特点是成矿强度呈现“弱→强→弱→强→弱→强→弱”交替变化的特征，且类型各异。从老到新有 3 个时间段有较强的成矿，为寒武纪—奥陶纪→三叠纪→古近纪。

寒武纪成矿以海相火山岩型为主，主要分布在青海省北部的Ⅲ-21 北祁连成矿带，如祁连县郭米寺铜铅锌矿床、祁连县下柳沟铅铜锌矿床、祁连县尕大坂铅锌铜矿床、祁连县湾阳河铅铜锌矿床等；奥陶纪成矿以海相火山岩型、浅成中—低温热液型为主，主要分布在Ⅲ-21 北祁连成矿带、Ⅲ-24 柴达木盆地北缘成矿带、Ⅲ-22 中祁连成矿带，如大柴旦行委锡铁山铅锌矿床、祁连县辽班台铅锌银矿床、互助县萨日浪-尕什江铅锌矿床、大柴旦行委双口山铅银锌矿床等；志留纪成矿以浅成中—低温热液型为主，主要分布在Ⅲ-23南祁连成矿带，如德令哈市莫和贝雷台铅锌矿床、天峻县哲合隆铅锌矿床等；二叠纪成矿以海相火山岩型为主，其次有岩浆热液型、接触交代型等，主要分布在Ⅲ-26东昆仑成矿带、Ⅲ-29阿尼玛卿成矿带，如玛沁县德尔尼铜钴锌矿床、兴海县日龙沟锡铅锌铜矿床、兴海县铜峪沟铜矿床、兴海县赛什塘铜矿床等；三叠纪成矿非常强烈，以接触交代型为主，其次有海相火山岩型、陆相火山岩型、岩浆热液型、浅成中—低温热液型等，主要分布在Ⅲ-26东昆仑成矿带，其次在Ⅲ-28西秦岭成矿带、Ⅲ-24柴达木盆地北缘成矿带、Ⅲ-33金沙江成矿带等有部分矿产地分布，如格尔木市四角羊-牛苦头锌铁铅矿床、兴海县什多龙铅锌银矿床、都兰县哈日扎铅锌矿床、泽库县老藏沟铅锌锡矿床、治多县多彩铜铅锌矿床等；侏罗纪成矿以浅成中—低温热液型、海相火山岩型为主，主要分布在Ⅲ-36昌都-普洱成矿带、Ⅲ-35喀喇昆仑-羌北成矿带，如囊谦县解嘎银铜铅矿床、囊谦县达拉贡银铜矿床、格尔木市小唐古拉山铁矿床；古近纪成矿以浅成中—低温热液型为主，主要分布在Ⅲ-36昌都-普洱成矿带、Ⅲ-35喀喇昆仑-羌北成矿带，如格尔木市多才玛铅锌矿床、杂多县东莫扎抓铅锌矿床、杂多县莫海拉亨-叶龙达铅锌矿床、杂多县然者涌铅锌银矿床、格尔木市宗陇巴锌矿床等；新近纪成矿以陆相火山岩型为主，主要分布在Ⅲ-35喀喇昆仑-羌北成矿带，如格尔木市纳保扎陇铅锌矿床、格尔木市那日尼亚铅矿床等。其他时期成矿较弱，如泥盆纪、石炭纪、白垩纪、第四纪等有少量成矿，此处不作具体分析。

2. 成矿时期在空间上的演化规律

成矿时期在空间上的演化趋势也有明显的规律性。随着构造活动与岩浆活动在空间上由北而南从老到新的推移演化，成矿作用也从老到新的同步推移演化。总的趋势是：寒武纪—奥陶纪成矿作用主要发育在青海省北部的北祁连弧盆系、柴北缘岩浆弧，二叠纪成矿作用主要发育在青海省中南部的阿尼玛卿山蛇绿混杂岩带，三叠纪成矿作用则出现于该省中部的祁漫塔格蛇绿混杂岩带、东昆仑俯冲增生杂岩带、青海南山陆缘裂谷带及乌丽-囊谦地块中，侏罗纪之后，成矿作用只见于该省南部的弧后前陆盆地内。

第三节 铅锌矿床成矿系列

矿床成矿系列理论是矿床地质科学中研究区域成矿规律的一种学术思想，由我国地质学家程裕淇、陈毓川等著名地质学家提出，是当代矿床学研究的发展趋势和矿床学研究的重要内容，它对矿产勘查起到指导作用。矿床的成矿系列划分为五序次(层次)：矿床成矿系列(组、组合、类型)→矿床成矿系列→矿床成矿亚系列→矿床式(矿床类型)→矿床。矿床成矿系列的定义可简略为：在特定的四维时间、空间域中，由特定的地质成矿作用形成有成因联系的矿床组合。其内涵为：特定的时间域是指一定的地质历史发展阶段内，一般是指一个大地构造活动旋回或相对独立的构造活动阶段；特定的空间域就是成矿的地质构造环境，亦指一定的地质构造单元，即上述地质构造活动所涉及的地质构造单元，一般相当于形成的Ⅲ级构造单元，或跨越或包含在老的构造单元内；特定的地质成矿作用是指在此特定的时空域中发生的地质成矿作用；形成有成因联系的矿床组合是指在上述特定的时空域内由特定的地质成矿作用形成的矿床组合，它们之间具有内在的成因联系。这“四个一定(因素)”组成一个矿床成矿系列，构成特定时空域中一个矿床组合自然实体，因此，这通用的“四个一定”，对于一个具体矿床成矿系列则变成为“四个特定”，即每一个矿床成矿系列在全球均是唯一的矿床组合实体(陈毓川，1998，2007)。

基于对成矿系列重要性的共识，成矿系列成为多数成矿预测研究者的共同课题。杨生德等(2013)、潘彤等(2019)在不同时期，根据不同的研究目的提出了青海省或区域性的矿床成矿系列。本书参考“中国矿产地质志·青海卷”项目成果，将青海省铅锌矿床划分为15个矿床成矿系列，23个成矿亚系列，31个矿床式(表4-5)。

表 4-5　青海省铅锌矿床成矿系列划分表

成矿省	矿床成矿系列		矿床成矿亚系列	矿床式	代表性矿床(点)
	代号	名称			
Ⅱ-5 阿尔金-祁连(造山带)成矿省	1(∈-O)I	阿尔金-祁连地区与寒武纪—奥陶纪岩浆作用有关的铅、锌、铜、金、铁矿床成矿系列	1(∈-O)I a 阿尔金-北祁连与寒武纪—奥陶纪海相火山作用有关的铅、锌、铜、金、铁矿床成矿亚系列	尕大坂式铅锌铜	祁连县尕大坂铅锌铜矿床、门源县银灿铜锌矿床、祁连县龙哇俄当铜铅锌矿床、门源县松树南沟脑铜铅矿床、门源县中南沟铅锌矿床、祁连县小东索铁铅矿床
			1(∈-O)I b 北祁连与奥陶纪岩浆热液作用有关的铅、锌矿床成矿亚系列		祁连县绵沙湾铅矿点、门源县大南沟铅银铜金矿点
	2(O-S)F	祁连地区与奥陶纪—志留纪含矿流体作用有关的铅、锌、银、铜矿床成矿系列	2(O-S)Fa 祁连与奥陶纪含矿流体作用有关的铅、锌、银、铜矿床成矿亚系列	萨日浪-尕什江式铅锌	互助县萨日浪-尕什江铅锌矿床、天峻县南白水河银矿床
			2(O-S)Fb 祁连与志留纪含矿流体作用有关的铅、锌矿床成矿亚系列	莫和贝雷台式铅锌	德令哈市莫和贝雷台铅锌矿床、天峻县哲合隆铅锌矿床
Ⅱ-6 昆仑(造山带)成矿省	3(O-D)I	柴北缘-东昆仑地区与奥陶纪—泥盆纪岩浆作用有关的铅、锌、铜、金矿床成矿系列	3(O-D)Ia 柴北缘与奥陶纪海相火山岩有关的铅、锌、铜矿床成矿亚系列	锡铁山式铅锌	大柴旦行委锡铁山铅锌矿床、大柴旦行委双口山铅银锌矿床、都兰县太子沟铜锌矿床
			3(O-D)Ib 东昆仑与奥陶纪海相火山岩有关的铅、锌、铜矿床成矿亚系列		格尔木市雪鞍山西区铜铅锌矿点、格尔木市雪鞍山东区铜铅锌矿点
			3(O-D)Ic 东昆仑与志留纪—泥盆纪中酸性侵入岩有关的铅、锌、铜、金矿床成矿亚系列		都兰县五龙沟中游铅铜矿点、都兰县岩金沟口北铅锌金矿点
	4(O-D)F	柴北缘-东昆仑地区与奥陶纪—泥盆纪含矿流体作用有关的铅、锌、重稀土矿成矿系列	4(O-D)Fa 柴北缘与奥陶纪浅成中—低温热液型有关的铅、锌矿床成矿亚系列	夏乌日塔式铅锌	乌兰县夏乌日塔铅锌矿床、大柴旦行委口北沟铅锌银矿点、都兰县天池铅锌矿点
			4(O-D)Fb 东昆仑与志留纪—泥盆纪浅成中—低温热液型有关的铅、重稀土矿床成矿亚系列		都兰县大格勒沟口东铅矿点、都兰县五龙沟西三色沟铅(重稀土)矿点

续表 4-5

成矿省	矿床成矿系列		矿床成矿亚系列	矿床式	代表性矿床(点)
	代号	名称			
Ⅱ-6 昆仑(造山带)成矿省	5(P-T)I	柴北缘-东昆仑地区与二叠纪—三叠纪岩浆作用有关的铅、锌、铁、铜、银、金、锡、钨、钼、重晶石矿床成矿系列	5(P-T)Ia 柴北缘地区与二叠纪—三叠纪中性—酸性侵入岩有关的铅、锌、钨、银矿床成矿亚系列	沙柳河南区式铅锌、沙那黑式钨铅锌	都兰县沙柳河南区有色金属矿床、都兰县沙柳河老矿沟铅锌银矿床、都兰县沙那黑钨铅锌矿床、都兰县阿尔茨托山西缘铅银矿点
			5(P-T)Ib 东昆仑地区与二叠纪—三叠纪中性—酸性侵入岩有关的铅、锌、铁、铜、银、金、钼、重晶石矿床成矿亚系列	四角羊-牛苦头铁铅锌、卡而却卡式铜锌铁、肯德可克铁铅锌、哈日扎式铅锌、什多龙式铅锌、黑柱山式铅锌、恰当式铜铅锌	格尔木市四角羊-牛苦头锌铁铅矿床、格尔木市卡而却卡铜锌铁矿床、格尔木市肯德可克铁铅锌矿床、兴海县什多龙铅锌银矿床、都兰县哈日扎铅锌矿床、格尔木市哈西亚图铁矿床、格尔木市野马泉铁铅锌矿床、都兰县恰当铜矿床、茫崖市黑柱山地区铅锌矿床
			5(P-T)Ic 东昆仑地区与二叠纪—三叠纪海相火山岩有关的铅、锌、铜、金、锡、铁矿床成矿系亚系列	日龙沟式锡铅锌铜、抗得弄舍式金铅锌、铜裕沟式铜铅锌	玛多县抗得弄舍金铅锌矿床、共和县达纳亥公卡铁铅锌矿床、兴海县日龙沟锡铅锌铜矿床、兴海县铜峪沟铜矿床、兴海县赛什塘铜矿床
			5(P-T)Id 东昆仑地区与二叠纪—三叠纪陆相火山岩有关的铅、锌、铜、银矿床成矿亚系列	鄂拉山口式铅锌银	兴海县鄂拉山口铅锌银矿床、都兰县那日马拉黑铜铅锌矿床、都兰县扎麻山南坡铅锌铜矿床、兴海县索拉沟铜铅锌银矿床
	6(P-T)F	柴北缘-东昆仑与二叠纪—三叠纪含矿流体作用有关的铅、锌、金、银矿床成矿系列	6(P-T)Fa 柴北缘地区与二叠纪—三叠纪含矿流体作用有关的铅、锌矿床成矿亚系列		都兰县泉水沟脑铅锌矿点、都兰县一棵松铅锌银矿点、都兰县沙那黑沟脑铅矿点
			6(P-T)Fb 东昆仑地区与二叠纪—三叠纪含矿流体作用有关的铅、锌、金、银矿床成矿亚系列		都兰县五龙沟东支沟铅锌矿点、都兰县八路沟铅锌金矿点、兴海县加当铅银矿点
Ⅱ-7 秦岭-大别(造山带)成矿省	7(T)I	西秦岭地区与三叠纪岩浆作用有关的铅、锌、锡、铜、砷、银矿床成矿系列	7(T)Ia 西秦岭地区与三叠纪中酸性侵入岩有关的铅、锌、砷、银矿床成矿亚系列		兴海县拿东北西砷银铅矿点、共和县当家寺南东铜铅锌银矿点、同仁县哲格姜铅锌矿点
			7(T)Ib 西秦岭地区与三叠纪陆相火山岩有关的铅、锌、锡、铜矿床成矿亚系列	老藏沟式铅锌	泽库县老藏沟铅锌锡矿床、同仁县夏布楞铅锌矿床、泽库县公钦隆瓦铜铅矿点
	8(T)F	西秦岭地区与三叠纪含矿流体作用有关的铅、锌、金矿床成矿系列		蓄集山式铅锌	德令哈市蓄集北山铅锌矿床、德令哈市蓄集山铅银铜矿床、同德县阿尔干龙洼金矿床

续表 4-5

成矿省	矿床成矿系列		矿床成矿亚系列	矿床式	代表性矿床(点)
	代号	名称			
Ⅱ-8 巴颜喀拉-松潘(造山带)成矿省	9(P)I	阿尼玛卿地区与二叠纪海相火山岩有关的铜、钴、铅、锌矿床成矿系列		德尔尼式铜钴锌	玛沁县德尔尼铜钴锌矿床
Ⅱ-9 喀喇昆仑-三江(造山带)成矿省	10(P-T)I	喀喇昆仑-三江地区与二叠纪—三叠纪岩浆作用有关的铅、锌、铜、铁、银矿床成矿系列	10(P-T)Ia 喀喇昆仑-三江地区与二叠纪—三叠纪海相火山岩有关的铅、锌、铜、铁、银矿床成矿亚系列	多彩式铜铅锌、赵卡隆式铁银铅	治多县多彩铜铅锌矿床、玉树市赵卡隆铁银铅矿床、格尔木市开心岭铁锌铜矿床
			10(P-T)Ib 喀喇昆仑-三江地区与三叠纪中酸性侵入岩有关的铅、锌、银矿床成矿亚系列	来乃先卡式铅锌银	玉树市来乃先卡银铅锌矿床、玉树市卡实陇铅银矿床、玉树市叶交扣铅矿点
	11(C-T)F	喀喇昆仑-三江地区与石炭纪—三叠纪含矿流体作用有关的铅、锌、铜矿床成矿系列			杂多县耐千尕作东铜铅矿点、杂多县麦多拉铅锌矿点、囊谦县吉曲河南铅锌矿点
	12(J-K)I	喀喇昆仑-三江地区与侏罗纪—白垩纪岩浆作用有关的铅、锌、铁、银、铜矿床成矿系列	12(J-K)Ia 喀喇昆仑-三江地区与侏罗纪—白垩纪矽卡岩有关的铅、锌、银、铜矿床成矿亚系列	藏麻西孔式银铜铅	治多县藏麻西孔银铜铅矿床、格尔木市切苏美曲西侧银铅铜矿点
			12(J-K)Ib 喀喇昆仑-羌北地区与侏罗纪海相火山岩有关的铁、铅、锌矿床成矿系列	小唐古拉山式铁铅锌	格尔木市小唐古拉山铁矿床
	13(J)F	乌兰乌拉湖-囊谦地区与侏罗纪含矿流体作用有关的铅、锌、银、铜矿床成矿系列		解嘎式银铜铅	囊谦县解嘎银铜铅矿床、囊谦县达拉贡银铜矿床、杂多县尕茸曲铅矿点
	14(E-N)I	喀喇昆仑-三江地区与古近纪—新近纪岩浆作用有关的铅、锌、铜、银矿床成矿系列	14(E-N)Ia 喀喇昆仑-三江地区与古近纪中酸性侵入岩有关的铅、锌、铜、银矿床成矿亚系列		杂多县乌葱察别铜锌银矿点、格尔木市约改铅锌矿点、治多县湖陆泊龙铅锌矿点、格尔木市日阿茸窝玛铅锌矿点
			14(E-N)Ib 喀喇昆仑-羌北地区与新近纪陆相火山岩有关的铅、锌矿床成矿亚系列	纳保扎陇式铅锌	格尔木市纳保扎陇铅锌矿床、格尔木市那日尼亚铅矿床
	15(E)F	喀喇昆仑-三江地区与古近纪含矿流体作用有关的铅、锌、银、铜矿床成矿系列		多才玛式铅锌、莫海拉亨式铅锌、然者涌式铅锌银	格尔木市多才玛铅锌矿床、杂多县莫海拉亨-叶龙达铅锌矿床、杂多县东莫扎抓铅锌矿床、杂多县然者涌铅锌银矿床、格尔木市宗陇巴锌矿床

注:I—岩浆作用矿床;F—含矿流体作用矿床。

一、阿尔金-祁连(造山带)成矿省矿床成矿系列

根据阿尔金-祁连(造山带)成矿省成矿地质环境、矿产特征、成矿时空分布特征、矿床类型特征等,按照“四个一定”原则厘定矿床成矿系列2个、亚系列4个、矿床式3个。

1. 阿尔金-祁连地区与寒武纪—奥陶纪岩浆作用有关的铅、锌、铜、金、铁矿床成矿系列[1(∈—O)I]

1)阿尔金-北祁连与寒武纪—奥陶纪海相火山作用有关的铅、锌、铜、金、铁矿床成矿亚系列[1(∈—O)Ia]

该矿床成矿亚系列主要分布于北祁连成矿带,其次为阿尔金成矿带。祁连造山系早古生代是北祁连地质构造发展活跃时间,产生区域性的拉张、裂陷形成陆缘裂谷、大洋盆地或弧后扩张盆地,并给基性、超基性岩浆上涌创造了条件。随着强烈的火山活动及幔源物质的侵入,寒武纪—奥陶纪海相火山岩在祁连广泛发育,形成与之有关的海相火山岩型铅锌、铜、金、铁多金属矿产。该成矿亚系列发现铅锌矿产地15处,其中小型矿床14处,矿点1处。

2)北祁连与奥陶纪岩浆热液作用有关的铅、锌矿床成矿亚系列[1(∈—O)Ib]

该矿床成矿亚系列均分布于北祁连成矿带。成矿主要与奥陶纪中酸性侵入岩有关,该类岩浆岩主要分布在走廊南山和托勒山一带,其次在冷龙岭以西地区,岩体呈断块状不规则展布,岩体出露面积较小。岩石类型较多,主要为闪长玢岩、花岗细晶岩、斜长花岗斑岩等,大部呈岩株产出,岩石属碱性、钙碱性系列。与该岩浆岩有关的岩浆热液型铅锌矿产,目前仅在北祁连成矿带发现3处矿点。

2. 祁连地区与奥陶纪—志留纪含矿流体作用有关的铅、锌、银、铜矿床成矿系列[2(O—S)F]

1)祁连与奥陶纪含矿流体作用有关的铅、锌、银、铜矿床成矿亚系列[2(O—S)Fa]

该成矿亚系列分布于北祁连-南祁连地区。奥陶纪,该区洋陆消减,步入了汇聚重组(洋-陆转换)构造阶段弧盆系构造期,在祁连出现了大量奥陶纪俯冲期TTG、GG花岗岩,以及岛弧火山岩。奥陶纪断裂构造发育,呈多组形态,主要为走向断裂,为含矿流体矿液运移通道,并具多次活动特征。其中北北东向断裂组为主要储矿构造,含矿流体通过低温交代作用,形成铅、锌、银、铜多金属矿产。该成矿亚系列发现铅锌矿产地8处,其中小型矿床2处,矿点6处。

2)祁连与志留纪含矿流体作用有关的铅、锌矿床成矿亚系列[2(O—S)Fb]

该成矿亚系列主要分布于南祁连成矿带,其次为北祁连成矿带。早志留世(443 Ma),该区进入碰撞构造阶段,南祁连成矿带沉积有巴龙贡噶尔组,该地层呈带状和片状近东西向展布,多被断层破坏,主要以陆源碎屑岩为主,厚度巨大,局部达上万米。下部以千枚状岩石为主,岩性有千枚状长石岩屑砂岩、岩屑长石砂岩、绢云母千枚岩及千枚状板岩;中部以砂岩为主,主要有长石岩屑砂岩、岩屑长石砂岩、含砾砂岩夹少量板岩、沉凝灰岩、凝灰质板岩和凝灰质岩屑砂岩;上部为砂板岩互层夹硅质岩,主要为岩屑砂岩、岩屑长石砂岩与粉砂质板岩、黏土质板岩互层夹薄层灰岩和硅质岩。属半深海—浅海环境斜坡沟谷-陆架沙坡相,处于弧后前陆盆地构造环境。与该地层有关形成有浅成中—低温热液型铅锌矿产。该成矿亚系列发现铅锌矿产地3处,其中小型矿床2处,矿点1处。

二、昆仑(造山带)成矿省矿床成矿系列

根据昆仑(造山带)成矿省成矿地质环境、矿产特征、成矿时空分布特征、矿床类型特征等,按照“四个一定”原则厘定矿床成矿系列4个、亚系列11个、矿床式15个。

1. 柴北缘-东昆仑地区与奥陶纪—泥盆纪岩浆作用有关的铅、锌、铜、金矿床成矿系列[3(O—D)I]

1)柴北缘与奥陶纪海相火山岩有关的铅、锌、铜矿床成矿亚系列[3(O—D)Ia]

该成矿亚系列分布于柴北缘成矿带。与成矿有关主要为奥陶系滩间山群海相火山岩,该火山岩主要集中分布在柴北缘成矿带东段的乌兰县周边,在成矿带中段的冷湖—大柴旦一带及西段的阿哈提山西端也有零星出露。该套火山岩分为下碎屑岩组、下火山岩组、砾岩组、玄武安山岩组和砂岩组,其中下火山岩组和玄武安山岩组是火山岩主要层位。下火山岩组是滩间山群中最发育的一个岩组,分布面积较广。以丁字口、赛什腾山、滩间山、采石岭等地最为集中,另外在锡铁山和阿木尼克山一带也有零散出露。各地岩石组合变化较大。其中在滩间山、赛什腾山一带岩石组合为灰绿色变安山岩、变安山质火山角砾岩、变英安质凝灰岩夹流纹质凝灰岩、英安岩。采石岭一带岩石组合为安山岩、英安岩、火山角砾岩、晶屑凝灰岩及少量流纹岩等。在全集山南麓岩石组合以灰—灰褐色英安岩、流纹英安岩为主,夹流纹岩、霏细岩。玄武安山岩组仅在茫崖、滩间山和锡铁山北坡零星出露。岩石组合主要为玄武安山岩、安山岩及玄武质集块岩、玄武安山质火山角砾岩、晶屑岩屑凝灰岩等,局部夹少量酸性火山岩。奥陶系滩间山群海相火山岩沉积处于岛弧环境,属正常火山沉积岩系。与该套火山岩有关形成了海相火山岩型铅、锌、铜多金属矿产。该成矿亚系列发现铅锌矿产地5处,其中超大型矿床1处,小型矿床2处,矿点2处。

2)东昆仑与奥陶纪海相火山岩有关的铅、锌、铜矿床成矿亚系列[3(O—D)Ib]

该成矿亚系列分布于东昆仑成矿带。与成矿有关主要为奥陶系祁漫塔格群和纳赤台群中的火山岩,该套火山岩主要出露于祁漫塔格地区和东昆仑南部。岩浆早期喷发活动为区内铅锌矿的形成奠定了物源基础,火山喷发间歇期形成了碳酸盐岩沉积及纹层状石膏、菱铁矿层、纹层状硅质岩等热水沉积岩类和铅锌矿体;晚期火山喷发形成了中性—基性熔岩和次火山岩建造,海相火山作用伴随热水喷流沉积作用,致使海水升温、海底富氧层中的浮游生物大量繁殖,伴随环境变化、浮游生物在该部位死亡并逐渐沉淀下来,同时期海底热水活动也带上来大量成矿物质,形成与黑色岩系有关的铅锌多金属矿。该成矿亚系列只发现2处铜铅锌矿点。

3)东昆仑与志留纪—泥盆纪中酸性侵入岩有关的铅、锌、铜、金矿床成矿亚系列[3(O—D)Ic]

该成矿亚系列分布于东昆仑成矿带。与成矿有关主要为志留纪—泥盆纪中酸性侵入岩,侵入岩分布于中灶火-金水口、滩北雪峰-诺木洪南、拉陵灶火-五龙沟等地区,见有闪长岩、石英闪长岩、花岗闪长岩、二长花岗岩、正长花岗岩、花岗闪长岩、石榴堇青石花岗闪长岩和石榴二长花岗闪长岩等。与该岩浆岩有关形成了铅、锌、铜、金多金属矿产。该成矿亚系列只发现5处铅锌多金属矿点。

2. 柴北缘-东昆仑地区与奥陶纪—泥盆纪含矿流体作用有关的铅、锌、重稀土矿成矿系列[4(O—D)F]

1)柴北缘与奥陶纪浅成中—低温热液型有关的铅、锌矿床成矿亚系列[4(O—D)Fa]

该成矿亚系列分布于柴北缘成矿带。奥陶纪时期,柴北缘成矿带洋陆消减,步入了汇聚重组(洋-陆转换)构造阶段弧盆系构造期。该时期构造活动强烈,受区域断裂影响,在奥陶系滩间山群及更老的地层中形成有浅成中—低温热液型铅锌矿产。该成矿亚系列发现铅锌矿产地4处,其中小型矿床1处,矿点3处。

2)东昆仑与志留纪—泥盆纪浅成中—低温热液型有关的铅、重稀土矿床成矿亚系列[4(O—D)Fb]

该成矿亚系列分布于东昆仑成矿带。晚志留世—中泥盆世由同碰撞挤压体制转变为碰撞后的伸展体制阶段,岩石圈伸展减薄,软流圈地幔物质上涌,沿深大断裂脉动式上侵,在形成与成矿有关的超基性岩体同时,伴随有浅成中—低温热液型铅锌、重稀土矿的形成。该成矿亚系列发现铅锌矿产地4处,均为铅锌矿点。

3. 柴北缘-东昆仑地区与二叠纪—三叠纪岩浆作用有关的铅、锌、铁、铜、银、金、锡、钨、钼、重晶石矿床成矿系列[5(P—T)I]

1)柴北缘地区与二叠纪—三叠纪中性—酸性侵入岩有关的铅、锌、钨、银矿床成矿亚系列[5(P—T)Ia]

该成矿亚系列分布于柴北缘成矿带。二叠纪—三叠纪,成矿带内中酸性岩浆活动强烈。二叠纪侵入岩除TTG组合外,其他有辉长岩、二长花岗岩、正长花岗岩等,广泛分布于黄矿山—野骆驼泉地带;三叠纪侵入岩组合为英云闪长岩、二长花岗岩、正长花岗岩,主要见于霍德森一带。该时期受岩浆侵入活动影响,形成了接触交代型和岩浆热液型铅锌多金属矿产,成矿时代主要为三叠纪,其次为二叠纪。该成矿亚系列发现铅锌矿产地10处,其中中型矿床1处(沙柳河南),小型矿床2处,矿点7处。

2)东昆仑地区与二叠纪—三叠纪中性—酸性侵入岩有关的铅、锌、铁、铜、银、金、钼、重晶石矿床成矿亚系列[5(P—T)Ib]

该成矿亚系列分布于东昆仑成矿带。二叠纪—三叠纪,东昆仑成矿带中酸性岩浆活动极为频繁,尤其以三叠纪更为强烈。二叠纪侵入岩有英云闪长岩、花岗闪长岩、二长花岗岩等,主要分布于祁漫塔格山南坡,沿断裂带断续分布;三叠纪,发育了陆缘的钙碱性岩浆弧和陆内的高钾钙碱性岩浆弧的双岩浆弧,中酸性岩浆岩出露范围非常广泛,东昆仑成矿带自西向东均有大面积出露,岩性主要有闪长岩、花岗闪长岩、二长花岗岩等。与该岩浆岩有关形成了接触交代型、岩浆热液型铅锌多金属矿产。该成矿亚系列发现铅锌矿产地98处,其中大型矿床1处(四角羊-牛苦头),中型矿床10处,小型矿床37处,矿点50处。98处矿产地中有94处成矿时代为三叠纪,其余4处为二叠纪。

3)东昆仑地区与二叠纪—三叠纪海相火山岩有关的铅、锌、铜、金、锡、铁矿床成矿系亚列[5(P—T)Ic]

该成矿亚系列分布于东昆仑成矿带。二叠纪,海相火山岩主要赋存于鄂拉山构造岩浆岩亚带的中二叠统切吉组,该火山岩以夹层或岩段形态赋存于碎屑岩夹灰岩层系中,岩性变化不大,是一套以中酸性火山熔岩、火山碎屑岩为主的安山岩-英安岩-流纹岩组合,岩石类型有玄武安山岩、安山岩、英安岩、流纹岩、安山质凝灰熔岩、英安质含角砾熔岩凝灰岩等。

三叠纪海相火山岩主要赋存于下三叠统洪水川组中,分布于纳赤台构造岩浆岩亚带中,岩性以中酸性火山碎屑岩、火山熔岩为主,少量基性熔岩和碎屑岩构成的玄武岩-安山岩-英安岩-流纹岩组合。结合产出状态(夹层状产于浊积岩中)、微量和稀土元素特征以及区域大地构造背景,洪水川组火山岩可能是在俯冲背景下弧后前陆盆地内形成的弧火山岩。

与切吉组、洪水川组火山岩有关形成海相火山岩型铅锌多金属矿产。该成矿亚系列发现铅锌矿产地5处,其中大型矿床1处(抗得弄舍),中型矿床3处,小型矿床1处。

4)东昆仑地区与二叠纪—三叠纪陆相火山岩有关的铅、锌、铜、银矿床成矿亚系列[5(P—T)Id]

该成矿亚系列分布于东昆仑成矿带。三叠纪陆相火山岩主要赋存在上三叠统鄂拉山组和八宝山组,其中与铅锌成矿关系密切的为鄂拉山组。鄂拉山组火山岩在鄂拉山一带有广泛分布,此外在东昆仑的野马泉、八宝山也有零星分布。岩石类型十分复杂,主要有潜火山岩类、火山角砾岩类、火山碎屑岩类和熔岩类,其中潜火山岩类、火山角砾岩类是良好的赋矿岩石,矿体多产于陆相火山机构及其外部的裂隙系统。

二叠纪陆相火山岩主要赋存于上二叠统大灶火沟组,该火山岩主要分布在东昆北构造岩浆岩带中西段沙松乌拉山北坡,格尔木河以西的昆中断裂北侧。该火山岩由中酸性火山熔岩和火山碎屑岩组成,岩石类型以溢流相流纹岩、英安岩为主,次为爆发相英安质、流纹质火山碎屑岩,并见火山通道相次流纹英安岩。

与鄂拉山组、大灶火沟组火山岩有关形成陆相火山岩型铅锌矿产。该系列发现铅锌矿产地12处,其中小型矿床4处,矿点8处。12处矿产地中有10处成矿时代为三叠纪,其余2处为二叠纪。

4.柴北缘-东昆仑与二叠纪—三叠纪含矿流体作用有关的铅、锌、金、银矿床成矿系列[6(P—T)F]

该成矿系列分布于柴北缘成矿带和东昆仑成矿带。石炭纪—二叠纪,该地区进入古特提斯洋演化期洋陆转换造山阶段,晚二叠世—早三叠世转入洋壳俯冲消减阶段。构造变形以布青山俯冲增生杂带、宗务隆和苦海蛇绿混杂岩带较为显著,在昆中断裂以北出现TTG性质的中灶火石英闪长岩组合,标志着与俯冲作用有关的岩浆活动的出现。该时期相应地形成了与含矿流体作用有关的铅、锌、金、银多金属矿产。该成矿系列发现铅锌矿产地13处,均为铅锌矿点。根据成矿空间的不同,该成矿系列进一步划分为2个成矿亚系列:柴北缘地区与二叠纪—三叠纪含矿流体作用有关的铅、锌矿床成矿亚系列

[6(P—T)Fa];东昆仑地区与二叠纪—三叠纪含矿流体作用有关的铅、锌、金、银矿床成矿亚系列[6(P—T)Fb]。

三、秦岭-大别(造山带)成矿省矿床成矿系列

根据秦岭-大别(造山带)成矿省成矿地质环境、矿产特征、成矿时空分布特征、矿床类型特征等,按照“四个一定”原则厘定矿床成矿系列2个、亚系列2个、矿床式2个。

1. 西秦岭地区与三叠纪岩浆作用有关的铅、锌、锡、铜、砷、银矿床成矿系列[7(T)I]

1)西秦岭地区与三叠纪中酸性侵入岩有关的铅、锌、砷、银矿床成矿亚系列[7(T)Ia]

该成矿亚系列分布于西秦岭成矿带。三叠纪,成矿带内中酸性岩浆活动强烈,为俯冲型花岗岩组合,主要分布在隆务峡、同仁、橡皮山等地,岩性主要有石英闪长岩、花岗闪长岩、二长花岗岩、斜长花岗岩、斑状花岗岩、闪长岩等,其中最重要的为石英闪长岩和花岗闪长岩。受三叠纪中酸性侵入岩影响,形成了接触交代型和岩浆热液型铅锌多金属矿产。该成矿亚系列发现铅锌矿产地11处,均为铅锌矿点。

2)西秦岭地区与三叠纪陆相火山岩有关的铅、锌、锡、铜矿床成矿亚系列[7(T)Ib]

该成矿亚系列分布于西秦岭成矿带。三叠纪,成矿带发育有上三叠统多福屯群日脑热组、华日组火山岩,均为陆相火山岩。日脑热组火山岩局限分布于罗汉堂日脑热、同仁—多福屯一带,岩石组合为一套玄武岩-安山岩-英安岩-流纹岩(质)组合,火山熔岩、火山碎屑岩均不同程度发育。华日组位于日脑热组上部,仅见于多福屯、华日和麦秀一带,岩石类型有英安岩、流纹岩、英安质火山角砾岩、流纹质晶屑玻屑凝灰岩和晶屑岩屑凝灰熔岩等。与该火山岩有关形成了陆相火山岩型铅锌多金属矿产。该成矿亚系列发现铅锌矿产地5处,其中中型矿床1处(老藏沟),小型矿床1处(夏布楞),矿点3处。

2. 西秦岭地区与三叠纪含矿流体作用有关的铅、锌、金矿床成矿系列[8(T)F]

该成矿系列分布于西秦岭成矿带。该系列矿床较为集中地分布于成矿带东部,尖扎县—同仁县一带。主要赋矿地层有下石炭统—中二叠统中务隆山群,三叠系隆务河组、古浪堤组等。矿体产出多受构造破碎带控制以及的构造破碎带内,矿床(点)产出多与区域性构造特别是断裂构造关系密切,并受控于不同序次级次构造。该成矿系列发现铅锌矿产地21处,其中小型矿床3处(蓄集北山、蓄集山、阿尔干龙洼),矿点18处。

四、巴颜喀拉-松潘(造山带)成矿省矿床成矿系列

该成矿省中铅锌矿产地较少,根据成矿地质环境、矿产特征、成矿时空分布特征、矿床类型特征等,按照“四个一定”原则厘定矿床成矿系列1个、矿床式1个。矿床系列为阿尼玛卿地区与二叠纪海相火山岩有关的铜、钴、铅、锌矿床成矿系列[9(P)I]。

该成矿系列分布于阿尼玛卿成矿带。二叠纪,成矿带发育有下—中二叠统马尔争组基性火山岩,该火山岩主要分布在布青山地层分区中、东段,在不冻泉以东布青山主脊一带最发育。多呈大小不等的透镜体呈串珠状排列,与围岩为断层接触。岩石组合主要有玄武岩、细碧岩、中基性凝灰熔岩、凝灰岩夹少量粉砂质千枚岩、板岩,局部夹变砂岩、粉砂岩和灰岩。普遍发生蚀变,局部变为蛇纹岩、绿泥片岩、绿帘绿泥阳起片岩。火山岩劈理片理发育,普遍糜棱岩化。属深海相喷发环境拉斑系列玄武岩,具洋岛玄武岩性质。与该火山岩有关形成海相火山岩型铜钴铅锌多金属矿,该成矿系列仅发现1处矿产地:玛沁县德尔尼铜钴锌矿床(大型)。

五、喀喇昆仑-三江(造山带)成矿省矿床成矿系列

根据喀喇昆仑-三江(造山带)成矿省成矿地质环境、矿产特征、成矿时空分布特征、矿床类型特征等,按照“四个一定”原则厘定矿床成矿系列6个、亚系列6个、矿床式7个。

1.喀喇昆仑-三江地区与二叠纪—三叠纪岩浆作用有关的铅、锌、铜、铁、银矿床成矿系列[10(P—T)I]

1)喀喇昆仑-三江地区与二叠纪—三叠纪海相火山岩有关的铅、锌、铜、铁、银矿床成矿亚系列[10(P—T)Ia]

该成矿亚系列主要分布于金沙江成矿带,其次为喀喇昆仑-羌北和昌都-普洱成矿带。二叠纪,该成矿省发育有下—中二叠统诺日巴尕日保组中基性火山岩。该火山岩主要分布在昌都-普洱成矿带南东段莫曲—杂多县—囊谦县一带,以及喀喇昆仑-羌北成矿带北部的沱沱河一带和东南部的查吾拉—仓来拉一带,出露面积较大。火山岩以夹层状、透镜状产出于同组碎屑岩中或集中呈面状、带状出露,为海相火山岩。岩石类型复杂,种类繁多,基性—酸性火山熔岩、火山碎屑岩较发育;不同地段出露岩石类型、岩石组合及厚度等各有差异。岩性主要有灰绿色安山岩、安山玄武岩、玄武岩、中基性、中酸性火山碎屑岩等。形成环境属于岛弧环境。

三叠纪,在金沙江成矿带发育有上三叠统巴塘群火山岩组,火山岩类型复杂,既有爆发相各类火山碎屑岩、爆溢相火山碎屑熔岩,也有喷溢相火山熔岩,从基性到酸性岩均较发育,总体以中酸性火山岩为主。包括灰绿色玄武岩、玄武安山岩、杏仁状枕状玄武岩、安山岩、英安质玻屑晶屑凝灰熔岩、流纹质凝灰熔岩、流纹质角砾熔岩、中性—酸性凝灰岩等,间夹砂板岩及碳酸盐岩。其中少部分基性岩为碱性系列,其余中基性—酸性岩均为钙碱性系列。形成环境为俯冲期的岛弧环境。建造类型为火山沉积建造。

昌都-普洱成矿带在三叠纪发育有上三叠统结扎群中基性火山岩,分布面积较大,火山岩主要赋存于结扎群甲丕拉组和巴贡组,属于海相火山岩。结扎群火山岩主要以夹层形式赋存于该群的碎屑岩地层中,局部地段火山岩出露较厚。区域上主要发育一套玄武岩-安山岩-英安岩火山岩组合。形成环境为俯冲期后的碰撞构造环境。

该成矿亚系列中发现铅锌多金属矿产地5处,其中中型矿床2处(多彩、赵卡隆),小型矿床1处(开心岭),矿点2处。

2)喀喇昆仑-三江地区与三叠纪中酸性侵入岩有关的铅、锌、银矿床成矿亚系列[10(P—T)Ib]

该成矿亚系列主要分布于昌都-普洱成矿带,其次为金沙江成矿带。该成矿省包含三江构造岩浆岩带和北羌塘构造岩浆岩带,三叠纪,在两个构造岩浆岩带中均有俯冲型花岗岩侵入。在三江构造岩浆岩带,岩体呈带状、岩片状产出,岩性主要有石英闪长岩、英云闪长岩、花岗闪长岩、花岗斑岩等;北羌塘构造岩浆岩带中岩体呈岩株、岩基产出,岩性主要有二长花岗岩、(似)斑状二长花岗岩等。与三叠纪中酸性侵入岩有关,在该地区形成岩浆热液型铅锌矿。该成矿亚系列中发现铅锌矿产地4处,其中小型矿床2处(来乃先卡、卡实陇),矿点2处。

2.喀喇昆仑-三江地区与石炭纪—三叠纪含矿流体作用有关的铅、锌、铜矿床成矿系列[11(C—T)F]

该成矿系列主要分布于昌都-普洱成矿带,其次为喀喇昆仑-羌北成矿带。该区在下石炭统杂多群为被动大陆边缘陆表海—沼泽含煤碎屑岩-碳酸盐岩沉积建造。石炭纪—早二叠世,随西金乌兰-金沙江洋盆扩张,形成成熟的洋盆,发育洋脊基性—超基性岩、洋脊型拉斑玄武岩组合。大约在早二叠世末开始大幅度俯冲消减,出现海相碳酸盐岩台地、岛弧、弧前盆地沉积的上石炭统—中二叠统开心岭群,开心岭群多呈逆冲断片出露,为弧后拉张环境下的碎屑岩-火山岩-碳酸盐岩建造。中二叠世,随着洋壳俯冲消减,形成活动大陆边缘弧盆体系。晚二叠世,沉积了弧后盆地远弧带乌丽群。随着甘孜-理塘洋盆晚二叠世中期扩张,形成晚三叠世活动陆缘,三叠纪中晚期残留洋的俯冲形成火山弧带沉积即巴塘群。

该时期伴随构造活动形成有浅成中—低温热液型铅锌多金属矿产，含矿地层主要为下石炭统杂多群、上石炭统—中二叠统开心岭群、上三叠统结扎群等，该成矿系列共发现铅锌矿产地16处，均为矿点，其中有14处产于昌都-普洱成矿带，其余2处产于喀喇昆仑-羌北成矿带。

3. 喀喇昆仑-三江地区与侏罗纪—白垩纪岩浆作用有关的铅、锌、铁、银、铜矿床成矿系列[12(J—K)I]

1)喀喇昆仑-三江地区与侏罗纪—白垩纪矽卡岩有关的铅、锌、银、铜矿床成矿亚系列[12(J—K)Ia]

该成矿亚系列主要分布在金沙江成矿带和喀喇昆仑-羌北成矿带。侏罗纪—白垩纪，该成矿省发育有一系列中酸性侵入岩。其中重要的有西确涌-仲达强过铝花岗岩，集中分布于西确涌，在仲达和老叶一带亦有零星分布，由花岗闪长岩、正长花岗岩、二长花岗岩和石英二长岩等组成，是碰撞环境的强过铝花岗岩；木乃-隆亚拉高钾—钾玄质花岗岩，分布于木乃、龙亚拉、唐古拉山口及昂普玛等地，苏鲁-陇仁达及东地涌等地亦有少量分布，岩石类型从内部至边部为细粒辉石二长岩、中粗粒石英二长岩、粗粒石英二长岩、中粗粒斑状石英二长岩、粗粒似斑状二长岩、细粒斑状二长岩，为碰撞环境下的高钾—钾玄质花岗岩。与该时期侵入岩有关，形成接触交代型铅锌矿。该成矿亚系列中发现2处铅锌矿产地，其中中型矿床1处(藏麻西孔)，矿点1处。

2)喀喇昆仑-羌北地区与侏罗纪海相火山岩有关的铁、铅、锌矿床成矿系列[12(J—K)Ib]

该成矿亚系列主要分布在喀喇昆仑-羌北成矿带。侏罗纪—白垩纪，中国大陆逐渐向克拉通稳定陆块演化，喀喇昆仑-羌北地区形成了有雁石坪弧后前陆盆地。该时期，伴随火山活动形成有海相火山岩型铁、铅锌矿产。该成矿亚系列发现1处中型矿床：格尔木市小唐古拉山铁矿床。

4. 乌兰乌拉湖-囊谦地区与侏罗纪含矿流体作用有关的铅、锌、银、铜矿床成矿系列[13(J)F]

该成矿系列主要分布于昌都-普洱成矿带。侏罗纪，随着古特提斯洋演化结束，区域上形成了广泛的雁石坪群弧后前陆盆地海相沉积，侏罗系雁石坪群可划分为雀莫错组、布曲组、夏里组和索瓦组、雪山组。由下至上海相沉积碎屑岩、碳酸盐岩交替出现，形成了不同的沉积组合，表现出“三砂夹两灰”特点。属杂砂岩-碳酸盐岩建造、弧后前陆盆地沉积环境。该时期伴随海相沉积形成有浅成中—低温热液型银铅锌多金属矿产。该成矿系列中发现银铅锌矿产地5处，其中中型矿床1处(解嘎)，小型矿床1处(达拉贡)，矿点3处。

5. 喀喇昆仑-三江地区与古近纪—新近纪岩浆作用有关的铅、锌、铜、银矿床成矿系列[14(E—N)I]

1)喀喇昆仑-三江地区与古近纪中酸性侵入岩有关的铅、锌、铜、银矿床成矿亚系列[14(E—N)Ia]

该成矿亚系列在喀喇昆仑-三江成矿省中各成矿带均有分布。新生代是三江地区的形成与隆升时期，古近纪，该地区发育有各拉丹东-马场高钾钙碱性花岗岩组合，岩体分布较零星，主要出露在各拉丹冬、纳日贡玛地区及格龙尕纳、饿拉松多、赛多浦岗日、多索岗体-察日玛赤、雀莫错北部、马场一带，岩性以正长花岗岩、二长花岗岩、花岗闪长岩和石英闪长岩为主，局部出露石英二长岩和闪长玢岩，为碰撞环境下的高钾—钾玄质花岗岩。与该时期侵入岩有关的接触交代型、岩浆热液型铅锌矿产，目前仅发现4处铅锌矿点。

2)喀喇昆仑-羌北地区与新近纪陆相火山岩有关的铅、锌矿床成矿亚系列[14(E—N)Ib]

该成矿亚系列主要分布在喀喇昆仑-羌北成矿带。新近纪，该地区为高原隆升环境，发育有查保马组陆相火山岩，仅在喀喇昆仑-羌北成矿带零星出露，岩石组合为粗面安山岩、粗面岩、粗面英安岩夹玄武安山玢岩、粗面斑岩、流纹斑岩、安粗岩、碱玄岩、次粗安岩、火山角砾熔岩、熔结角砾岩、火山集块岩等。以不含沉积夹层为特点，岩石化学特征属高钾—超钾质钙碱性系列。与该火山岩有关形成的陆相火山岩型铅锌矿产，目前共发现2处小型铅锌矿床(纳保扎陇、那日尼亚)。

6. 喀喇昆仑-三江地区与古近纪含矿流体作用有关的铅、锌、银、铜矿床成矿系列[15(E)F]

该成矿系列为青海省重要的铅锌矿成矿系列，主要分布在喀喇昆仑-羌北和昌都-普洱成矿带。新生代是三江地区乃至青藏高原的形成与隆升时期，65 Ma左右，印度-欧亚大陆对接碰撞，在该区形成一系列以逆冲-推覆构造为特征的收缩构造，陆内叠覆造山活动形成北北西向和北东向右行走滑断裂构造，由于受构造驱动，盆地流体发生活化、循环，进行广泛的水-岩交换，热液萃取并携带大量的成矿物质，以沉积岩作为容矿主岩，以断裂构造为储矿空间，形成了浅成中—低温热液型铅锌多金属矿床。该成矿系列发现铅锌矿产地15处，其中超大型矿床1处(多才玛)，大型矿床1处(莫海拉亨)，中型矿床3处(东莫扎抓、然者涌、宗陇巴)，小型矿床2处，矿点8处。

第五章　铅锌矿资源潜力

在2013年“青海省矿产资源潜力评价”成果的基础上，2021年“青海省潜在矿产资源评价”对青海省内铅锌矿开展潜在矿产资源动态评价更新，对铅锌矿进行了1000 m以浅的定位、定量预测。其中，铅矿预测区162个、估算潜在矿产资源预测量5 132.53×10^4 t；锌矿预测区159个，估算潜在矿产资源预测量3 173.54×10^4 t(薛万文等，2022)。

各成矿带中铅锌矿潜在矿产资源预测量按从大到小排列主要分布在昌都-普洱铅-锌-钼-铜-银-铁-砂金-煤-硫铁矿-盐类-石膏成矿带(青海段)(Ⅲ-36)、喀喇昆仑-羌北铅-锌-铁-铜-水晶-石膏成矿带(青海段)(Ⅲ-35)、柴达木盆地北缘金-铅-锌-钛-锰-铁-铬-铜-钨-稀有-煤-石棉-滑石-硫铁矿-石灰岩-大理岩成矿带(Ⅲ-24)东昆仑镍-金-铁-铅-锌-铜-银-钨-锡-钴-铋-汞-锰-玉石-萤石-硅灰石-页岩气-重晶石-大理岩-石灰岩-石墨-硫铁矿成矿带(青海段)(Ⅲ-26)4个成矿带中(图5-1)，4个成矿带中的铅锌矿潜在矿产资源预测量占全省分别为铅92.12%、锌90.76%。

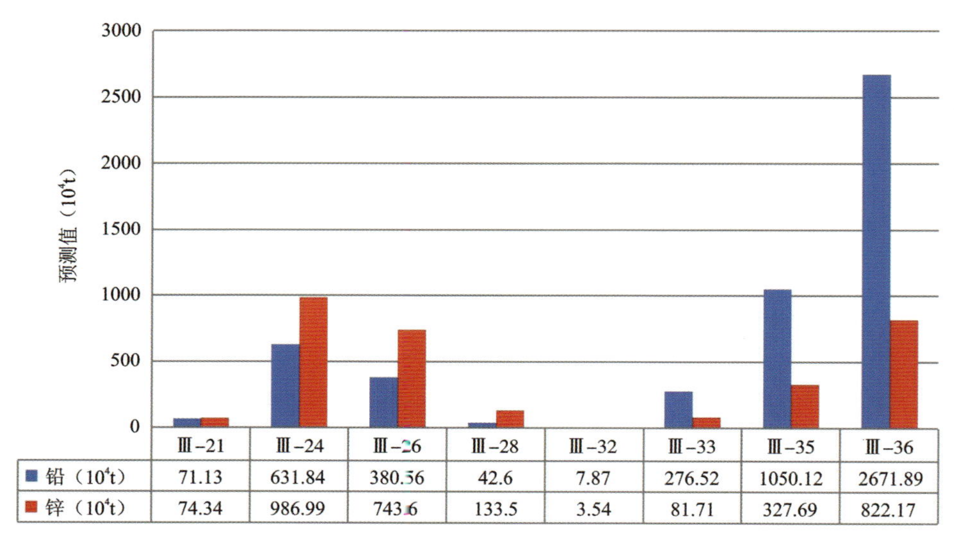

	Ⅲ-21	Ⅲ-24	Ⅲ-26	Ⅲ-28	Ⅲ-32	Ⅲ-33	Ⅲ-35	Ⅲ-36
铅（10^4t）	71.13	631.84	380.56	42.6	7.87	276.52	1050.12	2671.89
锌（10^4t）	74.34	986.99	743.6	133.5	3.54	81.71	327.69	822.17

图5-1　青海各成矿带铅锌矿潜在矿产资源预测量分布图

第一节　资源潜力分析

根据前述4个主要铅锌矿赋存的成矿带中铅锌矿查明资源量与潜在矿产资源预测量分布特征，结合主要的大型矿集区及其基本特征，对4个成矿带的铅锌矿资源潜力进行综合分析、叙述。

一、昌都-普洱成矿带(青海段)(Ⅲ-36)

1. 成矿带铅锌矿基本特征

该成矿带位于三江造山系沱沱河-昌都弧后前陆盆地(Mz)和开心岭-杂多陆缘弧带(P_{1-2}T)之中,为青海省内重要铅锌矿产出地,共发现铅锌矿产地32处,其中大型1处(莫海拉亨-叶龙达铅锌矿床),中型3处,小型3处,铅累计查明39.72×10^4 t。锌累计查明122.23×10^4 t。成矿类型以浅成中—低温热液型为主,少量岩浆热液型。

成矿带内圈定然者涌-东莫扎抓铅锌银多金属矿集区(KJ-11)1个大型矿集区(图4-1),矿集区位于昌都-普洱成矿带东部杂多县北西,子曲河与扎曲河之间的然者涌、东莫扎抓、莫海拉亨一带,大致呈北西-南东向展布,北东向宽约30 km,北西向长约80 km,面积约2150 km^2。矿集区内成矿以铅锌、银为主,区内共发现铅锌矿产地12处,其中大型矿床1处,中型矿床2处,矿点9处,成矿类型均为浅成中—低温热液型。除莫海拉亨-叶龙达铅锌矿床、然者涌铅锌银矿床、东莫扎抓铅锌矿床、来乃先卡银铅锌矿床、卡实陇铅银矿床5处矿床外,其余多为矿点,勘查程度多为预查,整体工作程度偏低。

2. 成矿带资源潜力分析

成矿带内成矿以铅锌、银为主,成矿类型均为浅成中—低温热液型。

浅成中—低温热液型铅锌矿体受地层层位控制明显,赋矿围岩无明显专属性,以碳酸盐岩为主,矿质多在碳酸盐岩的孔隙、裂隙、溶洞及层间破碎带等空间充填交代形成,其成矿机理与沉积地层的地下热(卤)水有明显关系。该类地层在区内分布广泛,上石炭统加麦弄群灰岩组、二叠系诺日巴尕日保组、九十道班组,上三叠统甲丕拉组、波里拉组中均可见碳酸盐岩,且区内北西向构造及次级构造非常发育,构造一般与矿化带、矿体等具有一定的控制关系;三叠纪—古近纪侵入岩活动强烈,为区内浅成中—低温热液型矿产的富集成矿提供了良好的条件。

通过开展潜在矿产资源评价,在区内圈定铅矿预测区23处,估算潜在矿产资源预测量2 671.89×10^4 t;锌矿预测区45处,估算潜在矿产资源预测量822.17×10^4 t。均为1000 m以浅预测量,预测类型以浅成中—低温热液型为主。

二、柴达木盆地北缘成矿带(Ⅲ-24)

1. 成矿带铅锌矿基本特征

该成矿带位于柴北缘造山带滩间山岩浆弧(O)之中,为青海省内重要铅锌矿产出地,共发现铅锌矿产地26处,其中超大型1处(锡铁山铅锌矿床),中型1处,小型5处,铅累计查明208.31×10^4 t,锌累计查明301.54×10^4 t,成矿类型以海相火山岩型为主,其次为浅成中—低温热液型和接触交代(矽卡岩)型。

成矿带内圈定大柴旦-锡铁山铅锌矿集区(KJ-2)和沙柳河铅锌钨铜铁矿集区(KJ-3)2个大型矿集区。

大柴旦-锡铁山铅锌矿集区(KJ-2)位于柴北缘成矿带中部大柴旦至锡铁山之间,北西-南东向展布,长约90 km,宽约23 km,面积约1872 km^2。矿集区交通较便利。区内地质工作程度总体较高,1∶20万、1∶5万区调和物化探等基础地质调查覆盖全区,水文地质调查基本覆盖。区内主要矿种为铅锌、重晶石,此外还产出有铁、银、白云母等,成矿类型属海相火山岩型。区内共有铅锌矿产地3处(超大型矿床1处,小型矿床1处,矿点1处)。整体工作程度较高,其中勘探1处,普查1处,预查1处。其中锡铁山铅锌矿床是该矿集区内发现的规模最大、研究程度最高的矿产地。

沙柳河铅锌钨铜铁矿集区(KJ-3)位于柴北缘成矿带最东部,近东西向展布,长约77 km,宽约22 km,面积约1374 km²。地质工作程度总体较高，已有1∶20万、1∶5万区调和物化探等基础地质调查基本覆盖全区。已知4处矿床的矿产工作程度，达到普查的矿床有2处，详查2处。区内矿产除铅锌外，还有钛、铜、钨、铁、铬等金属矿产。矿床类型较为丰富，有接触交代（矽卡岩）型、岩浆热液型、海相火山岩型、浅成中—低温热液型等，但主要为接触交代（矽卡岩）型（代表性矿床为沙柳河南区有色金属矿床、沙柳河老矿沟铅锌银矿床、沙那黑钨铅锌矿床）和海相火山岩型（代表性矿床为太子沟铜锌矿床）。

2. 成矿带资源潜力分析

成矿带内成矿以铅锌为主，还有少量重晶石、铜、钨、铁、铬等，成矿类型以海相火山岩型、接触交代（矽卡岩）型为主，少量浅成中—低温热液型、岩浆热液型。

海相火山岩型在成矿带内广泛分布，铅锌矿体主要产于滩间山群下部火山-沉积岩之中，赋矿围岩主要为奥陶系滩间山群火山熔岩、火山碎屑岩、大理岩、绿片岩，该地层在区内分布较广。区内断裂构造及次级构造发育，其中北西向断裂构造为控矿构造，其余断裂对矿体具有一定的破坏作用。总体从赋矿岩性、构造等条件上认为带内仍具有很好的寻找海相火山岩型铅锌矿的潜力。

接触交代（矽卡岩）型主要分布在成矿带东段，铅锌矿体主要产于海西期岩体与地层的接触带附近，与成矿有关的地层有古元古界变质岩系、中元古界沙柳河岩组、奥陶系滩间山群绿片岩系等，该类地层在成矿带东段分布广泛。成矿带东段侵入岩广泛发育，其中与成矿密切相关的海西期和印支期侵入岩出露最广。区内北西向断裂构造具有一定的控矿作用，北西向构造带内可见铅锌矿产地分布。综合地层、侵入岩、构造等成矿有利因素，认为在成矿带东段具有很好的接触交代（矽卡岩）型铅锌矿成矿地质条件。

通过开展潜在矿产资源评价，在区内圈定铅矿预测区16处，估算潜在矿产资源预测量380.56×10⁴ t；锌矿预测区16处，估算潜在矿产资源预测量322.17×10⁴ t。均为1000 m以浅预测量，预测类型以海相火山岩型为主。

三、喀喇昆仑-羌北成矿带（青海段）（Ⅲ-35）

1. 成矿带铅锌矿基本特征

该成矿带位于三江造山系雁石坪弧后前陆盆地（T_3J）之中，为青海省内重要铅锌矿产出地，共发现铅锌矿产地19处，其中超大型1处（多才玛铅锌矿床），中型2处，小型5处，成矿类型以浅成中—低温热液型为主，其次为海相火山岩型。

成矿带内圈定纳保扎陇-开心岭铅锌铁矿集区（KJ-10）1个大型矿集区。矿集区位于喀喇昆仑-羌北成矿带中北部，纳保扎陇—开心岭一带，呈近东西向似椭圆状分布，东西长约130 km，南北宽度约26 km，面积约3226 km²。青藏公（铁）路穿越矿集区，交通较为便利。基础地质工作程度在青南地区相对较高，1∶20万和1∶5万的区调、物化探等基础地质已基本覆盖，遥感也进行了大量工作。矿产地工作程度整体不高，矿集区内8处矿产地中仅有1处达到详查，普查4处，其余3处为预查。矿集区内以铅锌、铜、铁等多金属矿产为主，成矿类型以浅成中—低温热液型为主，次为陆相火山岩型、海相火山岩型，成矿时代主要为古近纪，其次为新近纪、二叠纪。

2. 成矿带资源潜力分析

成矿带内成矿以铅锌为主，还有铜、铁等多金属矿产，成矿类型以浅成中—低温热液型为主，次为陆相火山岩型。

浅成中—低温热液型铅锌矿体受地层层位控制明显，赋矿围岩无明显专属性，以碳酸盐岩为主，矿质多在碳酸盐岩的孔隙、裂隙、溶洞及层间破碎带等空间充填交代形成，其成矿机理与沉积地层的地下热（卤）水有明显关系。该类地层在区内分布广泛，上石炭统加麦弄群灰岩组、二叠系诺日巴尕日保组、九十道班组，上三叠统甲丕拉组，上三叠统波里拉组中均可见碳酸盐岩地层。区内断裂构造发育，主构造线方向为北西-南东向，区内次级或矿床级断裂控制了多数矿体的空间分布形态，区内具有较好的浅成中—低温热液型矿产富集成矿的良好地质条件。

海相火山岩型铅锌矿体主要产于火山岩之中，赋矿岩性为二叠系诺日巴尕日保组安山岩、火山角砾岩，中侏罗统雁石坪群雀莫错组安山岩、砂岩、粉砂岩、灰岩和渐新统沱沱河组石英岩屑砂岩、粗面岩、粗面英安岩、安山玄武岩、凝灰岩等。该类地层在带内分布较广。海西期、喜马拉雅期侵入岩广泛发育，岩浆热液对早期沉积作用形成矿体有加富作用，并使矿体形态、走向、矿物成分、品位发生变化。综合赋矿地层及岩浆热液作用等条件，区内海相火山岩型矿产富集成矿的潜力较大。

通过开展潜在矿产资源评价，在区内圈定铅矿预测区 37 处，估算预测量 1 050.12×10^4 t；锌矿预测区 12 处，估算预测量 189.07×10^4 t。均为 1000 m 以浅预测量，预测类型以浅成中—低温热液型为主，少量海相火山岩型。

四、东昆仑成矿带（青海段）（Ⅲ-26）

1.成矿带铅锌矿基本特征

该成矿带位于东昆仑造山带之中，为青海省内重要铅锌矿产出地，共发现铅锌矿产地 133 处，其中大型 2 处（四角羊-牛苦头锌铁铅矿床、抗得弄舍金铅锌矿床），中型 13 处，小型 42 处，铅累计查明 176.10×10^4 t，锌累计查明 382.10×10^4 t。带内成矿类型丰富，成矿类型以接触交代（矽卡岩）型、海相火山岩型为主，其次为岩浆热液型、陆相火山岩型、浅成中—低温热液型、斑岩型等。

成矿带内圈定肯德可克-四角羊铅锌铁铜矿集区（KJ-4）、海寺-什多龙铅锌铜铁金银矿集区（KJ-5）、拉陵高里-哈西亚图铅锌铁铜矿集区（KJ-6）、白石崖-哈日扎铅锌铁银铜矿集区（KJ-7）和索拉沟-赛什塘铅锌铜银矿集区（KJ-8）5 个大型矿集区。

肯德可克-四角羊铅锌铁铜矿集区（KJ-4）位于东昆仑成矿带西段的祁漫塔格一带，大致呈不规则状六边形东西向展布，交通方便，南北向宽 16～40 km，东西向长 61～71 km，面积约 2526 km^2。区内地质工作程度较高，共发现铅锌矿产地 14 处，其中 3 处勘探，4 处详查，1 处普查，6 处预查，矿产分布相对较密集。区内除铅锌矿产外，还有铁、铜、金、银、锡等矿种，成矿类型以接触交代（矽卡岩）型为主，成矿时代主要为晚三叠世。主要矿产地包括四角羊-牛苦头锌铁铅大型矿床、虎头崖铜铅锌铜矿床、肯德可克铁铅锌矿床、野马泉铁多金属矿床等。

海寺-什多龙铅锌铜铁金银矿集区（KJ-5）位于东昆仑成矿带东段都兰县一带，矿集区大致呈北西西-南东东向展布，交通方便。东西长约 100 km，南北宽约 32 km，面积约 2526 km^2。区内基础地质工作程度较高，1∶20 万和 1∶5 万区调、物化探、遥感等基础地质工作全覆盖。区内共有铅锌矿产地 29 处，工作程度中等，有勘探地 1 处，详查地 7 处，普查地 7 处。区内成矿除铅锌矿产外，还有铜、铁、金、银、钼、钨、锡等矿种，成矿类型以接触交代（矽卡岩）型为主，其次为陆相火山岩型、岩浆热液型等，成矿时代集中在三叠纪。

拉陵高里-哈西亚图铅锌铁铜矿集区（KJ-6）位于东昆仑成矿带格尔木市以西乌图美仁乡南部一带，北西西-南东东向展布，东西长约 82 km，南北宽约 30 km，面积约 1888 km^2。矿集区交通较便利，基础地质工作程度高。区内共发现铅锌矿产地 6 处，其中详查 1 处，普查 3 处，预查 2 处，整体工作程度较高。区内矿产主要有与二叠纪—三叠纪中酸性侵入岩有关的接触交代（矽卡岩）型铅锌、铁、铜、钼多金属矿和与泥盆纪基性岩有关的岩浆型铜镍矿等。

白石崖-哈日扎铅锌铁银铜矿集区（KJ-7）位于东昆仑成矿带东部都兰县以南，交通较为便利。呈不规则状近东西向展布，东西长约 92 km，南北宽 17～50 km，面积约 1828 km^2。区内共发现铅锌矿产地 15 处，工作程度为 1 处勘探，5 处详查，5 处普查，4 处预查。矿产分布相对集中，地质工作程度相对中等。成矿矿种有铅锌、铁、银、铜、金等，成矿类型以接触交代（矽卡岩）型为主，其次为岩浆热液型，成矿时代为三叠纪。

索拉沟-赛什塘铅锌铜银矿集区（KJ-8）位于东昆仑成矿带东段兴海县西南部一带，大致呈北北西-南南东向展布，南北长约70 km，东西宽约15 km，面积约1048 km^2。区内共发现铅锌矿产地12处，矿产分布相对集中，地质工作程度相对较高，其中2处为勘探，3处为详查，其余全为预查。区内矿产有铅锌、铜、银、锡、铁、金等，成矿类型主要为海相火山岩型，其次为陆相火山岩型，成矿时代为二叠纪—三叠纪。

2.成矿带资源潜力分析

成矿带内矿产丰富，以铅锌、铜、银、铁、金、锡、钨等多金属矿产为主，成矿类型以接触交代（矽卡岩）型为主，其次为海相火山岩型、岩浆型、岩浆热液型、陆相火山岩型等。

接触交代（矽卡岩）型铅锌矿体受地层岩组、岩浆岩侵位特征等因素控制明显，赋矿围岩以碳酸盐岩为主，侵入岩以二叠纪—三叠纪中酸性岩浆岩为主；碳酸盐岩地层在区内分布广泛，古元古界金水口岩群、奥陶系祁漫塔格群、上石炭统缔敖苏组、下石炭统大干沟组等均可见碳酸盐岩地层，区内二叠纪—三叠纪中酸性侵入岩活动强烈，岩性主要有二长花岗岩、石英闪长岩、斑状二长花岗岩、二长石英闪长岩、英云闪长岩等；带内中酸性侵入岩与碳酸盐岩接触带部位是寻找接触交代（矽卡岩）型铅锌矿产的有利地段。

通过开展潜在矿产资源评价，在区内圈定铅矿预测区55处，估算预测量380.56×10^4 t；锌矿预测区55处，估算预测量743.60×10^4 t。均为1000 m以浅预测量，预测类型以接触交代（矽卡岩）型为主，少量海相火山岩型、陆相火山岩型。

第二节　勘查部署建议

根据前述4个成矿带中铅锌矿的潜在矿产资源潜力分析，结合成矿带中已有矿产地及大型矿集区特征，针对4个成矿带中铅锌矿开展勘查部署研究，具体勘查部署建议如下。

一、昌都-普洱成矿带（青海段）（Ⅲ-36）

（1）该成矿带内发现铅锌矿产地32处（小型矿床以上7处），以浅成中—低温热液型（25处）为主，少量岩浆热液型、接触交代（矽卡岩）型、海相火山岩型和机械沉积型，其中浅成中—低温热液型矿床5处（大型1处、中型1处、小型1处）、海相火山岩型矿床2处（均为小型），说明成矿带内成矿类型突出，重点应关注浅成中—低温热液型和海相火山岩型。

（2）在矿产地集中分布区圈定大型矿集区1个，矿集区内找矿成果较好，目前已发现大型矿床1处，中型矿床2处，矿点9处，初步取得了较好的找矿成果，根据矿体延伸，同时结合地球物理、地球化学异常特征分析，矿床矿体向外围还有延伸，表明已发现矿床还有一定的找矿潜力，建议以已发现矿床为基础，继续开展深、边部矿产勘查工作。

（3）加强与已有矿床具有相似特征的矿点的综合研究，如阿阿牙赛铅锌矿点、阿姆中涌铅锌矿点等工作程度较低，其成矿背景与东莫扎抓、莫海拉亨等矿床背景较为相似，应加强研究分析、矿产勘查工作投入。

二、柴达木盆地北缘成矿带(Ⅲ-24)

(1)该成矿带内发现铅锌矿产地26处(小型矿床以上7处),以浅成中—低温热液型(11处)、海相火山岩型(5处)、接触交代(矽卡岩)型(6处)为主,少量岩浆热液型,其中海相火山岩型矿床3处(超大型1处、小型2处)、接触交代(矽卡岩)型矿床3处(中型1处、小型2处)、浅成中—低温热液型矿床1处(小型),说明成矿带内成矿类型比较突出,重点应关注海相火山岩型、接触交代(矽卡岩)型。

(2)在矿产地集中分布区圈定大型矿集区2个,矿集区内找矿成果较好,目前已发现超大型矿床1处,中型矿床1处,小型矿床5处。根据矿体延伸,同时结合地球物理、地球化学异常特征分析,矿床矿体向外围还有延伸,表明已发现矿床还有一定的找矿潜力,建议以已发现矿床为基础,继续开展深、边部矿产勘查工作。

(3)建议以大柴旦-锡铁山铅锌矿集区和沙柳河铅锌钨铜铁矿集区为基础,加强成矿带内成矿规律的研究,在该成矿带中部大柴旦至锡铁山之间针对海相火山岩型、柴北缘成矿带最东部针对接触交代(矽卡岩)型和海相火山岩型铅锌矿加强综合研究分析、矿产勘查工作投入。

(4)在该成矿带南东部阿木尼克山一带加大异常和岩体的检查力度,有望发现岩浆型或岩浆热液型铅锌多金属矿床。

三、喀喇昆仑-羌北成矿带(青海段)(Ⅲ-35)

(1)该成矿带内发现铅锌矿产地19处(小型矿床以上8处),以浅成中—低温热液型(12处)为主,少量海相火山岩型、陆相火山岩型、接触交代(矽卡岩)型等,其中浅成中—低温热液型矿床4处(超大型1处、中型1处、小型2处)、海相火山岩型矿床2处(均为中型)、陆相火山岩型矿床2处(均为小型),说明成矿带内成矿类型比较丰富,以浅成中—低温热液型为主,重点应关注浅成中—低温热液型、海相火山岩型、陆相火山岩型。

(2)在矿产地集中分布区圈定大型矿集区1个,矿集区内找矿成果较好,目前已发现超大型矿床1处,中型矿床2处,小型矿床5处。根据矿体延伸,同时结合地球物理、地球化学异常特征分析,矿床矿体向外围还有延伸,表明已发现矿床还有一定的找矿潜力,建议以已发现矿床为基础,“就矿找矿”,继续开展深、边部矿产勘查工作。

(3)以已发现矿产地为基础,结合物化探异常,综合矿产地勘查和异常查证工作,进一步寻找新的浅成中—低温热液型、陆相火山岩型或海相火山岩型铅锌多金属矿。

四、东昆仑成矿带(青海段)(Ⅲ-26)

(1)该成矿带内发现铅锌矿产地133处(小型矿床以上57处),以接触交代(矽卡岩)型(80处)岩浆热液型(22处)、陆相火山岩型(12处)、浅成中—低温热液型(11处)为主,少量海相火山岩型(7处)、斑岩型等,其中接触交代(矽卡岩)型矿床40处(大型1处、中型9处、小型30处)、岩浆热液型矿床8处(中型1处、小型7处)、海相火山岩型矿床5处(大型1处、中型3处、小型1处)、陆相火山岩型矿床4处(均为小型),说明成矿带内成矿类型丰富,重点应关注接触交代(矽卡岩)型、岩浆热液型、海相火山岩型、陆相火山岩型。

(2)在矿产地集中分布区圈定大型矿集区5个,矿集区内找矿成果较好,目前已发现大型矿床2处,中型矿床 13 处，小型矿床 42 处。根据现有资料分析，矿床矿体向外围还有延伸，表明已发现矿床还有一定的找矿潜力。同时结合地球物理、地球化学异常特征，部分矿区及外围找矿潜力较大，展现出良好的找矿前景，建议以已发现矿床为基础，继续开展深部和外围矿产勘查工作。

(3)在成矿带内三叠纪中酸性侵入岩岩体及外围与地层接触带附近是寻找接触交代(矽卡岩)型或岩浆热液型铅锌多金属矿床的主要地段，应进一步围绕区内三叠纪中酸性侵入岩体开展工作，进一步扩大铅锌矿找矿成果。

(4)该成矿带内奥陶系祁漫塔格群火山岩、下—中二叠统马尔争组蛇绿混杂岩、上三叠统鄂拉山组陆相火山岩分布广泛，成矿条件优越，已发现多处中—小型铅锌矿床，已取得一定的找矿成果，下一步应加大勘查工作，进一步寻找海相火山岩型、陆相火山岩型铅锌矿。

结 语

《青海铅锌矿》研编工作于2021年3月启动，该书研编主要基于2014—2021年"中国矿产地质志·青海卷"项目成果，部分资料引用2021年"青海省潜在矿产资源评价"成果，在系统梳理青海省截至2020年底矿产地质资料的基础上，对青海省铅锌矿的矿产资源特征、勘查开发情况、成矿地质背景、成矿规律、成矿远景分析等进行了全面总结，指出了青海省铅锌矿找矿方向。

一、青海省铅锌矿的基本特征

(1)截至2020年底，青海省内共发现矿点及以上规模的铅锌矿产地287处，其中，超大型2处(锡铁山、多才玛)，大型矿床4处(莫海拉亨、四角羊-牛苦头、抗得弄舍、德尔尼)，中型矿床23处，小型矿床77处，矿点181处。287处矿产地中以铅锌矿为主矿种的矿产地212处，以铅锌矿为共生矿种的矿产地75处。

(2)青海省铅锌矿勘查程度总体偏低，287处矿产地中，达到勘探的矿产地12处，详查33处，普查86处，预查156处。青海省铅锌矿开发历史悠久，19世纪初就有人在大柴旦锡铁山、同仁县夏布楞等地采矿。2019年，青海省现有开采铅锌矿山21家，其中，开采铅矿山16家、锌矿山5家。年度铅锌矿工业总产值18.97亿元，综合利用产值2.05亿元，矿产品销售收入19.33亿元，利润总额10.87亿元。

(3)青海省铅锌矿产地分布极不均匀，已发现矿产地主要分布于柴周缘、西秦岭、喀喇昆仑-三江、北祁连等地，按行政区划主要分布在海西州、玉树州、海南州等。其中，海西州有铅锌矿产地160处，占全省一半以上(55.7%)，在矿床规模上，海西州也较为突出，分布有超大型矿床2处，大型1处，中小型63处。

(4)青海省铅锌矿成矿类型主要有接触交代型(矽卡岩型)、浅成中—低温热液型、海相火山岩型、岩浆热液型、陆相火山岩型、机械沉积型、风化型、斑岩型8种类型。其中海相火山岩型和浅成中—低温热液型是青海省最主要的成矿类型，两种类型的铅锌矿产资源储量占青海总量的一半以上。

(5)截至2020年底，青海省累计查明铅资源储量为529.26×10^4 t、保有资源储量349.00×10^4 t，已查明的铅保有矿产资源储量居全国第11位，铅矿保有资源储量占全国总储量的3.58%；累计查明锌资源储量为933.23×10^4 t，保有资源储671.03×10^4 t，已查明的锌保有矿产资源储量居全国第10位，保有资源储量占全国总储量的3.44%。

二、青海省铅锌矿的成矿规律

(1)空间分布规律。从铅锌矿产地空间分布情况看，由北向南依次为北祁连成矿带(Ⅲ-21)、中祁连成矿带(Ⅲ-22)、南祁连成矿带(Ⅲ-23)、柴北缘成矿带(Ⅲ-24)、东昆仑(造山带)成矿带(Ⅲ-26)、西秦岭成矿带(Ⅲ-28)、阿尼玛卿成矿带(Ⅲ-29)、金沙江(缝合带)成矿带(Ⅲ-33)、喀喇昆仑-羌北成矿带

(Ⅲ-35)、昌都-普洱成矿带(Ⅲ-36)。其中分布最为密集的为青海省中部的东昆仑成矿带,其次为西秦岭成矿带、昌都-普洱(地块/造山带)成矿带等。

(2)时间分布规律。青海省铅锌矿成矿期主要分布在寒武纪及以后,从矿产地数量分布情况看,三叠纪铅锌矿产地分布最为密集(矿产地174处,占铅锌矿产地的60.6%),其他时期分布较少,依次为奥陶纪(28处,占9.8%)、二叠纪(26处,占9.1%)、古近纪(19处,占6.6%)、寒武纪和志留纪(各9处,各占3.1%)、侏罗纪(8处,占2.8%)、泥盆纪(5处,占1.7%)、石炭纪和白垩纪(各3处,各占1.0%)、新近纪(2处,占0.7%)、第四纪(1处,占0.3%)。但从资源量分布情况分析,青海省铅锌矿成矿期主要集中在奥陶纪和古近纪,其次为三叠纪、二叠纪等。

(3)从成矿强度与矿床类型随时间变化规律分析,青海省铅锌矿从老到新有3个成矿较强的时间段,为寒武纪—奥陶纪→三叠纪→古近纪。其中寒武纪—奥陶纪成矿以海相火山岩型、浅成中—低温热液型为主,主要分布在青海省北部的Ⅲ-21北祁连成矿带、Ⅲ-24柴达木盆地北缘成矿带、Ⅲ-22中祁连成矿带;三叠纪成矿非常强烈,以接触交代型为主,其次有海相火山岩型、陆相火山岩型、岩浆热液型、浅成中—低温热液型等,主要分布在Ⅲ-26东昆仑成矿带,其次为Ⅲ-28西秦岭成矿带、Ⅲ-24柴达木盆地北缘成矿带、Ⅲ-33金沙江成矿带等;古近纪成矿以浅成中—低温热液型为主,主要分布在Ⅲ-36昌都-普洱成矿带、Ⅲ-35喀喇昆仑-羌北成矿带。

(4)从成矿时期在空间上的演化规律分析,青海省构造活动与岩浆活动在空间上由北向南具有从老到新的推移演化规律,铅锌矿成矿强度由北向南也同样具有从老到新的同步推移演化。总的趋势是:寒武纪—奥陶纪成矿作用主要发育在北部的北祁连弧盆系、柴北缘岩浆弧,二叠纪成矿作用主要发育在青海省中南部的阿尼玛卿山蛇绿混杂岩带,三叠纪成矿作用则出现于该省中部的祁漫塔格蛇绿混杂岩带、东昆仑俯冲增生杂岩带、青海南山陆缘裂谷带及乌丽-囊谦地块中,侏罗纪之后,成矿作用只见于青南的弧后前陆盆地内。

(5)根据青海省构造演化规律及成矿特征,运用矿床成矿系列理论,将青海省铅锌矿划分为15个矿床成矿系列,23个成矿亚系列,31个矿床式。其中重要的成矿系列如柴北缘-东昆仑地区与二叠纪—三叠纪岩浆作用有关的铅、锌、铁、铜、银、金、锡、钨、钼、重晶石矿床成矿系列,柴北缘-东昆仑地区与奥陶纪—泥盆纪岩浆作用有关的铅、锌、铜、金矿床成矿系列,喀喇昆仑-三江地区与古近纪含矿流体作用有关的铅、锌、银、铜矿床成矿系列,喀喇昆仑-三江地区与二叠纪—三叠纪岩浆作用有关的铅、锌、铜、铁、银矿床成矿系列等。

(6)根据铅锌矿成矿预测,青海省1000 m以浅的铅矿估算潜在矿产资源预测量5 132.53×10^4 t,锌矿为3 173.54×10^4 t。从全省范围内看,铅锌矿最具找矿潜力的成矿带有4个,依次为昌都-普洱成矿带(Ⅲ-36)、喀喇昆仑-羌北成矿带(Ⅲ-35)、柴达木盆地北缘成矿带(Ⅲ-24)、东昆仑成矿带(Ⅲ-26),4个成矿带中的铅锌矿潜在矿产资源预测量占全省分别为铅92.12%、锌90.76%。

三、存在问题

(1)本次铅锌矿产地统计中,以铅锌矿为共生矿种的矿产地有75处,为了保持主矿种的特征,这75处矿产地的规模均沿用主矿产的规模,而铅锌矿的资源规模可能比主矿产的规模小。

(2)本次应用了全省所有的铅锌矿地质勘查资料,牵涉的矿产地、勘查单位等很多,可能存在个别矿产地资料有错漏的情况。

(3)因编者学识、认知等有限,对青海省铅锌矿总结可能存在缺陷、错误等,欢迎各位读者批评指正。

主要参考文献

阿延寿,2001.青海德尔尼硫化物矿床成因的新认识[J].青海地质(1):40-44.

边千韬,1989.白银厂矿田地质构造及成矿模式[M].北京:地震出版社.

蔡岩萍,李炯,梁海川,等,2011.青海肯德可克矿区钴多金属矿地质特征及成因初探[J].黄金科学技术,19(2):41-46.

曹德智,王玉德,马占兰,等,2006.郭米寺-尕大坂多金属矿带地质特征及综合信息找矿模型研究[J].西北地质,39(3):12-19.

常有英,李建放,王涛,等,2012.青海然者涌-东莫扎抓地区铜多金属矿成矿规律研究[J].中国科技信息(15):39-40.

晁温馨,李碧乐,杨文龙,等,2017.羌塘沱沱河地区多才玛二长岩 SHRIMP 锆石 U-Pb 年代学及岩石地球化学[J].世界地质(3):691-700.

陈秉芳,赵志逸,2011.青海杂多县然者涌铅锌银矿成矿地质条件分析及找矿前景探讨[J].甘肃冶金,33(6):73-77,81.

陈博,张占玉,耿建珍,等,2012.青海西部祁漫塔格山卡而却卡铜多金属矿床似斑状黑云二长花岗岩 LA-ICP-MS 锆石 U-Pb 年龄[J].地质通报,31(Z1):463-468.

陈广俊,2014.青海东昆仑沟里地区及外围金矿成矿作用研究[D].长春:吉林大学.

陈建平,郝金华,2012.青海南部三江北段铜多金属成矿系统演化研究[J].西北地质,45(1):236-243.

陈亮,孙勇,柳小明,等,2000.青海省德尔尼蛇绿岩的地球化学特征及其大地构造意义[J].岩石学报(1):106-110.

陈亮,孙勇,裴先治,等,2001.德尔尼蛇绿岩^{40}Ar-^{39}Ar 年龄:青藏最北端古特提斯洋盆存在和延展的证据[J].科学通报(5):424-426.

陈培章,2011.青海什多龙铅锌矿床地质地球化学特征及成因分析[D].武汉:中国地质大学(武汉).

陈毓川,2007.中国成矿体系与区域成矿评价(上,下)[M].北京:地质出版社.

陈毓川,裴荣富,宋天锐,等,1998.中国矿床成矿系列初论[M].北京:地质出版社.

陈毓川,王登红,陈郑辉,等,2010.重要矿产和区域成矿规律研究技术要求[M].北京:地质出版社.

陈毓川,王登红,朱裕生,等,2007.中国成矿体系与区域成矿评价[M].北京:地质出版社.

陈毓川,朱裕生,等,1993.中国矿床成矿模式[M].北京:地质出版社.

陈泽锋,奚小双,李欢,等,2013.青海玉树赵卡隆多金属矿床地层特征及其对大地构造环境的指示[J].南方金属(4):44-49.

迟清华,鄢明才,2007.应用地球化学元素丰度数据手册[M].北京:地质出版社.

戴荔果,2019.青海省滩间山-锡铁山地区金铅锌成矿系统[D].武汉:中国地质大学(武汉).

邓达文,孔华,奚小双,2003.青海锡铁山热水沉积型铅锌矿床的地球化学特征[J].矿物岩石地球化学通报(4):310-313.

邓军,侯增谦,莫宣学,等,2010.三江特提斯复合造山与成矿作用[J].矿床地质,29(1):37-42.

《地球科学大辞典》编委会，2005. 地球科学大辞典[M]. 北京：地质出版社.

董富权，2010. 德尔尼铜矿床成矿期次与矿床成因研究[D]. 西安：长安大学.

董富权，钱壮志，王建中，等，2012. 青海德尔尼铜矿床成因最新研究进展[J]. 西北地质，45(3)：93-102.

董想平，王凤林，管波，2017. 青海抗得弄舍金多金属矿床矿化蚀变与富集规律研究[J]. 矿产勘查，8(4)：583-590.

段俊，钱壮志，黄喜峰，等，2014. 青海德尔尼铜(钴)矿床矿石矿物特征及其地质意义[J]. 地球科学与环境学报，36(1)：201-209.

段庆林，2009. 青海玉树赵卡隆铁铜多金属矿床构造分析和成矿规律研究[D]. 长沙：中南大学.

樊俊昌，李峰，2006. 青海锡铁山矿区滩间山群新认识[J]. 地质与勘探(6)：21-25.

范增林，魏国廷，蒋成伍，等，2012. 青海省格尔木市四角羊-牛苦头铁多金属矿区矿床成因及找矿标志分析[J]. 科技创新导报(13)：70.

方刚，2013. 青海省兴海县什多龙铅锌矿床特征及找矿前景分析[D]. 北京：中国地质大学(北京).

丰成友，李东生，屈文俊，等，2009. 青海祁漫塔格索拉吉尔矽卡岩型铜钼矿床辉钼矿铼-锇同位素定年及其地质意义[J]. 岩矿测试，28(3)：223-227.

丰成友，王雪萍，舒晓峰，等，2011. 青海祁漫塔格虎头崖铅锌多金属矿区年代学研究及地质意义[J]. 吉林大学学报(地球科学版)，41(6)：1806-1817.

丰成友，张德全，李大新，等，2003. 青海东昆仑造山型金矿硫、铅同位素地球化学[J]. 地球学报(6)：593-598.

冯秉寰，1982. 青海白石崖铁矿床成因类型探讨[J]. 西北地质(4)：18-27.

冯益民，何世平，1995. 祁连山及其邻区大地构造基本特征：兼论早古生代海相火山岩的成因环境[J]. 西北地质科学(1)：92-103.

冯志兴，2011. 青海锡铁山铅锌矿床成矿环境分析与找矿前景评价[D]. 武汉：中国地质大学(武汉).

冯志兴，孙华山，吴冠斌，等，2010. 青海锡铁山铅锌矿床类型刍议[J]. 地质论评，56(4)：501-512.

付长垒，闫臻，郭现轻，等，2016. 西秦岭与赛什塘铜矿床有关的花岗质岩石岩浆源区特征及大地构造背景探讨[J]. 岩石学报，032(7)：1997-2014.

高永宝，李侃，钱兵，等，2015. 东昆仑卡而却卡铜矿区花岗闪长岩及其暗色微粒包体成因：锆石 U-Pb 年龄、岩石地球化学及 Sr-Nd-Hf 同位素证据[J]. 中国地质，42(3)：646-662.

高永宝，李侃，钱兵，等，2018. 东昆仑卡而却卡铜钼铁多金属矿床成矿年代学：辉钼矿 Re-Os 和金云母 Ar-Ar 同位素定年约束[J]. 大地构造与成矿学，42(1)：96-107.

高永宝，李文渊，李侃，等，2012. 东昆仑野马泉铁矿有关花岗岩年代学、Hf 同位素及其地质意义[J]. 矿床地质，31(S1)：1021-1022.

高章鉴，罗才让，井继锋，2001. 青海省肯德可克金矿热水沉积层矽卡岩特征及成矿意义[J]. 西北地质(2)：50-53.

管波，苏胜年，杨青云，等，2012. 青海苦海地区金矿找矿远景浅析[J]. 黄金科学技术(3)：35-39.

管波，张晓娟，肖小强，等，2012. 青海抗得弄舍金多金属矿床地质特征及找矿方向[J]. 矿产勘查，3(5)：632-637.

郭彩莲，董增产，李英，等，2013. 青海抗得弄舍金多金属矿床金银的赋存状态研究[J]. 黄金，34(3)：27-30.

郭彦汝，王瑾，2014. 北祁连尕大坂黑矿型矿床特征及形成环境[J]. 西北地质，47(2)：191-197.

国显正，贾群子，李金超，等，2015. 东昆仑哈日扎石英闪长岩地球化学特征及成因[J]. 矿物学报(201)：699-700.

韩晓龙,保善东,李得顺,2017.青海鄂拉山口银铅锌矿床成矿地质特征及找矿标志分析[J].世界有色金属(18):109,111.

何财福,2013.青海抗得弄舍重晶石型金多金属矿床成矿地质特征[D].北京:中国地质大学(北京).

何财福,张晓娟,范彦慧,2012.青海抗得弄舍金多金属矿床特征及控矿因素[J].矿产勘查,3(6):790-794.

何世平,李荣社,王超,等,2011.青藏高原北羌塘昌都地块发现~4.0Ga碎屑锆石[J].科学通报,56(8):573-585.

何书跃,舒树兰,2006.黑石山铜多金属矿床成矿地质特征及找矿标志[J].青海科技(1):39-44.

侯增谦,李振清,曲晓明,等,2001.0.5Ma以来的青藏高原隆升过程:来自冈底斯带热水活动的证据[J].中国科学(D辑:地球科学)(S1):27-33.

侯增谦,莫宣学,杨志明,等,2006.青藏高原碰撞造山带成矿作用:构造背景、时空分布和主要类型[J].中国地质(2):340-351.

侯增谦,浦边郎,1996.古代与现代海底黑矿型块状硫化物矿床矿石地球化学比较研究[J].地球化学(3):228-241.

侯增谦,宋玉财,李政,等,2008.青藏高原碰撞造山带Pb-Zn-Ag-Cu矿床新类型:成矿基本特征与构造控矿模型[J].矿床地质(2):123-144.

黄雄飞,喻学惠,莫宣学,等,2013.西秦岭甘加地区OIB型钾质拉斑玄武岩的发现:对西秦岭晚中生代大陆裂谷作用的启示[J].地学前缘(3):204-216.

冀春雨,于文明,孙靖宇,等,2019.青海省都兰白石崖M14区多金属矿地质特征及找矿方向[J].世界有色金属(17):86-88.

贾建团,2013.青海祁漫塔格地区牛苦头铁多金属矿床特征研究[D].北京:中国地质大学(北京).

贾启元,吕新彪,韦晓青,等,2016.青海洪水河铁矿区硅质岩岩石学、地球化学特征及地质意义[J].矿物岩石地球化学通报,35(5):984-993.

贾群子,杨钟堂,肖朝阳,等,2002.祁连山金属矿床成矿带划分及分布规律[J].矿床地质(201):140-143.

贾文彬,李永胜,严光生,等,2018.青海沱沱河地区多才玛铅锌矿床成因:原位S和Pb同位素证据[J].岩石学报(5):1285-1298.

坚润堂,李峰,赵向东,2009.锡铁山片岩型铅锌矿床稀土元素成因标志[J].地质与勘探,45(3):240-246.

蒋成伍,2013.青海省格尔木市四角羊-牛苦头地区矽卡岩型铁多金属矿矿化特征及成矿模式研究[D].北京:中国地质大学(北京).

蒋成伍,刘久波,范增林,等,2011.青海省格尔木市四角羊-牛苦头铁多金属矿区矽卡岩特征及矿床成因分析[J].城市建设理论研究(电子版)(35):1-5.

蒋明光,2014.青海省玛多县抗得弄舍金-铅-锌多金属矿床成因及成矿规律研究[D].长沙:中南大学.

焦建刚,黄喜峰,袁海潮,等,2009.青海德尔尼铜(钴)矿床研究新进展[J].地球科学与环境学报,31(1):42-47.

焦建刚,鲁浩,孙亚莉,等,2013.青海德尔尼铜(锌钴)矿床Re-Os年龄及地质意义[J].现代地质,27(3):577-584.

瞿泓滢,丰成友,裴荣富,等,2015.青海祁漫塔格虎头崖多金属矿区岩体热年代学研究[J].地质学报,89(3):498-509.

孔会磊,李金超,栗亚芝,等,2016.青海祁漫塔格小圆山铁多金属矿区英云闪长岩LA-ICP-MS锆石U-Pb测年及其地质意义[J].地质科技情报,35(1):8-16.

寇玉才,2000.青海省航磁反映的深部构造特征[J].青海地质(2):59-64.

《矿产资源工业要求手册》编委会,2010.矿产资源工业要求手册[M].北京:地质出版社.

《矿产资源工业要求手册》编委会,2014.矿产资源工业要求手册 2014 修订版[M].北京:地质出版社.

赖健清,黄敏,宋文彬,等,2015.青海卡而却卡铜多金属矿床地球化学特征与成矿物质来源[J].地球科学(中国地质大学学报),40(1):1-16.

雷晓清,李五福,2015.青海省锡铁山铅锌矿成矿规律[J].现代矿业(10):133-134.

李大新,丰成友,赵一鸣,等,2011.青海卡而却卡铜多金属矿床蚀变矿化类型及矽卡岩矿物学特征[J].吉林大学学报(地球科学版),41(6):1818-1830.

李东生,张占玉,苏生顺,等,2010.青海卡而却卡铜钼矿床地质特征及成因探讨[J].西北地质,43(4):239-244.

李峰,吴志亮,李保珠,2007.柴达木北缘滩间山群时代及其地质意义[J].大地构造与成矿学(2):226-233.

李龚健,王庆飞,朱和平,等,2013.青海仁多龙热液脉型钼铅锌矿床流体包裹体研究及矿床成因[J].岩石学报,29(4):1377-1391.

李宏录,刘养杰,卫岗,等,2008.青海肯德可克铁、金多金属矿床地球化学特征及成因[J].矿物岩石地球化学通报,27(4):378-383.

李洪普,曹永亮,关有国,等,2009.青海东昆仑山四角羊地区铁多金属矿床的成矿地质特征[J].地质通报,28(6):787-793.

李洪普,高阳,张寿庭,等,2009.青海唐古拉山北藏麻西孔岩浆活动与铜银多金属矿的关系[J].成都理工大学学报(自然科学版),36(2):182-187.

李洪普,宋忠宝,田向东,等,2010.东昆仑四角羊铅锌多金属矿床成矿地质特征及找矿意义[J].西北地质,43(4):179-187.

李华,陈晓琳,魏丽琼,等,2017.青海祁漫塔格地区卡而却卡铜多金属矿床地质特征及控矿因素分析[J].青海国土经略(6):58-61.

李欢,奚小双,吴城明,等,2011.青海玉树赵卡隆铁铜多金属矿床地质特征及成因探讨[J].地质与勘探,47(3):380-387.

李加多,王新雨,祝新友,等,2019.青海祁漫塔格海西期成矿初探:以牛苦头 M1 铅锌矿床为例[J].矿产勘查,10(8):1775-1783.

李加多,吴锦荣,李光,等,2013.青海牛苦头硅卡岩型铁多金属矿床成矿规律及其发现的地质意义[J].矿物学报(202):786-787.

李军红,张昆宏,熊冰,等,2014.青海祁连郭米寺-尕大坂铜多金属矿成矿地质特征和成矿模式探讨[J].青海师范大学学报(自然科学版),30(1):67-70.

李俊建,1998.中国金矿床成矿时代的讨论[J].地球学报(2):3-5.

李康宁,2018.青海北巴优云地区三叠系下中统甘德组地层特征及沉积环境[D].石家庄:河北地质大学.

李领贵,刘恒,阳正熙,等,2012.赛什塘铜矿床地质特征及深部找矿远景评价[J].有色金属(矿山部分),64(2):39-42,62.

李青,2019.青海东昆仑哈日扎银铜多金属矿床地质特征及矿化富集规律[D].长春:吉林大学.

李善平,黄青华,李小雪,等,2013.青海三江北段莫海拉亨铅锌矿床地质特征及铅同位素组成的地质意义[J].西北地质,46(1):119-129.

李世金,李熙鑫,王富春,等.青海省重要矿床发现史与经验启示[M].北京:地质出版社,2020.

李世金,孙丰月,丰成友,等,2008.青海东昆仑鸭子沟多金属矿的成矿年代学研究[J].地质学报,82

(7):949-955.

李世金,孙丰月,王力,等,2008.青海东昆仑卡而却卡多金属矿区斑岩型铜矿的流体包裹体研究[J].矿床地质(3):399-406,382.

李王晔,李曙光,郭安林,等,2007.青海东昆南构造带苦海辉长岩和德尔尼闪长岩的锆石 SHRIMP U-Pb 年龄及痕量元素地球化学:对"祁-柴-昆"晚新元古代—早奥陶世多岛洋南界的制约[J].中国科学(D辑:地球科学)(S1):288-294.

李文良,夏锐,卿敏,等,2014.应用辉钼矿 Re-Os 定年技术研究青海什多龙矽卡岩型钼铅锌矿床的地球动力学背景[J].岩矿测试,33(6):900-907.

李文忠,袁桂林,宋生春,等,2019.青海下柳沟铜铅锌矿床地质特征与硫化物电子探针分析[J].地质与勘探,55(2):447-460.

李小虎,初凤友,雷吉江,等,2014.青海德尔尼铜(锌钴)矿床硫化物 Cu 同位素组成及矿床成因探讨[J].地学前缘,21(1):196-204.

李义伟,陈杰,李惠文,1989.青海老藏沟多金属矿区火山岩岩石化学特征[J].成都地质学院学报(2):46-56.

李玉莲,马国栋,侯长才,等,2015.青海省都兰县黑石山地区矽卡岩型多金属矿围岩蚀变特征及成因浅析[J].矿产与地质,29(3):316-321.

李注苍,李永军,齐建宏,等,2016.西秦岭下三叠统华日组火山岩地球化学特征及构造环境分析[J].西北地质,49(1):26-33.

李注苍,张学奎,曾俊杰,等,2019.西秦岭上三叠统华日组火山岩埃达克岩特征及其地质意义[J].矿产勘查,10(6):1361-1368.

梁辉,张苏坤,张恒,等,2015.青海格尔木卡而却卡铜多金属矿床地质特征与成矿模式[J].矿产与地质,29(1):7-13.

廖宇斌,李碧乐,孙永刚,等,2020.柴达木盆地北缘锡铁山铅锌矿区辉长岩锆石 U-Pb 年代、岩石地球化学和 Hf 同位素特征[J].世界地质,39(3):495-508.

林仕良,雍永源,高大发,2003.西藏东部隐爆角砾岩特征及其含矿性[J].沉积与特提斯地质,23(3):49-53.

刘长征,李世金,陈岳龙,等,2015.羌塘地区多才玛铅锌矿床流体包裹体特征及成因类型[J].大地构造与成矿学,39(4):658-669.

刘长征,李世金,高永旺,等,2015.三江多才玛超大型铅锌矿床同位素地球化学及矿源研究[J].中山大学学报(自然科学版),54(1):136-144.

刘传朋,2016.青海省都兰县哈茨谱山北铜铅银金多金属矿矿床地质特征及成因探讨[J].山东国土资源,32(5):9-14.

刘会文,林秦安,邵继,等,2013.青海省祁连县辽班台铅锌矿地质背景及矿床特征[J].西部探矿工程,25(3):125-127.

刘建楠,丰成友,何书跃,等,2017.青海野马泉铁锌矿床二长花岗岩锆石 U-Pb 和金云母 Ar-Ar 测年及地质意义[J].大地构造与成矿学,41(6):1158-1170.

刘建平,赖健清,谷湘平,等,2012.青海赛什塘铜矿区侵入岩体地球化学及锆石 LA-ICPMS U-Pb 年代学[J].中国有色金属学报,22(3):622-632.

刘景华,2007.青海历史上的矿产资源开发[J].青海民族学院学报(3):87-92.

刘渭,于恒彬,罗云之,2012.青海省祁漫塔格地区卡而却卡—虎头崖一带中晚印支期侵入岩与成矿的关系[J].西北地质:75-77.

刘颜,付乐兵,王凤林,等,2018.东昆仑东段抗得弄舍多金属矿床 Pb-Zn 与 Au-Ag 成矿关系研究[J].大地构造与成矿学,42(3):480-493.

刘耀辉，吴烈善，莫江平，等，2006.锡铁山铅锌矿床流体包裹体特征及成矿环境研究[J].地质与勘探(6)：47-51.

刘英超，杨竹森，侯增谦，等，2009.青海玉树东莫扎抓铅锌矿床地质特征及碳氢氧同位素地球化学研究[J].矿床地质(6)：770-784.

刘云华，莫宣学，喻学惠，等，2006.东昆仑野马泉地区景忍花岗岩锆石 SHRIMP U-Pb 定年及其地质意义[J].岩石学报(10)：2457-2463.

卢财，李社，何财富，2014.青海抗得弄舍金多金属矿床地质特征及成因分析[J].矿产勘查，5(6)：887-896.

陆智平，李发明，2006.青海省都兰县一棵松铅-锌-银矿多元成矿信息与找矿方向[J].矿产与地质(Z1)：465-468.

路远发，1990.赛什塘-日龙沟矿带成矿地球化学特征及矿床成因[J].西北地质(3)：20-26.

罗小全，2001.青海德尔尼铜钴锌矿床地质构造背景与成因[D].北京：中国科学院地质与地球物理研究所.

马国栋，李玉莲，李海宾，等，2014.青海省都兰县沙柳河南区铅锌多金属矿地质特征及矿床成因分析[J].矿产与地质，28(5)：560-567.

马海云，马延宗，马志全，等，2019.青海黑石山地区铜多金属矿区矿床地球化学特征及矿床成因分析[J].矿产勘查，10(2)：181-187.

马璟璟，陈澍豪，代威，等，2018.青海省卡而却卡铜多金属矿地球化学特征与成矿规律[J].中国锰业，36(5)：64-66，73.

马圣钞，2012.青海祁漫塔格地区虎头崖铜铅锌多金属矿床蚀变矿化分带及成因[D].北京：中国地质科学院.

马圣钞，丰成友，李国臣，等，2012.青海虎头崖铜铅锌多金属矿床硫、铅同位素组成及成因意义[J].地质与勘探，48(2)：321-331.

马圣钞，丰成友，张道俊，等，2013.青海虎头崖矽卡岩型多金属矿床蚀变矿化分带特征研究[J].矿床地质，32(1)：109-121.

马帅，陈世悦，孙娇鹏，等，2017.祁漫塔格肯德可克火山岩锆石 LA-ICP-MS U-Pb、$^{40}Ar/^{39}Ar$ 年龄及地质意义[J].地质力学学报，23(4)：558-566.

毛景文，张作衡，裴荣富，2012.中国矿床模型概论[M].北京：地质出版社.

毛景文，张作衡，王义天，等，2012.国外主要矿床类型、特点及找矿勘查[M].北京：地质出版社.

莫生娟，代威，金延邦，等，2018.青海省祁漫塔格地区卡而却卡矿床地质特征及找矿方向[J].中国锰业，36(3)：44-47.

南卡俄吾，贾群子，李文渊，等，2014.青海东昆仑哈西亚图铁多金属矿区石英闪长岩 LA-ICP-MS 锆石 U-Pb 年龄和岩石地球化学特征[J].地质通报，33(6)：841-849.

南卡俄吾，贾群子，唐玲，等，2015.青海东昆仑哈西亚图矿区花岗闪长岩锆石 U-Pb 年龄与岩石地球化学特征[J].中国地质，42(3)：702-712.

潘彤，2015.青海省柴达木南北缘岩浆熔离型镍矿的找矿：以夏日哈木镍矿为例[J].中国地质(3)：713-723.

潘彤，2017.青海成矿单元划分[J].地球科学与环境学报，39(1)：16-33.

潘彤，2019.青海矿床成矿系列探讨[J].地球科学与环境学报，41(3)：297-315.

潘彤，李善平，2014.莫海拉亨铅锌矿成矿模式[M].北京：地质出版社：40-70.

潘彤，马梅生，康祥瑞，2001.东昆仑肯德可克及外围钴多金属矿找矿突破的启示[J].中国地质(2)：17-20.

潘彤，孙丰月，2003.青海东昆仑肯德可克钴铋金矿床成矿特征及找矿方向[J].地质与勘探(1)：18-22.

潘彤，王秉璋，张爱奎，等，2019．柴达木盆地南北缘成矿系列及找矿预测[M]．武汉：中国地质大学出版社：1-344．

潘晓萍，李荣社，于浦生，等，2013．祁漫塔格地区肯德可克铁钴多金属矿围岩时代及其意义[J]．岩石矿物学杂志，32(1)：53-62．

潘兆橹，1985．结晶学及矿物学[M]．北京：地质出版社．

祁生胜，2013．青海省大地构造单元划分与成矿作用特征[J]．青海国土经略(5)：53-62．

《青海地质矿产志》编纂委员会，1991．青海地质矿产志[M]．西宁：青海人民出版社．

《青海省地方志》编委会，2010．青海省志[M]北京：气象出版社．

《青海省地方志》编委会，2019．青海年鉴 2018[M]．西宁：青海年鉴社．

青海省地质矿产局，1991．青海省区域地质志[M]．北京：地质出版社．

青海省矿业协会，1998．青海省矿业概况[M]．西宁：青海人民出版社．

青海省统计局，2015．青海统计年鉴[M]．北京：中国统计出版社．

任华，李善平，邱炜，2016．青海三江成矿带莫海拉亨铅锌矿床地质特征与成矿机理浅析[J]．矿产勘查，7(4)：516-524．

时超，李荣社，何世平，等，2017．东昆仑祁漫塔格虎头崖铅锌多金属矿成矿时代及其地质意义—黑云二长花岗岩地球化学特征和锆石 U-Pb 年龄证据[J]．地质通报，36(6)：977-986．

史仁灯，杨经绥，王希斌，等，1999．德尔尼铜矿区异剥钙榴岩的发现及意义[J]．地球学报(20)：103-110．

史仁灯，杨经绥，吴才来，2003．柴北缘早古生代岛弧火山岩中埃达克质英安岩的发现及其地质意义[J]．矿物岩石．

宋玉财，侯增谦，杨天南，等，2011．“三江”喜马拉雅期沉积岩容矿贱金属矿床基本特征与成因类型[J]．岩石矿物学杂志，30(3)：355-380．

宋玉财，侯增谦，杨天南，等，2013．青海沱沱河多才玛特大型 Pb-Zn 矿床：定位预测方法与找矿突破过程[J]．矿床地质，32(4)：745-757．

宋治杰，张汉文，李文明，等，1995．青海鄂拉山地区铜多金属矿床的成矿条件及成矿模式[J]．西北地质科学(1)：134-144．

宋忠宝，陈向阳，任有祥，等，2008．东昆仑德尔尼铜矿“碳质(砂)板岩”的岩类学、岩石化学及其地质意义[J]．西北地质，41(4)：77-81．

宋忠宝，贾群子，张占玉，等，2010．东昆仑祁漫塔格地区野马泉铁铜矿床地质特征及成因探讨[J]．西北地质，43(4)：209-217．

宋忠宝，任有祥，陈向阳，等，2010．青海德尔尼铜(钴)矿成矿类型及物探技术应用[M]．北京：地质出版社：1-121．

宋忠宝，王轩，任有祥，等，2007．东昆仑德尔尼矿床中矿床(体)的叠加成矿作用研究[J]．西北地质(4)：1-6．

宋忠宝，张雨莲，陈向阳，等，2013．东昆仑哈日扎含矿花岗闪长斑岩 LA-ICP-MS 锆石 U-Pb 定年及地质意义[J]．矿床地质，32(1)：157-168．

宋忠宝，张雨莲，张照伟，等，2012．青海锡铁山铅锌矿的成因讨论[J]．西北地质，45(1)：134-139．

苏生顺，2013．青海省东昆仑祁漫塔格卡而却卡铜矿地质也正及矿床成因[D]．北京：中国地质大学(北京)．

孙昊，张栋，路英川，等，2014．青海铜峪沟铜矿床成矿流体特征及矿床类型探讨[J]．世界地质，33(4)：808-821．

孙华山，吴冠斌，刘浏，等，2011．块状硫化物矿床成矿构造环境研究进展[J]．地球科学．中国地质大学学报(2)：299-306．

孙景，2018. 青海锡铁山铅锌矿床成因与成矿预测[D]. 长春：吉林大学.

覃泽礼，2015. 青海多彩铜多金属矿地质特征及矿床成因[D]. 北京：中国地质大学(北京).

田承盛，2015. 梳理成果谋划未来为经济社会发展提供资源保障：青海省 2015 年地勘成果汇报暨“青藏专项”、“358 地质勘查工程”总结大会纪略[J]. 青海国土经略(6)：9-12.

田承盛，张爱奎，袁万明，等，2014. 青海东昆仑哈日扎多金属矿区构造活动的锆石裂变径迹定年分析[J]. 地质与勘探，50(5)：833-839.

田世洪，侯增谦，杨竹森，等，2011. 青海玉树莫海拉亨铅锌矿床 S、Pb、Sr-Nd 同位素组成对成矿物质来源的指示：兼与东莫扎抓铅锌矿床的对比[J]. 岩石学报，27(9)：2709-2720.

田世洪，杨竹森，侯增谦，等，2009. 玉树地区东莫扎抓和莫海拉亨铅锌矿床 Rb-Sr 和 Sm-Nd 等时线年龄及其地质意义[J]. 矿床地质，28(6)：747-758.

田世洪，杨竹森，侯增谦，等，2011. 青海玉树东莫扎抓和莫海拉亨铅锌矿床与逆冲推覆构造关系的确定—来自粗晶方解石 Rb-Sr 和 Sm-Nd 等时线年龄证据[J]. 岩石矿物学杂志，30(3)：475-489.

王秉璋，罗照华，曾小平，等，2008. 青海三江北段治多地区印支期花岗岩的成因及锆石 U-Pb 定年[J]. 中国地质，35(1)：196-206.

王秉璋，张智勇，张森琦，等，2000. 东昆仑东端苦海-赛什塘地区晚古生代蛇绿岩的地质特征[J]. 地球科学(6)：592-598.

王策，李社，李丽，等，2018. 青海抗得弄舍金铅锌多金属矿同位素地球化学特征及成因分析浅析[J]. 世界有色金属(9)：150-152.

王春辉，2017. 青海省玛多县抗得弄舍金多金属矿床地质地球化学特征[D]. 北京：中国地质大学(北京).

王登红，李华芹，屈文俊，等，2014. 全国成岩成矿年代谱系[M]. 北京：地质出版社.

王登红，徐志刚，盛继福，等，2014. 全国重要矿产和区域成矿规律研究进展综述[J]. 地质学报，88(12)：2176-2191.

王凤林，魏俊浩，张玉洁，等，2017. 青海治多县多彩地区巴塘群英安岩锆石 U-Pb 年代学及其地质意义[J]. 地质科技情报，36(1)：26-32.

王凤林，肖小强，陈世顺，2011. 青海沟里地区金矿地质特征及找矿前景[J]. 黄金科学技术(4)：45-48.

王进朝，冯志兴，李赛，等，2011. 青海格尔木四角羊沟铅锌矿成因分析[J]. 云南地质，30(2)：154-156.

王莉娟，彭志刚，祝新友，2009. 青海省锡铁山 SEDEX 型铅锌矿床成矿流体来源及演化[J]. 矿物学报，29(S1)：257-258.

王莉娟，祝新友，王京斌，等，2008. 青海锡铁山铅锌矿床喷流沉积系统(SEDEX)成矿流体研究[J]. 岩石学报，24(10)：2433-2440.

王力，孙丰月，陈国华，等，2003. 青海东昆仑肯德可克金-有色金属矿床矿物特征研究[J]. 世界地质(1)：50-56.

王生龙，管波，2009. 青海赵卡隆铁铜多金属矿床地质特征及找矿前景[J]. 吉林地质，28(4)：60-63.

王松，丰成友，柏红喜，等，2009. 青海祁漫塔格地区卡而却卡矽卡岩型铜多金属矿床矿物组合特征及成因[J]. 矿物学报，29(S1)：483-484.

王松，丰成友，李世金，等，2009. 青海祁漫塔格卡而却卡铜多金属矿区花岗闪长岩锆石 SHRIMP U-Pb 测年及其地质意义[J]. 中国地质，36(1)：74-84.

王小龙，袁万明，冯星，等，2017. 东昆仑哈日扎多金属矿区花岗斑岩与闪长岩 LA-ICP-MS 锆石 U-Pb 年龄及其地质意义[J]. 地质通报，36(7)：1158-1168.

王勇，2016. 什多龙铅锌矿包裹体硫同位素特征及矿床成因[J]. 四川地质学报，36(2)：261-263+268.

王玉往,秦克章,1997.VAMSD矿床系列最基性端员:青海省德尔尼大型铜钴矿床的地质特征和成因类型[J].矿床地质(1):2-11.

王振东,罗先熔,2012.浅析锡铁山铅锌矿成矿规律及找矿方向[J].南方国土资源(1):43-46.

吴碧娟,2013.青海省尕龙格玛铜多金属矿成矿条件与矿床成因研究[D].长沙:中南大学.

吴昌志,顾连兴,冯慧,等,2008.青海锡铁山铅锌矿床的矿体成因类型讨论[J].中国地质,35(6):1185-1196.

吴城明,2011.青海玉树赵卡隆铁铜多金属矿床地质及地球化学特征研究[D].长沙:中南大学.

吴冠斌,孙华山,冯志兴,等,2010.锡铁山铅锌矿床成矿构造背景[J].地球化学,39(3):229-239.

吴锦荣,王新雨,祝新友,等,2019.青海迎庆沟铅锌多金属矿床地质特征与成因[J].矿产勘查,10(10):2558-2564.

吴庭祥,王凤林,2010.青海省赵卡隆铁多金属矿成矿特征及矿床成因[J].矿产与地质,24(2):155-161.

吴小霞,邹华,焦明录,等,2007.青海什多龙银铅锌矿床银的赋存状态研究[J].黄金科学技术(1):19-22.

吴中楠,计文化,何世平,等,2015.青海省兴海县日龙沟花岗闪长岩LA-ICP-MS锆石U-Pb年龄及地球化学特征[J].地质通报,34(9):1677-1688.

奚仁刚,校培喜,伍跃中,等,2010.东昆仑肯德可克铁矿区二长花岗岩组成、年龄及地质意义[J].西北地质,43(4):195-202.

夏林圻,夏祖春,徐学义,1996.南秦岭中—晚元古代火山岩性质与前寒武纪大陆裂解[J].中国科学(D辑)(3):237-244.

肖晔,丰成友,刘建楠,等,2013.青海肯德可克铁多金属矿区年代学及硫同位素特征[J].矿床地质,32(1):177-186.

徐文忠,张辰光,赖健清,等,2019.青海尕龙格玛铜多金属矿床矿物学特征对成因的指示意义[J].矿产与地质,33(4):599-605.

闫杰,蔡岩萍,蔡邦永,等,2011.玛多县抗得弄舍地区金多金属矿地球化学特征及找矿思路探讨[J].青海国土经略(1):32-35.

颜琛,2014.青海省格尔木卡而却卡铜矿床地质特征及成矿模式[D].北京:中国地质大学(北京).

燕宁,李社宏,陆智平,等,2011.青海省兴海县索拉沟铜多金属矿成矿地质特征与矿床成因[J].大地构造与成矿学,35(1):161-166.

燕正君,2019.青海省哈日扎矿区银多金属矿成因探讨[D].长春:吉林大学.

杨宝荣,马财,王晓云,等,2006.青海鄂拉山口银多金属矿成矿地质特征及找矿前景[J].甘肃冶金(2):14-17.

杨经绥,王希斌,史仁灯,等,2004.青藏高原北部东昆仑南缘德尔尼蛇绿岩:一个被肢解了的古特提斯洋壳[J].中国地质(3):225-239.

杨涛,张乐,郑振华,等,2018.青海省它温查汉西铁多金属矿床地质特征及成因分析[J].岩石矿物学杂志,37(3):395-403.

杨文龙,2017.沱沱河地区多才玛铅锌矿床矿化富集规律及矿床成因[D].长春.吉林大学.

杨文龙,李碧乐,王国志,等,2016.沱沱河地区多才玛铅锌矿晶屑熔结凝灰岩锆石SHRIMP年龄及岩石地球化学特征[J].西北地质,49(2):59-69.

杨雨,1997.甘肃省岩石地层[M].武汉:中国地质大学出版社.

姚敬金,张素兰,曹洛华,等,2002.中国主要大型有色、贵金属矿床综合信息找矿模型[M].北京:地质出版社.

姚磊,吕志成,庞振山,等,2015.青海祁漫塔格地区卡而却卡矿床C区花岗闪长岩及其暗色包体的成岩时代及意义[J]. 矿物学报,35(S1):1052-1053.

姚磊,吕志成,赵财胜,等,2017. 青海祁漫塔格地区牛苦头矿床和卡而却卡矿床B区花岗质岩石LA-ICP-MS锆石U-Pb年龄:对泥盆纪成岩成矿作用的指示[J]. 地质通报,35(7):1158-1169.

姚希柱,2019. 青海锡铁山铅锌矿床的矿床成因类型研究 LA-ICP-MS 微量元素及硫同位素证据[D]. 南京:南京大学.

伊有昌,焦革军,张芬英,2006. 青海东昆仑肯德可克铁钴多金属矿床特征[J]. 地质与勘探(3):30-35.

尹观,张树发,范良明,等,1998. 甘肃白银金属硫化物矿床及其矿区主要地质事件的同位素地质年代学研究[J]. 地质地球化学(1):3-5.

尹利君,刘继顺,杨立功,等,2013. 青海都兰白石崖矿区花岗岩年代学、地球化学特征及地质意义[J]. 新疆地质,31(3):248-255.

于淼,丰成友,赵一鸣,等,2014. 青海卡而却卡铜多金属矿床流体包裹体地球化学及成因意义[J]. 地质学报(5):903-917.

余吉远,李向民,马中平,等,2010. 青海省祁连县清水沟-白柳沟矿田含矿火山岩系年代学研究[J]. 地球科学进展,25(1):55-60.

袁道阳,张培震,刘小龙,等,2004. 青海鄂拉山断裂带晚第四纪构造活动及其所反映的青藏高原东北缘的变形机制[J]. 地学前缘(4):393-402.

曾小华,周宗桂,2014. 青海省兴海县铜峪沟铜矿床成矿物质和流体来源的地球化学探讨[J]. 现代地质,28(2):348-358.

曾小华,周宗桂,姚书振,等,2014. 青海省都兰-鄂拉山成矿带铜多金属矿床成矿物质来源探讨[J]. 矿床地质,33(S1):595-596.

曾宜君,黄思静,熊昌利,等,2009. 川西色达早侏罗世郎木寺组火山岩特征及构造意义[J]. 成都理工大学学报(自然科学版),36(1):78-86.

张爱奎,李东生,何书跃,等,2017. 青海省祁漫塔格地区主要矿产成矿规律与成矿系列[M],北京:地质出版社:1-268.

张斌,杨涛,杨生飞,等,2018. 东昆仑哈日扎铅锌多金属矿床金属矿物与S-Pb同位素特征[J]. 现代地质,32(4):646-654.

张翀,宋玉财,侯增谦,等,2013. 青海沱沱河地区那日尼亚铅锌矿床地质与地球化学研究[J]. 岩石矿物学杂志,32(3):291-304.

张大明,张爱奎,屈光菊,等,2020. 东昆仑西段卡而却卡铁铜多金属矿床成矿模式及找矿模型[J]. 西北地质,53(1):91-106.

张代斌,奚小双,邓吉牛,2005. 青海锡铁山铅锌矿床的控矿因素分析[J]. 西部探矿工程(1):84-85.

张德全,丰成友,李大新,等,2001. 柴北缘-东昆仑地区的造山型金矿床[J]. 矿床地质(2):137-146.

张德全,王富春,李大新,等,2005. 柴北缘地区的两类块状硫化物矿床:Ⅰ. 锡铁山式SEDEX型铅锌矿床[J]. 矿床地质,24(5):471-480.

张芬英,蔡岩萍,刘建华,等,2011. 青海白石崖铁矿成矿地质特征及找矿标志[J]. 黄金科学技术,19(6):49-54.

张汉文,2000. 青海铜峪沟铜矿床的热水沉积规律及形成环境:兼论热水作用与火山活动的关系[J]. 西北地质科学(2):46-56.

张华添,李江海,2019. 蛇纹岩化对洋中脊超基性岩热液硫化物成矿的影响:来自青藏高原德尔尼铜矿床的启示[J]. 大地构造与成矿学,43(1):111-122.

张华添,李江海,李洪林,等,2014. 慢速扩张洋中脊热液成矿的典型实例:青藏高原北部德尔尼铜矿地质对比研究[J]. 海洋学报(中文版),36(4):40-51.

张楠,林龙华,管波,等,2012.青海抗得弄舍金-多金属矿床的成矿流体及物质来源研究[J].矿床地质,31(S1):691-692.

张勇,何书跃,刘智刚,等,2018.青海祁漫塔格乌兰拜兴铁矿床形成时代:来自石英闪长岩锆石U-Pb定年证据[J].中国地质,45(6):1308-1309.

张勇,张大明,刘国燕,等,2017.东昆仑卡而却卡铜多金属矿床似斑状二长花岗岩锆石U-Pb年龄及其地质意义[J].地质通报,36(Z1):270-274.

张子军,黄丛运,2010.青海日龙沟锡多金属矿床地质特征及矿床成因探讨[J].上海地质,31(S1):187-191.

章午生,1981.德尔尼铜矿地质[M].北京:地质出版社.

章午生,杜连义,李长青,等,1991.青海省地质矿产志[M].西宁:青海人民出版社.

赵财胜,杨富全,代军治,2006.青海东昆仑肯德可克钴铋金矿床成矿年龄及意义[J].矿床地质,25(S1):427-430.

赵风清,郭进京,李怀坤,2003.青海锡铁山地区滩间山群的地质特征及同位素年代学[J].地质通报(1):28-31.

赵玉京,2017.东昆仑东段抗得弄舍金铅锌多金属矿床地质特征及成因分析[J].西部探矿工程,29(6):165-167.

赵志丹,莫宣学,董国臣,等,2007.青藏高原Pb同位素地球化学及其意义[J].现代地质(2):265-274.

郑辉,辜庆明,梁向红,等,2012.青海省都兰县乌妥沟银铅锌矿地质特征及找矿方向[J].四川地质学报,32(S2):141-145.

《中国矿产地质志》编撰委员会,2018.中国矿产地质志·典型矿床总述卷[M].北京:地质出版社.

《中国矿产地质志·云南卷》编撰委员会,2018.中国矿产地质志·云南卷·铅锌矿产[M].北京:地质出版社.

《中国矿床发现史·青海卷》编委会,1996.中国矿床发现史·青海卷[M].北京:地质出版社.

钟春艳,董卫钢,张赞萍,2019.青海白石崖M14区铅锌矿地质特征及找矿标志[J].西部资源(2):23-26.

周鹏,安永慰,2011.什多龙北山铅锌矿成因类型探讨[J].科技传播(7):98+85.

朱炳泉,1998.地球科学中同位素体系理论与应用:兼论中国大陆壳幔演化[M].北京:科学出版社.

祝新友,邓吉牛,王京彬,等,2006.锡铁山矿床两类喷流沉积成因的铅锌矿体研究[J].矿床地质(3):252-262.

祝新友,邓吉牛,王京彬,等,2006.锡铁山铅锌矿床的找矿潜力与找矿方向[J].地质与勘探(3):18-23.

祝新友,王莉娟,朱谷昌,等,2010.锡铁山SEDEX铅锌矿床成矿物质来源研究:铅同位素地球化学证据[J].中国地质,37(6):1682-1689.

邹公明,李世金,李良,等,2014.青海省沱沱河地区楚多曲铅锌矿床流体包裹体特征及矿床成因探讨[J].西北地质,47(4):256-263.

内部参考资料

安永尉,温得银,张尧,等,2014.青海省杂多县然者涌多金属矿普查报告(2011—2013年)[R].西宁:青海省自然资源博物馆.

邓昌文,郑延中,王增寿,等,1990.中华人民共和国地质矿产部矿产专报青海省区域矿产总结[R].西宁:青海省自然资源博物馆.

丁兆滨，张大明，马强，2016. 青海省格尔木市卡而却卡铜矿Ⅶ号矿带详查报告[R]. 西宁：青海省自然资源博物馆.

方刚，王小成，2011. 青海省兴海县什多龙铅锌矿生产探矿地质报告[R]. 西宁：青海省自然资源博物馆.

何财福，谢升浪，郑才贤，等，2014. 青海省玛多县抗得弄舍金多金属矿床详查报告[R]. 青海崚田地球物理化学勘查股份合作公司.

黄丛运，朱德全，王峰，2009. 青海省兴海县日龙沟矿区锡多金属矿详查报告[R]. 西宁：青海省自然资源博物馆.

李洪普，湛守智，毛晓龙，等，2004. 青海省治多县藏麻西孔铜银矿普查报告[R]. 西宁：青海省自然资源博物馆.

李如珊，杨华文，王成球，等，2006. 青海省都兰县白石崖铁矿床勘查地质报告[R]. 西宁：青海省自然资源博物馆.

李世柱，陈金开，高宗华，等，1988. 青海省都兰县海寺硅灰石矿详查报告[R]. 西宁：青海省自然资源博物馆.

李玉龙，赵志逸，鲁海峰，等，2017. 青海省杂多县莫海拉亨-叶龙达铅锌矿普查报告[R]. 西宁：青海省自然资源博物馆.

马忠元，马成兴，刘勇，等，2016. 青海省都兰县哈日扎地区铜多金属矿调查评价报告[R]. 西宁：青海省自然资源博物馆.

彭建，范增林，贾建团，等，2011. 青海省格尔木市牛苦头矿区勘查及 M4 磁异常铁多金属矿[R]. 西宁：青海省自然资源博物馆.

祁生胜，李五福，于文杰，等，2019. 青海省区域地质调查片区总结与服务产品开发(青海省新一轮地质志修编)[R]. 西宁：青海省地质调查院.

祁正林，陆海青，任天祥，1999. 青海省祁连县尕大坂-冰沟铜多金属矿普查报告[R]. 西宁：青海省第二地质队.

覃泽礼，张玉洁，郑宗学，等，2016. 青海省治多县多彩地区铜多金属矿勘查报告[R]. 西宁：青海省自然资源博物馆.

覃泽礼，张玉洁，郑宗学，等，2016. 青海省治多县多彩地区铜多金属矿勘查报告[R]. 西宁：青海省自然资源博物馆.

沈贵春，李宏录，2008. 青海门源县一棵树敖包沟铜矿普查报告[R]. 西宁：青海省有色地勘局地质矿产勘查院.

孙侃，李永福，申全志，等，1989. 青海省泽库县老藏沟多金属矿区详细普查地质报告[R]. 西宁：青海省自然资源博物馆.

谭建湘，莫平衡，李厚有，等，2009. 青海省大柴旦锡铁山铅锌矿区深部勘探 2522 米标高以下 27 线—015 线资源储量报告[R]. 西宁：青海省自然资源博物馆.

田永革，韩晓龙，喇品贤，等，2017. 青海省治多县尕龙格玛含铜多金属(东)矿资源储量核实报告[R]. 西宁：青海省自然资源博物馆.

田永革，薛万文，付彦文，等，2018. 青海省杂多县东莫扎抓铅锌银矿普查报告[R]. 西宁：青海省自然资源博物馆.

王生明，王宗胜，逯登军，等，2015. 青海省都兰县洪水河-清水河地区铁矿调查评价报告[R]. 西宁：青海省自然资源博物馆.

王移生，1988. 青海省兴海县日龙沟矿区锡-多金属矿普查地质报告[R]. 西宁：青海省自然资源博物馆.

许光，李明喜，任智斌，等，2013. 青海省矿产资源潜力评价地球化学资料应用研究报告[R]. 西宁：

青海省自然资源博物馆.

薛万文,蒋成伍,王雷,等,2022.青海省潜在矿产资源评价报告[R].西宁:青海省地质调查院.

杨生德,潘彤,李世金,等,2013.青海省矿产资源潜力评价研究报告[R].西宁:青海省地质矿产勘查开发局.

杨武德,张代斌,曹守林,等,2009.青海省玉树县赵卡隆铁铜多金属矿Ⅰ,Ⅱ矿群详查报告[R].西宁:青海省自然资源博物馆.

姚旭东,张子龙,王克瑞,等,2019.西藏自治区安多县多才玛矿区铅锌矿详查阶段性报告[R].西宁:青海省自然资源博物馆.

张永涛,薛宁,常有英,等,2015.青海省格尔木市肯德可克地区铁多金属矿调查评价报告[R].西宁:青海省自然资源博物馆.

张玉洁,王小成,2010.青海省兴海县什多龙铅锌矿生产探矿地质报告[R].西宁:青海省自然资源博物馆.

张志强,杨一军,2013.青海省都兰县海寺Ⅱ号铅锌矿及硅灰石资源储量核实报告[R].西宁:青海省自然资源博物馆.

章午生,任家琪,伊有昌,等,2005.青海省第三轮成矿远景区划研究及找矿靶区预测[R].西宁:青海省自然资源博物馆.

赵呈祥,王移生,李青雄,等,2004.青海省兴海县铜峪沟铜矿区24线-27线地质勘探报告[R].西宁:青海省自然资源博物馆.

郑才贤,米晓明,何财福,等,2017.青海省玛多县抗得弄舍铜金多金属矿预查报告[R].西宁:青海省自然资源博物馆.

朱德全,李建楠,黄宁,2015.青海省兴海县日龙沟锡多金属矿勘探报告[R].西宁:青海省自然资源博物馆.

附录一

青海省铅锌矿产地一览表(截至2020年底)

青海省铅锌矿产地一览表

矿产地编号	矿产地名称	地区		矿床工业类型	主矿种	成矿时代	主矿种规模	勘查程度	成矿系列	成矿带	构造单元
1	门源县银灿铜锌矿床	海北州	门源县	海相火山岩型	铜锌	O	小型	普查	1(∈-O)Ⅰa	Ⅲ-20	Ⅰ-2-1
2	祁连县辽班台铅锌银矿床	海北州	祁连县	海相火山岩型	锌	O	小型	普查	1(∈-O)Ⅰa	Ⅲ-21	Ⅰ-2-4
3	祁连县大二珠龙(西段)铅银铜矿床	海北州	祁连县	海相火山岩型	铅	O	小型	普查	1(∈-O)Ⅰa	Ⅲ-21	Ⅰ-2-4
4	祁连县油葫芦沟中游铅锌矿点	海北州	祁连县	浅成中—低温热液型	铅锌	S	矿点	预查	2(O-S)Fb	Ⅲ-21	Ⅰ-2-4
5	祁连县郭米寺铜铅锌矿床	海北州	祁连县	海相火山岩型	铅锌铜	∈	小型	勘探	1(∈-O)Ⅰa	Ⅲ-21	Ⅰ-2-3
6	祁连县西山梁铜铅锌矿床	海北州	祁连县	海相火山岩型	铜铅锌	∈	小型	普查	1(∈-O)Ⅰa	Ⅲ-21	Ⅰ-2-3
7	祁连县下柳沟铅铜锌矿床	海北州	祁连县	海相火山岩型	锌	∈	小型	勘探	1(∈-O)Ⅰa	Ⅲ-21	Ⅰ-2-3
8	祁连县湾阳河铅铜锌矿床	海北州	祁连县	海相火山岩型	锌	∈	小型	详查	1(∈-O)Ⅰa	Ⅲ-21	Ⅰ-2-3
9	祁连县柳湾区铜铅锌矿点	海北州	祁连县	海相火山岩型	铅	∈	矿点	普查	1(∈-O)Ⅰa	Ⅲ-21	Ⅰ-2-3
10	祁连县下沟铅铜锌矿床	海北州	祁连县	海相火山岩型	铅锌铜	∈	小型	普查	1(∈-O)Ⅰa	Ⅲ-21	Ⅰ-2-3
11	祁连县绵沙湾铅矿点	海北州	祁连县	岩浆热液型	铅锌	O	矿点	预查	1(∈-O)Ⅰb	Ⅲ-21	Ⅰ-2-3
12	祁连县赖都滩铜铅锌矿床	海北州	祁连县	海相火山岩型	铅锌铜	∈	小型	普查	1(∈-O)Ⅰa	Ⅲ-21	Ⅰ-2-3
13	祁连县尕大坂铅锌铜矿床	海北州	祁连县	海相火山岩型	铅锌铜	∈	小型	普查	1(∈-O)Ⅰa	Ⅲ-21	Ⅰ-2-3
14	祁连县东草河(冰沟)铅矿点	海北州	祁连县	接触交代型	铅锌	O	矿点	预查	1(∈-O)Ⅰb	Ⅲ-21	Ⅰ-2-3
15	祁连县牛心山铅矿点	海北州	祁连县	浅成中—低温热液型	铅	O	矿点	预查	2(O-S)Fa	Ⅲ-21	Ⅰ-2-3
16	祁连县小东索铁铅矿床	海北州	祁连县	海相火山岩型	铁铅	∈	小型	详查	1(∈-O)Ⅰa	Ⅲ-21	Ⅰ-2-3
17	祁连县龙哇俄当铜铅锌矿床	海北州	祁连县	海相火山岩型	铅	O	小型	普查	1(∈-O)Ⅰa	Ⅲ-21	Ⅰ-2-3
18	大通县雪水沟铅锌矿点	西宁市	大通县	浅成中—低温热液型	铅锌	O	矿点	预查	2(O-S)Fa	Ⅲ-21	Ⅰ-2-4
19	门源县大南沟铅银铜金矿点	海北州	门源县	岩浆热液型	铅锌	O	矿点	预查	1(∈-O)Ⅰb	Ⅲ-21	Ⅰ-2-4
20	门源县松树南沟脑铜铅矿床	海北州	门源县	海相火山岩型	铜铅	O	小型	普查	1(∈-O)Ⅰa	Ⅲ-21	Ⅰ-2-4
21	门源县中南沟铅锌矿床	海北州	门源县	海相火山岩型	锌	O	小型	普查	1(∈-O)Ⅰa	Ⅲ-21	Ⅰ-2-4
22	互助县黑龙掌锌矿点	海东市	互助县	浅成中—低温热液型	锌	O	矿点	预查	2(O-S)Fa	Ⅲ-21	Ⅰ-2-4
23	天峻县南白水河银矿床	海西州	天峻县	浅成中—低温热液型	银铜铅	O	小型	普查	2(O-S)Fa	Ⅲ-22	Ⅰ-3-1
24	互助县萨日浪-尕什江铅锌矿床	海东市	互助县	浅成中—低温热液型	铅锌	O	小型	普查	2(O-S)Fa	Ⅲ-22	Ⅰ-3-1
25	德令哈市莫和贝雷台铅锌矿床	海西州	德令哈市	浅成中—低温热液型	铅锌	S	小型	普查	2(O-S)Fb	Ⅲ-23	Ⅰ-3-3
26	天峻县哲合隆铅锌矿床	海西州	天峻县	浅成中—低温热液型	铅锌	S	小型	普查	2(O-S)Fb	Ⅲ-23	Ⅰ-3-3

续表

矿产地编号	矿产地名称	地区		矿床工业类型	主矿种	成矿时代	主矿种规模	勘查程度	成矿系列	成矿带	构造单元
27	天峻县大尼铅矿点	海西州	天峻县	浅成中—低温热液型	铅	O	矿点	预查	2(O-S)Fa	Ⅲ-23	Ⅰ-3-3
28	化隆县玉石沟铅锌矿点	海东市	化隆县	浅成中—低温热液型	铅锌	O	矿点	预查	2(O-S)Fa	Ⅲ-23	Ⅰ-3-2
29	化隆县双格达铅锌金矿点	海东市	化隆县	浅成中—低温热液型	铅锌	T	矿点	普查		Ⅲ-23	Ⅰ-3-2
30	化隆县尼旦沟尖帽丛东金铅矿点	海东市	化隆县	浅成中—低温热液型	铅锌	O	矿点	预查	2(O-S)Fa	Ⅲ-23	Ⅰ-3-2
31	大柴旦行委白云滩铅银金矿点	海西州	大柴旦行委	海相火山岩型	铅	O	矿点	预查	3(O-D)Ia	Ⅲ-24	Ⅰ-5-1
32	大柴旦行委青龙滩北铅锌铜矿点	海西州	大柴旦行委	浅成中—低温热液型	铅锌	O	矿点	预查	4(O-D)Fa	Ⅲ-24	Ⅰ-5-1
33	大柴旦行委口北沟铅锌银矿点	海西州	大柴旦行委	浅成中—低温热液型	铅锌	O	矿点	预查	4(O-D)Fa	Ⅲ-24	Ⅰ-5-2
34	大柴旦行委双口山铅银锌矿床	海西州	大柴旦行委	海相火山岩型	铅锌	O	小型	普查	3(O-D)Ia	Ⅲ-24	Ⅰ-5-2
35	大柴旦行委锡铁山铅锌矿床	海西州	大柴旦行委	海相火山岩型	铅锌	O	超大型	勘探	3(O-D)Ia	Ⅲ-24	Ⅰ-5-1
36	都兰县达达肯乌拉山锌矿点	海西州	都兰县	浅成中—低温热液型	锌	D	矿点	预查	4(O-D)F	Ⅲ-24	Ⅰ-5-1
37	都兰县红柳沟铅锌矿点	海西州	都兰县	岩浆热液型	铅锌	T	矿点	预查	5(P-T)Ia	Ⅲ-24	Ⅰ-5-2
38	都兰县查查香卡农场南西铅锌银矿点	海西州	都兰县	岩浆热液型	铅	T	矿点	普查	5(P-T)Ia	Ⅲ-24	Ⅰ-5-2
39	乌兰县尕子黑钨锌矿点	海西州	乌兰县	接触交代型	锌	P	矿点	详查	5(P-T)Ia	Ⅲ-24	Ⅰ-5-1
40	乌兰县夏乌日塔铅锌矿床	海西州	乌兰县	浅成中—低温热液型	铅	O	小型	普查	4(O-D)Fa	Ⅲ-24	Ⅰ-5-2
41	都兰县阿尔茨托山西缘铅银矿点	海西州	都兰县	岩浆热液型	铅银	P	矿点	预查	5(P-T)Ia	Ⅲ-24	Ⅰ-5-2
42	都兰县天池铅锌矿点	海西州	都兰县	浅成中—低温热液型	铅锌	O	矿点	预查	4(O-D)Fa	Ⅲ-24	Ⅰ-5-2
43	都兰县一棵松铅锌银矿点	海西州	都兰县	浅成中—低温热液型	铅锌	T	矿点	普查	6(P-T)Fa	Ⅲ-24	Ⅰ-5-2
44	都兰县泉水沟脑铅锌矿点	海西州	都兰县	浅成中—低温热液型	铅锌	P	矿点	预查	6(P-T)Fa	Ⅲ-24	Ⅰ-5-2
45	都兰县沙柳河老矿沟铅锌银矿床	海西州	都兰县	接触交代型	铅	T	小型	详查	5(P-T)Ia	Ⅲ-24	Ⅰ-5-2
46	都兰县钻石沟铅锌金矿点	海西州	都兰县	浅成中—低温热液型	铅锌	T	矿点	预查	6(P-T)Fa	Ⅲ-24	Ⅰ-5-2
47	都兰县沙柳河南区有色金属矿床	海西州	都兰县	接触交代型	铅锌	T	中型	普查	5(P-T)Ia	Ⅲ-24	Ⅰ-5-2
48	都兰县配种沟锌矿点	海西州	都兰县	岩浆热液型	锌	T	矿点	预查	5(P-T)Ia	Ⅲ-24	Ⅰ-5-2
49	都兰县沙柳河西区铅锌矿点	海西州	都兰县	浅成中—低温热液型	铅锌	T	矿点	普查	6(P-T)Fa	Ⅲ-24	Ⅰ-5-2
50	都兰县吉给申沟铅锌矿点	海西州	都兰县	接触交代型	铅锌	T	矿点	预查	5(P-T)Ia	Ⅲ-24	Ⅰ-5-2
51	都兰县太子沟铜锌矿床	海西州	都兰县	海相火山岩型	铜锌	O	小型	详查	3(O-D)Ia	Ⅲ-24	Ⅰ-5-2
52	都兰县藏碑沟铅锌铜矿点	海西州	都兰县	海相火山岩型	铅锌	O	矿点	普查	3(O-D)Ia	Ⅲ-24	Ⅰ-5-2
53	都兰县沙那黑沟脑铅矿点	海西州	都兰县	浅成中—低温热液型	铅	T	矿点	预查	6(P-T)Fa	Ⅲ-24	Ⅰ-5-2

续表

矿产地编号	矿产地名称	地区		矿床工业类型	主矿种	成矿时代	主矿种规模	勘查程度	成矿系列	成矿带	构造单元
54	都兰县沙那黑钨铅锌矿床	海西州	都兰县	接触交代型	钨铅锌	T	小型	普查	5(P-T)Ia	Ⅲ-24	Ⅰ-5-2
55	共和县哇沿河铅矿点	海南州	共和县	接触交代型	铅	T	矿点	预查	5(P-T)Ia	Ⅲ-24	Ⅰ-5-2
56	共和县巴硬格莉沟上游铅锌矿点	海南州	共和县	浅成中—低温热液型	铅锌	T	矿点	预查	6(P-T)Fa	Ⅲ-24	Ⅰ-5-2
57	格尔木市卡而却卡铜锌铁矿床	海西州	格尔木市	接触交代型	铜锌铁	T	中型	普查	5(P-T)Ib	Ⅲ-26	Ⅰ-7-3
58	格尔木市楚阿克拉千铅锌矿点	海西州	格尔木市	陆相火山岩型	铅锌	T	矿点	普查	5(P-T)Id	Ⅲ-26	Ⅰ-7-3
59	格尔木市喀雅克登塔南坡铅铜矿点	海西州	格尔木市	接触交代型	铜铅	T	矿点	预查	5(P-T)Ib	Ⅲ-26	Ⅰ-7-3
60	格尔木市喀雅克登塔格铁锌矿点	海西州	格尔木市	接触交代型	铁锌	T	矿点	普查	5(P-T)Ib	Ⅲ-26	Ⅰ-7-3
61	茫崖市鸭子沟铅锌矿床	海西州	茫崖市	接触交代型	铅锌	T	小型	详查	5(P-T)Ib	Ⅲ-26	Ⅰ-7-3
62	茫崖市哈得尔甘南铜铅锌银矿点	海西州	茫崖市	陆相火山岩型	铜铅锌	T	矿点	预查	5(P-T)Id	Ⅲ-26	Ⅰ-7-3
63	茫崖市可特勒高勒铅锌矿床	海西州	茫崖市	接触交代型	铅锌	T	小型	详查	5(P-T)Ib	Ⅲ-26	Ⅰ-7-3
64	格尔木市乌兰拜兴铁铅锌矿床	海西州	格尔木市	接触交代型	铁铅锌	T	小型	普查	5(P-T)Ib	Ⅲ-26	Ⅰ-7-3
65	茫崖市景忍东铅锌矿点	海西州	茫崖市	接触交代型	铅锌	T	矿点	预查	5(P-T)Ib	Ⅲ-26	Ⅰ-7-3
66	茫崖市黑柱山地区铅锌矿床	海西州	茫崖市	岩浆热液型	铅锌、重晶石	P	小型	普查	5(P-T)Ib	Ⅲ-26	Ⅰ-7-1
67	茫崖市楚鲁套海高勒北侧铅锌矿点	海西州	茫崖市	接触交代型	铅锌	T	矿点	预查	5(P-T)Ib	Ⅲ-26	Ⅰ-7-3
68	茫崖市楚鲁套海高勒北铅锌矿点	海西州	茫崖市	接触交代型	铅锌	T	矿点	预查	5(P-T)Ib	Ⅲ-26	Ⅰ-7-3
69	格尔木市玛沁大湾铅锌矿床	海西州	格尔木市	岩浆热液型	铅锌	T	小型	普查	5(P-T)Ib	Ⅲ-26	Ⅰ-7-3
70	茫崖市虎头崖铜铅锌矿床	海西州	茫崖市	接触交代型	铅锌铜	T	中型	勘探	5(P-T)Ib	Ⅲ-26	Ⅰ-7-3
71	茫崖市楚鲁套海高勒南铜铅锌矿点	海西州	茫崖市	接触交代型	铜铅锌	T	矿点	普查	5(P-T)Ib	Ⅲ-26	Ⅰ-7-3
72	茫崖市迎庆沟锌铜铅矿床	海西州	茫崖市	接触交代型	锌铜铅	T	小型	勘探	5(P-T)Ib	Ⅲ-26	Ⅰ-7-3
73	茫崖市楚鲁套海高勒东铁锌矿点	海西州	茫崖市	接触交代型	铅锌	T	矿点	普查	5(P-T)Ib	Ⅲ-26	Ⅰ-7-3
74	格尔木市肯德可克铁铅锌矿床	海西州	格尔木市	接触交代型	铁铅锌	T	中型	详查	5(P-T)Ib	Ⅲ-26	Ⅰ-7-3
75	格尔木市野马泉铁铅锌矿床	海西州	格尔木市	接触交代型	铁铅锌	T	中型	详查	5(P-T)Ib	Ⅲ-26	Ⅰ-7-3
76	格尔木市四角羊沟西铅锌矿床	海西州	格尔木市	接触交代型	铅锌	T	小型	详查	5(P-T)Ib	Ⅲ-26	Ⅰ-7-3
77	格尔木市四角羊-牛苦头锌铁铅矿床	海西州	格尔木市	接触交代型	锌铁铅	T	大型	勘探	5(P-T)Ib	Ⅲ-26	Ⅰ-7-3
78	格尔木市夏努沟西支沟铅锌矿床	海西州	格尔木市	接触交代型	铅锌	T	小型	普查	5(P-T)Ib	Ⅲ-26	Ⅰ-7-3
79	格尔木市半个呆东铜铅锌矿点	海西州	格尔木市	接触交代型	铜铅锌	T	矿点	预查	5(P-T)Ib	Ⅲ-26	Ⅰ-7-3
80	格尔木市红水河铜铅锌矿点	海西州	格尔木市	接触交代型	铅锌	T	矿点	预查	5(P-T)Ib	Ⅲ-26	Ⅰ-7-3

续表

矿产地编号	矿产地名称	地区		矿床工业类型	主矿种	成矿时代	主矿种规模	勘查程度	成矿系列	成矿带	构造单元
81	格尔木市哈是托西铜铅锌矿点	海西州	格尔木市	接触交代型	铜铅锌	T	矿点	普查	5(P-T)Ib	Ⅲ-26	Ⅰ-7-3
82	格尔木市莫河下拉银铅锌矿点	海西州	格尔木市	接触交代型	银铅锌	T	矿点	普查	5(P-T)Ib	Ⅲ-26	Ⅰ-7-3
83	格尔木市雪鞍山西区铜铅锌矿点	海西州	格尔木市	海相火山岩型	铜铅锌	O	矿点	预查	3(O-D)Ib	Ⅲ-26	Ⅱ-1-1
84	格尔木市雪鞍山东区铜铅锌矿点	海西州	格尔木市	海相火山岩型	铜铅锌	O	矿点	预查	3(O-D)Ib	Ⅲ-26	Ⅱ-1-1
85	格尔木市它温查汉西铁铅锌矿床	海西州	格尔木市	接触交代型	铁铅锌	T	中型	普查	5(P-T)Ib	Ⅲ-26	Ⅰ-7-3
86	格尔木市那陵郭勒河西铜铅锌矿床	海西州	格尔木市	接触交代型	铜铅锌	T	小型	普查	5(P-T)Ib	Ⅲ-26	Ⅰ-7-3
87	格尔木市拉陵高里河下游铁铜锌矿床	海西州	格尔木市	接触交代型	铁铜锌	T	中型	普查	5(P-T)Ib	Ⅲ-26	Ⅰ-7-3
88	格尔木市小圆山铁锌矿床	海西州	格尔木市	接触交代型	铁锌	T	小型	普查	5(P-T)Ib	Ⅲ-26	Ⅰ-7-3
89	格尔木市尕羊沟铅锌矿床	海西州	格尔木市	接触交代型	锌铅	T	小型	普查	5(P-T)Ib	Ⅲ-26	Ⅰ-7-3
90	格尔木市哈西亚图铁矿床	海西州	格尔木市	接触交代型	铁铅锌	T	中型	详查	5(P-T)Ib	Ⅲ-26	Ⅰ-7-3
91	格尔木市中灶火河西铜铅锌矿点	海西州	格尔木市	接触交代型	铜铅锌	T	矿点	预查	5(P-T)Ib	Ⅲ-26	Ⅰ-7-3
92	格尔木市中灶火河东铜铅锌矿点	海西州	格尔木市	接触交代型	铜铅锌	T	矿点	预查	5(P-T)Ib	Ⅲ-26	Ⅰ-7-3
93	格尔木市沙松乌拉山铜铅锌矿点	海西州	格尔木市	接触交代型	铜铅锌	P	矿点	预查	5(P-T)Ib	Ⅲ-26	Ⅰ-7-3
94	格尔木市石人山口铅矿点	海西州	格尔木市	浅成中—低温热液型	铅	T	矿点	预查	6(P-T)Fb	Ⅲ-26	Ⅱ-1-1
95	都兰县三色沟铅矿点	海西州	都兰县	浅成中—低温热液型	铅	S	矿点	预查	4(O-D)Fb	Ⅲ-26	Ⅰ-7-3
96	都兰县大格勒沟口东铅矿点	海西州	都兰县	浅成中—低温热液型	铅	D	矿点	预查	4(O-D)Fb	Ⅲ-26	Ⅰ-7-3
97	都兰县五龙沟西三色沟铅(重稀土)矿点	海西州	都兰县	浅成中—低温热液型	铅	S	矿点	预查	4(O-D)Fb	Ⅲ-26	Ⅰ-7-3
98	都兰县五龙沟下游西侧锌金矿点	海西州	都兰县	岩浆热液型	锌金	T	矿点	普查	5(P-T)Ib	Ⅲ-26	Ⅰ-7-3
99	都兰县铅矿沟北铅铜矿点	海西州	都兰县	岩浆热液型	铅铜	T	矿点	预查	5(P-T)Ib	Ⅲ-26	Ⅰ-7-3
100	都兰县五龙沟中游铅铜矿点	海西州	都兰县	岩浆热液型	铅铜	D	矿点	普查	3(O-D)Ic	Ⅲ-26	Ⅰ-7-3
101	都兰县铅矿沟铅矿点	海西州	都兰县	岩浆热液型	铅	T	矿点	预查	5(P-T)Ib	Ⅲ-26	Ⅰ-7-3
102	都兰县八路沟口北铅锌金矿点	海西州	都兰县	接触交代型	铅锌金	T	矿点	预查	5(P-T)Ib	Ⅲ-26	Ⅰ-7-3
103	都兰县岩金沟口北铅锌金矿点	海西州	都兰县	接触交代型	铅锌金	S	矿点	预查	3(O-D)Ic	Ⅲ-26	Ⅰ-7-3
104	都兰县黑石山铜铅锌矿床	海西州	都兰县	接触交代型	铜铅锌	T	小型	详查	5(P-T)Ib	Ⅲ-26	Ⅰ-7-3
105	都兰县五龙沟地区岩金沟南锌铜矿点	海西州	都兰县	接触交代型	锌铜	P	矿点	预查	5(P-T)Ib	Ⅲ-26	Ⅰ-7-3
106	都兰县五龙沟铅锌矿点	海西州	都兰县	接触交代型	铅锌	T	矿点	预查	5(P-T)Ib	Ⅲ-26	Ⅰ-7-3
107	都兰县八路沟铅锌金矿点	海西州	都兰县	浅成中—低温热液型	铅锌金	T	矿点	预查	6(P-T)Fb	Ⅲ-26	Ⅰ-7-3

续表

矿产地编号	矿产地名称	地区		矿床工业类型	主矿种	成矿时代	主矿种规模	勘查程度	成矿系列	成矿带	构造单元
108	都兰县岩金沟铅锌矿点	海西州	都兰县	接触交代型	铅锌	T	矿点	预查	5(P-T)Ib	Ⅲ-26	Ⅰ-7-3
109	都兰县沙丘沟口北金铜铅锌矿点	海西州	都兰县	岩浆热液型	金铜铅锌	T	矿点	预查	5(P-T)Ib	Ⅲ-26	Ⅰ-7-3
110	都兰县五龙沟东支沟铅锌矿点	海西州	都兰县	浅成中—低温热液型	铅锌	P	矿点	预查	6(P-T)Fb	Ⅲ-26	Ⅰ-7-3
111	都兰县二龙沟铅矿点	海西州	都兰县	浅成中—低温热液型	铅	P	矿点	预查	6(P-T)Fb	Ⅲ-26	Ⅰ-7-3
112	都兰县金水口铁锌矿床	海西州	都兰县	接触交代型	铁锌	T	小型	普查	5(P-T)Ib	Ⅲ-26	Ⅰ-7-3
113	都兰县阿不特哈打北东铅矿点	海西州	都兰县	浅成中—低温热液型	铅	T	矿点	预查	6(P-T)Fb	Ⅲ-26	Ⅱ-1-1
114	都兰县没确桑昂西铅铜矿点	海西州	都兰县	岩浆热液型	铅铜	S	矿点	预查	3(O-D)Ic	Ⅲ-26	Ⅱ-1-1
115	都兰县注斯楞铅矿点	海西州	都兰县	浅成中—低温热液型	铅	D	矿点	预查	4(O-D)Fb	Ⅲ-26	Ⅱ-1-1
116	都兰县没确桑昂铅锌矿点	海西州	都兰县	岩浆热液型	铅锌	S	矿点	普查	3(O-D)Ic	Ⅲ-26	Ⅱ-1-1
117	都兰县洪水河铁铜锌金矿床	海西州	都兰县	接触交代型	铁铜金锌	T	小型	详查	5(P-T)Ib	Ⅲ-26	Ⅱ-1-1
118	都兰县清水河铜矿床	海西州	都兰县	接触交代型	铜铅锌	T	小型	普查	5(P-T)Ib	Ⅲ-26	Ⅱ-1-1
119	都兰县清水河东沟钼锌矿点	海西州	都兰县	斑岩型	钼锌	T	矿点	预查	5(P-T)Ib	Ⅲ-26	Ⅰ-7-3
120	都兰县土讪铅锌矿点	海西州	都兰县	接触交代型	铅锌	T	矿点	普查	5(P-T)Ib	Ⅲ-26	Ⅰ-7-3
121	都兰县乌妥沟银铅锌矿床	海西州	都兰县	岩浆热液型	银铅锌	T	小型	详查	5(P-T)Ib	Ⅲ-26	Ⅰ-7-3
122	都兰县阿柁北铜铅锌矿点	海西州	都兰县	接触交代型	铜铅锌	T	矿点	预查	5(P-T)Ib	Ⅲ-26	Ⅰ-7-3
123	都兰县双庆铁铅锌矿床	海西州	都兰县	接触交代型	铁铅锌	T	小型	详查	5(P-T)Ib	Ⅲ-26	Ⅰ-7-3
124	都兰县麻疙瘩铜铅锌矿点	海西州	都兰县	岩浆热液型	铜铅锌	T	矿点	普查	5(P-T)Ib	Ⅲ-26	Ⅰ-7-3
125	都兰县河东北铅锌矿点	海西州	都兰县	接触交代型	铅锌	T	矿点	普查	5(P-T)Ib	Ⅲ-26	Ⅰ-7-3
126	都兰县窑洞沟铁铅锌矿床	海西州	都兰县	接触交代型	铁铅锌	T	小型	普查	5(P-T)Ib	Ⅲ-26	Ⅰ-7-3
127	都兰县柴湾铜铅锌矿床	海西州	都兰县	接触交代型	铅锌	T	小型	详查	5(P-T)Ib	Ⅲ-26	Ⅰ-7-3
128	都兰县龙洼尕当西沟铜铅锌矿点	海西州	都兰县	接触交代型	铜铅锌	T	矿点	预查	5(P-T)Ib	Ⅲ-26	Ⅰ-7-3
129	都兰县白石崖铁铅锌矿床	海西州	都兰县	接触交代型	铁铅锌	T	中型	勘探	5(P-T)Ib	Ⅲ-26	Ⅰ-7-3
130	都兰县龙洼尕当铁铅锌矿床	海西州	都兰县	接触交代型	铁铅锌	T	小型	详查	5(P-T)Ib	Ⅲ-26	Ⅰ-7-3
131	都兰县关角牙合北铜铅矿点	海西州	都兰县	接触交代型	铜铅	T	矿点	普查	5(P-T)Ib	Ⅲ-26	Ⅰ-7-1
132	都兰县关角牙合南铅锌矿点	海西州	都兰县	接触交代型	铅锌	T	矿点	预查	5(P-T)Ib	Ⅲ-26	Ⅰ-7-3
133	都兰县东山根铜矿床	海西州	都兰县	接触交代型	铜铅锌	T	小型	普查	5(P-T)Ib	Ⅲ-26	Ⅰ-7-1
134	都兰县希龙沟铅锌矿点	海西州	都兰县	接触交代型	铅锌	T	矿点	预查	5(P-T)Ib	Ⅲ-26	Ⅰ-7-1

续表

矿产地编号	矿产地名称	地区		矿床工业类型	主矿种	成矿时代	主矿种规模	勘查程度	成矿系列	成矿带	构造单元
135	都兰县海寺驼峰铅锌矿床	海西州	都兰县	接触交代型	铅锌	T	小型	详查	5(P-T)Ib	Ⅲ-26	Ⅰ-7-1
136	都兰县希龙沟铁铅锌矿床	海西州	都兰县	接触交代型	铁铅锌	T	小型	详查	5(P-T)Ib	Ⅲ-26	Ⅰ-7-1
137	都兰县隆统北铅锌矿点	海西州	都兰县	岩浆热液型	铅锌	T	矿点	预查	5(P-T)Ib	Ⅲ-26	Ⅰ-7-3
138	都兰县海寺Ⅱ号硅灰石、铅锌矿床	海西州	都兰县	岩浆热液型	铅锌	T	小型	详查	5(P-T)Ib	Ⅲ-26	Ⅰ-7-1
139	都兰县热水克错铅锌矿床	海西州	都兰县	接触交代型	铅锌	T	小型	详查	5(P-T)Ib	Ⅲ-26	Ⅰ-7-1
140	都兰县恰当铜矿床	海西州	都兰县	接触交代型	铜铅锌	P	小型	详查	5(P-T)Ib	Ⅲ-26	Ⅰ-7-3
141	都兰县色德日铜铅锌矿点	海西州	都兰县	接触交代型	铜铅锌	T	矿点	普查	5(P-T)Ib	Ⅲ-26	Ⅰ-7-3
142	都兰县克错铜铅矿点	海西州	都兰县	接触交代型	铜铅	T	矿点	普查	5(P-T)Ib	Ⅲ-26	Ⅰ-7-1
143	都兰县大卧龙铅锌矿床	海西州	都兰县	接触交代型	铅锌	T	小型	普查	5(P-T)Ib	Ⅲ-26	Ⅰ-7-1
144	都兰县大卧龙南岔沟铜铅矿点	海西州	都兰县	接触交代型	铜铅	T	矿点	普查	5(P-T)Ib	Ⅲ-26	Ⅰ-7-1
145	都兰县大卧龙东岔沟铅锌矿点	海西州	都兰县	岩浆热液型	铅锌	T	矿点	预查	5(P-T)Ib	Ⅲ-26	Ⅰ-7-1
146	都兰县加肉沟铜铅锌矿点	海西州	都兰县	接触交代型	铜铅锌	T	矿点	预查	5(P-T)Ib	Ⅲ-26	Ⅰ-7-1
147	都兰县那日马拉黑铜铅锌矿床	海西州	都兰县	陆相火山岩型	铜铅锌	T	小型	普查	5(P-T)Id	Ⅲ-26	Ⅰ-7-1
148	都兰县哈茨谱山北铅锌矿床	海西州	都兰县	岩浆热液型	铅锌	T	小型	详查	5(P-T)Ib	Ⅲ-26	Ⅰ-7-1
149	都兰县多沟铅锌铜矿点	海西州	都兰县	接触交代型	铅锌铜	T	矿点	预查	5(P-T)Ib	Ⅲ-26	Ⅰ-7-1
150	都兰县柯柯赛铅锌铜矿点	海西州	都兰县	接触交代型	铅锌铜	T	矿点	预查	5(P-T)Ib	Ⅲ-26	Ⅰ-7-1
151	都兰县哈日扎铅锌矿床	海西州	都兰县	岩浆热液型	铅锌	T	中型	普查	5(P-T)Ib	Ⅲ-26	Ⅰ-7-3
152	都兰县柯柯赛(奈弄)铅锌银矿点	海西州	都兰县	接触交代型	铅锌银	T	矿点	预查	5(P-T)Ib	Ⅲ-26	Ⅰ-7-1
153	都兰县胜利铁铜锌矿床	海西州	都兰县	接触交代型	铁铜锌	T	小型	普查	5(P-T)Ib	Ⅲ-26	Ⅰ-7-3
154	都兰县扎麻山南坡铅锌铜矿床	海西州	都兰县	陆相火山岩型	铅锌铜	T	小型	普查	5(P-T)Id	Ⅲ-26	Ⅰ-7-1
155	都兰县河夏沟口铜锌金矿点	海西州	都兰县	接触交代型	铜锌金	T	矿点	预查	5(P-T)Ib	Ⅲ-26	Ⅰ-7-1
156	都兰县三岔北山铜铅锌矿床	海西州	都兰县	接触交代型	铜铅锌	T	小型	普查	5(P-T)Ib	Ⅲ-26	Ⅰ-7-1
157	都兰县柯柯赛北山铁铜铅矿床	海西州	都兰县	接触交代型	铁铜铅	T	小型	普查	5(P-T)Ib	Ⅲ-26	Ⅰ-7-1
158	都兰县三岔北山西侧铅锌(铁)矿点	海西州	都兰县	接触交代型	铅锌	T	矿点	预查	5(P-T)Ib	Ⅲ-26	Ⅰ-7-1
159	都兰县滨玛沟脑铅锌矿点	海西州	都兰县	岩浆热液型	铅锌	T	矿点	预查	5(P-T)Ib	Ⅲ-26	Ⅰ-7-1
160	都兰县加羊铅锌银矿床	海西州	都兰县	接触交代型	铅锌银	T	小型	详查	5(P-T)Ib	Ⅲ-26	Ⅰ-7-1
161	都兰县柯赛东铅锌银矿床	海西州	都兰县	接触交代型	铅锌银	T	小型	详查	5(P-T)Ib	Ⅲ-26	Ⅰ-7-1

续表

矿产地编号	矿产地名称	地区		矿床工业类型	主矿种	成矿时代	主矿种规模	勘查程度	成矿系列	成矿带	构造单元
162	都兰县三岔北山东铅锌矿床	海西州	都兰县	接触交代型	铅锌	T	小型	预查	5(P-T)Ib	Ⅲ-26	Ⅰ-7-1
163	玛多县抗得弄舍金铅锌矿床	果洛州	玛多县	海相火山岩型	金锌铅	T	大型	详查	5(P-T)Ic	Ⅲ-26	Ⅱ-1-1
164	兴海县镇牛沟铅锌矿点	海南州	兴海县	浅成中—低温热液型	铅锌	T	矿点	预查	6(P-T)Fb	Ⅲ-26	Ⅰ-7-1
165	兴海县什多龙铅锌银矿床	海南州	兴海县	接触交代型	铅锌银	T	中型	勘探	5(P-T)Ib	Ⅲ-26	Ⅰ-7-1
166	都兰县马日牟乌卡沟铅锌矿点	海西州	都兰县	接触交代型	铅锌	T	矿点	预查	5(P-T)Ib	Ⅲ-26	Ⅰ-7-3
167	兴海县什多龙北山铅锌矿床	海南州	兴海县	接触交代型	铅锌	T	小型	普查	5(P-T)Ib	Ⅲ-26	Ⅰ-7-1
168	玛多县错扎玛铅锌矿床	果洛州	玛多县	岩浆热液型	铅锌	T	小型	预查	5(P-T)Ib	Ⅲ-26	Ⅰ-7-3
169	共和县达纳亥公卡铁铅锌矿床	海南州	共和县	海相火山岩型	铁铅锌	P	小型	普查	5(P-T)Ic	Ⅲ-26	Ⅰ-7-4
170	共和县哇若地区过仓扎沙(As1)铅锌矿点	海南州	共和县	接触交代型	铅锌	T	矿点	预查	5(P-T)Ib	Ⅲ-26	Ⅰ-7-4
171	共和县哇若地区过群(As2 异常)铅锌矿点	海南州	共和县	接触交代型	铅锌	T	矿点	预查	5(P-T)Ib	Ⅲ-26	Ⅰ-7-4
172	兴海县在日沟北侧铅锌矿点	海南州	兴海县	陆相火山岩型	铅锌	T	矿点	预查	5(P-T)Id	Ⅲ-26	Ⅰ-7-4
173	兴海县虎达然乔乎铅锌矿点	海南州	兴海县	陆相火山岩型	铅锌	T	矿点	预查	5(P-T)Id	Ⅲ-26	Ⅰ-7-4
174	兴海县鄂拉山口铅锌银矿床	海南州	兴海县	陆相火山岩型	铅锌银	T	小型	详查	5(P-T)Id	Ⅲ-26	Ⅰ-7-4
175	兴海县鄂拉山口(H1)(乎卢毫贡玛)铜铅锌矿点	海南州	兴海县	陆相火山岩型	铜铅锌	T	矿点	预查	5(P-T)Id	Ⅲ-26	Ⅰ-7-4
176	兴海县索拉沟铜铅锌银矿床	海南州	兴海县	陆相火山岩型	铜铅锌	T	小型	详查	5(P-T)Id	Ⅲ-26	Ⅰ-7-4
177	共和县叉叉龙洼北东铅矿点	海南州	共和县	岩浆热液型	铅	T	矿点	预查	5(P-T)Ib	Ⅲ-26	Ⅰ-7-4
178	兴海县鄂拉山口铜铅锌矿点(15 号点、16 号点)	海南州	兴海县	陆相火山岩型	铜铅锌	T	矿点	预查	5(P-T)Id	Ⅲ-26	Ⅰ-7-4
179	兴海县鄂拉山口南倒帮公路 229 km 铜铅锌矿点	海南州	兴海县	陆相火山岩型	铜铅锌	P	矿点	预查	5(P-T)Id	Ⅲ-26	Ⅰ-7-5
180	兴海县博荷沁南铜铅锌矿点	海南州	兴海县	接触交代型	铜铅锌	D	矿点	预查	3(O-D)Ic	Ⅲ-26	Ⅰ-7-5
181	兴海县都休玛铅锌矿点	海南州	兴海县	接触交代型	铅锌	T	矿点	预查	5(P-T)Ib	Ⅲ-26	Ⅰ-7-4
182	兴海县西岭秋褐山曲贡玛铅锌矿点	海南州	兴海县	陆相火山岩型	铅锌	P	矿点	预查	5(P-T)Id	Ⅲ-26	Ⅰ-7-5
183	兴海县日龙沟锡铅锌铜矿床	海南州	兴海县	海相火山岩型	锡铅锌	P	中型	详查	5(P-T)Ic	Ⅲ-26	Ⅰ-7-5
184	兴海县拉玛屯铅锌矿点	海南州	兴海县	岩浆热液型	铅锌	T	矿点	预查	5(P-T)Ib	Ⅲ-26	Ⅰ-7-4
185	兴海县铜峪沟铜矿床	海南州	兴海县	海相火山岩型	铜铅锌	P	中型	勘探	5(P-T)Ic	Ⅲ-26	Ⅰ-7-5

续表

矿产地编号	矿产地名称	地区		矿床工业类型	主矿种	成矿时代	主矿种规模	勘查程度	成矿系列	成矿带	构造单元
186	共和县玛温根铅银矿床	海南州	共和县	岩浆热液型	铅锌银	T	小型	普查	5(P-T)Ib	Ⅲ-26	Ⅰ-7-4
187	兴海县下尼铅矿点	海南州	兴海县	岩浆热液型	铅	T	矿点	预查	5(P-T)Ib	Ⅲ-26	Ⅰ-7-4
188	兴海县加当铅银矿点	海南州	兴海县	浅成中—低温热液型	铅银	T	矿点	预查	6(P-T)Fb	Ⅲ-26	Ⅰ-7-4
189	兴海县赛什塘铜矿床	海南州	兴海县	海相火山岩型	铜铁铅锌	P	中型	勘探	5(P-T)Ic	Ⅲ-26	Ⅰ-7-5
190	德令哈市怀头他拉北山铅矿点	海西州	德令哈市	浅成中—低温热液型	铅	T	矿点	预查	8(T)F	Ⅲ-28	Ⅰ-3-4
191	德令哈市蓄集北山铅锌矿床	海西州	德令哈市	浅成中—低温热液型	铅	T	小型	预查	8(T)F	Ⅲ-28	Ⅰ-3-4
192	德令哈市蓄集山铅银铜矿床	海西州	德令哈市	浅成中—低温热液型	铅	T	小型	普查	8(T)F	Ⅲ-28	Ⅰ-3-4
193	德令哈市滚艾尔沟铅铜矿点	海西州	德令哈市	机械沉积型	铅	C	矿点	预查		Ⅲ-28	Ⅰ-3-4
194	乌兰县察汗河沟口东侧铅矿点	海西州	乌兰县	浅成中—低温热液型	铅	S	矿点	预查		Ⅲ-28	Ⅰ-7-4
195	兴海县拿东北西砷银铅矿点	海南州	兴海县	岩浆热液型	砷银铅	T	矿点	预查	7(T)Ia	Ⅲ-28	Ⅰ-8-1
196	同德县汀群铅锌矿点	海南州	同德县	岩浆热液型	铅	T	矿点	预查	7(T)Ia	Ⅲ-28	Ⅰ-8-1
197	同德县阿尔干龙洼金矿床	海南州	同德县	浅成中—低温热液型	金铅	T	小型	普查	8(T)F	Ⅲ-28	Ⅰ-8-1
198	玛沁县亚路沟(合哇)铅锌锑矿点	果洛州	玛沁县	浅成中—低温热液型	铅锌	T	矿点	预查	8(T)F	Ⅲ-28	Ⅰ-8-1
199	共和县当家寺南东铜铅锌银矿点(K7)	海南州	共和县	岩浆热液型	铅锌	T	矿点	预查	7(T)Ia	Ⅲ-28	Ⅰ-8-1
200	共和县当家寺北东铜铅锌矿点(K6)	海南州	共和县	浅成中—低温热液型	铅锌	T	矿点	预查	8(T)F	Ⅲ-28	Ⅰ-8-1
201	贵德县下多隆铅矿点	海南州	贵德县	接触交代型	铅	T	矿点	预查	7(T)Ia	Ⅲ-28	Ⅰ-8-1
202	河南县日西哥铜铅锌矿点	黄南州	河南县	浅成中—低温热液型	铅锌	T	矿点	预查	8(T)F	Ⅲ-28	Ⅰ-8-1
203	泽库县和日寺铅矿点	黄南州	泽库县	岩浆热液型	铅	T	矿点	预查	7(T)Ia	Ⅲ-28	Ⅰ-8-1
204	河南县特日根马吾铜铅锌矿点	黄南州	河南县	浅成中—低温热液型	铅锌	T	矿点	详查	8(T)F	Ⅲ-28	Ⅰ-8-1
205	河南县额米尼日杂铜铅锌矿点	黄南州	河南县	浅成中—低温热液型	铅锌	T	矿点	预查	8(T)F	Ⅲ-28	Ⅰ-8-2
206	河南县娘土合寺铅锌矿点	黄南州	河南县	浅成中—低温热液型	铅锌	T	矿点	预查	8(T)F	Ⅲ-28	Ⅰ-8-1
207	泽库县拉海藏铅砷矿点	黄南州	泽库县	浅成中—低温热液型	铅锌	T	矿点	预查	8(T)F	Ⅲ-28	Ⅰ-8-1
208	泽库县桑干卡铅砷矿点	黄南州	泽库县	浅成中—低温热液型	铅	T	矿点	普查	8(T)F	Ⅲ-28	Ⅰ-8-1
209	泽库县公钦隆瓦铜铅矿点	黄南州	泽库县	陆相火山岩型	铅	T	矿点	预查	7(T)Ib	Ⅲ-28	Ⅰ-8-1
210	泽库县公钦隆瓦东沟铅砷矿点	黄南州	泽库县	接触交代型	铅锌	T	矿点	预查	7(T)Ia	Ⅲ-28	Ⅰ-8-1
211	泽库县直贡尕日当铜铅锌矿点	黄南州	泽库县	接触交代型	铅锌	T	矿点	预查	7(T)Ia	Ⅲ-28	Ⅰ-8-1
212	同仁县哲格姜铅锌矿点	黄南州	同仁县	岩浆热液型	铅锌	T	矿点	预查	7(T)Ia	Ⅲ-28	Ⅰ-8-1

续表

矿产地编号	矿产地名称	地区		矿床工业类型	主矿种	成矿时代	主矿种规模	勘查程度	成矿系列	成矿带	构造单元
213	尖扎县哇家银铅锌矿点	黄南州	尖扎县	浅成中—低温热液型	铅锌	T	矿点	普查	8(T)F	Ⅲ-28	Ⅰ-8-1
214	泽库县阿楞隆瓦西支沟脑铅砷矿点(K24)	黄南州	泽库县	浅成中—低温热液型	铅锌	T	矿点	预查	8(T)F	Ⅲ-28	Ⅰ-8-1
215	泽库县阿楞隆瓦西支沟铅锌矿点(K25)	黄南州	泽库县	浅成中—低温热液型	铅锌	T	矿点	预查	8(T)F	Ⅲ-28	Ⅰ-8-1
216	泽库县阿楞隆瓦东支沟铅锌矿点(K26)	黄南州	泽库县	浅成中—低温热液型	铅锌	T	矿点	预查	8(T)F	Ⅲ-28	Ⅰ-8-1
217	泽库县老藏山铅锌矿点	黄南州	泽库县	陆相火山岩型	铅锌	T	矿点	预查	7(T)Ib	Ⅲ-28	Ⅰ-8-1
218	同仁县策多隆瓦铅锌矿点	黄南州	同仁县	浅成中—低温热液型	铅锌	T	矿点	预查	8(T)F	Ⅲ-28	Ⅰ-8-1
219	同仁县英熬龙瓦铅锌铜矿点	黄南州	同仁县	接触交代型	铅锌	T	矿点	预查	7(T)Ia	Ⅲ-28	Ⅰ-8-1
220	泽库县老藏沟铅锌锡矿床	黄南州	泽库县	陆相火山岩型	铅	T	中型	详查	7(T)Ib	Ⅲ-28	Ⅰ-8-1
221	泽库县老藏沟护林点铅锌矿点	黄南州	泽库县	陆相火山岩型	铅锌	T	矿点	预查	7(T)Ib	Ⅲ-28	Ⅰ-8-1
222	同仁县夏布楞铅锌矿床	黄南州	同仁县	陆相火山岩型	铅	T	小型	勘探	7(T)Ib	Ⅲ-28	Ⅰ-8-1
223	泽库县马尼库铅锌矿点	黄南州	泽库县	浅成中—低温热液型	铅锌	T	矿点	预查	8(T)F	Ⅲ-28	Ⅰ-8-1
224	同仁县江什加铜铅锌矿点	黄南州	同仁县	岩浆热液型	铅锌	T	矿点	预查	7(T)Ia	Ⅲ-28	Ⅰ-8-1
225	同仁县台乌龙铅锌银砷矿点	黄南州	同仁县	浅成中—低温热液型	铅	T	矿点	预查	8(T)F	Ⅲ-28	Ⅰ-8-1
226	河南县智后茂切沟铜铅矿点	黄南州	河南县	岩浆热液型	铅	T	矿点	预查	7(T)Ia	Ⅲ-28	Ⅰ-8-2
227	同仁县孔果雄铅银砷矿点	黄南州	同仁县	浅成中—低温热液型	铅	T	矿点	预查	8(T)F	Ⅲ-28	Ⅰ-8-1
228	同仁县哭虎浪沟铅矿点	黄南州	同仁县	浅成中—低温热液型	铅	T	矿点	预查	8(T)F	Ⅲ-28	Ⅰ-8-1
229	玛沁县雪前铅锌矿点	果洛州	玛沁县	接触交代型	铅锌	J	矿点	预查		Ⅲ-29	Ⅱ-2-1
230	玛沁县德尔尼铜钴锌矿床	果洛州	玛沁县	海相火山岩型	铜钴锌	P	大型	勘探	9(P)I	Ⅲ-29	Ⅱ-2-1
231	治多县藏麻西孔银铜铅矿床	玉树州	治多县	接触交代型	银铜铅	K	中型	普查	12(J-K)Ia	Ⅲ-33	Ⅲ-2-3
232	治多县多彩铜铅锌矿床	玉树州	治多县	海相火山岩型	铜铅锌	T	中型	普查	10(P-T)Ia	Ⅲ-33	Ⅲ-2-3
233	治多县湖陆泊龙铅锌矿点	玉树州	治多县	接触交代型	铅锌	E	矿点	预查	14(E-N)Ia	Ⅲ-33	Ⅲ-2-1
234	玉树市叶交扣铅矿点	玉树州	玉树市	岩浆热液型	铅	T	矿点	预查	10(P-T)Ib	Ⅲ-33	Ⅲ-2-3
235	玉树市赵卡隆铁银铅矿床	玉树州	玉树市	海相火山岩型	铁铜铅锌	T	中型	详查	10(P-T)Ia	Ⅲ-33	Ⅲ-2-4
236	玉树市挡拖铅锌矿点	玉树州	玉树市	海相火山岩型	铅锌	T	矿点	预查	10(P-T)Ia	Ⅲ-33	Ⅲ-2-4
237	格尔木市约改铅锌矿点	海西州	格尔木市	岩浆热液型	铅锌	E	矿点	预查	14(E-N)Ia	Ⅲ-36	Ⅲ-2-5
238	治多县扎西尕日锌铁矿点	玉树州	治多县	机械沉积型	锌	K	矿点	预查		Ⅲ-36	Ⅲ-2-5
239	杂多县叶霞乌赛铅锌银矿点	玉树州	杂多县	海相火山岩型	铅	P	矿点	预查	10(P-T)Ia	Ⅲ-36	Ⅲ-2-6

续表

矿产地编号	矿产地名称	地区		矿床工业类型	主矿种	成矿时代	主矿种规模	勘查程度	成矿系列	成矿带	构造单元
240	杂多县哼赛青铅锌矿点	玉树州	杂多县	浅成中—低温热液型	铅锌	P	矿点	预查	11(C-T)F	Ⅲ-36	Ⅲ-2-6
241	杂多县乌葱察别铜锌银矿点	玉树州	杂多县	接触交代型	铅锌	E	矿点	预查	14(E-N)Ia	Ⅲ-36	Ⅲ-2-5
242	杂多县色穷弄锌矿点	玉树州	杂多县	浅成中—低温热液型	锌	P	矿点	预查	11(C-T)F	Ⅲ-36	Ⅲ-2-6
243	杂多县尕茸曲铅矿点	玉树州	杂多县	浅成中—低温热液型	铅	J	矿点	预查	13(J)F	Ⅲ-36	Ⅲ-2-6
244	杂多县下吉沟(8号)锌铅铜银矿点	玉树州	杂多县	浅成中—低温热液型	铅锌	E	矿点	预查	15(E)F	Ⅲ-36	Ⅲ-2-6
245	杂多县然者涌铅锌银矿床	玉树州	杂多县	浅成中—低温热液型	铅锌银	E	中型	普查	15(E)F	Ⅲ-36	Ⅲ-2-6
246	杂多县耐千尕作东铜铅矿点	玉树州	杂多县	浅成中—低温热液型	铅锌	P	矿点	预查	11(C-T)F	Ⅲ-36	Ⅲ-2-6
247	杂多县尕牙根铅矿点	玉树州	杂多县	浅成中—低温热液型	铅	P	矿点	预查	11(C-T)F	Ⅲ-36	Ⅲ-2-6
248	杂多县尕牙先卡、坐先卡铅矿点	玉树州	杂多县	浅成中—低温热液型	铅	P	矿点	预查	11(C-T)F	Ⅲ-36	Ⅲ-2-6
249	杂多县麦多拉铅锌矿点	玉树州	杂多县	浅成中—低温热液型	铅锌	C	矿点	预查	11(C-T)F	Ⅲ-36	Ⅲ-2-6
250	杂多县阿阿牙赛铅锌矿点	玉树州	杂多县	浅成中—低温热液型	铅锌	P	矿点	预查	11(C-T)F	Ⅲ-36	Ⅲ-2-6
251	杂多县阿姆中涌铅锌矿点	玉树州	杂多县	浅成中—低温热液型	铅锌	P	矿点	预查	11(C-T)F	Ⅲ-36	Ⅲ-2-6
252	囊谦县下日阿千碑银铅锌矿点	玉树州	囊谦县	浅成中—低温热液型	铅	J	矿点	普查	13(J)F	Ⅲ-36	Ⅲ-2-6
253	囊谦县吉曲河南铅锌矿点	玉树州	囊谦县	浅成中—低温热液型	铅锌	T	矿点	预查	11(C-T)F	Ⅲ-36	Ⅲ-2-6
254	杂多县莫海拉亨-叶龙达铅锌矿床	玉树州	杂多县	浅成中—低温热液型	铅锌	E	大型	普查	15(E)F	Ⅲ-36	Ⅲ-2-6
255	囊谦县解嘎银铜铅矿床	玉树州	囊谦县	浅成中—低温热液型	银铜铅	J	中型	普查	13(J)F	Ⅲ-36	Ⅲ-2-6
256	杂多县东莫扎抓铅锌矿床	玉树州	杂多县	浅成中—低温热液型	铅锌	E	中型	普查	15(E)F	Ⅲ-36	Ⅲ-2-6
257	囊谦县达拉贡银铜矿床	玉树州	囊谦县	浅成中—低温热液型	银铜铅	J	小型	普查	13(J)F	Ⅲ-36	Ⅲ-3-1
258	囊谦县巴塞浦铅银矿点	玉树州	囊谦县	浅成中—低温热液型	铅	J	矿点	预查	13(J)F	Ⅲ-36	Ⅲ-3-1
259	杂多县莫海先卡铅锌矿点	玉树州	杂多县	浅成中—低温热液型	铅锌	T	矿点	预查	11(C-T)F	Ⅲ-36	Ⅲ-2-6
260	玉树市贾那弄锌矿点	玉树州	玉树市	岩浆热液型	铅锌	T	矿点	预查	10(P-T)Ib	Ⅲ-36	Ⅲ-2-5
261	囊谦县包贝弄铅锌矿点	玉树州	囊谦县	浅成中—低温热液型	铅锌	E	矿点	预查	15(E)F	Ⅲ-36	Ⅲ-2-6
262	囊谦县胶达铅锌银矿点	玉树州	囊谦县	浅成中—低温热液型	铅锌	E	矿点	预查	15(E)F	Ⅲ-36	Ⅲ-2-6
263	囊谦县高钦弄铅矿点	玉树州	囊谦县	浅成中—低温热液型	铅	C	矿点	预查	11(C-T)F	Ⅲ-36	Ⅲ-2-6
264	玉树市凶娜铅锌矿点	玉树州	玉树市	浅成中—低温热液型	铅锌	T	矿点	预查	11(C-T)F	Ⅲ-36	Ⅲ-2-5
265	玉树市权毛卡铅锌矿点	玉树州	玉树市	浅成中—低温热液型	铅锌	T	矿点	预查	11(C-T)F	Ⅲ-36	Ⅲ-2-5
266	玉树市日胆果铜铅锌矿点	玉树州	玉树市	浅成中—低温热液型	铅锌	P	矿点	预查	11(C-T)F	Ⅲ-36	Ⅲ-2-5

续表

矿产地编号	矿产地名称	地区		矿床工业类型	主矿种	成矿时代	主矿种规模	勘查程度	成矿系列	成矿带	构造单元
267	玉树市来乃先卡银铅锌矿床	玉树州	玉树市	岩浆热液型	铅	T	小型	普查	10(P-T)Ib	Ⅲ-36	Ⅲ-2-5
268	玉树市卡实陇铅银矿床	玉树州	玉树市	岩浆热液型	铅	T	小型	普查	10(P-T)Ib	Ⅲ-36	Ⅲ-2-5
269	格尔木市切苏美曲西侧银铅铜矿点	海西州	格尔木市	接触交代型	铅锌	J	矿点	预查	12(J-K)Ia	Ⅲ-35	Ⅲ-3-1
270	格尔木市雀莫错铅矿点	海西州	格尔木市	浅成中—低温热液型	铅	E	矿点	预查	15(E)F	Ⅲ-35	Ⅲ-3-1
271	格尔木市纳保扎陇铅锌矿床	海西州	格尔木市	陆相火山岩型	铅锌	N	小型	普查	14(E-N)Ib	Ⅲ-35	Ⅲ-3-1
272	格尔木市那日尼亚铅矿床	海西州	格尔木市	陆相火山岩型	铅	N	小型	普查	14(E-N)Ib	Ⅲ-35	Ⅲ-3-1
273	格尔木市楚多曲铅锌矿床	海西州	格尔木市	浅成中—低温热液型	铅锌	E	小型	普查	15(E)F	Ⅲ-35	Ⅲ-3-1
274	格尔木市日阿茸窝玛铅锌矿点	海西州	格尔木市	岩浆热液型	铅锌	E	矿点	预查	14(E-N)Ia	Ⅲ-35	Ⅲ-3-1
275	格尔木市错多隆铅锌矿点	海西州	格尔木市	浅成中—低温热液型	铅锌	E	矿点	预查	15(E)F	Ⅲ-35	Ⅲ-3-1
276	格尔木市周琼玛鲁铅锌矿点	海西州	格尔木市	浅成中—低温热液型	铅锌	K	矿点	普查		Ⅲ-35	Ⅲ-3-1
277	格尔木市巴斯湖铅锌矿床	海西州	格尔木市	浅成中—低温热液型	铅锌	E	小型	普查	15(E)F	Ⅲ-35	Ⅲ-3-1
278	格尔木市小唐古拉山铁矿床	海西州	格尔木市	海相火山岩型	铁铅锌	J	中型	普查	12(J-K)Ib	Ⅲ-35	Ⅲ-3-1
279	格尔木市多才玛铅锌矿床	海西州	格尔木市	浅成中—低温热液型	铅锌	E	超大型	详查	15(E)F	Ⅲ-35	Ⅲ-2-7
280	格尔木市查肖玛沟脑锌矿点	海西州	格尔木市	浅成中—低温热液型	铅锌	E	矿点	预查	15(E)F	Ⅲ-35	Ⅲ-3-1
281	格尔木市宗陇巴锌矿床	海西州	格尔木市	浅成中—低温热液型	锌	E	中型	普查	15(E)F	Ⅲ-35	Ⅲ-2-5
282	格尔木市特勒沙日姐铅锌矿点	海西州	格尔木市	浅成中—低温热液型	铅锌	T	矿点	预查	11(C-T)F	Ⅲ-35	Ⅲ-2-7
283	格尔木市空介铅锌矿点	海西州	格尔木市	浅成中—低温热液型	铅锌	E	矿点	预查	15(E)F	Ⅲ-35	Ⅲ-2-7
284	格尔木市开心岭铁锌铜矿床	海西州	格尔木市	海相火山岩型	铁锌铜	P	小型	普查	10(P-T)Ia	Ⅲ-35	Ⅲ-2-5
285	格尔木市水鄂柔锌矿点	海西州	格尔木市	浅成中—低温热液型	锌	E	矿点	预查	15(E)F	Ⅲ-35	Ⅲ-2-5
286	格尔木市巴布茸铜铅锌矿点	海西州	格尔木市	风化型	铅	Q	矿点	预查		Ⅲ-35	Ⅲ-3-1
287	格尔木市直钦赛加玛铜铅锌矿点	海西州	格尔木市	浅成中—低温热液型	铅	T	矿点	预查	11(C-T)F	Ⅲ-35	Ⅲ-3-1